# 推薦システム

## 統計的機械学習の理論と実践

Deepak K. Agarwal, Bee-Chung Chen ■ 著
島田 直希・大浦 健志 ■ 訳

Statistical Methods for Recommender Systems

共立出版

Statistical Methods for Recommender Systems

By Deepak K. Agarwal, Bee-Chung Chen



This translation of Statistical Methods for Recommender Systems is published by arrangement with Cambridge University Press

Japanese language edition published by KYORITSU SHUPPAN CO., LTD.

Bharati Agarwal と Shiao-Ching Chung に捧げる

# 訳者まえがき

本書は“Statistical Methods for Recommender Systems”を翻訳したものであり，著者の大規模システムでの豊富な経験をもとに推薦システムにおける複雑な概念を具体的に解説した書籍である．著者であるDeepak K. Agarwelは推薦システムやオンライン広告における研究開発に長年携わっており，Bee-Chung ChenはリーディングテクノロジストとしてYahoo!やLinkedInで推薦システムの開発に携わってきた．

長年推薦システムの開発に携わってきた著者のノウハウが記述されており，理論だけでなく実践で役立つことが意識された内容となっている．本書の構成としては，第I部では推薦システムの古典的課題，課題解決のための主要なアイデアと背景知識，協調フィルタリングなどの古典的手法の紹介がされている．第II部ではまず推薦システムにおける一般的な課題設定，課題解決のためのシステム構成の解説がされ，徐々に洗練された手法の紹介が行われている．モデルの効率的なアップデートやコールドスタート問題などの現実的に直面する問題の対応についても述べられている．第III部では著者が独自に開発したアルゴリズムも含めた応用的手法の紹介がされている．古典的手法から応用的／実践的手法が順を追って解説されており，各手法の限界，理論的な仮定の緩和方法，手法の拡張方法を段階的に学ぶことができる．いくつか特筆すべき章をあげておく．第4章ではモデルの評価方法について詳細に述べられており，正しく機能するモデルを選択するために読んでおきたい．第11章では多目的最適化について述べられている．他書では言及が少ないが，現実の世界では複数の利害関係の中から最適な解を選択することが必要である．その点，第 11 章は現実世界の問題を解くための足がかりとなる内容となっている．

推薦システムの理論を中心に解説した書籍はあるが，実アプリケーションに適用するためのノウハウおよびそのノウハウを数理的に解説している書籍は少ない．本書は理論と実践の橋渡しとなる書籍であり，推薦システムの構築を検討しているエンジニアが現実的な課題に対峙するための知識を得るのに本書がお役に立てれば幸いである．

2018 年 2 月

訳　者

# まえがき

## 本書について

推薦システムは様々な文脈において自動でユーザに適したアイテムを選択するコンピュータプログラムである．このようなシステムは広く使われ，生活に不可欠なものとなっている．実例としてはAmazonなどにおけるユーザへの商品推薦，Yahoo!のようなウェブサイトを訪問するユーザへのコンテンツ推薦，Netflixにおける映画の推薦，LinkedInのようなサイトでのユーザへの職業の推薦などがある．アルゴリズムは過去のユーザとアイテム間の相互作用から得られた大量の高頻度データをもとに構築される．このアルゴリズムは統計的なものであり，構築するにあたり逐次的な意思決定，高次元カテゴリデータでの相互作用のモデル化，スケーラブルな統計的手法の開発，などの分野における困難に挑戦することになる．この領域における新たな方法論はコンピュータ科学，機械学習，統計学，最適化，コンピュータシステム，そして当然ながら各ドメインにおける専門家との緊密な連携を必要とする．推薦システムはビッグデータの応用先として最も刺激的なものの1つである．

## なぜ本書を書いたか

様々な領域で推薦システムに関する多くの書籍が著されてきた．これらはコンピュータ科学，機械学習，そして統計学などであり，問題の特定の側面に着目している．しかしあらゆる統計的な論点の包括的な取り扱いとそれらの相互の関係性に関する記述を欠いている．Yahoo! と LinkedIn の実システムにおける経験を通じてこの事実を認識した．例えば統計学と機械学習は学習データにないサンプルの予測誤差を最小化するモデルを構築することに注力する．しかしながら実際的に重要な問題の全ての側面には対処していない．統計学の観点では推薦システムは高次元の逐次過程であり，洗練された統計モデルを開発することと同等に，実験計画のような論点を研究することが重要である．実際，これら 2 つは強く関係している．効果的な実験計画は次元の呪いを柔らげるためのモデルを必要とする．また既存研究の大半は映画のレーティング，購買数やクリック率などの 1 つの量の応答モデルを構築しがちである．Facebook, LinkedIn や Twitter などのソーシャルメディアの出現により，複数の応答を考えることができるようになった．例えばニュース推薦において，クリック率，シェアする率，ツイートする率を同時にモデル化したいこともあるだろう．このような複数の応答のモデル化は困難である．最終的にそのような複数の応答の予測が可能である場合，推薦を行うための利得関数をどのように構築したらよいのだろうか？ クリック率と比較してシェアする率を最適化することはどれだけ重要だろうか？ この種の質問に対する答えは有効なパラメータを導きだすことができるドメインの専門家との緊密な連携を行ったうえで，多目的最適化を使い得られる．

本書の目的は推薦システムの文脈で生じるこのような問題を包括的に議論することである．これに加えて適応的な逐次計画（多腕バンディット），双線形ランダム効果モデル（行列分解），分散計算環境を用いたスケーラブルなモデルの当てはめなど現在の最先端の統計手法を深く詳細に示す．本書を執筆した目的は産業の現場でのこのような大規模システムに関する広い経験を記し，統計学，機械学習，コンピュータ科学のコミュニティーにこの論点に対する関心を呼び起こすことである．これは様々な点で有用であると信じる．特にウェブへの適用などにおける高次元で大規模データの研究の進展に役立つ．アカデミックでこのような研究を進めるうえで大量データに対し実行可能なソフトウェアが利用可能であることが必要であることは理解している．これを促進するためをオープンソースソフトウェアを補足として提供する (`https://github.com/beechung/Latent-Factor-Models`).

また本書は理論と実践の溝を埋めるものとなることを信じている．プロジェクトの担当者には統計的な論点に関する理解の助けとなり，モデル担当者にはより複雑で実践的な問題に対し生じる統計学に関する争点について深い理解を与える．

## 本書の構成

本書は3部で構成される．

第I部では，推薦システムの問題設定，困難な点，その問題に立ち向かうにあたって主要なアイデアと必要となる背景知識を説明する．第2章ではこれまで推薦システムに使用されてきた古典的な手法の概要を示す．このような手法はユーザとアイテムを素性ベクトルという形で特徴付け，類似度関数，標準的な教師あり学習，または協調フィルタリングにもとづき（ユーザ，アイテム）対にスコアを付与する．これらの古典的な手法では推薦問題における探索-利用トレードオフは無視されことが多い．それゆえ第3章ではこの問題の重要性を示し，後の章で示す解決策の主要なアイデアを紹介する．技術的な点を掘り下げる前に，第4章では様々なアルゴリズムの性能評価手法を概観する．

第II部では一般的な問題設定における詳細な解決法を示す．第5章では様々な問題設定と，システム構成の例を示す．続く3つの章では3つの一般的な問題設定を説明する．第6章では特に探索-利用の側面に着目し，最も人気なものを推薦する問題を示す．第7章では素性ベースの個別化推薦を取り扱う．ここではいかにして最新のユーザ-アイテム相互作用のデータを利用して逐時的なモデル更新を行い，素早く良い解に収束するかに重点を置く．第8章は第7章で導入した素性ベース回帰を因子モデル（行列分解）に拡張し，同時に因子モデルを用いたコールドスタートへの自然な対処法を示す．

第III部では3つの高度なトピックを示す．第9章では潜在ディリクレ分配トピックモデルを使用する改良された行列分解モデルを通じてアイテムのトピックとトピックに対するユーザの親和性を同時に明らかにする因子分解モデルを示す．第10章では推薦されるアイテムがユーザに対して高い親和性をもつだけでなく，コンテキストに対しても適切であること（例えばユーザが現在読んでいるニュース記事に関連したアイテムの推薦）を必要とするコンテキスト依存の推薦問題を対象にする．第11章では他の目的の損失を抑えながら（例えばクリック数の損失を5%以下にする）単一の目的（例えば収入）を最大化する，制約付き最適化にもとづいた複数目的最適化のための第一原理的なフレームワークを議論する．

## 制約事項

あらゆる書籍と同様に，本書の内容にも限界がある．大規模学習に使われるSparkなどの現代のコンピュータパラダイムの深い所は対象としていない．伝統的な実験計画の手法では，ソーシャルネットワークをなすユーザに対してモデルのオンライン評価を適切に行うことはできない．ソーシャルグラフによる影響を補正する新技術が必要である．そのような進んだ話題は本書では扱わない．本書を通じて，回帰を主要な手段として応答を予測するというアプローチで推薦の問題に取り組む．この主な理由はモデルの出力する応答の予測は容易にそれに続くプログラムと組み合わせることができるからである．ランキング損失の直接最適化をもとにした手法について包括的には扱わない．2つのアプローチを比較することはまた議論に値するトピックであろう．


## 謝辞

Raghu Ramakrishnan, Liang Zhang, Xuanhui Wang, Pradheep Elango, Bo Long, Bo Pang, Rajiv Khanna, Nitin Motgi, Seung-Taek Park, Scott Roy, Joe Zachariah には，多くの洞察に満ちた議論と協働に対して感謝を送る．またYahoo! とLinkedIn の同僚にも励ましと協力に対し感謝を送る．それらがなければ多くのアイデアが日の目を見なかったであろう．

# 目　次

# 第I部

# 導　入

# 第1章

# はじめに

推薦システムはさまざまな文脈においてユーザに「最良」のアイテムを推薦するコンピュータプログラムである．何をもって良い推薦とするかは，総クリック数，総収益，売り上げ総計などの最適化の目的に依存する．このようなシステムはウェブ上の至る所で活用され，日々の生活に溶け込んでいる．推薦システムの具体的な例として以下があげられる．

- 売り上げ最大化を目的としたECサイトでの商品推薦
- 総クリック数を最大化することを目的としたニュースサイトにおける記事推薦
- ユーザエンゲージメント[1]を最大化し興行収入を増加させるための映画の推薦
- 応募を最大化するための専門職ネットワークサイト[2]での仕事の推薦

推薦アルゴリズムへの典型な入力として，ユーザ，アイテム，コンテキスト（文脈），フィードバック（アイテムに対するユーザの応答／反応[3]）が考えられる．

---

[1] 訳注：サービスやブランドに対してユーザがもつ愛着．本書では，ユーザが行動を起こすかどうかの指標の意味で使っている．

[2] 訳注：例としてLinkedInがあげられる．

[3] 訳注：Facebookにおける「いいね」など．

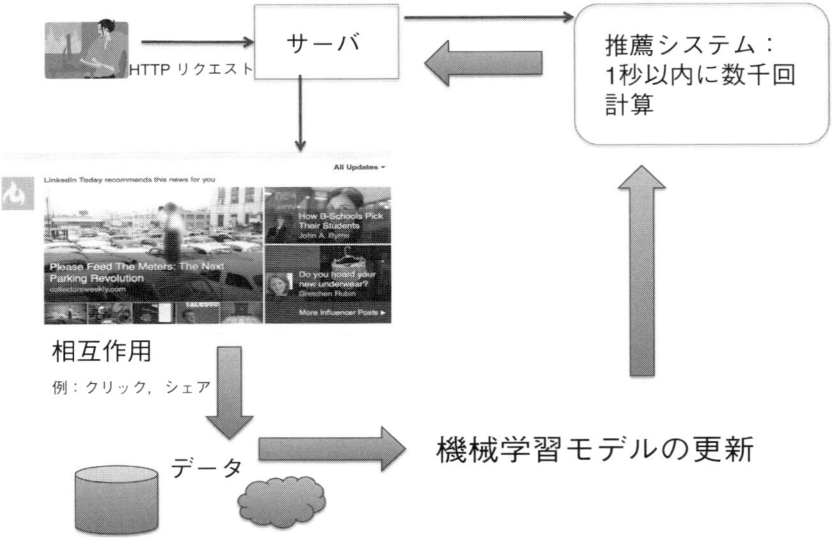


**図 1.1**　一般的な推薦システム．

図 1.1 に推薦システムを活用したウェブアプリケーションを例示した．ユーザはウェブページを訪問するためにウェブブラウザを使用する．ブラウザはウェブページを提供しているウェブサーバに対して HTTP リクエストを送る．ニュースポータルページで人気記事の提供などをするために，ウェブサーバは推薦システムを呼び出し，アイテムを取得してウェブページ上にレンダリングする．このようなサービスでは最良のアイテムを選択するために複数種類の計算が組み合わされていることが多い．特にオフライン計算[4]とリアルタイム計算[5]の両者を組み合わせたハイブリッド計算であることが多いが，ページの表示時間の制約（通常は数百ミリ秒）を守らなくてはならない．ページが表示されるとユーザはアイテムに対し，クリック，「いいね」，シェアなどの相互的

[4] 訳注：データを取得したときに計算を実行するのではなく，夜間バッチなどで事前に行っておく計算．

[5] 訳注：データを取得したときに直ちに実行する計算．

な行動（相互作用）を起こす．相互作用によって獲得されたデータによって，フィードバックループ[6]が回され，推薦アルゴリズムのパラメータが更新される．これにより，推薦アルゴリズムのパフォーマンス改善が行われる．例えば，ニュース記事のように寿命が短いアイテムの場合，パラメータ更新は頻繁に行う必要がある（例えば数分ごと）．一方，映画のような寿命の長いアイテムにおける推薦では，パラメータの更新頻度は低くてもよい（例えば日ごと）．寿命の長いアイテムの場合，パラメータの更新頻度が低くても全体の推薦性能が大幅に低下することはない．

最良なアイテム選択を可能にするアルゴリズムは推薦システムの成功に不可欠である．本書は，そのようなアルゴリズムの基礎となる統計学および機械学習の手法について包括的に述べる．本書では簡単のために，これらのアルゴリズムを推薦システムと呼んでいるが，推薦アルゴリズムはユーザにアイテムを提供するために必要な一連のプロセスの 1 つの構成要素に過ぎない．

## 1.1 ウェブアプリケーションへの推薦システム導入時の留意点

推薦システムを開発する前に，以下の問いについて考察することは重要である．

- **取得可能な素性は何か？** 与えられたコンテキストにおいてユーザとの相互作用が発生する可能性が高いアイテムを予測する機械学習モデルを構築する場合，アイテムに関係する多くの素性を取得することができる．例えば，ユーザの興味（過去の訪問にもとづく長期的な関心と現在のセッションに見られる短期的な関心との両方を反映する），ユーザに関する情報（例えば，年齢や性別などの人口統計学的属性），効果指標が考えられる．効果指標はクリック率 (CTR: click through rate)[7] やソーシャルシェアの程度（例えば，アイテムがシェアされた回数，または「いいね」の数）によって表現される．

---

[6] 訳注：ユーザからのフィードバック（クリック，シェアなど）を使って，アルゴリズムのパラメータを更新していくこと．

[7] 訳注：リンクがクリックされた回数÷ユーザにリンクを提示した回数．

- **最適化の目的は何か？**　ウェブサイトにおける最適化の目的はいくつかある．大別すると，短期的な目的によるものと長期的な目的によるものがある．前者の例として，クリック数，収益，ユーザからの好評価の獲得などがあげられる．後者の例としては，サイトに費やされた時間の増加，ユーザ継続率の向上，ソーシャルシェアの増加，登録ユーザ数の増加などがあげられる．

これらの質問に対する回答をもとに，推薦アルゴリズムを開発する必要がある．

### 1.1.1　アルゴリズム上の工夫

一般的に，推薦システムは以下の4つのタスクを実行するための工夫が必要となる．

- **コンテンツのフィルタリングと理解**：**アイテムプール**（推薦候補となるアイテムの集合）から低品質のコンテンツをふるい落とすための適切な技術を使用する必要がある．低品質コンテンツの推薦はユーザ体験[8]とウェブサイトのブランドイメージの低下につながる．低品質の定義はアプリケーションにより異なるが，ニュース推薦を考えると，有名なパブリッシャーにおいては，わいせつなコンテンツを低品質とみなすことができる．ECサイトでは，評判の低い特定の売り手がアイテムを販売することができなくなっているということも起きているだろう．通常，低品質コンテンツの定義やフラグ立ては，ラベル付け，クラウドソーシング，機械学習による分類などの複数の方法を組み合わせることによって対処される複雑なプロセスである．また，低品質コンテンツをふるい落とすことに加えて，品質基準を満たしているアイテムの内容を分析して理解することも重要である．高品質なコンテンツを抽出するためのアイテムの特性（素性ベクトル）を作成することは効果的なアプローチである．素性ベクトルはbag-of-words[9]，フレーズ抽出，エンティティ[10]抽出，トピック抽出など，さまざまなアプ

---

[8] 訳注：ユーザがある製品やシステムを使ったときに得られる経験や満足．

[9] 訳注：コンテンツ中に登場する単語を並べて，各単語の出現頻度または出現の有無をベクトルで表したもの．

[10] 訳注：文章を構成する鍵となる概念であり名詞．その他，主語に相当する名詞句，高

ローチを使用して構築できる.

- **ユーザ特性モデル**：ユーザが消費する可能性のあるアイテムの推薦を可能とするユーザ特性を作成する必要がある．ユーザ特性は人口統計，登録時に入力されたユーザ情報，SNSの情報，またはサイト内のユーザの行動に関する情報から作成することができる.
- **スコアリング**：ユーザおよびアイテムの特性にもとづいて，あるコンテキスト（例えば，ユーザが閲覧しているページ，使用されているデバイス，および現在地[11)]）においてユーザにアイテムを提示することの将来的な「価値」（例えば，CTR，ユーザの現在の目的に対する意味的関連性，または予想収益）を推定するようにスコアリング機能を設計する必要がある.
- **ランキング**：最後に，目的関数の期待値を最大にするように，推薦するアイテムの順位付けをするメカニズムが必要である．最も単純なシナリオでは，アイテムのCTRなどの単一スコアをもとにアイテムを並べ替えることで実現される．しかし，実際の順位付けは複雑である．意味的な関連性，複数の質的な尺度を定量化した効用値[12)]，多様性やビジネスルールなど，さまざまな事項を考慮しなければならない．優れたユーザ体験を保証し，ブランドイメージを保持するためにはこのような複雑なメカニズムが必要となる.

図1.2は前述したタスク間の関連性を示している．ユーザ情報，アイテム情報およびユーザ-アイテム間の過去のインタラクションデータを統計的機械学習モデルに入力し，アイテムに対するユーザの親和性を定量化するスコアを生成する．スコアはランキングモジュールによって結合され，単一または複数の目的を考慮したスコアの降順でソートされたアイテムリストを生成する.

コンテンツフィルタリングとコンテンツ理解に用いる手法は，推薦するアイテムの種類によって大きく異なる．例えば，テキスト処理で用いる手法は画像を処理する手法とは大きく異なる．このような手法を全てカバーするつもりはないが第2章で簡単に解説する．また，本書ではユーザ特性を生成するための

頻度の単語はエンティティの候補となりうる.

11) 訳注：日本，東京，米国など．日本に住んでいる人に米国内のみで流通している商品を提示しても購入可能性は低い.

12) 訳注：重要度や寄与率と同義.

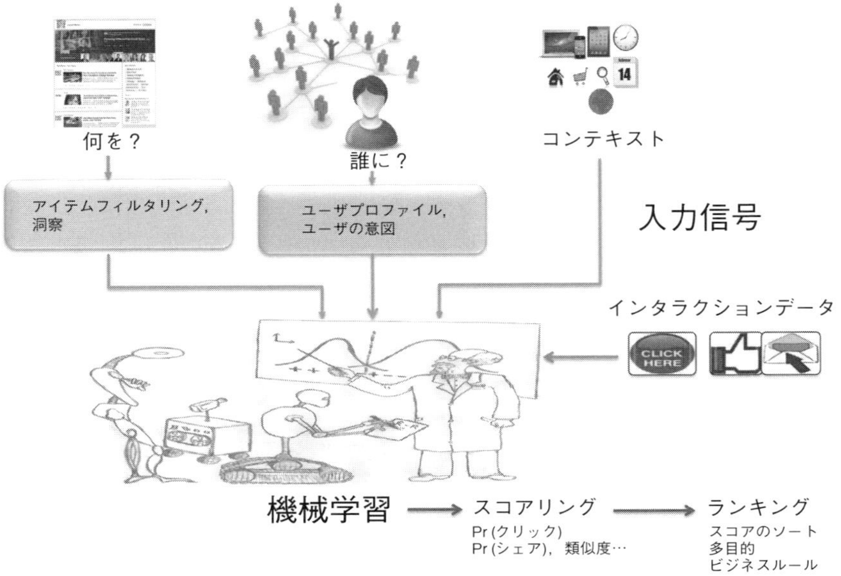


図 **1.2**　推薦システム概要.

多くの手法には触れないが，代わりにユーザとアイテムの両方の特性を過去のユーザ-アイテム間のインタラクションデータから自動的に「学習」する手法について主に解説する．この手法は既存の技術によって生成された既存の特性情報も組み込むことができるものである.

### 1.1.2　最適化指標

ウェブ上の推薦問題に対して適切なシステムを構築するには，2つのことを考慮する必要がある．まず，最適化したい指標を確認すること．多くの応用例では最適化のために単一指標を用いている．例えば，総クリック数，総収益，総売り上げの最大化である．しかし，複数の指標を同時に最適化する必要があるアプリケーションもある．例えば，ユーザエンゲージメントに対して制約のあるコンテンツリンクの合計クリック数を最大にすることがあげられる．制約の例として，**バウンスクリック数**（クリックしたがページを表示しなかった数）をある閾値以下にすることが考えられる．長期にわたってユーザ体験を最適化するためには，多様性（時間の経過とともにユーザにさまざまな話題を提供できるようにする）やセレンディピティ（ユーザに対して過剰な最適化をせず，ユーザに新しい発見をしてもらうこと）の確保など，複数の考慮事項のバランスをとることが求められる．

2つ目は，最適化する指標を決めた後に，最適化問題への入力となるスコアを定義すること．例えば，目的がクリック数の合計の最大化である場合，CTRはユーザにとってのアイテムの価値を表す優れた尺度である．目的が複数の場合，CTRや推定滞在時間などの複数のスコアを使用する必要がある．信頼できる方法でスコアを推定できる統計的手法も開発しなければならない．これは慎重な検討が必要となる重要な作業である．スコアの推定が可能となった後，考慮すべき最適化問題にもとづいてランキングモジュールによって複数のスコアを統合する．

### 1.1.3 探索と活用のトレードオフ

スコアを確実に推定することは，推薦システムにおける基本的な課題である．スコア推定には，CTR，明示的なレイティング[13)]，シェア率（アイテムを共有する確率），またはいいね率（商品に関連する「いいね」ボタンをクリックする確率）などの肯定的反応（応答）率の期待値推定が含まれることが多い．期待応答率は，応答の効用 (utility) または効用値に従って重み付けすることができる．これは期待効用にもとづいてアイテムを順位付けするための理にかなったアプローチである．（適切に重み付けされた）応答率 (response rates) は本書で扱う主要なスコア関数である．

推薦候補アイテムへの応答率を正確に推定するために，各アイテムを既定の訪問数に達するまで表示し，各アイテムへの応答データを適時に収集する．これが各アイテムの応答に対する**探索** (exploration) である．次に推定応答率の高いアイテムを**活用** (exploitation) することで最適化をする．しかし探索をする場合，（これまでに収集されたデータにもとづいた）経験的に優れたアイテ

13) 訳注：明示的なレイティングとは数値的な評価を意味する．

ムを表示しないため，機会損失を伴う可能性がある．これが探索と活用のトレードオフである．

探索と活用は本書の主要なテーマの1つである．探索と活用については，第3章で概要を説明し，第6章で技術的詳細について述べる．第7章と第8章で説明する方法も，この問題に対処するために開発されたものである．

### 1.1.4　推薦システムの評価

推薦システムが目的を達成しているかどうかを理解するには，開発サイクルのさまざまな段階でその性能を評価することが重要である．評価の観点から推薦アルゴリズムの開発を以下の2つの段階に分けた．

- **デプロイ前フェーズ**：アルゴリズムがオンライン上にデプロイされる前に行う評価であり，ウェブサイトへの訪問データの一部を用いる．つまり当該フェーズでは過去データを使用してアルゴリズムのパフォーマンス評価を実施する．**オフライン**で評価を行うため，実施可能な内容が限られ，アルゴリズムによって推薦されるアイテムに対するユーザの反応は見ることができない．
- **デプロイ後フェーズ**：アルゴリズムをデプロイした後，**オンライン**上でユーザにサービスを提供する際に行う評価である．当該フェーズは主に事前に選定した指標を測定するためのオンラインバケットテスト（A/Bテストとも呼ばれる）によって構成される．これにより現実に近いパフォーマンスが確認できるが，テストを実行するにはコストがかかる．したがって，一般的には，デプロイ前のオフライン評価にもとづいてパフォーマンスの低いアルゴリズムを先に除外しておく．

推薦システムのさまざまな構成要素を評価するために異なる評価方法が使用される．

- **スコアリングの評価**：スコアリングは通常，ユーザがアイテムにどのように反応するかを予測する統計的手法によって行われる．予測精度は統計的手法の性能を測定するためによく使用される評価指標である．例えば，統計的手法を使用してユーザがアイテムに与える数値的評価を予測する場合，誤差を測定するために全ユーザ間で平均化した予測値と真の値との絶対誤差を使用することができる．精度は誤差を利用して計算可能である．精度を測定する他の方法については4.1.2項で説明する．

- **ランキングの評価**：ランキングのゴールは推薦システムの目的を最適化することである．推薦システムをデプロイした後では，オンラインでの実験によって収集したデータを使用して対象の指標（例えば，CTRや推薦コンテンツの閲覧時間など）を直接計算することによって，推薦アルゴリズムを評価することができる．4.2節では，実験条件の設定と結果の解析方法について説明する．しかしデプロイ前の段階では，アルゴリズムがユーザに適用されたデータがない．そして，オンライン上での動作を模倣し，オフラインでアルゴリズムのパフォーマンスを予測することは困難である．4.3節と4.4節では，この課題に対処するための2つのアプローチを説明する．

### 1.1.5 推薦と検索：プッシュとプル

本書が対象とする範囲について，ユーザの意図が重要な要素であることに注意してほしい．（ウェブ検索でのクエリなど）ユーザの意図が明確である場合，ユーザの意図に合ったアイテムを見つけたり「推薦する」という問題は**プルモデル**[14]を使って解決できる．ただし多くの推薦シナリオでは，そのような明示的な意図がわかる情報は利用できない．最善の状況でも，ある程度推測することしかできない．このような場合，システムがユーザに情報をプッシュする**プッシュモデル**[15]を用いるのが一般的である．この場合，ユーザの関心を引く可能性のあるアイテムを提供することが目的となる．

現実世界で遭遇する推薦問題はプルとプッシュの間のどこかに位置している．例えば，ウェブポータルでニュース記事を推薦する場合，一般的に明示的なユーザの意図が利用できないため，プッシュモデルが主な選択肢となる．ユーザが記事の閲覧を開始すると，システムはユーザが読んでいる記事のト

---

[14] 訳注：検索など，ユーザの意図がわかる行為を受けて，その意図に合わせて推薦を行うモデル．

[15] 訳注：ユーザの意図がわからない場合にユーザの意図を推測して推薦を行うモデル．

ピックに関連するニュース記事を推薦することができ，明示的な意図情報を活用することができる．このような関連ニュース推薦システムは，通常プルモデルとプッシュモデルを組み合わせて構築される．上の例でいえば，ユーザが現在読んでいる記事に関連するトピックの記事を検索し，ユーザエンゲージメントを最大にするように記事を順位付けする．

本書では，プルモデルを用いるウェブ検索などのアプリケーションにはあまり重点を置いておらず，クエリ-アイテム間の意味的類似性 (semantic similarity) を推定する手法を活用する場面が多い．また，本書ではユーザの意図が比較的弱いアプリケーションに焦点を当てている．この場合，過去のユーザ-アイテム間の相互作用によって推定された応答率にもとづいて，アイテムにスコアを付けることが重要となる．

## 1.2　シンプルなスコアリングモデル：Most-Popular 推薦

スコアリングの基本的な考え方を説明するために，総クリック数の最大化を目的として，ウェブページの単一スロット[16] 上で最も人気のあるアイテム（すなわち，CTR が最も高いアイテム）を全ユーザに推薦するという問題を考える．なお本書では，この最も人気のあるアイテムの推薦を **Most-Popular 推薦**もしくは単に Most-Popular と呼ぶ．Most-Popular はシンプルな推薦問題の設定であるが，アイテム推薦の基本的な要素が含まれており，第2章以降で説明する，より洗練されたテクニックのための強力なベースライン[17] にもなる．アイテムプール内のアイテムの数は，訪問数およびクリック数と比較して小さいものとする．新しいアイテムが導入されると，古いアイテムが時間の経過とともに排除される可能性があるため，アイテムプールの構成については何も仮定しない．

Yahoo! フロントページにおける Today モジュールでの記事（ストーリー）推薦をアプリケーションの例としてあげる（図 1.3 にスナップショットを示した）．この Yahoo! での事例は，説明のために本書をとおして繰り返し登場す

[16] 訳注：アイテムを表示するためのウェブページ上の固定的な領域．

[17] 訳注：性能比較の際の基準．

図 **1.3** Yahoo! フロントページで見られる推薦モジュール.

る．当該モジュールは，いくつかのスロットを有するパネルであり，各スロットはアイテムプールから選択されたアイテム（すなわち，ストーリー）を表示する．説明をシンプルにするために，モジュール内のスロットで，最も注目されているスロットのクリック数を最大にすることに重点を置いた．

$p_{it}$ を時点 $t$ におけるアイテム $i$ の CTR とする．各アイテム $i$ について $p_{it}$ を知っていれば，ある時点 $t$ で最も高い CTR のアイテムをユーザに提供することができる．言い換えれば，時点 $t$ の訪問に対してはアイテム $i_t^* = \arg\max_i p_{it}$ を選択する．しかし，リアルタイムでの CTR はわからない．したがってデータから推定する必要がある．データから推定された CTR を $\hat{p}_{it}$ とする．ここで 2 つの疑問が湧いてくる．

- 推定 CTR が最大のアイテムを配信するだけで十分だろうか？
- $\hat{i}_t^* = \arg\max_i \hat{p}_{it}$ は $i_t^*$ に良く近似しているか？

これは推定値の分散がアイテムによって異なるため，常に正しくなるとは限らない．例えば，2 つのアイテムがあり，それぞれの CTR として $\hat{p}_{1t} \sim \mathcal{D}$（平均 $=$ 0.01, 分散 $=$ 0.005），$\hat{p}_{2t} \sim \mathcal{D}$（平均 $=$ 0.015, 分散 $=$ 0.001）を仮定する．ここで $\mathcal{D}$ は正規分布に近い確率分布とする．そして，$\Pr(\hat{p}_{1t} > \hat{p}_{2t}) = 0.47$，すなわち，アイテム 1 を選択する可能性は 47% であるが，実際はアイテム 2 の CTR よりも劣っているとする．アイテム 2 よりも実際の CTR が劣っているにもかかわらず，47% という比較的高い確率となったのは，アイテム 1 の CTR を推定する際の分散がアイテム 2 を推定する際の分散よりも大きいためである．アイテム 1 に対するサンプルサイズが小さいことが原因でこのような結果となる．したがって，推定CTRが最も高いアイテムを選択する単純な戦略は，実際には偽陽性（実際のCTRが最も高いアイテムを選択しない）の可能性が高いことは明らかである．偽陽性を減らすことができる他の戦略はあるのだろうか？　答えはyesだ．貪欲な戦略（greedy scheme：推定CTRが最大のアイテムを選択する戦略）よりも優れたいくつかの戦略がある．この戦略は探索-活用戦略と呼ばれる．特にアイテムプールに新しいアイテムが追加されたときのように，CTR推定値の統計的分散が有意に大きくなるシナリオでは有効な戦略である．

最も単純な探索-活用戦略は，訪問割合の少数を無作為に選択し，ランダムにアイテムを提供する戦略である．これは，少数の訪問に対して等確率（1/総アイテム数）で各アイテムをアイテムプール内から選択し，表示させるものである．この等確率で表示される訪問集合を**ランダムバケット**と呼ぶ．ランダムバケットで収集されたデータはアイテムのCTRを推定するために使用され，ランダムバケット外の訪問では推定CTRが最も高いアイテムを配信する．ランダムバケット外の訪問集合を**サービングバケット**と呼ぶ．ここでの主なアイデアは，無作為に抽出されたサンプルを通じてCTRを見積もることである．これは，サンプルサイズおよびアイテム間の分散の差を平滑化する．ランダムバケットを活用することにより，アイテムプール内の全てのアイテムが妥当なサンプルサイズを確保することができるため，一部のアイテムでサンプルが全くないという「飢餓」問題も回避できる．CTRはランダムバケット内のデータを使用して移動平均[18]や動的状態空間モデル (dynamic state-space model)[19]などの時系列手法を用いて推定する．

図1.4は，Todayモジュールにおける2日分のアイテムのCTR曲線を示している（曲線は平滑化済み）．各曲線は，ランダムバケットで収集したデータにもとづいて推定されたアイテムのCTRを経時的に表したものである．この図から明らかなように，各アイテムのCTRは時間とともに変化し，通常，アイテ

---

18) 訳注：`https://ja.wikipedia.org/wiki/移動平均` を参照．

19) 訳注：状態空間モデルに関する和書として野村俊一『カルマンフィルタ—Rを使った時系列予測と状態空間モデル—』（共立出版，2016）や樋口知之『予測にいかす統計モデリングの基本—ベイズ統計入門から応用まで』（講談社，2011）が参考になる．

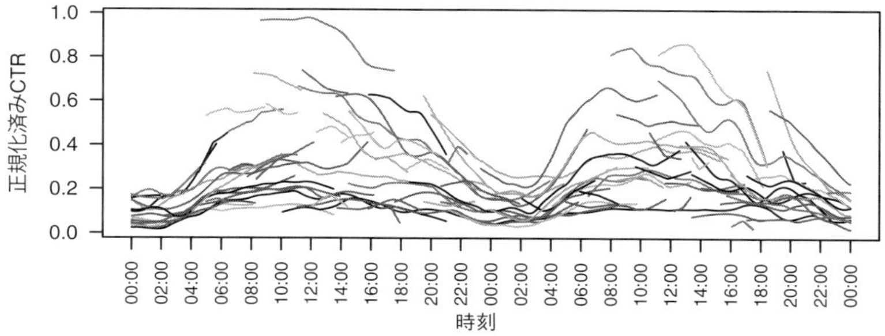


**図 1.4**　Yahoo!Today モジュールにおける 2 日間のアイテムごとの CTR 曲線（$y$ 軸は実際の値ではなく正規化した値）.

ムの寿命は短い（数時間から 1 日）．したがって，最近のデータに大きな重みを付けることによって，変化する CTR の傾向に対応し，各アイテムの CTR 推定値を継続的に更新することが不可欠である．簡単な状態空間モデルにおいては，クリックおよびビュー（view：閲覧）† に対して別々に指数加重移動平均 (EWMA: exponentially weighted moving average)[20] を実施することで平滑化することができ，推定量はアイテムの CTR を示す．より具体的には，この応用事例では 10 分間隔で推定値を更新していた．間隔として 10 分を選択したのは，オフラインで処理を行うために，ウェブサーバから分散コンピューティングクラスターにデータを取り込むのに時間がかかるためである．一般に時間間隔を小さく保つと変化に対する迅速な対応が可能になるが，インフラコストはより高くなる．しかし時間間隔を小さくすると，各間隔の中で取得可能なサンプルサイズも小さくなり，インフラへの追加投資の意味合いは小さくなる．経験上，アイテムごとに平均して 5 回未満のクリック数となる時間間隔を選択した場合，大きな効果が得られることはなかった．

時点 $t$ 終了時のアイテム $i$ のクリックおよびビューの EWMA 推定値をそれぞれ $\alpha_{it}$ と $\gamma_{it}$ とし，それぞれ以下で表される．

---

† 推薦アイテムがユーザに対して表示されることをビューと呼ぶ．インプレッション (impression) と呼ばれることもある．

[20] 訳注：アメリカ国立標準技術研究所のホームページを参照 (`http://www.itl.nist.gov/div898/handbook/pmc/section3/pmc324.htm`).

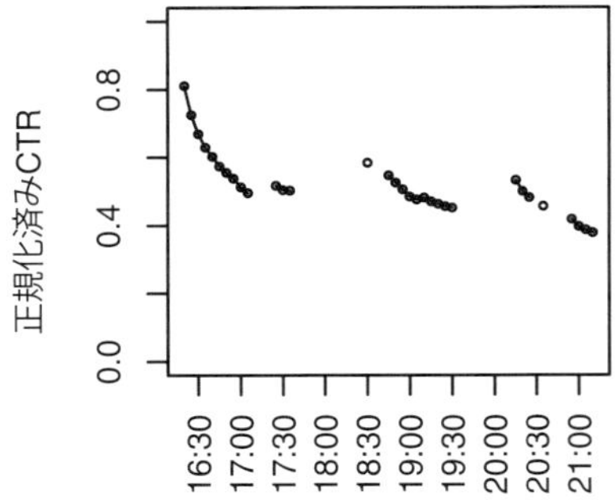


**図 1.5**　アイテムの繰り返し表示による CTR の低下.

$$
\begin{aligned}
\alpha_{it} &= c_{it} + \delta\alpha_{i,t-1} \\
\gamma_{it} &= n_{it} + \delta\gamma_{i,t-1}
\end{aligned} \tag{1.1}
$$

ここで, $c_{it}$ と $n_{it}$ は, アイテム $i$ の時点 $t$ におけるクリック数とビュー数を表している. $\delta \in [0,1]$ は EWMA 平滑化パラメータ (EWMA smoothing parameter) であり, 交差検証 (cross-validation) によって推定精度が最大になる値が選択される（一般的に [0.9, 1] が探索範囲として使用される）. $\delta = 1$ は時間減衰 (time decay) なしの累積 CTR を用いる推定値に対応し（すなわち, 観測されたクリックおよびビューの重要度は経時的に減衰しない）, $\delta = 0$ は現在時点のデータのみを使用することに対応する. $\alpha$ と $\gamma$ は, アイテムに関連付けられた疑似クリック数, 疑似ビュー数として解釈できる. この仕様を完成させるために, $\alpha_{i0} = p_{i0}\gamma_{i0}$ で初期化する. ここで $p_{i0}$ はアイテム $i$ の CTR の初期推定値であり, $\gamma_{i0}$ は初期 CTR 推定値の信頼度を反映する疑似ビュー数である. 一般的に, 他の情報が存在しない場合, $p_{i0}$ をいくつかの大規模システムの平均値と同一になるように設定し, $\gamma_{i0}$ を 1 のような小さい数に設定する（または $p_{i0}\gamma_{i0}$ が 1 になるように $\gamma_{i0}$ を設定する）.

推薦システムを考えるうえで覚えておかなければならないもう 1 つの重要な側面は, あるユーザに同じアイテムを繰り返し表示することによる影響である. これは, サービングバケット内で, 頻繁に訪問するユーザに発生する可能性が高くなる. 図 1.5 は, ユーザがクリックをしていないにもかかわらず, 同一アイテムが複数回同じユーザに示された場合の相対的な CTR の減少を示している．同一ユーザに複数回アイテムが表示された場合，CTR は大幅に低下している．したがって，サービングバケット内でアイテムを表示するための最も一般的なアルゴリズムは，過去のアイテムのビュー数にもとづいて CTR を「割引」するように修正したものである．言い換えれば，ユーザ $u$ の時点 $t$ におけるアイテム $i$ の CTR は，$\hat{p}_{it} f(v_{iu})$ で与えられる．ここで，$\hat{p}_{it}$ はランダムバケット内のデータにもとづいたアイテム $i$ の推定 CTR であり，$f(v_{iu})$ はアイテム $i$ に対するユーザ $u$ の過去のビュー数 $v_{iu}$ にもとづいた割引係数である．一般に，$f(v)$ は $v$ の値にもとづいて経験的に推定することができる．指数関数的に減衰するようなパラメトリック関数を適用することもできる．

CTR を最大化する最も単純で一般的なアルゴリズムの要約を以下に示す．

1. 訪問ごとにランダムにアイテムを表示する小規模のランダムバケットを作成する．
2. ランダムバケット内のデータを用いて古典時な時系列モデルで各アイテムの CTR を推定する．CTR は，ある時間間隔（例えば，時間に敏感な事例については 10 分）でデータを収集することによって更新する．
3. 各ユーザに対する過去のアイテムの表示回数にもとづいて割引係数 (discounting factor) を計算し，アイテムの反復表示を阻止する．
4. サービングバケット内での訪問ごとに割引推定 CTR が最大のアイテムを表示する．

ランダムバケットを使用した全てのアイテムの探索と，サービングバケットで推定 CTR が最大のアイテムを推薦する方法は $\epsilon$-グリーディ ($\epsilon$-greedy) 法と呼ばれている．$\epsilon$ の値（すなわち，ランダムバケットのサイズ）は，経験的に調整されるパラメータである．経験上，アイテム数に比べてクリック数が多い場合は 1〜5% がうまく機能することがわかっているが，この数値はアプリケーションによって異なる．

アイテムの数が多くなり，アイテムごとに取得できるサンプルサイズが小さくなると，$\epsilon$-グリーディよりも倹約な探索-活用戦略が必要となる．Most-Popular 推薦は，いくつかのアプリケーションにおいて初期の段階では良い成果を出すが，ユーザセグメントによって CTR が最大のアイテムが異なることが問題となる．サイトに頻繁にアクセスするユーザのために推薦を個別化することも望ましい．推薦問題の主な課題はデータスパースネス (data sparseness)[21] である．本書は，この課題に対する解決策に注力していく．

## 1.3 演習

1.1 読者が好きな製品で推薦アルゴリズムが活用されている例を考えてみよう．本章で述べたフレームワークを使用して，このシステムを一から構築する場合，どのように問題を設定するか．

1.2 演習 1.1 で設定した問題に解を提供する確率的状態空間モデル (probabilistic state-space model) を書き出せ．また，確率モデルを使用して推定値の分散を導出せよ．次に，$K$ 個のアイテムプールの中で最良のアイテムの CTR を計算する式を導出せよ．また，この式を使用して，より優れた探索-活用戦略を作成できるか考えよ．

[21] 訳注：対象としているデータのほとんどが Null または 0 で占められている疎な様をスパースといい，スパースなデータがもつ性質をスパースネスまたはスパース性と呼ぶ．

# 第2章

# 古典的手法

推薦システムは，1つまたは複数の目的を最適化するためにユーザに対してアイテムの推薦を行う．本章では古典的な推薦手法について説明を行う．

推薦システムでは，一般的に以下にもとづいて推薦が行われる．

- アイテムについての既知な情報（2.1節）
- ユーザについての既知な情報（2.2節）
- 過去のユーザ-アイテム間の相互作用（クリックしたかどうかなど）

ユーザ $i$ に関する情報をユーザの**素性ベクトル**と呼び，アイテム $j$ についての情報をアイテムの素性ベクトルと呼ぶ（素性ベクトルの例は後述する）．本章では，各（ユーザ $i$，アイテム $j$）対のスコア $\hat{y}_{ij}$ を計算する古典的な方法を検討する．スコア $\hat{y}_{ij}$ は，通常，次のいずれかの方法で計算される．

- ユーザ $i$ とアイテム $j$ の素性ベクトルの類似度（2.3節）
- アイテム $j$ に「類似している」アイテムへのユーザ $i$ の過去の応答，および／または，ユーザ $i$ と「類似している」ユーザのアイテム $j$ への過去の応答（2.4節）
- 上の両者の組み合わせ（2.5節）

いくつかの方法ではあらかじめ定義された類似度を利用するが，直接データから類似度を学習する手法もある．

アイテム素性ベクトルの例

| | |
|---|---|
| カテゴリ：ビジネス | 0.0 |
| カテゴリ：エンターテインメント | 1.0 |
| … | … |
| カテゴリ：科学 | 0.0 |
| 単語：最善 | 0.0 |
| 単語：最悪 | 0.2 |
| … | |
| 単語：驚き | 0.3 |

ユーザ素性ベクトルの例

| | |
|---|---|
| 性別：男 | 1.0 |
| 年齢：0-20 | 1.0 |
| … | … |
| 年齢：80+ | 0.0 |
| 単語：最善 | 0.3 |
| 単語：最悪 | 0.1 |
| … | |
| 単語：驚き | 0.1 |

**図 2.1**　素性ベクトルの例（各次元の意味はベクトルの左側に記載）．

古典的手法は後の章で説明する洗練された手法のベースラインとして機能する．本書では古典的手法の概要のみを記載している．古典的手法の詳細については，Adomavicius and Tuzhilin(2005)，Jannach et al. (2010)，Ricci et al. (2011) を参照してほしい．

**記法**：個別のユーザとアイテムを表す記号として $i$ と $j$ を使用する．ユーザ $i$ がアイテム $j$ に与えるレイティングを $y_{ij}$ とする．ここでは「**レイティング** (rating：評価，格付け)」という用語を一般的な意味で使用する．つまり，映画，書籍，または製品の5つ星格付けといった明示的な評価 (explicit rating) に対しても，推薦されたアイテムのクリックのような暗黙の評価 (implicit rating) の意味でも使用する．$\boldsymbol{Y} = \{y_{ij}$：ユーザ $i$ のアイテム $j$ への評価$\}$ は観測された評価の集合であり，**評価行列** (rating matrix) と呼ぶ．評価行列の多くの要素は観測されないことに注意してほしい．$\boldsymbol{x}_i$ と $\boldsymbol{x}_j$ は，それぞれユーザ $i$ の素性ベクトルとアイテム $j$ の素性ベクトルとする．記号 $\boldsymbol{x}$ を用いてユーザとアイテムの両方の素性ベクトルを表すことができるが，$\boldsymbol{x}_i$ と $\boldsymbol{x}_j$ は異なる素性で構成され，次元が異なる可能性がある．図 2.1 に，アイテム素性ベクトル $\boldsymbol{x}_j$ の例と，ユーザ素性ベクトル $\boldsymbol{x}_i$ の例を示す．次節では素性ベクトルを構築する方法について説明する．

## 2.1 アイテム素性ベクトル

アイテム素性ベクトル $\boldsymbol{x}_j$ の構成方法はいくつかある．抽出できる素性の種類はアイテムの性質によって異なる．例えば，文書に関連付けられた素性ベクトルは画像の素性ベクトルとは大きく異なるだろう．したがって，推薦システムで取り扱う可能性のあるアイテムの全ての種類の素性について詳細な説明をすることはできない．代わりに，一般的なウェブ推薦システムで見られる一般的なアイテム素性ベクトルについて述べる．なお，アイテムに関する情報を数値ベクトルとして表現できるのであれば，本書で説明する統計的手法を適用することができる．

アイテムの素性ベクトルを作成するために一般的に使用される方法は，カテゴリ化（2.1.1 項），bag-of-words（2.1.2 項），トピックモデリング（2.1.3 項）である．また，2.1.4 項ではそれ以外のアイテムの素性ベクトルについて説明する．

### 2.1.1 カテゴリ化

アプリケーションの多くではアイテムを事前に定義されたタクソノミ[1]に分類することができる．例えば，Yahoo! ニュースのようなウェブサイトのニュース記事は，「米国」，「世界」，「ビジネス」，「エンターテインメント」，「スポーツ」，「技術」，「政治」，「科学」，「健康」などが第一階層のカテゴリとして分類される．これらのカテゴリにはサブカテゴリがある．例えば，「米国」カテゴリには，「教育」，「宗教」，「犯罪と裁判」などのサブカテゴリがある．同様に EC サイトの商品アイテムも通常は商品カテゴリに分類される．例えば Amazon.com には，第一階層のカテゴリとして，「書籍」，「映画・音楽・ゲーム」，「エレクトロニクス・コンピュータ」，「ホーム・ガーデン・ツール」などがある．「書籍」カテゴリには，「アート・写真」，「バイオグラフィー・メモリアル」，「ビジネス・投資」などのサブカテゴリがある．「アート・写真」というサブカテゴリの中には，「建築芸術・デザイン」，「商業技術」，「コレクション・カタログ・展覧会」，「装飾美術・デザイン」などがある．「建築芸術・デザ

[1] 訳注：階層構造をもつ分類，カテゴリ群または分類体系.

イン」のサブカテゴリには「建物」,「装飾・装飾」,「歴史」,「個人建築家・建築事務所」がある．また，アイテムは帰属度合いの異なる複数のカテゴリに属することもある．

アイテムの分類方法はいくつかある．最も単純な方法は人間がラベル付けを行うものである．多くのニュースサイトでは編集プロセスを通じて記事を分類している．製品の場合，潜在的購入者による発見を容易にするために商品を分類する．このような人手によるラベル付けはアイテム数が少数の場合はうまくいく．しかし，多数の新規アイテムが早いペースで追加される場合は人手による分類は高コストである．アイテムに人間がラベルを付与できない場合，統計的手法を使用して，アイテムをタクソノミ上の適切なノードに自動的に分類することができる．このような統計的手法では，一般的な教師あり学習手法を使用してラベル付きデータセットによりモデルの学習を行う．一般的な教師あり学習手法の説明については Hastie et al.(2009) および Mitchell(1997) に記載されている．また，自動テキスト分類手法の概要については Sebastiani(2002) を参照してほしい．

タクソノミ上のカテゴリへのアイテムの分類は，一般に，ユーザがウェブサイトをより効率的に閲覧し，興味のあるアイテムを探すのを助けるために行われるが，アイテムに関する有用な意味情報 (semantic information) を取得するという点でも重要である．アイテム-カテゴリ関係から素性ベクトルを構築する一般的な方法は，各次元がカテゴリに対応するようにベクトル空間を定義することである．アイテム $j$ が $\ell$ 番目のカテゴリに属する場合，アイテム $j$ の素性ベクトル $\boldsymbol{x}_j$ の $\ell$ 次元目の値は 1 であり，そうでない場合は 0 とする．図 2.1 のアイテム素性ベクトルの上部はカテゴリに関する特徴量であり，図中の例ではアイテムは「エンターテインメント」カテゴリに属することを示している．カテゴリへの帰属度合いに関する情報が利用可能である場合（統計的手法を使用してアイテムを分類する場合），アイテム素性ベクトル内のバイナリ値（0 または 1）をこれらのメンバーシップスコア[2)] に置き換えることができる．$||\boldsymbol{x}_j||_1 = 1$ または $||\boldsymbol{x}_j||_2 = 1$ となるように素性ベクトルを正規化すること

---

2) 訳注：カテゴリへの所属確率など．

も一般的である[3]．しかし正規化による利点があるかどうかは適応する事例に依存し，実証的評価 (empirical evaluation) が必要である．

### 2.1.2 bag-of-words

関連するテキストを有するアイテムについては，アイテム素性ベクトルを構成するためにbag-of-wordsベクトル空間モデル (Salton et al., 1975) が一般的に使用される．アイテムの主たる内容がテキストでない場合でも，各アイテムにはテキストが関連付けられていることが多い．例えば，製品には大抵テキストの説明が付属している．マルチメディアでは多くの場合タイトルがあり，テキストでの説明とタグが付いている場合もある．

bag-of-wordsベクトル空間モデルでは，参照するアイテムコーパスに現れる各単語を次元として扱うため，高次元のベクトル空間が作成される．ここで，アイテムコーパスはシステム内に現れるアイテムの大規模集合である．各アイテム $j$ は，このbag-of-wordsベクトル空間内の点 $\boldsymbol{x}_j$ として表される．ベクトル $\boldsymbol{x}_j$ の $\ell$ 次元目の値を $x_{j,\ell}$ とする．アイテムをこのベクトル空間に写像するための3つの一般的な方法を以下にあげる．

1. **2値表現**：アイテム $j$ が $\ell$ 番目の単語を含んでいれば $x_{j,\ell} = 1$，そうでなければ $x_{j,\ell} = 0$.
2. **単語頻度** (TF: term frequency)：アイテム $j$ に $\ell$ 番目の単語が現れた回数を $\mathrm{TF}(j,\ell)$ とする．したがって，$x_{j,\ell} = \mathrm{TF}(j,\ell)$.
3. **単語頻度-逆文書頻度** (TF-IDF: term frequency – inverse document frequency)：$\mathrm{DF}(\ell)$ をアイテムコーパス内のアイテムで $\ell$ 番目の単語を含む割合，$\mathrm{IDF}(\ell) = \log(1/\mathrm{DF}(\ell))$ とする．$\mathrm{IDF}(\ell)$ はアイテムを表現するのに単語 $\ell$ がどれだけ意味をもっているかを示す．したがって，$x_{j,\ell}$ は $\mathrm{TF}(j,\ell) \cdot \mathrm{IDF}(\ell)$ で定義される．

最後に，各ベクトル $\boldsymbol{x}_j$ は $||\boldsymbol{x}_j||_2 = 1$ となるように正規化される．情報検索において，一対の正規化されたアイテムベクトルの内積（2つのベクトル間の角

---

[3] 訳注：$||\cdot||_1$，$||\cdot||_2$ はそれぞれ $L_1$ ノルム，$L_2$ ノルムと呼ばれる．ノルム空間については山田功『工学のための関数解析』（数理工学社，2009）などを参考にしてほしい．

**密ベクトル表現**

| 次元 | ベクトル |
|---|---|
| 1 | 0.0 |
| 2 | 0.8 |
| 3 | 0.0 |
| 4 | 0.0 |
| 5 | 0.6 |
| 6 | 0.0 |

**スパースベクトル表現**

| インデックス | 値 |
|---|---|
| 2 | 0.8 |
| 5 | 0.6 |

**図 2.2**　密ベクトルとスパースベクトルの例.

のコサインに等しい）は，2つのアイテムの類似度を表す．図2.1のアイテム素性ベクトルの下部は，ここで説明したbag-of-wordsを表している.

**スパースなデータ形式**：$\boldsymbol{x}_j$ は大抵，大部分の次元に0があるスパースベクトルである．したがって，0を格納しないことでメモリを節約できる．スパースベクトルを格納する1つの方法は，ベクトルの $i$ 番目の次元に値 $v$（$\neq 0$）がある場合，$(i, v)$ のような（インデックス，値）対のリストを保持することだ．図2.2は密ベクトルとスパースベクトルの両者の例を示している．$\boldsymbol{x}_j$ は0を多く含む高次元のベクトルと考えることができる．上で学んだとおり，スパースベクトル化した $\boldsymbol{x}_j$ は実際のベクトルの次元よりもはるかに小さい空間量でメモリに格納することができる.

**句とエンティティ**：テキスト情報を「単語の集まり (bag-of-words)」として捉える方法について説明してきたが，関連するテキストでアイテムを記述する場合，素性を個々の単語に限定する必要はない．句に対応する2つの隣りあった単語（バイグラム），または3つの隣りあった単語（トライグラム）を含めることによってベクトル空間を拡張することは一般的に行われている．また，人，組織，場所などの固有表現に焦点を当てることもしばしば有益である．固有表現の認識手法の概要についてはNadeau and Sekine(2007) を参照してほしい.

**次元削減**：句を考慮しなくても，アイテムコーパス内の単語の総数が大きい場合，そのうちのいくつかは少数のアイテム内でしか通常は観測されない．または，各アイテムにはコーパス内の全単語のごく一部のみが含まれるのが一般的である．最終的な目的は，スコア推定に使用するアイテム素性ベクトルを作成することであるため，次元およびデータスパースネスの増加は推定に対してノイズを増加させる原因となる可能性がある．関連情報によりアイテムに関する情報を補強し，次元削減手法によりノイズを低減することはしばしば有用である．スパース性の削減および次元削減のために使用される手法は多くない．これらの多くは教師なし手法であり，一般的に教師ありスコア推定タスクへの有効な入力表現として使用される．教師あり学習問題における，アプリケーション固有の最適な入力表現を得るための直接的な方法は第7章と8.1節で考察する．

1. **類義語拡張**：アイテム内の単語を拡張するためのシンプルかつ有用な方法は類義語を加えることである．例えば，アイテムに「勤勉」という単語が含まれている場合，アイテムのbag-of-words表現に「熱心」や「克明」のような類義語を追加する．これにより素性ベクトルは「熱心」や「克明」に対応する次元の値が0ではなくなる．類義語はPrinceton University(2010)によるWordNetのようなシソーラス（類語辞典／辞書）またはレキシカルデータベース（語彙データベース）で見つけることができる．
2. **素性選択**：全ての単語が有用であるとは限らない．素性選択法 (Guyon and Elisseeff, 2003) により，上位$k$個の有益な語を選択することができる．非常に単純な選択方法は，過剰に出現頻度の高い／低い単語を無視することである．例えば，少なくとも$N$個のアイテムに現れる単語のみを考慮する，ということが考えられる．単純な方法であるが，しばしば問題の次元およびノイズを低減するために有効である．
3. **特異値分解**：スパース性および次元を低減する他の方法として，特異値分解（SVD: singular value decomposition）があげられる（詳細はGolub and Van Loan, 2013を参照）．$m \times n$行列で表される$\boldsymbol{X}$の$j$番目の行はアイテム$j$の素性ベクトル$\boldsymbol{x}_j$である．ここで，$m$はアイテム数であり，$n$は素性ベクトルの次元数である．$\boldsymbol{X}$のSVDは以下で表現される．

$$\boldsymbol{X} = \boldsymbol{U}\boldsymbol{\Sigma}\boldsymbol{V}' \tag{2.1}$$

ここで，$\boldsymbol{U}$ は $m \times m$ 直交行列，$\boldsymbol{V}$ は $n \times n$ 直交行列，$\boldsymbol{\Sigma}$ は対角線上に非負特異値が降順になっている（高々 $\min(m, n)$ 個の対角要素が 0 より大きい値を有する）長方対角行列である．次元数を減らすために，特異値の大きい方から $d$ ($d \ll \min(m, n)$) 個を選択し射影する．$d$ 個の特異値のみを保持することによって得られた $d \times d$ 対角行列を $\boldsymbol{\Sigma}_d$ とする．$\boldsymbol{U}_d$ と $\boldsymbol{V}_d$ をそれぞれ $\boldsymbol{U}$ と $\boldsymbol{V}$ の最初の $d$ 個の列のみを保持することによって生成された $m \times d$ と $n \times d$ 行列とする．Eckart-Young の定理により，$\boldsymbol{U}_d \boldsymbol{\Sigma}_d \boldsymbol{V}'_d$ は，2 つの行列間のフロベニウスノルム（要素間の差の二乗和）を最小にする点で $\boldsymbol{X}$ を近似する**最良**の $d$ ランク行列である．$\boldsymbol{V}'$ は（ベクトル空間を回転するだけなので）正規直交変換であるため，元の $m \times n$ 素性行列 $\boldsymbol{X}$ を $\boldsymbol{V}_d$ を用いて新しい $m \times d$ 素性行列 $\boldsymbol{U}_d \boldsymbol{\Sigma}_d = \boldsymbol{X} \boldsymbol{V}_d$ で置き換えることができる．すなわち，アイテム $j$ に関する $n$ 次元の素性ベクトル $\boldsymbol{x}_j$ を $\boldsymbol{V}'_d$ を用いて，$d$ 次元の素性ベクトル $\boldsymbol{V}'_d \boldsymbol{x}_j$ に置き換える．ここで，$\boldsymbol{V}'_d$ は $\boldsymbol{x}_j$ を $n$ 次元ベクトル空間から $d$ 次元空間に射影する役割を担っている．

4. **ランダム射影**：SVD は高次元空間から低次元空間への線形射影にもとづいている．より簡単かつ効果的な代替表現はランダム線形射影（例えば，Bingham and Mannila, 2001）を用いることである．$\boldsymbol{R}_d$ を，標準正規分布からサンプリングされた要素を有する $n \times d$ 行列とする．次に，アイテム $j$ の新しい $d$ 次元の素性ベクトルとして $\boldsymbol{R}'_d \boldsymbol{x}_j$ を使用する．これは，$d$ が十分に大きければ元のベクトル空間における 2 点間のユークリッド距離が，新しい $d$ 次元ベクトル空間でほぼ保存されるという Johnson-Lindenstrauss の補題による．

通常，特定のアプリケーション設定に最も適している素性ベクトルを決定するには実証的評価が必要となる．複数の素性ベクトルを構築し，それらを教師あり学習タスクへの入力として使用することは有用である．より多くの非線形な関係性を学ぶことができる深層学習（例えば，Bengio et al., 2003）にもとづく手法は，もう 1 つの新しい選択肢である．現代の教師あり学習の大部分は，過学習を避けるため $L_2$ や $L_1$ などの正則化手法を使っている．正則化手法は入力から最も有益な素性を選択するのに効果的である．正則化については 2.3.2 項の終わりに説明する．

### 2.1.3 トピックモデリング

手作業での分類，タクソノミおよびアイテムの低レベル表現である bag-of-words に加えて，最近ではテキストベースの教師なし分類手法の研究が進んでいる．いくつかの教師なしクラスタリング手法が利用可能であるが，Blei et al. (2003) で提案された潜在ディリクレ分配 (LDA: latent Dirichlet allocation) モデルが選択肢としてあげられる．LDA では，テキストコンテンツにもとづいて，アイテム $j$ がトピック $k$ に属する確率を表すメンバーシップスコアを各（アイテム $j$，トピック $k$）対に割り当てる．そして，トピックはクラスターと考えることができる．

LDA モデルは各アイテムにおける各単語の出現率を生成する．ここでは，アイテムコーパスに合計で $K$ 個のトピックが存在すると仮定する．$K$ は事前に指定する数値である．単語とアイテムはトピックを通してつながっている．各トピックは，コーパス内の全ての単語にわたって多項確率質量関数[4] (multinomial probability mass function) として表される．$W$ をコーパス内の重複を排除した単語の数とする．トピック $k$ の確率質量関数は $W$ 次元のベクトル $\boldsymbol{\Phi}_k$ とする．ここで，$\boldsymbol{\Phi}_k$ はベクトル和が 1 に等しいシンプレックス[5] であり，各要素は非負である．ベクトル内の $w$ 番目の要素はトピック $k$ において，アイテム内に単語 $w$ が出現する確率を表す．つまり，$\boldsymbol{\Phi}_{k,w} = \Pr$ (単語 $w$ | トピック $k$)．各アイテム $j$ はトピック上の多項確率質量関数として表され，$K$ 次元ベクトル $\boldsymbol{\theta}_j$ とする．ここで，ベクトル内の $k$ 番目の要素はアイテム $j$ がトピック $k$ 上にある確率を表す．すなわち，$\boldsymbol{\theta}_{j,k} = \Pr$ (トピック $k$ | アイテム $j$)．$\boldsymbol{\Phi}_k$ と $\boldsymbol{\theta}_j$ が与えられるとアイテム $j$ 内の単語を生成することができる．単語生成の手順としては，まず $\boldsymbol{\theta}_j$ からトピック $k$ をサンプリングし，次いで，トピック $k$ が与えられた状態で $\boldsymbol{\Phi}_k$ から単語をサンプリングする．ベイジアンモデルの要求を満たすために，共役性から，2 つの多項確率質量ベクトル $\boldsymbol{\Phi}_k$ と $\boldsymbol{\theta}_j$ はディリクレ事前分布から生成されるとする．各アイテムの単語がどのように生成されるかを規定する生成モデルの要求は，次のとおりである．

---

4) 訳注：確率質量関数とは離散確率変数が「ある値」となる確率を与える関数.

5) 訳注：非負で合計が 1 となるベクトル.

- 各トピック $k$ について，ハイパーパラメータ $\boldsymbol{\eta}$ のディリクレ事前分布から $W$ 次元の確率質量ベクトル $\boldsymbol{\Phi}_k$ をサンプリング．
- 次に各アイテム $j$ について，
  - まず $K$ 次元の確率質量ベクトル $\boldsymbol{\theta}_j$ をハイパーパラメータ $\boldsymbol{\lambda}$ としてディリクレ事前分布からサンプリング．
  - 次にアイテム $j$ 内の単語生起確率に対して，
    - 確率質量ベクトル $\boldsymbol{\theta}_j$ からトピック $k$ をサンプリング．
    - 選択したトピック $k$ に対応した確率質量ベクトル $\boldsymbol{\Phi}_k$ から単語 $w$ をサンプリング．

ここまではLDAモデルにもとづいて，各アイテム内の単語がどのように生成されるかを説明した．ここからは，観測データとして関連付けられた単語をもつ一連のアイテムが与えられたとして，モデルのパラメータを推定することを考える．各アイテム $j$ についての $\boldsymbol{\theta}_j$ の事後分布および各トピック $k$ についての $\boldsymbol{\Phi}_k$ の事後分布は，変分近似 (Blei et al.,2003) またはギブスサンプリング (Griffiths and Steyvers, 2004) によって推定することができる．$\boldsymbol{\theta}_j$ の事後平均は，アイテム $j$ の各トピックに関する確率のベイズ推定量であり，$\boldsymbol{\Phi}_k$ の事後平均は各トピック $k$ を解釈するのに役立つ．$\boldsymbol{\Phi}_k$ の中で最も高い確率をもつ上位 $n$ 個の単語を見ることによって重要なトピックがわかる．興味のある読者は Blei et al.(2003)，Griffiths and Steyvers(2004) を参照してほしい．第9章では LDA モデルを拡張し，ユーザとアイテム，および，ユーザとアイテムのトピックを同時にモデル化する方法について論じ，ギブスサンプリングにもとづくパラメータ推定方法の詳細な説明を示す．

### 2.1.4　その他のアイテム素性ベクトル

ユーザ素性ベクトルの話に移る前に，さまざまな推薦問題で利用可能なアイテム素性について簡潔に説明する．以下のリストは決して網羅的ではなく，各アプリケーションには特有の素性がある．

- **出典**：ユーザがある特定の出典を好む傾向がある場合，アイテムの出典（例えば，作成者やパブリッシャー）は役に立つ素性である．
- **場所**：一部のアプリケーションでは，アイテムに地理的な情報がタグ付けされている場合がある．例えば，携帯電話を使用して撮影された写真は，その場所で容易にタグ付けすることができ，商品はそれらを販売する店舗の場所でタグ付けすることができる．位置情報は，地理情報を利用しているサービスにとって重要である．位置は，経度および緯度，または位置タクソノミ（国，州／県，町などのレベル）のノードとして表すことができる．
- **画像**：アイテムに画像やビデオクリップが含まれている場合，画像の素性から推薦に役立つ情報が得られる．このトピックに関する文献は数多くある．Datta et al.(2008) や Deselaers et al.(2008) などを参照してほしい．
- **オーディオ**：同様にアイテムにオーディオクリップが含まれている場合，オーディオに関する素性が推薦に とって有効である可能性がある．これについては Fu et al.(2011) および Mitrović et al.(2010) が参考になる．

アイテム素性はアプリケーションに特化していることが多く，モデルの作成に役立つアイテム素性を特定するには，ドメイン知識，経験，およびアプリケーションの洞察が必要である．

## 2.2 ユーザ素性ベクトル

次に，各ユーザ $i$ に対して，ユーザ素性ベクトル $\boldsymbol{x}_i$ を作成するためのいくつかの方法を説明する．一般に，ユーザ素性ベクトルは公表されているユーザプロファイル（2.2.1 項），ユーザとコンテンツとの相互作用（2.2.2 項），推薦システム内で利用可能なユーザ関連情報（2.2.3 項）から得られる．

### 2.2.1 公表されているユーザプロファイル

多くのアプリケーションでは，ユーザは基本情報を登録し，サービスにサインアップする際に，特定のトピックへの興味を公表することもある．一般的に推薦システムではユーザが公表した次の情報を素性として利用できる．

- **人口統計**：サービスの登録プロセスの一環として，ユーザは年齢，性別，職業，教育水準，地域，その他の人口統計情報を提供するように求められることが多い．その際，一部のユーザは全ての人口統計情報を提供しないが，多くのユーザは登録を行う．例えば，性別，年齢層，住んでいる地域が異なるユーザでは，アイテムの好みが異なる可能性がある．したがって，通常，推薦システムにおいて人口統計情報を考慮することは有用である．
- **興味／関心**：一部の推薦システムでは，既定のカテゴリまたはトピックから選択するか，またはキーワードを登録することによって，ユーザが興味を公表することができる．多くのユーザは自分の興味を公表することをためらわない．ユーザの興味は，より良いアイテムの推薦を行うための素性として非常に役立つ．ユーザが興味を公表することが可能な推薦システムにとって，ユーザの関心事を引き出すプロセスを，自然に，負担なく，さらには楽しくすることはシステム設計上の重要な課題の1つである．

ユーザの公開情報をもとにした素性ベクトルは，アイテム素性ベクトルと同様の方法で構築することができる．性別，職業，教育，関心のあるカテゴリなどのカテゴリ型の素性は，2.1.1項で説明したものと同様の方法で処理できる．また，単語ベースの素性も2.1.2項で説明したものと同様の方法で処理できる．年齢などの数値的素性は，素性ベクトルにおいて単一の次元として扱うことも，複数のビン（例えば年齢グループ）に離散化することもでき，後者はカテゴリ型変数として扱われる．図2.1（右）は，ユーザ素性ベクトルの例を示している．

### 2.2.2　アイテム素性ベクトルの利用

過去にアイテムとの相互作用があったユーザの素性ベクトルを作成する1つの方法は，ユーザとの相互作用があったアイテムの素性ベクトルを集めることである（同様の戦略を用いて追加のアイテム素性ベクトルを構築することもできる）．$\mathcal{J}_i$ は，ユーザ $i$ と過去に相互作用があったアイテムの集合を表すものとする．相互作用の種類はアプリケーションの設定に依存し，クリック，シェア，（推薦記事の）閲覧，（推薦された商品の）購入，コンテンツ作成（システム内でユーザがコメントなどのコンテンツを作成すること）が含まれる．ここで次式の説明のために，$\boldsymbol{x}_j$ はアイテム $j$ の素性ベクトルを表していたことを再掲する．ユーザ $i$ のコンテンツベース素性ベクトルは以下のとおりである．

$$\boldsymbol{x}_i = F(\{\boldsymbol{x}_j : j \in \mathcal{J}_i\}) \tag{2.2}$$

ここで，$F$ はベクトルの集合を受け取り，ベクトルを返す集約関数である．$F$ の1つの選択肢は平均である．$F$ を平均とした場合の簡単な拡張として，最近の相互作用により大きな重みを与え，$F$ を加重平均として考えることである．

過去にユーザ $i$ と相互作用のあったアイテム集合 $\mathcal{J}_i$ は，推薦の候補ではないアイテムを含んでいてもよい．例えば，映画推薦システムを例に考えてみよう．映画推薦システムはニュース記事の推薦をしないが，ユーザがクリック，閲覧，コメントをした映画関連のニュース記事の情報をもとにコンテンツベースのユーザ素性ベクトルを構築することができる．

### 2.2.3　その他のユーザ素性ベクトル

ユーザの登録情報およびコンテンツベースのユーザ素性ベクトルに加えて，推薦システムは他の種類のユーザ素性を活用することができる．以下にいくつかの例をあげる．

- **現在位置**：ユーザは，サービスにサインアップしたときに登録した場所に常にいるとは限らない．ユーザの現在位置は，通常，デバイスのIP（インターネットプロトコル）アドレスをもとに推定するが，ユーザのデバイスにGPSが搭載されていれば位置を正確に判断することができる．ユーザの位置情報は，店舗やレストランなどの地理的に敏感なアイテムを推薦する場合に重要である．
- **利用回数ベースの素性ベクトル**：（推薦システムを導入している）ウェブサイト内におけるユーザの相互作用の統計情報も有益なユーザ素性である．例として，ウェブサイトへのユーザの訪問頻度（例えば，1か月あたりの回数），および利用デバイスの種類と利用頻度，サービス，アプリケーション，またはウェブサイトのコンポーネントを使用する頻度があげられる．
- **検索履歴**：推薦システムが検索機能をもつウェブサイト用に設計されてい

る場合，検索履歴からユーザの興味や直近の目的についての貴重な情報が得られる．例えば，ユーザが最近ある組織を検索した場合，その組織に関するニュース記事がユーザにとっての関心事かもしれない．通常，ユーザの検索履歴は，2.1.2 項で説明したのと同様の方法で bag-of-words ベクトルで表すことができる．

- **アイテム集合**：過去にユーザが関心を示した（例えば，クリック，シェア，「いいね」）アイテム集合も，素性ベクトルを構築するために使用することができる．素性ベクトルは単語単位のアプローチと同様の方法で構築することができ，これにより各アイテムを「単語」として解釈することができる．

## 2.3　素性ベクトルベースの手法

ユーザ素性ベクトルとアイテム素性ベクトルが与えられた場合の一般的なスコアリングアプローチの1つは，それらの素性ベクトルを用いてユーザ $i$ とアイテム $j$ の間の親和性を測るスコアリング関数 $s(\boldsymbol{x}_i, \boldsymbol{x}_j)$ を設計することである．そしてスコアが求まれば，それにもとづいてアイテムを順位付けすることで推薦を行うことができる．スコアリング関数は，教師あり手法（2.3.1 項），または，教師なし手法（2.3.2 項）のいずれかで構築することができる．

一般に優れた素性ベクトルを発見することは骨の折れる作業だが，正しく素性ベクトルの設計が行われるとパフォーマンスは大幅に向上する．2.4.3 項では，過去のユーザ-アイテム間のインタラクションデータにもとづいて，ユーザおよびアイテム素性ベクトルを自動的に「学習」する方法についても説明する．

### 2.3.1　教師なし手法

教師なし手法を用いたスコアリング関数は，一般にユーザ素性ベクトル $\boldsymbol{x}_i$ とアイテム素性ベクトル $\boldsymbol{x}_j$ との間の類似性にもとづく．2つのベクトル間の類似性を測定する方法はいくつかある．まず，$\boldsymbol{x}_i$ と $\boldsymbol{x}_j$ が同じベクトル空間内の点である単純な設定から考える．同一ベクトル空間内の点であれば，ユーザとアイテムの両方が同じ素性ベクトルを使用して表される．これが起こる一般的な例として，ユーザとアイテムの両方が同じコーパスからの bag-of-words として表される場合があげられる．アイテムにテキストが関連付けられている場合は，bag-of-wordsとして表現するのが自然である（2.1.2項を参照）．この場合のユーザのbag-of-words表現は，2.2.2項で説明した方法で取得できる．一般的なスコアリング関数であるコサイン類似度は次式で表される．

$$s(\boldsymbol{x}_i, \boldsymbol{x}_j) = \frac{\boldsymbol{x}_i'\boldsymbol{x}_j}{||\boldsymbol{x}_i|| \cdot ||\boldsymbol{x}_j||} \tag{2.3}$$

ここで $\boldsymbol{x}_i'$ は列ベクトル $\boldsymbol{x}_i$ の転置であり，$\boldsymbol{x}_i'\boldsymbol{x}_j$ は2つのベクトルの内積である．bag-of-wordsを用いた場合に一般的に使用される他の類似度関数としてOkapi BM25(Robertson et al., 1995) があげられる．これは情報検索に使用される一般的なTF-IDFベースの類似度関数である．2値表現の素性ベクトルの場合，Jaccard係数 (Jaccard, 1901) がよく使用される．2つのベクトル間のJaccard係数は，2つのベクトル間で共通している集合の要素数を2つのベクトル内の全要素数で割ることで計算できる．

$\boldsymbol{x}_i$ と $\boldsymbol{x}_j$ が $||\boldsymbol{x}_i||_2 = ||\boldsymbol{x}_j||_2 = 1$ のように正規化されているとき，$\boldsymbol{x}_i$ と $\boldsymbol{x}_j$ の内積 ($\boldsymbol{x}_i'\boldsymbol{x}_j = \sum_k x_{i,k}x_{j,k}$) は2つのベクトル間のコサイン類似度となる．ここで，$x_{i,k}$ と $x_{j,k}$ はベクトル $\boldsymbol{x}_i$，$\boldsymbol{x}_j$ の $k$ 次元目の値である．単純な拡張として，異なる重みを各次元に与えることが考えられる．これは，$s(\boldsymbol{x}_i, \boldsymbol{x}_j) = \boldsymbol{x}_i'\boldsymbol{A}\boldsymbol{x}_j = \sum_k a_{kk}x_{i,k}x_{j,k}$ で表現可能である．ここで，$\boldsymbol{A}$ は対角行列であり，$a_{kk}$ は行列 $\boldsymbol{A}$ の要素 $(k,k)$ の値であり，$k$ 次元目の重みである．さらなる拡張として，$\boldsymbol{A}$ を（対角行列ではない）完全な行列にすることである．これは，$s(\boldsymbol{x}_i, \boldsymbol{x}_j) = \boldsymbol{x}_i'\boldsymbol{A}\boldsymbol{x}_j = \sum_{k\ell} a_{k\ell}x_{i,k}x_{j,\ell}$ で表すことができる．ここで，$a_{k\ell}$ は直感的にユーザ素性空間の $k$ 次元目とアイテム素性空間の $\ell$ 次元目の類似度を意味する．この拡張では，$\boldsymbol{x}_i$ と $\boldsymbol{x}_j$ は異なる素性ベクトルで構成され次元数が異なる．この場合，行列 $\boldsymbol{A}$ をどのように作成すべきなのか？　また，$\boldsymbol{x}_i$ と $\boldsymbol{x}_j$ が高次元である場合，この拡張では実現が難しい．これは教師あり手法を使用する動機付けとなる．

### 2.3.2 教師あり手法

教師あり手法では，過去のユーザ-アイテム間の相互作用によって収集された観測済みの**レイティングデータ**を教師とし，それぞれの素性ベクトルを用い

$$\boldsymbol{x}_i = \begin{pmatrix} x_{i1} \\ x_{i2} \\ x_{i3} \end{pmatrix} \qquad \boldsymbol{x}_j = \begin{pmatrix} x_{j1} \\ x_{j2} \end{pmatrix} \quad \boldsymbol{A} = \begin{pmatrix} a_{11} & a_{12} \\ a_{21} & a_{22} \\ a_{31} & a_{32} \end{pmatrix}$$

$$\boldsymbol{x}_i\boldsymbol{x}_j' = \begin{pmatrix} x_{i1}x_{j1} & x_{i1}x_{j2} \\ x_{i2}x_{j1} & x_{i2}x_{j2} \\ x_{i3}x_{j1} & x_{i3}x_{j2} \end{pmatrix} \quad \boldsymbol{x}_{ij} = \begin{pmatrix} x_{i1}x_{j1} \\ x_{i2}x_{j1} \\ x_{i3}x_{j1} \\ x_{i1}x_{j2} \\ x_{i2}x_{j2} \\ x_{i3}x_{j2} \end{pmatrix} \qquad \boldsymbol{\beta} = \begin{pmatrix} a_{11} \\ a_{21} \\ a_{31} \\ a_{12} \\ a_{22} \\ a_{32} \end{pmatrix}$$

**図 2.3**　双線形型と線形型との対応：$\boldsymbol{x}_i'\boldsymbol{A}\boldsymbol{x}_j = \boldsymbol{x}_{ij}'\boldsymbol{\beta}$.

て，観測されていないユーザ-アイテム対のレイティングを予測するモデルを学習する．ユーザがアイテムに与えるあらゆる種類の応答を，一般的な意味で「レイティング」と呼んでいることを思い出してほしい．このレイティング予測問題は，標準的な教師あり学習の問題であり，さまざまな教師あり学習手法を直接的に使用することができる．ここで，$s_{ij} = s(\boldsymbol{x}_i, \boldsymbol{x}_j)$ はユーザ $i$ のアイテム $j$ に対するスコアとする．本項では双線形回帰モデルを使用したアイデアを主に説明する．

$$s_{ij} = s(\boldsymbol{x}_i, \boldsymbol{x}_j) = \boldsymbol{x}_i'\boldsymbol{A}\boldsymbol{x}_j \tag{2.4}$$

$\boldsymbol{A}$ は回帰係数の行列である．この双線形形式を一般的な線形形式にするのは簡単だ．行列 $\boldsymbol{x}_i\boldsymbol{x}_j'$ の列を連結して構築したベクトルを $\boldsymbol{x}_{ij}$，行列 $\boldsymbol{A}$ の列を連結したベクトルを $\boldsymbol{\beta}$ とする．そして，$s_{ij} = \boldsymbol{x}_{ij}'\boldsymbol{\beta}$ を線形形式として表す．例については，図 2.3 を参照してほしい．

$\boldsymbol{A}$ の推定方法は，観測されたレイティングの種類に依存する．以降，**4** つのタイプのレイティングについて説明し，それぞれのタイプに共通して使用可能なモデルを紹介する．

**バイナリレイティング（ロジスティックモデル）**：ユーザ $i$ がアイテム $j$ に与

えるレイティング $y_{ij} \in \{+1, -1\}$（例えば，ユーザ $i$ がアイテム $j$ をクリックするか否か）が，以下のロジスティック応答モデルにもとづいて生成されると仮定する．

$$y_{ij} \sim \text{Bernoulli}((1 + \exp\{-s_{ij}\})^{-1}) \tag{2.5}$$

観測された（ユーザ $i$，アイテム $j$）対の集合を $\Omega$ とし，観測されたレイティングを $\boldsymbol{Y} = \{y_{ij} : (i, j) \in \Omega\}$ とする．対数尤度関数は以下となる．

$$\log \Pr(\boldsymbol{Y} \mid \boldsymbol{A}) = -\sum_{(i,j)\in\Omega} \log(1 + \exp\{-y_{ij}\boldsymbol{x}_i'\boldsymbol{A}\boldsymbol{x}_j\}) \tag{2.6}$$

ロジスティック回帰の詳細については Hastie et al.(2009) の 4.4 節を参照してほしい．

**数値型レイティング（ガウシアンモデル）**：ユーザ $i$ がアイテム $j$ に与える数値型レイティング $y_{ij}$（例えば，ユーザ $i$ がアイテム $j$ に与える点数または星の数）は，以下のガウス応答モデル (Gaussian response model) にもとづいて生成されると仮定する．

$$y_{ij} \sim N(s_{ij}, \sigma^2) \tag{2.7}$$

対数尤度関数は以下で与えられる．

$$\log \Pr(\boldsymbol{Y}|\boldsymbol{A}) = -\frac{1}{2\sigma^2}\sum_{(i,j)\in\Omega}(y_{ij} - \boldsymbol{x}_i'\boldsymbol{A}\boldsymbol{x}_j)^2 \tag{2.8}$$

ガウス線形回帰 (Gaussian linear regression) の詳細については，Hastie et al.(2009) の第 3 章を参照してほしい．

**順序レイティング（累積ロジットモデル）**：多くのアプリケーションでは，レイティングは本質的に $k$-段階スケールで表される．式 (2.7) のガウシアンモデルは順序レイティング（ordinal rating：例えば，星の数）で一般的に使用されるが，この方法は最良ではないかもしれない．例えば，星 5 つと星 4 つの格付けの違いは，星 3 つと星 4 つの格付けの違いと同じではないこともある．この場合，順序回帰 (McCullagh, 1980) がより適切だと考えられる．このモデルでは，ユーザ $i$ がアイテム $j$ に対して与える評価 $y_{ij} \in \{1, \ldots, R\}$ は多項分布に従って生成されると仮定している．

$$y_{ij} \sim \text{Multinomial}(\pi_{ij,1}, \ldots, \pi_{ij,R}) \tag{2.9}$$

ここで，$\pi_{ij,r}$ は，ユーザ $i$ がアイテム $j$ にレイティング $r$ を与える確率である．$Y_{ij}$ を観測されたレイティング $y_{ij}$ に対応する確率変数とする．そして，$\Pr(Y_{ij} > r)$ の対数オッズを $s_{ij} - \theta_r$ であると仮定する．

$$\text{logit}(\Pr(Y_{ij} > r)) = \log \frac{\Pr(Y_{ij} > r)}{1 - \Pr(Y_{ij} > r)} = s_{ij} - \theta_r \tag{2.10}$$

ここで，$r = 1, \ldots, R-1$ である．定義により $\Pr(Y_{ij} > R) = 0$ であり，かつ，$\theta_1 \leq \cdots \leq \theta_{R-1}$ である．ここでは，$\theta_r$ を順序レイティング $r$ と $r+1$ との間の切断点を表すものと考えることができる．$s_{ij} > s_{i\ell}$ となるような2つのアイテム $j$ と $\ell$ を考えると，

$$\Pr(Y_{ij} > r) > \Pr(Y_{i\ell} > r)$$

が得られ，ここで全ての順序レイティング $r = 1, \ldots, R-1$ に対して，ユーザ $i$ がアイテム $\ell$ よりもアイテム $j$ を好むことを意味する．また，以下は容易にわかる．

$$\begin{aligned} \Pr(Y_{ij} > r) &= \sum_{q=r+1}^{R} \pi_{ij,q} = (1 + \exp\{-(s_{ij} - \theta_r)\})^{-1} \\ &= (1 + \exp\{-(\boldsymbol{x}_i' \boldsymbol{A} \boldsymbol{x}_j - \theta_r)\})^{-1} \end{aligned} \tag{2.11}$$

$f_{ij}(r, \boldsymbol{\theta}, \boldsymbol{A}) = \Pr(Y_{ij} > r)$ とする．ここで，$\boldsymbol{\theta}$ は各要素が $\theta_r$ からなるベクトルである．また，$f_{ij}(0, \boldsymbol{\theta}, \boldsymbol{A}) = 1$，$f_{ij}(R, \boldsymbol{\theta}, \boldsymbol{A}) = 0$ である．対数尤度関数は以下の式で与えられる．

$$\log \Pr(\boldsymbol{Y} \mid \boldsymbol{A}, \boldsymbol{\theta}) = \sum_{(i,j) \in \Omega} \log(f_{ij}(y_{ij} - 1, \boldsymbol{\theta}, \boldsymbol{A}) - f_{ij}(y_{ij}, \boldsymbol{\theta}, \boldsymbol{A})) \tag{2.12}$$

**共起嗜好性スコア**：一部のアプリケーションの設定では，ユーザが1つのアイテムを別のアイテムよりも好む傾向を観察できる．あるいは，ユーザの反応を共起嗜好性に変換することもできる（例えば，同一ユーザがクリックしたアイテムは，クリックされていないアイテムよりも優れていると考える）(Fürnkranz and Hüllermeier, 2003)．このような嗜好データをモデル化する

には，記法を少し変更しなければならない．$y_{ij\ell} \in \{+1, -1\}$ は，ユーザ $i$ がアイテム $\ell$ に対してアイテム $j$ をより好むかどうかを示すものとする．$\Omega$ を観測された $(i, j, \ell)$ の3組の集合とする．ユーザ $i$ がアイテム $\ell$ よりもアイテム $j$ を好む傾向（実際には対数オッズ）は，$s_{ij} - s_{i\ell}$ に比例すると仮定する．つまり，

$$y_{ij\ell} \sim \text{Bernoulli}((1 + \exp\{-(s_{ij} - s_{i\ell})\})^{-1}) \tag{2.13}$$

とする．対数尤度関数は以下で与えられる．

$$\log \Pr(\boldsymbol{Y} \mid \boldsymbol{A}) = -\sum_{(i,j,\ell)\in\Omega} \log(1 + \exp\{-y_{ij\ell}\boldsymbol{x}_i'\boldsymbol{A}(\boldsymbol{x}_j - \boldsymbol{x}_\ell)\}) \tag{2.14}$$

**正則化付き最尤推定 (regularized maximum likelihood estimation)**：これまで説明したスコアリング方法では，スコア関数を得るために未知のパラメータ $\boldsymbol{A}$ を推定する必要がある．$\boldsymbol{x}_i$ と $\boldsymbol{x}_j$ が高次元であるとき，$\boldsymbol{A}$ における未知の回帰係数の数が多くなる．対数尤度関数に正則化項 $r(\boldsymbol{A})$ を追加すると，回帰がより安定し，過学習の影響が軽減される．正則化項の一般的な選択肢には，$L_2$ ノルムおよび $L_1$ ノルムがあげられる．行列 $\boldsymbol{A}$ の要素 $(i, j)$ の値を $a_{ij}$ とすると，$L_2$ ノルムは $r(\boldsymbol{A}) = \sum_{ij} a_{ij}^2$ であり，$L_1$ ノルムは $r(\boldsymbol{A}) = \sum_{ij} |a_{ij}|$ である．ここで，観測済みのレイティング $\boldsymbol{Y}$ が与えられると，スコアリング関数の未知パラメータ $\boldsymbol{A}$ は以下になる．

$$\arg\max_{\boldsymbol{A},\boldsymbol{\theta}} (\log \Pr(\boldsymbol{Y} \mid \boldsymbol{A}, \boldsymbol{\theta}) - \lambda r(\boldsymbol{A})) \tag{2.15}$$

$\lambda$ は正則化の強さを指定するチューニングパラメータ，$\boldsymbol{\theta}$ は累積ロジットモデル（式 (2.10)）における順序レイティング間の閾値ベクトルであり，通常のロジスティックモデル，ガウシアンモデル，および共起嗜好モデルでは存在しない．式 (2.15) の最適化問題は L-BFGS (Zhu et al., 1997)，座標降下，および確率的勾配降下法 (Bottou, 2010) などの標準的な最適化方法によって解くことができる．

### 2.3.3 コンテキスト情報

これまでは，ユーザ $i$ がアイテム $j$ に与えるレイティング $y_{ij}$ を予測する方法のみを検討してきた．しかし，そのようなレイティングは通常コンテキストに

依存する．例えば，$y_{ij}$（ユーザ $i$ がアイテム $j$ をクリックするかどうか）は，ウェブページ上のアイテムの位置に依存すると考えられる．目を引く位置にある場合，同じアイテムでも，それほど目立たない位置にある場合よりも高いクリック率が得られる．クリック率は，時刻，平日と週末，デバイス（デスクトップPCとモバイル），同じウェブページに表示されるその他のアイテムなどによっても変わる可能性がある．このようなコンテキスト情報を素性ベクトル $\boldsymbol{z}_{ij}$ として表す．このベクトルはユーザ $i$ がアイテム $j$ との相互作用をする際のコンテキストを特徴付ける．2.3.2 項の教師あり手法は推定レイティングまたはスコアを次のように再定義することによって，容易にコンテキスト情報を取り込むことができる．

$$s_{ij} = s(\boldsymbol{x}_i, \boldsymbol{x}_j, \boldsymbol{z}_{ij}) = \boldsymbol{x}_i' \boldsymbol{A} \boldsymbol{x}_j + \boldsymbol{b}' \boldsymbol{z}_{ij} \tag{2.16}$$

これは，素性ベクトル $\boldsymbol{x}_i$，$\boldsymbol{x}_j$，$\boldsymbol{z}_{ij}$，回帰係数行列 $\boldsymbol{A}$，回帰係数ベクトル $\boldsymbol{b}$ を有する線形モデルである．2.3.2 項の議論は，このモデルに全て直接的に適用できる．

**記法**：記法の簡潔さのために，$\boldsymbol{x}$ を素性ベクトルとして使用する．したがって，以降，$z_{ij}$ の代わりに $\boldsymbol{x}_{ij}$ を使用してコンテキスト素性ベクトルを示している．また，今までの記法では，各ユーザ $i$ は各アイテム $j$ と最大で1回しか相互作用がないと仮定している．ユーザ $i$ がアイテム $j$ と（それぞれが異なるコンテキストで）複数回の相互作用がある場合，記法を $\boldsymbol{x}_{ij}^{(k)}$ に拡張する必要がある．これは，ユーザ $i$ とアイテム $j$ との間の $k$ 番目の相互作用の素性ベクトルを表している．$\boldsymbol{x}_{ij}$ から $\boldsymbol{x}_{ij}^{(k)}$ への拡張は簡単である．

## 2.4　協調フィルタリング

ユーザがアイテムに与えるレイティングは，通常，ユーザの好みを反映している．したがって，アイテムの評価が似ている2人のユーザは嗜好が似ている可能性が高い．この直感にもとづいて，評価行動がユーザ $i$ に類似する他のユーザの集合を得ることができる．ユーザ $i$ におけるアイテム $j$ のスコアは，ユーザ $i$ に類似しているユーザによってアイテム $j$ に与えられたレイティングの平均を用いて得ることができる．このようなアプローチは，ユーザのアイテムに対する過去のレイティングのみにもとづいてアイテムを好む程度を予測するため，ユーザまたはアイテムの素性に依存しない．このアプローチでは，ユーザによるアイテムのレイティングが協調プロセスとなる．つまり，協調を認識していないにもかかわらず，他のユーザがあるユーザの関心のあるアイテムを識別するのを助ける．これを利用した手法は**協調フィルタリング**と呼ばれる[†]．

### 2.4.1 ユーザ間の類似度にもとづいた手法

まず，ユーザ $i$ と似た他のユーザがアイテム $j$ に与えた評価にもとづいて，ユーザ $i$ が評価していないアイテム $j$ に与えるレイティング（またはスコア）$s_{ij}$ を予測する協調フィルタリング手法から考える．スコア関数の一般的な選択肢の1つとして，類似ユーザの平均レイティングが考えられる．また，ユーザ $i$ に似ているユーザに大きな重みを割り当てる加重平均を用いることもできる．

$\mathcal{I}_j(i)$ は，アイテム $j$ を評価したユーザ $i$ に類似するユーザの集合を示す．本項の後半で，この集合を構成する方法について説明する．$w(i,\ell)$ は，ユーザ $i$ がアイテム $j$ を評価する際のユーザ $\ell$ の評価に対する重みとする．$\bar{y}_{i\cdot}$ はユーザ $i$ の平均レイティングを表すものとする．上の記法でユーザ $i$ のアイテム $j$ に対する推定レイティング $s_{ij}$ を記述すると以下となる．

$$s_{ij} = \bar{y}_{i\cdot} + \frac{\sum_{\ell \in \mathcal{I}_j(i)} w(i,\ell)(y_{\ell j} - \bar{y}_{\ell\cdot})}{\sum_{\ell \in \mathcal{I}_j(i)} |w(i,\ell)|} \tag{2.17}$$

ユーザの個々の評価バイアス（評価値が同じであってもユーザ間で満足度が異なることがあるため）を軽減するために平均値を使用してレイティングを中心化する．中心化に加えて，ユーザのレイティングの標準偏差で中心化されたレイティングを割ることによってさらに標準化することができる．この標準化手法についてはHerlocker et al.(1999) を参照してほしい．

**類似度関数**：ユーザ間の類似度関数の一般的な選択肢の1つは，Resnick et al.(1994) で用いられたピアソン相関である．ここでユーザ $i$ と $\ell$ との間の類似

[†] 情報フィルタリングと呼ばれる場合もある．

度は以下のように定義される．

$$sim(i,\ell) = \frac{\sum_{j\in\mathcal{J}_{i\ell}}(y_{ij}-\bar{y}_{i\cdot})(y_{\ell j}-\bar{y}_{\ell\cdot})}{\sqrt{\sum_{j\in\mathcal{J}_{i\ell}}(y_{ij}-\bar{y}_{i\cdot})^2}\sqrt{\sum_{j\in\mathcal{J}_{i\ell}}(y_{\ell j}-\bar{y}_{\ell\cdot})^2}} \tag{2.18}$$

$\mathcal{J}_{i\ell}$ は，ユーザ $i$ と $\ell$ の両方によって評価されたアイテムの集合を示す．相関が負になりうることに留意してほしい．また，負の相関を 0 にすることもできる．類似度関数についてさらに知りたければ，Desrosiers and Karypis(2011) を参照してほしい．

**近傍選択**：類似ユーザ集合 $\mathcal{I}_j(i)$ の構築方法はいくつかある．ユーザ $i$ のレイティングを予測する場合，単純にアイテム $j$ を評価した全ユーザを考慮し，ユーザ $i$ と $\ell$ との間の類似性を重み $w(i,\ell)$ と定義することが考えられる．多くのユーザによって評価されているアイテムの場合，考慮すべきユーザ数が多いため平均化の計算コストが高くなる．他の選択肢として，ユーザ $i$ と類似度の高いユーザを上から $n$ 人選択することがあげられる．または，ユーザ $i$ との類似度が閾値よりも高いユーザを選択することも考えられる．通常，特定のアプリケーションに適した選択を行うには実証的評価が必要となる．

**重み付け**：最も一般的な重み付け方法は $w(i,\ell) = sim(i,\ell)$ とすることである．$sim(i,\ell)$ がユーザ $i$ と $\ell$ の両方によって評価された小さなアイテム集合 $\mathcal{J}_{i\ell}$ にもとづいて計算されるとき，サンプルサイズが小さいため信頼性が低い可能性がある．サンプルサイズが小さい場合に生じる問題に対処する 1 つの方法として，信頼性の低い類似度の重みを小さくすることがあげられる．例えば Herlocker et al.(1999) では，次式を用いている．

$$w(i,\ell) = \min\{|\mathcal{J}_{i\ell}|/\alpha, 1\} \cdot sim(i,\ell) \tag{2.19}$$

そして，彼らの使用したデータセットでは $\alpha = 50$ で最良の結果が得られた．$\mathcal{I}_j(i)$ が類似度の高い上位 $n$ 人のユーザだけの集合である場合，$w(i,\ell) = 1$ として，疑似的に重み付けなしの平均をとることもできる．この場合でも，良いパラメータ値を選択するためには実証的評価が必要となることが多い．

### 2.4.2 アイテム間の類似度にもとづいた手法

2.4.1 項では，ユーザ間の類似度を測定する方法について説明した．同様の方法でアイテム間の類似度を利用したスコア予測も可能である．この場合，アイテム $j$ に似ているアイテムについて，ユーザ自身のレイティングを平均化することによって，ユーザ $i$ のアイテム $j$ に対するレイティングを予測する．

$\mathcal{J}_i(j)$ は，ユーザ $i$ によって評価されたアイテム $j$ と似ているアイテムの集合を表すものとする．アイテム $j$ に対するユーザ $i$ の評価を予測するために，ユーザ $i$ がアイテム $\ell$ に与えたレイティングに割り当てる重みを $w(j,\ell)$ とする．$\bar{y}_{\cdot j}$ をアイテム $j$ の平均レイティングとすると，ユーザ $i$ のアイテム $j$ に対する推定レイティング $s_{ij}$ は以下で表される．

$$s_{ij} = \bar{y}_{\cdot j} + \frac{\sum_{\ell \in \mathcal{J}_i(j)} w(j,\ell)(y_{i\ell} - \bar{y}_{\cdot \ell})}{\sum_{\ell \in \mathcal{J}_i(j)} |w(j,\ell)|} \tag{2.20}$$

$\mathcal{J}_i(j)$ および $w(j,\ell)$ は，2.4.1 項と同様の方法で決めることができる．

### 2.4.3 行列分解

古典的なユーザ-ユーザ間およびアイテム-アイテム間の類似度ベースの方法は，所定の類似度関数にもとづいてユーザがアイテムに与えるレイティングを予測する．この古典的な方法で使用される類似度関数および重み付けは，直感的に理解しやすいが，データ内の重要な構造の全てを捕捉できないことがある．より柔軟なアプローチとして，レイティングデータからスコア関数を直接学習することが考えられる．行列分解は，低ランク行列分解にもとづいたモデルを使用することによって，評価行列内の観測済み（評価済み）の値から観測されていない評価値を予測する手法である．行列の要素 $(i,j)$ つまり $Y_{ij}$ が，ユーザ $i$ がアイテム $j$ に与えるレイティングである場合，行列 $\boldsymbol{Y}$ を評価行列と呼ぶ．実際には，大部分のユーザは少量のアイテムしか評価しないため，評価行列のいくつかの要素は観測されない．

$s_{ij}$ はユーザ $i$ とアイテム $j$ との間の親和性（すなわちスコア）を示し，ユーザ $i$ がアイテム $j$ に与える推定レイティングと考えることができる（レイティングモデルの解釈は応答モデルに依存する）．行列分解法では以下のように仮定する．

$$s_{ij} = \boldsymbol{u}_i'\boldsymbol{v}_j \tag{2.21}$$

$\boldsymbol{u}_i$ および $\boldsymbol{v}_j$ は，それぞれユーザ $i$ およびアイテム $j$ に関連する2つの $L$ 次元ベクトルである．このベクトルは評価行列 $\boldsymbol{Y}$ から推定される．ベクトル $\boldsymbol{u}_i$ および $\boldsymbol{v}_j$ をそれぞれユーザ $i$ およびアイテム $j$ の**潜在因子** (latent factor) と呼ぶ．また $L$ を潜在次元数と呼び，この値は通常，ユーザ数 $M$ およびアイテム数 $N$ よりはるかに小さい．簡単のために，$\boldsymbol{u}_i$ および $\boldsymbol{v}_j$ を因子と呼ぶことにする．直感的にはこのモデルは，各ユーザ $i$ と各アイテム $j$ を同じ $L$ 次元潜在ベクトル空間内の点 $\boldsymbol{u}_i$ と $\boldsymbol{v}_j$ として写像し，このベクトル空間内の内積を使用してユーザ $i$ とアイテム $j$ との間の類似度を測定する．この空間内でユーザおよびアイテムの位置が観測されるわけではないため，空間は「潜在的」である．本書では，レイティングを推定するための教師あり学習に用いる**素性ベクトル**は既知であるとし，一方，**因子**は教師あり学習によって学習されるモデルのパラメータであり，観測されない．

本項では，以降，ガウス応答モデルを使用した行列分解法における因子の推定について解説する．ユーザ $i$ がアイテム $j$ に与えるレイティング $y_{ij}$ は，平均 $s_{ij}$ と（式 (2.7) のような）未知の分散 $\sigma^2$ を有する正規分布に従って生成されると仮定する．式 (2.5)，(2.10)，(2.13) で定義したような他の応答モデルも同様の方法で適用できる．ガウシアンモデルに対する $\boldsymbol{u}_i$ および $\boldsymbol{v}_j$ の最尤推定 (MLE) は，以下の最適化問題を解くことで求めることができる．

$$\mathop{\arg\min}_{\boldsymbol{u}_i, \boldsymbol{v}_j, \forall i \forall j} \sum_{(i,j)\in\Omega} (y_{ij} - \boldsymbol{u}_i'\boldsymbol{v}_j)^2 \tag{2.22}$$

$\boldsymbol{U}$ と $\boldsymbol{V}$ は行列であり，$\boldsymbol{U}$ の $i$ 番目の行が行ベクトル $\boldsymbol{u}_i'$，$\boldsymbol{V}$ の $j$ 番目の行が行ベクトル $\boldsymbol{v}_j'$ であるとする．行列 $\boldsymbol{Y}$ の $(i, j)$ 要素の値を $(\boldsymbol{Y})_{ij}$ と書くとすると，式 (2.22) の最適化問題は次のように書くこともできる．

$$\mathop{\arg\min}_{\boldsymbol{U},\boldsymbol{V}} \sum_{(i,j)\in\Omega} ((\boldsymbol{Y})_{ij} - (\boldsymbol{U}\boldsymbol{V}')_{ij})^2 \tag{2.23}$$

$\boldsymbol{Y}$ は，部分的に観測された評価行列であることを思い出してほしい．最尤推定は，2つの低ランク行列 $\boldsymbol{U}_{M\times L}$ と $\boldsymbol{V}_{L\times N}'$ との積を用いて行列 $\boldsymbol{Y}_{M\times N}$ を近似または因子分解することに対応する．添え字は行列のサイズを示し，$L$ は $M$ と $N$ よりはるかに小さい．ガウス応答モデルを用いた暗な行列分解は，前述の行列分解から着想したものであるが，部分的に観測された行列に対する分解は完備行列 (complete matrix)[6) に対する分解と同じように考えることはできないため注意しなければならない．

**正則化**：推定する必要がある因子の総数 $(L(M+N))$ は，評価行列全体のサイズ $(MN)$ よりもはるかに小さいが，観測された評価の数と比較すると大きいことがある．このように観測データよりもパラメータ数のほうが多い場合，信頼性の低い最尤推定やサンプル外のデータでの予測精度の低下につながる可能性がある．ユーザが評価したアイテム（または，アイテムを評価したユーザ）の数が $L$ より小さい場合，アイテム（またはユーザ）因子の全てがわかっていても，対応するユーザ（またはアイテム）因子を決定することはできない．この状況を緩和するために一般的に使用される方法は，目的関数に $L_2$ ペナルティを加えることによって正則化することであり，次の式で表される．

$$\underset{\boldsymbol{u}_i,\boldsymbol{v}_j,\forall i\forall j}{\arg\min} \sum_{(i,j)\in\Omega} (y_{ij} - \boldsymbol{u}_i'\boldsymbol{v}_j)^2 + \lambda_1 \sum_i ||\boldsymbol{u}_i||^2 + \lambda_2 \sum_j ||\boldsymbol{v}_j||^2 \tag{2.24}$$

$\lambda_1$ と $\lambda_2$ はチューニングパラメータである．正則化の直感的な理解としては，観測された評価データがほとんどないユーザまたはアイテムの因子推定値は，残差分布の平均を 0 に向かって「縮小」するような制約をかけるものである[7)．

**最適化メソッド**：式 (2.24) の最適化問題は複数の方法で解決できる．まず最適解は一意ではないことに注意してほしい．例えば，全ての因子の符号を変更しても目的関数の値は変わらない．実際には，因子の意味を解釈しようとしない限り，因子が一意的に特定されないことは懸念事項とならない．以下では 2 つの一般的な最適化方法について簡単に説明する．

1. **交互最小二乗法 (ALS: alternating least square)**：全てのユーザ $i$ の $\boldsymbol{u}_i$ を

---

[6) 訳注：完備空間については山田功『工学のための関数解析』（数理工学社，2009）などを参照してほしい．

[7) 訳注：直感的な理解をする場合，次の資料中の図がわかりやすい．`http://www.iip.ist.i.kyoto-u.ac.jp/sigfpai/past/sigfpai73-okanohara.pdf`

定数として固定すると，全ての $j$ において $\boldsymbol{v}_j$ に関する目的関数は凸であり，各アイテムの $L_2$ 正則化付き最小二乗線形回帰問題の集合に対応する．全てのアイテム $j$ について $\boldsymbol{v}_j$ を定数とすると，$\boldsymbol{u}_i$ を固定した場合と同じことが成り立つ．ここで，$\mathcal{I}_j$ をアイテム $j$ を評価したユーザの集合，$\mathcal{J}_i$ をユーザ $i$ が評価したアイテムの集合，$\boldsymbol{I}$ を単位行列とすると，アルゴリズムは次のようになる．最初に全ての $i$ と $j$ について $\boldsymbol{u}_i$ と $\boldsymbol{v}_j$ をランダムに初期化する．次に収束するまで次の2つのステップを繰り返す．

- 全ての $i$ について $\boldsymbol{u}_i$ を固定し，最小二乗問題を解いて各 $j$ の新しい $\boldsymbol{v}_j$ の推定値を得る．

$$\boldsymbol{v}_j^{\text{new}} = \left(\lambda_2 \boldsymbol{I} + \sum_{i \in \mathcal{I}_j} \boldsymbol{u}_i \boldsymbol{u}_i'\right)^{-1} \left(\sum_{i \in \mathcal{I}_j} \boldsymbol{u}_i y_{ij}\right) \tag{2.25}$$

- 全ての $j$ について $\boldsymbol{v}_j$ を固定し，最小二乗問題を解いて各 $i$ について $\boldsymbol{u}_i$ の新しい推定値を得る．

$$\boldsymbol{u}_i^{\text{new}} = \left(\lambda_1 \boldsymbol{I} + \sum_{j \in \mathcal{J}_i} \boldsymbol{v}_j \boldsymbol{v}_j'\right)^{-1} \left(\sum_{j \in \mathcal{J}_i} \boldsymbol{v}_j y_{ij}\right) \tag{2.26}$$

2. **確率的勾配降下法**：近年普及している勾配降下法の1つに，以下で表される確率的勾配降下法 (SGD: stochastic gradient descent) がある．

$$f_{ij}(\boldsymbol{u}_i, \boldsymbol{v}_j) = (y_{ij} - \boldsymbol{u}_i' \boldsymbol{v}_j)^2 + \frac{\lambda_1}{|\mathcal{J}_i|} ||\boldsymbol{u}_i||^2 + \frac{\lambda_2}{|\mathcal{I}_j|} ||\boldsymbol{v}_j||^2 \tag{2.27}$$

式 (2.24) は以下のようにも書ける．

$$\underset{\boldsymbol{u}_i, \boldsymbol{v}_j, \forall i \forall j}{\arg\min} \sum_{(i,j) \in \Omega} f_{ij}(\boldsymbol{u}_i, \boldsymbol{v}_j) \tag{2.28}$$

SGD は，勾配が $f_{ij}(\boldsymbol{u}_i, \boldsymbol{v}_j)$ となる各 $(i, j) \in \Omega$ について小さな勾配ステップをとることによって勾配降下を実行する．このアルゴリズムは次のように動作する．最初に，全ての $i$ と全ての $j$ に対して $\boldsymbol{u}_i$ と $\boldsymbol{v}_j$ をランダムに初期化し，次に，無作為に $(i, j) \in \Omega$ を抽出し，各点でのレイティングを用いて $\boldsymbol{u}_i$ と $\boldsymbol{v}_j$ を次のように更新する．

$$\begin{aligned} \boldsymbol{u}_i^{\text{new}} &= \boldsymbol{u}_i - \alpha \nabla_{\boldsymbol{u}_i} f_{ij}(\boldsymbol{u}_i, \boldsymbol{v}_j) \\ \boldsymbol{v}_j^{\text{new}} &= \boldsymbol{v}_j - \alpha \nabla_{\boldsymbol{v}_j} f_{ij}(\boldsymbol{u}_i, \boldsymbol{v}_j) \end{aligned} \tag{2.29}$$

ここで，$\alpha$ はチューニングが必要なステップ幅（小さな値をとる）であり，$\nabla_{\boldsymbol{u}_i} f_{ij}(\boldsymbol{u}_i, \boldsymbol{v}_j)$ と $\nabla_{\boldsymbol{v}_j} f_{ij}(\boldsymbol{u}_i, \boldsymbol{v}_j)$ はそれぞれ $\boldsymbol{u}_i$ と $\boldsymbol{v}_j$ で微分した $f_{ij}(\boldsymbol{u}_i, \boldsymbol{v}_j)$ の勾配である．勾配は次の式で表される．

$$\begin{aligned}
\nabla_{\boldsymbol{u}_i} f_{ij}(\boldsymbol{u}_i, \boldsymbol{v}_j) &= 2(y_{ij} - \boldsymbol{u}_i' \boldsymbol{v}_j)\boldsymbol{v}_j + 2\frac{\lambda_1}{|\mathcal{J}_i|}\boldsymbol{u}_i \\
\nabla_{\boldsymbol{v}_j} f_{ij}(\boldsymbol{u}_i, \boldsymbol{v}_j) &= 2(y_{ij} - \boldsymbol{u}_i' \boldsymbol{v}_j)\boldsymbol{u}_i + 2\frac{\lambda_2}{|\mathcal{I}_j|}\boldsymbol{v}_j
\end{aligned} \tag{2.30}$$

観測されたレイティングを複数回用いて，収束するまで上記の勾配降下を繰り返す．勾配降下のステップサイズを固定せずに，適応的にステップサイズを変化させることも一般的である (Duchi et al., 2011)．比較的大きなステップサイズから開始し，勾配ステップを繰り返す中で徐々にステップサイズを減少させることが典型的な例としてあげられる．

## 2.5 ハイブリッド法

協調フィルタリングと素性ベクトルベースの手法には，それぞれ長所と短所がある．素性ベクトルベースの手法では，通常，素性ベクトルの定義，分析，生成のために労力をかける必要があるが，協調フィルタリングは素性ベクトルを使用せず，訓練データにユーザやアイテム間のデータが一定以上あれば，素性ベクトルベースの手法よりも優れた結果を出せる．例えば，Pilászy and Tikk(2009) は，10 個の新しい映画の評価において，映画の素性ベクトルを使用した映画推薦手法よりも予測精度が向上することを示している．このようなシナリオは通常，**ウォームスタート**と呼ばれる．これは，これらのシナリオのユーザとアイテムが推薦システムをウォームアップするのに十分な過去の評価データをもっていたためだ．しかし，過去の評価データがほとんどない（すなわち，**コールドスタート**）状況では，協調フィルタリングはうまく機能しない．例えば，まだアイテムを評価していない新規ユーザの場合，協調フィルタリングではアイテムにスコアを割り当てることが難しい．このような**コールドスタート**の状況では，素性ベクトルベースの手法は，コンテンツやユーザの素性が利用可能である限り，新しいユーザおよび新しいアイテムが加わったとしてもモデルを変更する必要がないため，一般的に協調フィルタリングより優れている．例えば，ほとんどのウェブサイトでは，登録プロセスの一環として新規ユーザの基本プロファイルが記録され，新しいアイテムがシステムに入力されるとコンテンツの素性が抽出される．

協調フィルタリングは，ウォームスタートのシナリオでは有効であるが，コールドスタートのシナリオでは失敗する．素性ベクトルベースの手法では，素性ベクトルによる予測がコールドスタートシナリオでは効果的だが，ウォームスタートシナリオでは協調フィルタリングほど精度が高くない．両者の手法の良い点を組み合わせるために，ハイブリッドメソッドが開発されている．以下にハイブリッドメソッドの例をいくつかあげる．

- **アンサンブル**：単純なハイブリッドアプローチの1つは，いくつかの異なる方法を個別に実装することである（例えば，協調フィルタリングと素性ベクトルベース）．そして，それぞれの出力または予測評価を線形結合または投票方式で組み合わせる．Claypool et al.(1999) を参照してほしい．
- **協調フィルタリングを素性ベクトルとして扱う**：協調フィルタリングを素性ベクトルベースの手法に統合するもう1つの簡単な方法は，協調フィルタリング手法から得られた（ユーザ，アイテム）対のスコアを各（ユーザ，アイテム）に関連付けられた新しい素性ベクトルとして扱うことである．
- **類似性にもとづいた協調フィルタリングにおける素性ベクトルベースの類似性の使用**：ユーザ-ユーザ間またはアイテム-アイテム間の類似性にもとづく協調フィルタリングとしては3つの方法が考えられる．1つはレイティングの類似性にもとづいたもの，もう1つは素性ベクトルの類似性にもとづいたものである．3つ目の選択肢として前の2つの類似度を線形結合させる方法がある (Balabanović and Shoham, 1997).
- **人工的素性ベクトルベースのレイティングによる協調フィルタリングの補間**：コールドスタートの問題に対処するために，新しいユーザまたは新しいアイテムの評価を人工的に入力することができる．新しいアイテムに対しては，素性ベクトルベースのモデルから予測された評価を使用して，全てのアイテム（新しいアイテムを含む）を評価する少数の人工ユーザを追加する．次に，古典的な協調フィルタリング手法をこの拡張された評価データに適用して，新しいアイテムを推薦することができる．そのような人工的なユーザは，Konstan et al.(1998) で「フィルタボット」と呼ばれている．同様に，素性ベクトルベースのモデルで予測された評価を使用して，全てのユーザ（新規ユーザを含む）によって評価される人工的なアイテムを追加することもできる．

上記の文献で報告されている初期のハイブリッドメソッドは主に経験則にもとづいており，基礎となるフレームワークが欠けていた．第8章では確率モデルを通じて，さまざまな側面を継ぎ目なく組み合わせることができるハイブリッドメソッドを紹介する．

## 2.6 まとめ

本章では古典的な素性ベクトルベースの手法，協調フィルタリング，およびハイブリッドメソッドを使用してユーザ-アイテム間の満足度スコアを推定するための戦略とともに，ユーザおよびアイテムの素性ベクトルを構築するためのさまざまな方法について議論した．しかし，この研究のほとんどの焦点は，過去の観測データに現れていないサンプル外データの予測精度を改善することであった．これは推薦システムの構築において重要な要素であるが，1つの側面にすぎない．クリック数，収益および売り上げを最大化するなどの目的を達成するための優れたサービスを構築するには，予測精度を向上させること以外の側面にも注意が必要である．パフォーマンスを最適化するために訓練データを継続的に収集する方法にも注意を払う必要がある．これには，本章で説明したいくつかの手法を探索-活用手法と融合させることが有効である．利用可能な素性情報，アイテムプールのサイズ，アイテムの生存期間（寿命），データスパースネス，コールドスタートの度合い，が異なるさまざまな種類のアプリケーションに適したフレームワークを開発することも重要である．第3章以降ではこれらに焦点を当てる．

## 2.7　演習

2.1 確率的潜在意味解析 (PLSI) に精通せよ．LDA と PLSI の違いは何か？ これらのうち未知のパラメータを多くもっているのはどちらか？

2.2 いくつかのアプリケーションでは，一部のユーザの人口統計情報が欠けている．このシナリオにおいて，スコアを評価するために人口統計情報をどのように組み込むか？

2.3 Okapi BM25 類似性に精通せよ．

2.4 2 値応答に対する行列分解を行うための交互最小二乗法と確率的勾配降下法を導出せよ．

# 第3章

# 推薦問題における探索と活用

第2章では，特定のコンテキストでアイテムにスコアを付ける古典的な方法を検討した．本章では，近代的な手法，特に探索-活用手法にもとづいたスコアリング手法について説明する．

スコアリングには，いくつかの基準にもとづいてアイテムの「価値」を見積もることが含まれる．現代のほとんどの推薦問題においては，ユーザの明確な意図は，良くても部分的にしか観測されず推薦に対する根拠としては弱いため，レイティングまたは応答の予測値にもとづくアイテムのスコアリングが一般的に行われる．説明を簡単にするために応答は2値とし，「肯定的」ラベルは，クリック，いいね，シェアなどのユーザのアイテムに対する肯定的な応答に対応し，「否定的」ラベルは「肯定的」ラベルで定義された応答がなかったことに対応する．例えば，ニュース推薦問題では推薦されたアイテムをユーザがクリックするかどうかが主な応答変数になる．アイテムのスコアは，ユーザの応答の期待値である**応答率**によって与えられる．例えば，上の定義による2値変数の応答率は，肯定的な応答をする確率に変換される．簡単のために本章では，肯定的な応答としてクリック，推薦の奏功率としてクリック率 (CTR) に焦点を当てて説明する．

推薦問題の目的は，肯定的な応答（推薦されたアイテムのクリック数など）を最大化することである．例えば，ニュース推薦問題では推薦されたニュース記事の合計クリック数を最大化することが重要な目的である．アイテムへの応答率が既知の場合，常に最も高い応答率のアイテムを推薦することにより，これを達成するのは容易である．しかし，応答率がわかっていない場合，重要なタスクはアイテムプール内のアイテムから応答率を正確に見積もることである．2.3節および2.4節では，素性ベクトルベースのモデルと協調フィルタリングを用いて応答率を推定するためのさまざまな教師あり学習法を検討した．本章では，推薦問題におけるアイテムスコアリングは，純粋な教師あり学習の問題ではなく，**探索-活用**問題としてより重要であることを示す．推薦問題では，応答率および統計的確実性が高いとわかっているアイテムを活用するだけでなく，新しいサンプルやサンプルサイズが小さいアイテムを探索するなど，**探索**と**活用**のバランスをとる必要がある．収集されたデータから高い応答率のアイテムがわかっているにもかかわらず，探索時はそのアイテムを表示しないため，機会損失が発生する．探索と活用の2つの側面のバランスをとることで，探索-活用のトレードオフが構成される．

推薦問題は探索-活用問題であるため，教師あり学習手法を無視し，代わりに探索-活用手法にのみ焦点を当てることができると主張する人もいるかもしれない．しかし，このような主張は真実ではない．探索-活用手法と教師あり学習の両方を組み合わせることにより，効率的な解決策を提供することができるからである．探索-活用手法は教師あり学習の恩恵を受ける．良い教師ありモデルは，問題の次元を減らし，探索をより経済的にする．このような次元削減の影響は，高次元の設定では重要な意味をもつ．

本章では以降，探索-活用問題（3.1節），古典的な探索-活用手法の説明（3.2節），推薦システムにおける探索-活用の課題（3.3節），これらの課題を解決するためのアイデア（3.4節）について述べる．詳細な解決策は本書の第II部に記載されている．第6章では，候補アイテム集合および各アイテムの人気が時間とともに変化するMost-Popular推薦問題における探索-活用手法を開発する．個々のユーザのアイテムに対する嗜好がスパースであり，利用できるデータ量が少ない場合，各ユーザに個別化された推薦問題は手ごわい課題である．第7章と第8章では，この課題に対する解決手法を開発する．

## 3.1 探索と活用のトレードオフ

探索-活用問題を直感的に理解するためには，2つのアイテムの推薦問題を検討するとわかりやすい．ユーザの訪問ごとに1つのアイテムを推薦するとする．目的は，100回のユーザ訪問に対して将来の推定合計クリック数を最大化するために最適な推薦アルゴリズムを開発することである．ここでの問題空間を考えると，100回の訪問のそれぞれに対して2つの選択肢があるので，$2^{100}$（2兆を超える！）の異なる推薦シーケンスで構成される．これは，単一のリソースを交互射影するために動的に割り当てる古典的な多腕バンディット問題 (Robbins, 1952) に似ている．注目すべきことは，最適解が存在し，過去のフィードバックにもとづいて将来の決定を適応的に変化させることができることだ (Gittins, 1979).

多腕バンディットの名前は，カジノでギャンブラーが複数のスロットマシンをプレイ（腕を引く）しており，次にどのスロットマシンでプレイするかを決定することに由来している．各マシンによって報酬を得られる確率は異なり，ギャンブラーはその確率を知らない．多腕バンディット問題は基本的な探索と活用のトレードオフを示している．ギャンブラーは，潜在的に良い腕を**探索**しており，報酬確率をより正確に推定したり確実性の高い腕を**活用**している．推薦システムへの応用を考えると，システムはギャンブラーであり，腕を引くことはユーザにアイテムを表示することに対応し，腕の報酬はアイテムとユーザの相互作用（クリックする／しない）に対応する．アイテムのCTRは報酬確率である．

探索と活用のトレードオフの原因はCTR推定の不確実性である．ユーザが20回訪問した後のアイテム1とアイテム2の推定CTRは，それぞれ1/3（15回の訪問のうち5回クリック）と1/5（5回の訪問のうち1回のクリック）とする．この場合，アイテム2を放棄して残りの80回の訪問に対してアイテム1を表示し続けることが良いように思える．しかし，1/5という数字は小さなサンプルを使用して得られた分散の大きな推定値であり，アイテム2の真のCTRは前述した数値よりも高くなる可能性がある．したがって，アイテム2を放棄するという選択は誤りである可能性もある．アイテムが2つの場合の探索-活用問題は，多腕バンディットへの最適解が策定されるずっと前から Thompson(1933) によって提唱されている．提案されたアルゴリズムは単純であり，全ての候補アイテムの中で最も良い確率のアイテムを提供する．3.2.3 項でこのアルゴリズムを詳しく解説する．

推薦問題における探索と活用のトレードオフは多腕バンディット問題と非常に似ているが，実際には最適解を得るために必要ないくつかの仮定が破綻している．多くのウェブアプリケーションでは，アイテムプールは時間とともに変化する．また，応答率は非定常であり，応答のフィードバックは遅延する（アイテムの表示からユーザの応答までの遅延，ウェブサーバからバックエンドマシンへのデータ送信による表示の遅延のため）．しかし，最も難しい問題は，巨大で動的なアイテムプールを用いて個別化推薦を行うために生じる次元の呪いである．次元の呪いにより分解能の高いアイテム応答率を推定するための実験資源が不足する．したがって，ウェブにおける推薦問題は，古典的な多腕バンディット戦略ではうまく解決できない．

## 3.2　多腕バンディット問題

推薦システムの探索-活用問題に取り組む前に，本節では一般的な探索-活用問題である多腕バンディット (MAB) 問題を検討する．ギャンブラーが次に引く腕の選択についてもう一度考えてみよう．$p_i$ を腕 $i$ の**未知の**報酬確率とする．すなわち，腕 $i$ を引くことによって，ギャンブラーは確率 $p_i$ で報酬が得られ，確率 $1 - p_i$ で報酬は得られない．ここでは，腕の集合と各腕の報酬確率は時間とともに変化しないものと仮定する．ギャンブラーの目的は，期待報酬の合計を最大にするために腕を引くことである．

$\boldsymbol{\theta}_t$ は，ギャンブラーが過去 $t$ 時点で腕を引いて得た全ての情報を示すものとする．ベクトル $\boldsymbol{\theta}_t$ は**状態パラメータ**または単に時点 $t$ における**状態**と呼ばれ，各腕 $i$ の過去のプレイ回数 $\gamma_i$ および総報酬 $\alpha_i$ を含む．**バンディット戦略**は $\boldsymbol{\theta}_t$ を入力とし，決定関数 $\pi$ は次に引くべき腕を出力する．$\pi$ は**探索-活用戦略**または**ポリシー**と呼ばれている．また，バンディット戦略は状態パラメータの決定的な関数でも確率的な関数でもよい．

本節では以降，上で定義した**古典的なバンディット問題**における設定を利用し，いくつかの探索-活用戦略の概要を示す．それらは，ベイジアンアプローチ（3.2.1 項），ミニマックス法（3.2.2 項），ヒューリスティック法（3.2.3 項）の 3 つのカテゴリに分類される．

### 3.2.1 ベイジアンアプローチ

ベイズ的な観点から，多腕バンディット問題 (MAB) はマルコフ決定過程 (MDP) として定式化することができ，最適解は動的計画法により得られる．最適解が存在する場合でも計算コストは高い．

MDP は逐次的な決定問題を研究する柔軟な枠組みである．MDP は状態空間，報酬関数，および遷移確率を通じた連続問題を定義する．ベイジアンアプローチは，MAB 問題に対応する MDP に対してベイズ最適解 (Bayes optimal solution) を得ることを目的としている．以下に古典的なバンディット問題のベータ二項 MDP (beta-binomial MDP) を定義する．

**状態**：報酬を最大にするために，ギャンブラーは各腕の報酬確率を推定する必要がある．時点 $t$ における状態 $\boldsymbol{\theta}_t$ は，$t$ 以前に収集されたデータにもとづくギャンブラーの知識を表す．具体的には，この知識は各腕に対して 2 つのパラメータをもつベータ分布で表される．すなわち，$\boldsymbol{\theta}_t = (\boldsymbol{\theta}_{1t}, ..., \boldsymbol{\theta}_{Kt})$ であり，$\boldsymbol{\theta}_{it}$ は時点 $t$ における腕 $i$ の状態であり，$\boldsymbol{\theta}_{it} = (\alpha_{it}, \gamma_{it})$ は 2 つのパラメータから構成される腕 $i$ のベータ分布である．ここで，$\gamma_{it}$ は時点 $t$ までにギャンブラーが腕 $i$ を引いた回数を表し，$\alpha_{it}$ は時刻 $t$ までに腕 $i$ を引いて得られた総報酬を表す．腕 $i$ に対する $\mathrm{Beta}(\alpha_{it}, \gamma_{it})$ 分布の母数は次式で表される．

$$
\begin{aligned}
\text{平均} &= \alpha_{it}/\gamma_{it} \\
\text{分散} &= (\alpha_{it}/\gamma_{it})(1-\alpha_{it}/\gamma_{it})/(\gamma_{it}+1)
\end{aligned}
\tag{3.1}
$$

平均は過去に収集されたデータにもとづく報酬確率の経験的推定値であり，分散はギャンブラーの経験的推定値の不確実性を表す．

**状態遷移**：ギャンブラーが腕 $i$ を引いて結果を観測すると腕 $i$ に関する追加情報が得られ，現在の状態 $\boldsymbol{\theta}_t$ から新しい状態 $\boldsymbol{\theta}_{t+1}$ に遷移する（知識の更新を行う）．今の設定では，結果には報酬を得られるか得られないかの2つがあるため，2つの新しい状態を得る可能性が考えられる．

- ギャンブラーは，確率 $\alpha_{it}/\gamma_{it}$（引いた腕 $i$ から報酬を得る現在の推定確率）で報酬を獲得し，腕 $i$ の状態を $\boldsymbol{\theta}_{it} = (\alpha_{it}, \gamma_{it})$ から $\boldsymbol{\theta}_{i,t+1} = (\alpha_{it}+1, \gamma_{it}+1)$ に更新する．
- 確率 $1-\alpha_{it}/\gamma_{it}$ でギャンブラーは報酬を得ることができず，腕 $i$ の状態を $\boldsymbol{\theta}_{it} = (\alpha_{it}, \gamma_{it})$ から $\boldsymbol{\theta}_{i,t+1} = (\alpha_{it}, \gamma_{it}+1)$ に更新する．

引いていない他の全ての腕 $j$ の状態は同じままである．すなわち，全ての $j \neq i$ について $\boldsymbol{\theta}_{j,t+1} = \boldsymbol{\theta}_{j,t}$ となる．これは古典的なバンディット問題において重要な特徴である．腕 $i$ を引いた後，状態 $\boldsymbol{\theta}_t$ から状態 $\boldsymbol{\theta}_{t+1}$ に遷移する確率を表すために，**遷移確率**と呼ばれる $p(\boldsymbol{\theta}_{t+1} \mid \boldsymbol{\theta}_t, i)$ を用いる．現在の設定では2つの状態しかとりえないため，他の状態への遷移確率は全て0である．

状態遷移はベータ分布と二項分布の共役性に従う．$c_i \in \{0,1\}$ は，ギャンブラーが腕 $i$ を引いて報酬を得られるかどうかを示すものとし，以下のように仮定する．

$$\begin{aligned} c_i &\sim \text{Binomial}(\text{確率} = p_i,\ \text{サイズ} = 1) \\ p_i &\sim \text{Beta}(\alpha_{it},\ \gamma_{it}) \end{aligned} \tag{3.2}$$

ここで，$p_i$ は報酬確率であり，$c_i$ が得られた後の $p_i$ の事後分布は以下である．

$$(p_i \mid c_i) \sim \text{Beta}(\alpha_{it} + c_i, \gamma_{it} + 1) \tag{3.3}$$

これは，状態遷移の規則が過去の全ての観測を考慮して，各腕の状態がベータ分布に従うという解釈と一致することを示している．

**報酬**：報酬関数 $R_i(\boldsymbol{\theta}_t, \boldsymbol{\theta}_{t+1})$ は，腕 $i$ が引かれ $\boldsymbol{\theta}_t$ から $\boldsymbol{\theta}_{t+1}$ に状態が遷移したときに得られる期待報酬を表す．古典的なバンディット問題では簡単な報酬関数が用いられる．ギャンブラーは腕 $i$ の状態が $(\alpha_{it}, \gamma_{it})$ から $(\alpha_{it}+1, \gamma_{it}+1)$ に遷移する場合，報酬を得る．それ以外の場合，報酬はない．

将来の報酬を最大にすることを考えた場合，ギャンブラーが腕を無限に引くことができるのであれば，遠い将来の報酬を割り引くことは有用だ．**割引報**

酬を設定する場合，将来の報酬を指数関数的に割り引くのが一般的である．将来の $t$ ステップで得られる報酬は，$0 < d < 1$ の係数 $d^t$ で割り引かれる．**固定報酬**設定では，次の $T$ ステップにおける総報酬を最大にすればよい．

**最適ポリシー (optimal policy)**：探索-活用ポリシー $\pi$ は，状態 $\boldsymbol{\theta}_t$ を入力とし，次に引く腕 $\pi(\boldsymbol{\theta}_t)$ を返す関数である．ここでは $K$ 個の腕があると仮定する．$\boldsymbol{\theta}_t$ は非負整数の $2K$ 次元ベクトルであり，$\pi$ はこのような $2K$ 次元ベクトルをある腕 $\in \{1, ..., K\}$ に写像する．後述するように最適なポリシーを見つけることは困難である．なお，最適解の導出は本書の範囲外とする．

驚くべきことに，割引報酬型 $K$ 腕バンディット問題に対する最適解は，$K$ 個の独立した1腕バンディット問題を解くことによって得ることができる．$K$ 腕バンディット問題における1腕バンディット問題では，それぞれの腕を引くコストのみを考慮すればよく，そのコストにもとづいて引く腕を決定する．この画期的な考えは，Jones and Gittins(1972) と Gittins(1979) によって最初に提案され，一般的に Gittins 指標 (Gittins index) と呼ばれている．直感的な解釈をすると，状態 $\boldsymbol{\theta}_{it}$ を有する腕の Gittins 指標 $g(\boldsymbol{\theta}_{it})$ は，1腕バンディット問題における1回あたりの固定報酬である．$g(\boldsymbol{\theta}_{it})$ は，腕の2次元状態 $\boldsymbol{\theta}_{it}$ に依存し，他の腕とは独立している．そして，どの時点でも Gittins 指数が最も高い腕を引くだけであり，以下で定式化される．

$$\pi(\boldsymbol{\theta}_t) = \arg\max_i g(\boldsymbol{\theta}_{it}) \tag{3.4}$$

腕の Gittins 指数を計算することは依然として計算コストが高いことに留意してほしい．詳しく知りたい読者は Varaiya et al.(1985)，Katehakis and Veinott(1987)，Niño-Mora(2007) を参照してほしい．Whittle(1988) は古典的なバンディット問題を拡張して，腕の報酬確率を時間の経過とともに変えることを可能にした．しかし，最適解は見つかっていない．

**最適化問題を調べる**：本項の以降では，固定報酬型 $K$ 腕バンディット問題の最適解を見つける方法について論じる．目的は次の $T$ 回の期待総報酬を最大化するポリシーを決定することである．$T$ を予算と呼ぶ．この解は計算コストが高く，$K$ と $T$ の値が小さい場合でも実行不可能である．最適化問題に興味のない読者は，3.2.2 項まで読み飛ばして構わない．

初期状態 $\boldsymbol{\theta}_0$ から開始して，ポリシー $\pi$ を使用して腕を $T$ 回引くことによって得られる期待報酬の合計を $V(\pi, \boldsymbol{\theta}_0, T)$ とする．これをポリシー $\pi$ の価値と呼ぶことにする．$\pi$ の価値は次のように再帰的に定義できる．

$$\begin{aligned} V(\pi, \boldsymbol{\theta}_0, T) &= E_{\boldsymbol{\theta}_1}[R_{\pi(\boldsymbol{\theta}_0)}(\boldsymbol{\theta}_0, \boldsymbol{\theta}_1) + V(\pi, \boldsymbol{\theta}_1, T-1)] \\ &= \sum_{\boldsymbol{\theta}_1} p(\boldsymbol{\theta}_1 \mid \boldsymbol{\theta}_0, \pi(\boldsymbol{\theta}_0)) \cdot [R_{\pi(\boldsymbol{\theta}_0)}(\boldsymbol{\theta}_0, \boldsymbol{\theta}_1) + V(\pi, \boldsymbol{\theta}_1, T-1)] \end{aligned} \tag{3.5}$$

ここで，$R_{\pi(\boldsymbol{\theta}_0)}(\boldsymbol{\theta}_0, \boldsymbol{\theta}_1)$ は即時報酬であり，$V(\pi, \boldsymbol{\theta}_1, T-1)$ は状態 $\boldsymbol{\theta}_1$ からスタートし，ポリシー $\pi$ を使用して腕を $T-1$ 回引いたときの将来価値である．$\pi(\boldsymbol{\theta}_0)$ は，状態 $\boldsymbol{\theta}_0$ のときにポリシー $\pi$ で選択された腕 $i$ であり，次の状態が何であるかは正確にはわからないため，$\boldsymbol{\theta}_1$ は確率変数であることに注意してほしい．

ベイズ最適戦略 (Bayesian optimal scheme) $\pi^*$ は価値を最大化する戦略をとり，以下で表される．

$$\pi^* = \arg\max_{\pi} V(\pi, \boldsymbol{\theta}_0, T) \tag{3.6}$$

最適な腕の選択は，将来の総予算 $T$ にも依存する．この設定でバンディット戦略 $\pi$ は，状態 $\boldsymbol{\theta}_t$ と予算 $T$ をとり，次に引かれる腕 $\pi(\boldsymbol{\theta}_t, T)$ を返す関数である．これは $T$ が小さいときにはベイズ最適戦略を正確に得ることができる．$V(\boldsymbol{\theta}_0, T) = V(\pi^*, \boldsymbol{\theta}_0, T)$ を最適解の価値とする．$T=0$ のときに価値が 0 であることは容易にわかる．すなわち，任意の状態 $\boldsymbol{\theta}_t$ について $V(\boldsymbol{\theta}_t, 0) = 0$ となる．初期状態 $\boldsymbol{\theta}_0$ かつ $T=1$ のとき，$\pi^*(\boldsymbol{\theta}_0, 1)$ を解くことで，

$$\begin{aligned} \pi^*(\boldsymbol{\theta}_0, 1) &= \arg\max_{i} E_{\boldsymbol{\theta}_1}[R_i(\boldsymbol{\theta}_0, \boldsymbol{\theta}_1) \mid \text{腕 } i] \\ &= \arg\max_{i} \{\alpha_{i0}/\gamma_{i0}\} \end{aligned} \tag{3.7}$$

となることがわかる．なぜなら，この場合，腕 $i$ を引いた際の期待報酬は報酬確率 $\alpha_{i0}/\gamma_{i0}$ となるからである．また，以下も計算可能である．

$$V(\boldsymbol{\theta}_0, 1) = \max_{i} \{\alpha_{i0}/\gamma_{i0}\} \tag{3.8}$$

初期状態 $\boldsymbol{\theta}_0$ がどのような状態であったとしても式 (3.8) がいえる．初期状態が $\boldsymbol{\theta}_0$ でかつ $T=2$ のとき，以下を解くことで $\pi^*(\boldsymbol{\theta}_0, 2)$ を得られる．

$$\pi^*(\boldsymbol{\theta}_0, 2) = \arg\max_i \; E_{\boldsymbol{\theta}_1}[R_i(\boldsymbol{\theta}_t, \boldsymbol{\theta}_1) + V(\boldsymbol{\theta}_1, 1) \mid \text{腕 } i] \tag{3.9}$$

上の式はとりうる全ての状態 $\boldsymbol{\theta}_1$ を列挙することによって解くことができる．ここで設定しているベータ二項 MDP では，各腕について 2 つの状態しかとらない．つまり，腕の数を $K$ とすると，評価される状態の総数は $2K$ である．引かれなかった腕の状態は変わらないため，可能な状態の総数は腕の数 $K$ に対して線形であることに留意されたい．ここで，$\boldsymbol{\theta}_1^{(i,0)} = \boldsymbol{\theta}_0$ の場合，腕 $i$ の新しい状態は $(\alpha_{i0}, \gamma_{i0}+1)$（報酬なしで腕 $i$ を引くことに対応）である．また，$\boldsymbol{\theta}_1^{(i,1)} = \boldsymbol{\theta}_t$ の場合，腕 $i$ の新しい状態は $(\alpha_{i0}+1, \gamma_{i0}+1)$（報酬ありで腕 $i$ を引くことに対応）である．最適解は以下の解法によって得ることができる．

$$\pi^*(\boldsymbol{\theta}_0, 2) = \arg\max_i \left[\frac{\alpha_{i0}}{\gamma_{i0}}(1 + V(\boldsymbol{\theta}_1^{(i,1)}, 1)) + \left(1 - \frac{\alpha_{i0}}{\gamma_{i0}}\right)(0 + V(\boldsymbol{\theta}_1^{(i,0)}, 1))\right] \tag{3.10}$$

ここで $V(\cdot, 1)$ は式 (3.8) を用いる．$T \geq 2$ の場合，最適解は次のように解くことで得られることがわかる．

$$\pi^*(\boldsymbol{\theta}_0, T) = \arg\max_i \left[\frac{\alpha_{i0}}{\gamma_{i0}}(1 + V(\boldsymbol{\theta}_1^{(i,1)}, T-1)) + \left(1 - \frac{\alpha_{i0}}{\gamma_{i0}}\right) V(\boldsymbol{\theta}_1^{(i,0)}, T-1)\right] \tag{3.11}$$

しかし，$V(\cdot, T-1)$ の計算コストは高い．単純に再帰的定義を用いて計算すると，評価する必要がある状態の総数は $(2K)^{T-1}$ のオーダーで増加する可能性がある．これは，ベイジアンアプローチにおける計算上の課題である．最適解の詳細な解析については Puterman(2009) を参照してほしい．

### 3.2.2 ミニマックスアプローチ

探索-活用戦略は，ミニマックスアプローチにもとづいて開発することもできる．中心的なアイデアは，最悪の状況でパフォーマンスの下限が合理的になる戦略を見つけることである．本アプローチにおける戦略のパフォーマンスは，通常，**リグレット**という概念によって測定される．腕が固定報酬確率をもっていると仮定すると，報酬確率の最も高い腕が（未知の）**最良の腕**である．腕が $T$ 回引かれた後のリグレットは，最良の腕を $T$ 回引くことで得られる期待総報酬と，戦略によって得られた報酬との差である．

ミニマックスアプローチの中で，Auer et al.(2002) で提案された UCB1 は有名な戦略であり，UCB は上限信頼性 (upper confidence bound) を意味している．任意の時点で UCB1 は各腕 $i$ に優先順位を与える．

$$\frac{\alpha_i}{\gamma_i} + \sqrt{\frac{2 \ln n}{\gamma_i}} \tag{3.12}$$

ここで，$\alpha_i$ はこれまで腕 $i$ を引いて得られた総報酬，$\gamma_i$ は腕 $i$ が引かれた回数，$n$ は腕を引いた回数の総数である．次に，単純に最も優先順位の高い腕を引く．初期状態では全ての腕で $\gamma_i = 0$ であるため，全ての腕を 1 回引く．$\frac{\alpha_i}{\gamma_i}$ は腕 $i$ の報酬確率の現在の推定値であり，第 2 項は現在の推定値の不確実性を表している．Auer は，Chernoff-Hoeffding の不等式[1] にもとづいて，$T$ 回引いた後の UCB1 のリグレットは高々 $O(\ln T)$ であることを証明した．また，古典的なバンディット問題においては $T$ 回引いた後は少なくとも $O(\ln T)$ のオーダーであることが Lai and Robbins(1985) により示されている．

Auer の結果は，ビッグオー (big-$O$) 表記では定数が無視されるため，UCB1 が実際に最高の性能を達成できることを意味しないことに留意してほしい．腕が $T$ 回引かれた後の UCB1 の厳密なリグレットバウンドは次の式で示される．

$$\left( 8 \sum_{i:\mu_i < \mu^*} \frac{\ln T}{\Delta_i} \right) + \left( 1 + \frac{\pi^2}{3} \right) \left( \sum_{i=1}^{K} \Delta_i \right) \tag{3.13}$$

ここで，$\mu_i$ は腕 $i$ の観測されない報酬確率であり，$\mu^* = \max_i \mu_i$，$\Delta_i = \mu^* - \mu_i$ である．UCB1 では最悪なケースのパフォーマンスを保証するために探索傾向が強いという特性をもっている．

各腕の報酬確率が，非定常で時間の経過とともに変化し，かつ，報酬を最小限にしようと恣意的に変化する可能性のある敵対的な設定のバンディット問題に対してもミニマックスアプローチが適用されてきた．Auer et al.(1995) では

---

1) 訳注：`https://en.wikipedia.org/wiki/Hoeffding's_inequality` を参照．

この問題を研究し，有界のリグレットが得られるEXP3アルゴリズムを提案した．興味のある読者はAuer et al.(1995)を参照してほしい．

### 3.2.3 ヒューリスティックなバンディット戦略

ヒューリスティックなバンディット戦略も数多く提案されている．以下では，それらのいくつかを再検討する．$\hat{p}_i = \alpha_i/\gamma_i$ を腕 $i$ の現在の報酬確率の推定値とする．

- **$\epsilon$-グリーディ**：この方針は確率 $\epsilon$ で無作為に腕を引き，確率 $1-\epsilon$ で最も高い推定報酬確率をもつ腕，すなわち $\arg\max_i \hat{p}_i$ を引く．過度の探索を減らすための1つの方法は，時間の経過とともに $\epsilon$ を減少させることである．例えば，$n$ が腕を引いた総数として，定数 $\delta$ に対して $\epsilon_n = \min\{1, \delta/n\}$ を設定することができる．Auer et al.(2002)は，$\delta$ を適切に設定した場合に対数オーダーのリグレットバウンドが得られることを示した．
- **SoftMax**：「温度」パラメータ $\tau$ が与えられると，以下の確率で腕 $i$ を引く．

$$\frac{e^{\hat{p}_i/\tau}}{\sum_j e^{\hat{p}_j/\tau}} \tag{3.14}$$

  温度 $\tau$ が高いときには，$e^{\hat{p}_i/\tau} \to 1$ となり，各腕はほぼ同じ確率で選択されることに注意してほしい．逆に，$\tau$ が低いときは，確率質量は最も高い推定報酬確率を有する腕に集中する．
- **Thompson サンプリング**：各腕の報酬確率を推定するためにベイジアンアプローチを使用すると仮定する．$\mathcal{P}_i$ を腕 $i$ の報酬確率の事後分布とする．引く腕を選択するために，最初に，各腕 $i$ の分布 $\mathcal{P}_i$ に従って乱数 $p_i$ をサンプリングし，その後，最も高い $p_i$ を有する腕を引く．このアプローチは，Thompson(1933)によって最初に提案された．式(3.2)および式(3.3)のベータ二項モデルを使用して，腕の事後分布を導出することができる．
- ***k*偏差UCB (*k*-deviation UCB)**：UCB法は，ヒューリスティックな方法に対して適用することもできる．腕 $i$ の報酬確率の事後分布 $\mathcal{P}_i$ の平均を $E[p_i]$，標準偏差を $\mathrm{Dev}[p_i]$ とする．次に，最高スコア $s_i = E[p_i] + k \cdot \mathrm{Dev}[p_i]$ を有する腕 $i$ を引く．ここで，$k$ は経験的に選択される．ベータ事後分布の平均

および分散は式 (3.1) で説明した.

### 3.2.4　備考

一般にベイジアンアプローチは計算コストが高いが，モデリングの前提が妥当であればパフォーマンスは比較的良い．逆に，ミニマックスアプローチは，最悪なケースで最高の性能を達成することができるが，通常，平均的なケースでは探索の回数が多くなる傾向にある．実践ではヒューリスティックにもとづく方法がしばしば使用される．ヒューリスティックにもとづく方法では，最悪なケースまたは平均的なケースに対して証明がされているわけではないが，実装が簡単で，適切にチューニングした場合に妥当なパフォーマンスを達成できる.

## 3.3　推薦システムにおける探索と活用

本節では推薦システムの文脈での探索-活用問題，および，その主要課題について説明する.

### 3.3.1　Most-Popular 推薦

まず，肯定的な応答数を最大化するために，全てのユーザに単一のスロットで最も人気のあるアイテムを推薦する．Most-Popular では，ユーザの情報を活用することなく各訪問に対して1つのアイテムを推薦する（つまり，個別化を行わない）．シンプルだが，**Most-Popular 推薦**の問題は，（1.2 節で説明したとおり）アイテム推薦の基本的な要素を含み，より洗練された手法に対する強力なベースラインとなる.

アイテムの人気（応答率）を推定する際には考慮すべき事項が多くある．理想的には，ユーザの母集団を代表するサンプルに対してアイテムを表示し，各アイテムの人気を推定する必要がある．例えば，最も人気のあるアイテムを夜間の時間帯で推薦しようと考えた場合，午前に取得したデータを使用して作成したモデルでアイテムを推薦すると，ユーザの特性が異なるためうまく機能しない可能性がある．他の要素として，既存のシステムから収集した過去のデータを使用する場合，推定にバイアスがかかる可能性がある．このようなバイアスの影響を排除するために，ランダムに抽出されたデータを用いて，カルマンフィルタ (Pole et al., 1994) や 1.2 節で導入された単純指数加重移動平均 (EWMA) のような手法により，推定値を迅速に更新することは有効である．ここで，ランダムなデータとは，ある時点において訪問の一部に対してプール内のアイテムを無作為に割り当てたものを指す．候補アイテムのセットとアイテムの応答率は時間の経過とともに変化するため，古典的なバンディット戦略に最適化された結果は，Most-Popular 推薦問題には適用されない．3.2.3 項で説明した $\epsilon$-グリーディの仕組みは，全てのアイテムにわたって均等にランダム化され，かつ，実装が簡単であるため出発点としては良い選択である．しかし，各時点でアイテムごとのサンプルサイズが小さいウェブアプリケーションにとっては最適ではないことがある．幸運なことに，各アイテムに最適な $\epsilon$ の値は，バンディット戦略の拡張により計算することができる．これらの拡張については第 6 章で説明する．

### 3.3.2 個別化推薦

Most-Popular 推薦の自然な拡張として，人口統計や地理情報などの属性にもとづいてユーザを粗いセグメントに分類し，各セグメントに対して Most-Popular 推薦手法を適用することである．このようなアプローチは，セグメント数が少なく，セグメント内のユーザにおけるアイテムの好みが比較的似ている場合にうまく機能する．このようなセグメントを特定するために，クラスタリングや決定木（Hastie et al.(2009) の第 9 章と第 14 章を参照）などの手法が適用できる．

しかし，**セグメント化 Most-Popular 推薦**アプローチは，各候補アイテムを探索するにあたり，最も高い応答率を有するアイテムの識別を確実にするために，1 セグメントあたりの訪問数が「十分」に大きい場合にのみ機能する．一度も表示されないアイテムが存在する可能性があるため，アイテムプールが大きい場合は個別化推薦をすることは難しい．

各時点でアイテムごとのサンプルサイズに応じて，セグメントの粒度を制御することによってセグメント化 Most-Popular 推薦を適用することは，単純ではあるが合理的なアプローチである．より多くのサンプルを蓄積するために，各時点の時間間隔を大きくすることによってセグメントの粒度を細かくすることも可能である．時間間隔の大きさとセグメントの粒度との間のトレードオフは，アプリケーションごとに経験的に決定されるものである．

### 3.3.3　データスパースネス

多くの推薦システムではデータスパースネスが主な課題となっている．データスパースネスに寄与する主な要因は次のとおりである．

- **個別化の必要性**：ユーザの訪問回数の分布はロングテイルになる傾向がある．ユーザの大部分は散発的だが，ごく一部のユーザが頻繁に訪問する．理想的なアプローチは，訪問回数の多いユーザのために深く個別化し，散発的な訪問者はセグメント化し，セグメントごとに人気のあるアイテムを推薦することである．このようなサンプルサイズが異なる状況下で，個別化推薦を実行するための探索-活用戦略を考案することは簡単なことではない．
- **大規模な動的コンテンツプール**：各ユーザの興味を満たすために，アイテムプールは十分に大きくなければならない．アイテムは多くの場合，時間に敏感であり，アイテムに対するユーザの関心は時間とともに減衰する．したがって，各時点における各アイテムの応答率を推定するためのデータ量は，実際には小さくてもよい．

## 3.4　スパースデータを用いた探索と活用

本節ではデータスパースネスの問題に取り組むために，統計的手法を用いたアイデアを提供する．ユーザおよびアイテムの素性ベクトルを用いて均質なグループを作成し次元を減らし（3.4.1項），それから次元削減と探索と活用を組み合わせる（3.4.2項）．次元削減と探索-活用手法を組み合わせることは理想的だが，最適解を得ることは難しい．実際のシステムではヒューリスティックが用いられることも多い．時間の影響を受けやすいアイテムについては，最新の

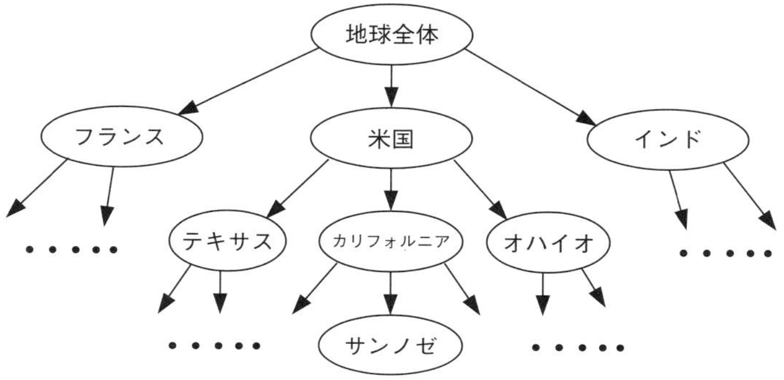


**図 3.1** 地理的階層性の例.

ユーザフィードバックを使用してオンラインでモデルパラメータを更新することや，モデルの収束を高速化するのためにオンラインモデルの初期値を考えることも重要である（3.4.3 項）.

### 3.4.1 次元削減手法

アイテム推薦の問題で実際に使用される次元削減の代表的なアプローチをいくつか取り上げる.

**階層によるグループ化**：ユーザやアイテムが階層的に構成されている場合もある．例えば，ユーザが住んでいる都市は州の中にあり，州は国の中にあるという入れ子構造となっている（図 3.1）．このような階層が存在しない場合，階層的クラスタリングまたは決定木（Hastie et al.(2009) の第 9 章および第 14 章を参照）を用い，データから自動的に階層を作成することができる.

個々のユーザごとに個別のアイテムの探索-活用をする代わりに，粗いユーザセグメントと粗いコンテンツカテゴリを利用し，徐々に細かいユーザセグメントやアイテムに移行することにより，モデリングの際に利用可能なサンプルサイズを大きくすることができる．例については，Kocsis and Szepesvari(2006) および Pandey et al.(2007) を参照してほしい.

**線形射影による次元削減**：もう 1 つの一般的な手法は，一般化線形モデルの枠組みを用いることである (Nelder and Wedderburn, 1972)．多くのアプリケーションで，人口統計，位置情報，検索などの豊富なユーザ素性を入手できる．ユーザ $i$ の素性ベクトルを $\boldsymbol{x}_i = (x_{i1}, ..., x_{iM})$ とする．素性ベクトルのサイズ $M$ は一般的に大きい（数千から数百万）．一般化線形モデルでは，ユーザ $i$ のアイテム $j$ に対する応答率は $\boldsymbol{x}_i'\boldsymbol{\beta}_j$ で表される線形結合の単調関数であり，各アイテム $j$ の未知係数ベクトル $\boldsymbol{\beta}_j$ は，全ユーザのアイテムへの応答データを用いて推定する．各アイテム $j$ は，各アイテム固有の挙動をモデル化するために，固有の係数ベクトル $\boldsymbol{\beta}_j$ を有することに留意されたい．このモデルは，アイテムごとに $M$ 個の係数を推定する問題であるため，各（ユーザ，アイテム）対の応答率を求める問題よりも簡単であるが $M$ が大きい場合には依然として困難である．この問題を解決する1つのアプローチは，線形射影行列 $\boldsymbol{B}$ を介して $\boldsymbol{\beta}_j$ を低次元空間に射影することである．すなわち，低次元ベクトルである $\boldsymbol{\theta}_j$ を用いて，$\boldsymbol{\beta}_j = \boldsymbol{B}\boldsymbol{\theta}_j$ とする．$\boldsymbol{B}$ は，主成分分析（PCA: Hastie et al.(2009) の第14章を参照）または特異値分解（2.1.2項で論じた）を使用して，教師なし手法で推定することができる．クリックによるフィードバック情報を使用した教師あり手法は，教師なしの方法よりも優れたパフォーマンスを示す．これについては第7章で紹介する．

**協調フィルタリングによる次元削減**：典型的な推薦アプリケーションでは，一部のユーザと推薦モジュールとの間に頻繁に相互作用が発生する．このような相互作用の頻度が高いユーザでは，過去のインタラクションデータのみにもとづいてアイテムとの類似性を捉える素性ベクトルを構築することが可能である．2.4節で説明したように，協調フィルタリングのような手法を使用することで，相互作用の頻度の低いユーザであっても素性ベクトルの構築が可能である．例えば，ユーザ全体のデータにもとづいて，「アイテムAを好むユーザはアイテムBも好む」形式の関連付けを推定することができる．これらの関連性が強いほど，効率よく低次元にできる．なぜなら，ユーザ-アイテム間の応答率の同時分布に弱い制約がかかるからである．このアプローチは，他のユーザの素性ベクトルやアイテム素性ベクトルが存在しない場合でもうまく機能する (Pilászy and Tikk, 2009; Das et al., 2007).

因子モデルにもとづく協調フィルタリング手法は，現在，最高水準の性能を示している (Koren et al., 2009)．アイデアはユーザ $i$ とアイテム $j$ を，同一のユークリッド空間内の 2 つの点 $\boldsymbol{u}_i$ と $\boldsymbol{v}_j$ に写像することである．点 $\boldsymbol{u}_i$ および $\boldsymbol{v}_j$ は，データから学習する必要があり，それぞれ**ユーザ因子**ベクトルおよび**アイテム因子**ベクトルと呼ばれる．ユーザ-アイテム間の類似性は，$\boldsymbol{u}_i$ と $\boldsymbol{v}_j$ の内積 $\boldsymbol{u}_i'\boldsymbol{v}_j$ によって与えられる．ベクトル $\boldsymbol{u}_i$ および $\boldsymbol{v}_j$ の各次元を「グループ」と考えることができ，ベクトル $\boldsymbol{u}_i$ および $\boldsymbol{v}_j$ における $k$ 次元の値は，ユーザおよびアイテムが $k$ 番目のグループに属する傾向を表す．明示的なインタレストカテゴリとは異なり，これらのグループは潜在的であり，過去データから推定される．数十から数百の因子数に設定すると良好な性能を発揮することが多い．

### 3.4.2　次元削減を用いた探索と活用

次元削減を用いた個別化推薦手法に対して，最適な探索-活用手法を適用することは困難である．実際には 3.2.3 項で説明したヒューリスティック戦略を使用することが多い．ここでは，わずかな変更を加える．ユーザに対するアイテム $i$ の推定応答率 $\hat{p}_i$（バンディット問題における報酬確率）は，アイテムに対する応答をカウントするのではなく，3.4.1 項で述べた個別化モデルによって計算する．この変更により，$\epsilon$-グリーディと SoftMax を個別化推薦に簡単に適用できる．Langford and Zhang(2007) および Kakade et al.(2008) にいくつかの例がある．個別化されたモデルが，各ユーザの各アイテムへの応答率の事後分布を推定することもできる場合，Thompson サンプリングおよび $k$ 偏差 UCB を適用することができる．これについては Li et al.(2010) を参照してほしい．

応用上，Thompson サンプリングと $k$ 偏差 UCB は $\epsilon$-グリーディと SoftMax よりも望ましい．Thompson サンプリングと $k$ 偏差 UCB は，探索-活用における応答率の推定の不確実性が考慮されているからである．一方，$\epsilon$-グリーディと SoftMax では考慮されていない．成功への鍵は，適切な統計モデルを用いた（正確な平均だけでなく）正確な応答事後分布の推定である．

### 3.4.3　オンラインモデル

いくつかの推薦問題では，アイテムは寿命が短く時間に敏感である．例えばニュース推薦問題では，ニュース速報に関する記事は数時間で古くなってしまう．寿命の短いアイテムの応答率を推定するモデルでは，最新のユーザのフィードバックを使用して頻繁に更新する必要がある．**オンラインモデル**は，モデルパラメータの初期推定から始まり，新しいデータが手に入るたびにパラメータを継続的に更新する．例えば因子モデルでは，ユーザ因子 $\boldsymbol{u}_i$ の推定はアイテム因子 $\boldsymbol{v}_j$ の推定よりも変化が小さいと仮定することができる．したがって，$\boldsymbol{v}_j$ をオンラインで更新すればよい．ベイズ的な観点から，アイテム $j$ に対するクリックフィードバックなしで，平均 $\boldsymbol{\mu}_j$ と適当な分散により $\boldsymbol{v}_j$ の事前分布を仮定する．フィードバック（クリックされた／されていない）を受け取った後，$\boldsymbol{v}_j$ の事後分布を得るために事前分布を更新する．結果として得られる事後分布は，その後の更新における事前分布の役割を果たす．詳細は7.3節を参照してほしい．アイテムが時間に敏感でないアプリケーション（例えば映画推薦）の場合，頻繁なオンライン更新は必要がない可能性がある．

新規アイテムまたは少数のクリックフィードバックを受け取ったアイテム $j$ についての推定応答率は，初期推定値である事前平均 $\boldsymbol{\mu}_j$ に決定的に依存する．初期値として，全てのユーザについて $\boldsymbol{\mu}_j$ を同じ値 $(= \mathbf{0})$ に設定することもできる．モデルの初期値は，アイテム $j$ の素性ベクトル $\boldsymbol{z}_j$ を用いて，アイテム因子 $\boldsymbol{v}_j$ を $\boldsymbol{v}_j = \boldsymbol{D}'\boldsymbol{z}_j + \boldsymbol{\eta}_j$ として初期化することによって改善することができる．ここで，$\boldsymbol{D}$ は回帰係数の行列，$\boldsymbol{\eta}_j$ はアイテム素性からは捉えられないアイテム固有の特異性を学習する補正項である．直感的には，アイテム因子ベクトル $\boldsymbol{v}_j$ は，アイテム素性ベクトル $\boldsymbol{z}_j$ にもとづいて回帰 $\boldsymbol{D}'\boldsymbol{z}_j$ によって推定される．この回帰の出力 $\boldsymbol{v}_j$ は（スカラーではなく）ベクトルなので，回帰係数 $\boldsymbol{D}$ は（ベクトルではなく）行列となる．クリックフィードバックが少ない新しいアイテムについては，主にこの素性ベクトルベースの回帰を使用してアイテム因子を取得する．ただし，アイテム素性ベクトルだけで推定が可能とは限らない．クリックフィードバックの多いアイテムについては，補正項 $\boldsymbol{\eta}_j$ を使用して素性から捉えられない信号を捕捉することによって，アイテムの係数をより正確に推定することができる．同様の方法をユーザ因子にも適用することができる．

詳細な説明は第8章を参照してほしい．

## 3.5 まとめ

本章を要約すると，多くのウェブ上の推薦問題の目的は，アイテムに対するユーザの肯定的な反応を示す指標を最大化することである．これまでの文献の多くは，教師あり学習手法を用いて指標の推定精度を向上させる方法に焦点を当ててきた．しかし，推薦問題は教師あり学習の問題ではない．現実的には，探索-活用問題である．しかし，教師あり学習手法は探索-活用問題の次元を減らし，ユーザにとって最良のアイテムに迅速に収束するのを助ける．また，教師あり学習手法と古典的な多腕バンディット戦略とを組み合わせた簡単なヒューリスティックが実際にはうまくいく．高次元における探索-活用問題を解決するためのより良い方法を得ることは，依然として活発な研究分野となっている．

## 3.6 演習

3.1 CTR がそれぞれ $p_1$，$p_1 + \delta(> 0)$ である 2 つのアイテムにおける Most-Popular 推薦問題を考えてみよう．アイテムがそれぞれ $n$ 回, $kn$ 回 $(k > 0)$ 表示されたとする．一様な事前確率を有するベータ二項分布を使用して，$k$ と $\delta$ の関数として 1 つ目のアイテムが 2 つ目のアイテムよりも優れている事後確率を計算せよ．なお，$n = 5, 10, 15, ..., 100$ とする．また，この問題について所見をまとめよ．

# 第4章

# 推薦システムの評価

推薦アルゴリズムを開発した後，性能測定指標を用いて手法の評価をすることが重要である．評価は実サービス上で実験を行うかどうかによって，以下の2種類に分類される．

1. **デプロイ前のオフライン評価**：ユーザにサービスを提供する前に，新しいモデルが既存のベースラインを上回っていることを確認する必要がある．実際のサービス上で新しいモデルをテストする前に，収集済みの過去データを用いてさまざまな評価指標を計算する．このような**オフライン評価**を行うためには，過去のユーザ-アイテム間のインタラクションデータをシステムに記録しておく必要がある．モデル比較は，過去データを用いてオフラインで指標を計算することによって実行される．
2. **デプロイ後のオンライン評価**：モデルの性能がオフライン指標で示された後，実サービス上でのわずかな訪問に対してテストをする．これを**オンライン評価**と呼ぶ．オンライン評価ではランダム化比較実験を実行するのが一般的である．ウェブアプリケーションのA/Bテストまたはバケットテストとも呼ばれるランダム化比較実験では，新手法を既存のベースラインと比較する．ユーザ集合または訪問集合を2つのランダムな**実験バケット**および**対照バケット**にそれぞれ割り当てることによって実験を行う．実験バケットは，テスト対象の新しい推薦モデルを使用してユーザにサービスを提供するのに対し，対照バケットは現在使用している方法でユーザにサービスを提供する．したがって，通常は対照バケットよりも実験バケットではサンプルサイズが小さくなる．このような**バケットテスト**を一定期間実行した後，各バケットで収集したデータから指標を計算／比較してモデルのパフォーマンスを測定する．

本章では，推薦モデルのパフォーマンス測定方法および測定手法の長所と短所について説明する．4.1 節では，過去の評価データにおけるサンプル外データの予測精度測定のための古典的なオフライン評価指標の説明から始める．**レイティング**という用語の使用は一般的なもので，映画の星付けのような明示的なレイティングや推薦アイテムのクリックなどの暗黙のレイティング（レスポンスとも呼ばれる）の両方を指す．4.2 節ではオンライン評価手法について議論し，パフォーマンス評価指標とオンラインバケットテストを適切に設定する方法について説明する．ここでは，モデルのオンラインパフォーマンスを改善することが最終目標である．しかし，性能の低いモデルがユーザ体験に重大な影響を及ぼす可能性があるため，オンライン評価の実行にはリスクがある．そのような問題が起きないように，オンラインパフォーマンス指標をオフライン評価を用いて近似することができないだろうか？　残念なことに肯定的な回答はできない．4.3 節と 4.4 節では，いくつかのシナリオでのシミュレーションとリプレイを通じてこのギャップを埋めることができる 2 つの方法を説明する．

## 4.1 オフライン評価における従来手法

アイテム $j$ に対するユーザ $i$ の評価を予測する推薦モデルでは，**未観測のレイティング**（または観測されていないユーザ-アイテム対へのレイティング）に対するサンプル外データの予測精度を測定する．一方，2.3.1 項で説明した教師なし手法などを用いた推薦モデルでは，目的はレイティングを予測することではない．モデルのランキングパフォーマンスを測定する指標は後者のモデルの評価に役立つ．（予測モデル，教師なしモデルにかかわらず）多くの推薦問題の目的はスコアに応じてアイテムを順位付けすることであり，ランキング指標は広範囲のアプリケーションで有効である．相対的なアイテムの順位付けが適切に行われればよいため，必ずしもユーザの絶対評価を正確に予測する必要はない．

オフライン評価は，過去に観測されたアイテムへのレイティング（観測済みレイティング）にもとづく．**観測済みレイティング**という言葉は，未観測のレイティングや予測されたレイティングと区別するために使用する．モデルのサンプル外データにおける予測精度またはランキング性能を測定するには，観測済みレイティングを訓練セットとテストセットに分割し，テストセットを使用して未観測のレイティングを「シミュレート」する適切な方法が必要である．本節では，データ分割手法について説明した後，4.1.2 項でよく使用される精度評価指標を，4.1.3 項で一般的に使用されるランキング指標について説明する．

### 4.1.1　データ分割手法

本項では観測済みレイティングを 2 つの集合（訓練セットとテストセット）に分割する方法について説明する．全ての未知モデルパラメータは，訓練セット内のデータのみを使用して推定する必要がある．推定されたモデルは，予測レイティングまたはランキングを集計することによってテストセットにおける精度を計算するために使用される．本項では以降，精度評価指標に関する考え方を中心に説明する．ランキング指標の計算に以下のデータ分割方法を適用するのは簡単である．精度／ランキング指標を正確に定義していないため，一旦，それらを訓練セットとテストセットにもとづく推定モデルのパフォーマンス測定値を返す関数だと考えておく．

**分割手法**：教師あり学習タスクのモデルパフォーマンス評価をする際に，訓練セットとテストセットにデータを分割することが日常的に行われる．しかし，分割方法は推薦モデルの特性に依存する．以下ではいくつかのデータ分割方法について，それらの特性を説明する．

- **無作為分割**：観測済みレイティングの $P$%を無作為に選択して訓練セットを作成し，残りの $(100-P)$%をテストセットの作成に使用する．ランダム分割は統計モデルの予測精度を測定する標準的な方法である．ただし，推薦モデルの期待性能の見積もりには適していない可能性がある．無作為分割の場合，古いレイティングがテストセットに含まれている可能性と，新しいレイティングが訓練セットに含まれている可能性がある．このようなデータを使用した場合，一部のモデルは将来のレイティングを使用して過去のレイティングを予測することになり，実際のアプリケーションの設定とは異なる．しかし，一般的な統計モデルの予測精度を測定する場合はランダム分割が適した方法である．ランダム分割の利点の1つは，分割を複数回実行し，異なる訓練／テストセットから得られた精度の分散を簡単に計算できることである．

- **時間ベースの分割**：ユーザがアイテムを評価した時間を記録している場合，特定の時間の前に観測されたレイティングを訓練セットとし，残りをテストセットとすることができる．時間ベースの分割は，将来のデータを使用して過去を予測する問題を排除し，現実に近い設定でモデルのパフォーマンスを測定できる優れた分割方法である．しかしランダム分割とは異なり，時間分割を使用して複数の訓練／テストセットを生成することはできない．各分割時点は唯一の訓練／テストセットに対応しているからだ．ただし，ブートストラップサンプリング (Efron and Tibshirani, 1993) を使用して，当該分割方法を用いたモデル精度の分散を推定することができる．例えば，訓練／テストセットを作成した後，元の訓練セットとテストセットから無作為抽出して，複数の異なる訓練／テストデータを得ることができる．
- **ユーザベースの分割**：まだアイテムを評価していない新規ユーザに対するモデルの精度測定を目的としている場合，訓練セットを作成するために $P$ %のユーザをランダムに選択し，残りの $(100-P)$%のユーザからテストセットを形成する．ユーザベースの分割ではテストセット内のユーザは，訓練データ内ではレイティングをもたないというシナリオをシミュレートしている．つまりテストセットの精度は，新しいユーザのレイティングの予測性能を測定している．ランダム分割法と同様に，この分割法では，モデル精度の分散を評価するために複数の訓練／テストセットを簡単に生成することができる．
- **アイテムベースの分割**：評価されていない**新規アイテム**に対するモデルの精度測定を目的とする場合，アイテムを訓練アイテムとテストアイテムに分割する．訓練アイテムの全てのレイティングは訓練セットに属し，テストアイテムの全てのレイティングはテストセットに属する．繰り返しになるが，この分割法においても複数の訓練／テストセットを簡単に生成できる．

**交差検証**：複数の訓練／テストセットを生成する必要がある場合，$n$ フォールド交差検証は，テストセットにおける精度の計算において同じレイティングが1度だけ使用されるため，精度検証においては有益な手法である．交差検証についてはランダム分割への適用に限定して説明する．同様の方法はユーザベースの分割とアイテムベースの分割でも適用可能なことに留意してほしい．$n$ フォールド交差検証は，次のように機能する．

- 観測済みのレイティングをほぼ同じサイズの大きさの $n$ 個の集合にランダムに分割する
- $k = 1, \ldots, n$ について，以下を実施：
  - $n$ 個の集合の内，$k$ 番目をテストセット群とする．各テストセットに対して，残りの $n-1$ 個のデータを統合して訓練セットとする．
  - 訓練セットを使用してモデルの訓練をし，テストセットを用いて精度の計算を行う．
- 最終的な精度の期待値を得るには $n$ 個の精度を平均する．分散または標準偏差も $n$ 個の精度から計算することができる．

**チューニングセット**：一般的な学習モデルでは，**チューニングパラメータ**が存在する．当該パラメータはアルゴリズムでは推定しないが，アルゴリズムへの入力であり，精度に対して重要な意味をもつ．また，モデルの収束に影響することが往々にしてある．例えば，正則化係数（式 (2.15) の $\lambda$，式 (2.24) の $\lambda_1$，$\lambda_2$）は，通常チューニングパラメータとして扱われる．行列分解における潜在次元の数，確率的勾配降下法 (SGD) におけるステップサイズ（式 (2.29) の $\alpha$）もチューニングパラメータの例としてあげられる．一般に，テストセットで複数の異なるチューニングパラメータにおける精度を比較し，最良の精度を報告するのは良い方法ではない．テストセットを使用してチューニングパラメータを推定した後に得られる最良の精度は，常に楽観的であり，未知のレイティングにおけるモデルの実際の精度を過大評価する．レイティングをランダムに予測するシンプルなモデルを例として考えてみよう．このモデルをテストセットで複数回実行し，全ての試行にわたって最良であった精度を報告する場合，試行回数が増えるほどモデルのパフォーマンスが向上する．ここでの各試行で行われたチューニングパラメータの調整は，モデル性能にまったく影響を及ぼさないと考えることができる．テストセットが大きく，チューニングパラメータの数が少ない場合，この過大評価は重大な問題ではないかもしれない．しかし，訓練セットをさらに2つに分割することは良い結果を生みやすい．1つをチューニングセット[1)]と呼び，残りの集合を訓練セットと呼ぶ．訓練セットを使用してモデルパラメータを決定し，チューニングセットを使用して良好なチューニングパラメータを選択する．テストセット以外のデータを使って各パラメータの値を学習／固定した後，テストセットにモデルを適用し，精度を測定する．プロセスは次のようになる．

- チューニングパラメータ $s$ について複数の設定で以下を実行する．
  - ある設定で固定したチューニングパラメータと訓練セットを使用してモデルを当てはめる．
  - チューニングセットを使用して学習済みモデルの精度を測定する．
- $s^*$ はチューニングセットにおける精度が最も高い，最適なチューニングパラメータの設定を表す．
- チューニングパラメータ $s^*$ と訓練セット（または訓練セットとチューニングセットの和集合）を使用してモデルを当てはめる．
- テストセットを使用して学習済みモデルの精度を測定する．

交差検証は上記のプロセスでは使用していない．しかし，交差検証を適用して訓練／チューニングセットを作成し，最良のチューニングパラメータを見つけることは容易である．

---

1) 訳注：通常はバリデーションセットと呼ばれることが多い．

### 4.1.2　精度評価指標

$\Omega^{\text{test}}$ をテストセット内の（ユーザ $i$，アイテム $j$）対の集合とする．$y_{ij}$ はユーザ $i$ のアイテム $j$ に対する観測済みのレイティングを示し，$\hat{y}_{ij}$ はモデルにより推定されたレイティングを示すことを思い出してほしい．精度はさまざまな方法で測定できる．

- **二乗平均平方根誤差**：数値レイティングが推定対象の場合，推定レイティングと観測されたレイティングとの間の二乗平均平方根誤差 (RMSE: root mean squared error) が精度評価指標として頻繁に使用される．

$$\text{RMSE} = \sqrt{\frac{\sum_{(i,j)\in\Omega^{\text{test}}} (y_{ij} - \hat{y}_{ij})^2}{|\Omega^{\text{test}}|}} \tag{4.1}$$

  RMSE が Netflix コンテストの精度評価指標として選ばれたことにより，近年，特に注目された．

- **平均絶対誤差**：数値評価でよく使用される指標として他に平均絶対誤差 (MAE: mean absolute error) があげられる．

$$\text{MAE} = \frac{\sum_{(i,j)\in\Omega^{\text{test}}} |y_{ij} - \hat{y}_{ij}|}{|\Omega^{\text{test}}|} \tag{4.2}$$

- **正規化 $L_p$ ノルム** (normalized $L_p$ norm)：MAE と RMSE は $p = 1$ と $p = 2$ のときの正規化 $L_p$ ノルムの特殊なケースである．

$$\text{Normalized } L_p \text{ norm} = \left( \frac{\sum_{(i,j)\in\Omega^{\text{test}}} |y_{ij} - \hat{y}_{ij}|^p}{|\Omega^{\text{test}}|} \right)^{1/p} \tag{4.3}$$

  $p$ の値が大きいほど（ユーザ，アイテム）対の推定誤差に応じて大きなペナルティがかかる．極端な場合を考えると，$L_\infty = \max_{(i,j)\in\Omega^{\text{test}}} | y_{ij} - \hat{y}_{ij} |$ となる．実際には，MAE および RMSE が広く使用されている．

- **対数尤度** (log likelihood)：ユーザがアイテムに肯定的な応答（クリックなど）をする確率を予測するモデルでは，（訓練セットではなく）テストセットにおけるモデルの対数尤度が有用な精度評価指標である．$\hat{p}_{ij}$ は，ユーザ $i$ がアイテム $j$ に肯定的な応答をする予測確率を示し，$y_{ij} \in \{1, 0\}$ は，ユー

ザ $i$ が実際にアイテム $j$ に肯定的な応答をするかどうかを示すものとする．

$$\begin{aligned}\text{Log-likelihood} &= \sum_{(i,j)\in\mathbf{\Omega}^{\text{test}}} \log \Pr(y_{ij} \mid \hat{p}_{ij}) \\ &= \sum_{(i,j)\in\mathbf{\Omega}^{\text{test}}} y_{ij}\log(\hat{p}_{ij}) + (1-y_{ij})\log(1-\hat{p}_{ij})\end{aligned} \tag{4.4}$$

精度評価指標は予測モデルの基本評価尺度である．新しい予測モデルと既存の予測モデルを比較するとき，過去データを使用して新しいモデルが古いモデルよりも精度が高いことを保証することはスタートとしては良い．ただし，次のような制限があるため，精度評価指標に依存してはならない．

- **ランキングの測定に不適**：多くのシステムでは，ユーザには上位のアイテムしか推薦されない．高順位となる可能性が高いアイテムの精度は，低順位のアイテムの精度よりも重要である．例えば，2 値応答問題では，応答率が低いアイテムと高いアイテムの間に大きなマージンが存在する可能性があるため，応答率の推定に大きな誤差があったとしてもパフォーマンスに大きな影響を与えないことがある．古典的な精度評価指標では，アイテムの順位付けは考慮されていない．
- **精度の改善を実際のシステムパフォーマンスの改善に役立てることが困難**：モデルの精度を向上させることは良いことである．しかし，精度の向上が必ずしも実システムのパフォーマンスの向上につながるわけではない．例えば，モデルの RMSE を 0.9 から 0.8 に改善した場合に推薦システムがどのくらい改善するか，モデルの対数尤度を 10%改善すれば，推薦したアイテムをどれだけ多くクリックしてもらえるようになるか，に応えることは難しい．

### 4.1.3　ランキング指標

前述したように推薦問題はランキング問題である．他のアイテムと比較して，どれほどうまく高評価アイテムを順位付けできるか，にもとづいてモデルを評価できると便利である．いま，モデルが（ユーザ $i$，アイテム $j$）対に与えるスコアを $s_{ij}$ とする．スコアを使用してアイテムへのユーザの親和性に応じてアイテムを並び変えることができれば，スコアはレイティングと同じスケー

表 4.1　（ユーザ，アイテム）対に関する $TP$，$TN$，$FP$，$FN$ の定義.

| | | |
|---|---|---|
| $TP(\theta)$ | $= \mid \{(i,j) \in \Omega_{+}^{\text{test}} : s_{ij} > \theta\} \mid$ | （真陽性の数） |
| $TN(\theta)$ | $= \mid \{(i,j) \in \Omega_{-}^{\text{test}} : s_{ij} \leq \theta\} \mid$ | （真陰性の数） |
| $FP(\theta)$ | $= \mid \{(i,j) \in \Omega_{-}^{\text{test}} : s_{ij} > \theta\} \mid$ | （偽陽性の数） |
| $FN(\theta)$ | $= \mid \{(i,j) \in \Omega_{+}^{\text{test}} : s_{ij} \leq \theta\} \mid$ | （偽陰性の数） |

ルである必要はない．ここでも，$y_{ij}$ はユーザ $i$ がアイテム $j$ に与えたレイティングを示す．観測されたレイティング（より正確には，レイティングを観測したユーザ-アイテム対）を訓練セットおよびテストセットに分割し，テストセットを使用してランキング指標を測定する．

まず，**大局的ランキング指標** (global ranking metrics) を検討する．これは，モデルによる推定スコアに従って全テストセットを順位付けし，評価の高いユーザ-アイテム対が低い評価をもつユーザ-アイテム対より上位に順位付けされている度合いを測定するものである．次に，**局所的ランキング指標** (local ranking metrics) について説明する．これは，各ユーザについてアイテムを個別に順位付けする方法である．高評価アイテムが低評価アイテムよりも上位に順位付けされているかどうかを測定し，その後，ユーザ間で平均をとる．

**大局的ランキング指標**：観測されたレイティング $y_{ij}$ が2値（例えば，クリック），または2値化されうる問題設定（例えば，閾値を上回る評価値を正として扱い，残りを負として扱う）から議論を始める．$\Omega_{+}^{\text{test}}$ はテストセットにおいて（ユーザ $i$，アイテム $j$）対が正のレイティングである集合を示し，$\Omega_{-}^{\text{test}}$ は負のレイティングの集合とする．閾値 $\theta$ が与えられたとき，スコア $s_{ij} > \theta$ と予測された $(i,j)$ 対を**正の**対と呼び，$s_{ij} \leq \theta$ と予測された対を**負の**対と呼ぶ．表4.1に $TP(\theta), TN(\theta), FP(\theta), FN(\theta)$ を定義する．これらにもとづいて一般的に使用される指標は，以下のとおりである．

- **適合率-再現率曲線（PR 曲線：Precision-Recall curve）**：モデルの PR 曲線は，$\theta$ を $-\infty$ から $+\infty$ まで変化させて生成される2次元の曲線である．与えられた $\theta$ に対する曲線上の点は (Recall($\theta$), Precision($\theta$)) である．

$$\begin{aligned} \text{Precision}(\theta) &= \frac{TP(\theta)}{TP(\theta)+FP(\theta)} \\ \text{Recall}(\theta) &= \frac{TP(\theta)}{TP(\theta)+FN(\theta)} \end{aligned} \tag{4.5}$$

- **受信者操作特性曲線（ROC (receiver operating characteristic) 曲線）**：モデルの ROC 曲線も，$\theta$ を $-\infty$ から $+\infty$ まで変化させた 2 次元の曲線である．与えられた $\theta$ に対する曲線上の点は $(FPR(\theta), TPR(\theta))$ である．

$$\begin{aligned} TPR(\theta) &= \frac{TP(\theta)}{TP(\theta)+FN(\theta)} \quad \text{（真陽性率）} \\ FPR(\theta) &= \frac{FP(\theta)}{FP(\theta)+TN(\theta)} \quad \text{（偽陽性率）} \end{aligned} \tag{4.6}$$

  ランダムに $s_{ij}$ スコアを出力する**ランダムモデル**の場合，ROC 曲線は (0,0) から (1,1) までの直線であることは容易にわかる．

- **ROC 曲線下の面積 (AUC: area under the ROC curve)**：PR 曲線と ROC 曲線は両者とも 2 次元の曲線であった．一方で，単一の数値を使用してモデルのパフォーマンスを要約できると便利な場合がある．AUC は曲線の下の面積を計算することによって ROC 曲線を要約する指標である．範囲は 0〜1 で高いほど良い．ランダムモデルにおける AUC は 0.5 となる．

モデルのランキング性能を測定する他の方法として，順位相関がある．これは，テストセットにおいて，モデルスコア $s_{ij}$ によってソートされた（ユーザ，アイテム）対の順位付けされたリストと，観測されたレイティング $y_{ij}$ によってソートされた対のリスト（**グラウンドトゥルース**）を比較する．この場合，2 つの順位付けされたリストが似ているほどモデルのパフォーマンスが良いとする．2 つのリストの類似性を測定するために一般的に使用される順位相関指標は，スピアマンの $\rho$ とケンドールの $\tau$ である．

- **スピアマンの $\rho$** は，2 つの順位リスト間のピアソン相関である．$s_{ij}^*$ と $y_{ij}^*$ をそれぞれ $s_{ij}$ と $y_{ij}$ に従ったリスト内の（ユーザ $i$，アイテム $j$）対の順位とする．例えば，$s_{ij}$ がテストセット内の全てのユーザ-アイテム対のうち $k$ 番目に高いスコアである場合，$s_{ij}^* = k$ である．同順位は次のように処理される．同一のレイティング（またはスコア）$y$ を有する $n$ 個のユーザ-アイテム対が存在し，レイティング（またはスコア）$> y$ を有する $m$ 個のユーザ-アイテム対が存在する場合，これらの $n$ 個のユーザ-アイテム対の順位は，平均順位が $\sum_{i=m+1}^{m+n} i/n$ と等しくなる．全てのテストセット内の $(i,j)$ 対において，$s_{ij}^*$ と $y_{ij}^*$ の平均をそれぞれ $\bar{s}^*$ と $\bar{y}^*$ とし，ピアソン相関係数を以下のように計算する．

$$\frac{\sum_{(i,j)\in\Omega^{\text{test}}}(s_{ij}^* - \bar{s}^*)(y_{ij}^* - \bar{y}^*)}{\sqrt{\sum_{(i,j)\in\Omega^{\text{test}}}(s_{ij}^* - \bar{s}^*)^2}\sqrt{\sum_{(i,j)\in\Omega^{\text{test}}}(y_{ij}^* - \bar{y}^*)^2}} \tag{4.7}$$

- **ケンドールの** $\tau$ は，2つのユーザ-アイテム対のリストが同じように順位付けされている傾向を測定する．テストセット内の任意の2つのユーザ-アイテム対 $(i_1, j_1)$ および $(i_2, j_2)$ を考える．次のように2つの指示関数を定義する．

$$\begin{aligned}
&\text{Concordant}((i_1,j_1),(i_2,j_2)) \\
&\quad = I((s_{i_1j_1} > s_{i_2j_2} \text{ かつ } y_{i_1j_1} > y_{i_2j_2}) \text{ または } (s_{i_1j_1} < s_{i_2j_2} \text{ かつ } y_{i_1j_1} < y_{i_2j_2})) \\
&\text{Discordant}((i_1,j_1),(i_2,j_2)) \\
&\quad = I((s_{i_1j_1} > s_{i_2j_2} \text{ かつ } y_{i_1j_1} < y_{i_2j_2}) \text{ または } (s_{i_1j_1} < s_{i_2j_2} \text{ かつ } y_{i_1j_1} > y_{i_2j_2}))
\end{aligned}$$

$n_c$ と $n_d$ を一致 (concordant) と不一致 (discordant) の数とする．

$$\begin{aligned}
n_c &= \frac{1}{2}\sum_{(i_1,j_1)\in\Omega^{\text{test}}}\sum_{(i_2,j_2)\in\Omega^{\text{test}}}\text{Concordant}((i_1,j_1),(i_2,j_2)) \\
n_d &= \frac{1}{2}\sum_{(i_1,j_1)\in\Omega^{\text{test}}}\sum_{(i_2,j_2)\in\Omega^{\text{test}}}\text{Discordant}((i_1,j_1),(i_2,j_2))
\end{aligned} \tag{4.8}$$

したがって，ケンドールの $\tau$ は以下のように定義できる．

$$\tau = \frac{n_c - n_d}{n(n-1)/2} \tag{4.9}$$

ここで，$n = |\Omega^{\text{test}}|$ はテストセット内のユーザ-アイテム対の合計数である．順位相関指標は2値ではないレイティングを扱う指標であり，同順位を扱うためのいくつかの変数も利用可能である（例えば，$\tau_b$，$\tau_c$）．

**局所的ランキング指標**：$\mathcal{J}_i^{\text{test}}$ をユーザ $i$ によって評価されたアイテム集合とする．まず，各ユーザ $i$ のランキング指標を $\mathcal{J}_i^{\text{test}}$ にもとづいて計算し，次に，全てのユーザに対して平均する．ここでは，正負の2値のみのバイナリレイティングに焦点を当てる．それ以外の場合は，複数の値を閾値にもとづいて2値に変換するか，平均順位相関を計算する．一般的に使用される指標は次のとおりである．

- **順位 $K$ での適合率 (P@$K$)**：各ユーザ $i$ について，モデルによって予測されたスコアに従って $\mathcal{J}_i^{\text{test}}$ 内のアイテムを（降順に）順位付けする．P@$K$ は上位 $K$ 個のアイテムのうちの正のアイテムの部分集合である．各ユーザについて P@$K$ を計算した後，全てのユーザにわたって平均する．通常，$K$ の値についてはいくつか考慮する（例えば，1, 3, 5）．良いモデルは，全ての $K$ に対して一貫してベースラインモデルよりも優れているはずである．
- **平均適合率の平均 (MAP: mean average precision)**：全ての $K$ について P@$K$ を要約する1つの方法は平均適合率である．これは次のように計算される．前述のように，各ユーザ $i$ について，予測スコアに従って $\mathcal{J}_i^{\text{test}}$ のアイテムを順位付けする．平均適合率は，アイテムが正のレイティングをもつ順位 $K$ のみに対する P@$K$ の平均として定義される．MAP は，全てのユーザに対する平均適合率の平均である．
- **正規化割引累積利得 (nDCG: normalized discounted cumulative gain)**：ここでも，各ユーザ $i$ について予測スコアに従って $\mathcal{J}_i^{\text{test}}$ 内のアイテムを順位付けする．順位 $k$ のアイテムにユーザ $i$ が正のレイティングを与えた場合，$p_i(k) = 1$ とする．そうでなければ $p_i(k) = 0$ とする．ここで $n_i = |\mathcal{J}_i^{\text{test}}|$ であり，$n_i^+$ はユーザ $i$ によって正のレイティングが与えられた $\mathcal{J}_i^{\text{test}}$ 内のアイテム数を示す．次に，割引累積利得 (DCG) を次のように定義する．

$$\text{DCG}_i = p_i(1) + \sum_{k=2}^{n_i} \frac{p_i(k)}{\log_2 k} \tag{4.10}$$

nDCG はユーザ $i$ における最大 DCG 値によって正規化された DCG である．

$$\mathrm{nDCG}_i = \frac{\mathrm{DCG}_i}{1 + \sum_{k=2}^{n_i^+} \frac{1}{\log_2 k}} \tag{4.11}$$

ここで，分母はユーザ $i$ における最大 DCG 値であり，$n_i^+ = 1$ である場合には 1 である．最後に，少なくとも 1 つの正のレイティングを有する全てのユーザ $i$ に対して $\mathrm{nDCG}_i$ を平均する．

**備考**：ほとんどのランキング指標は，元々，情報検索 (IR) システムのパフォーマンス測定をするために定義されていた．情報検索システムにおいては，IR モデルがあるクエリに対して「関連性のない」ドキュメントより「関連性のある」ドキュメントを上位に順位付けできるかどうかを測定することが目的である．通常，クエリは IR タスクの目的にもとづいてサンプリングされ，クエリごとに理想的な分布に従ってドキュメントをサンプリングする．次に，人間の評価者が，文書がクエリに関連するかどうかを判断する．

大局的ランキング指標を推薦モデルに適用する場合，クエリの概念はなく，IR の場合との明確な対応はない．実際，（ユーザ，アイテム）対のレイティングを評価することによって得られた大局的ランキング指標は，各ユーザのアイテムを順位付けするランキングモデルの性能を直接測定するものではない．代わりに教師あり学習における分類タスクの精度評価指標と同様の方法で扱う必要がある．したがって，精度評価指標の制限と同じことが大局的ランキング指標にもいえる．

局所的ランキング指標では，各ユーザがクエリに対応し，テストデータ内のユーザによって評価されたアイテムがドキュメントに対応し，肯定的なレイティングが「関連性がある」に対応する．局所的ランキング指標は，ユーザがアイテムを順位付けするモデルの性能を測定する場合に便利である．しかし，選択バイアスやランキング指標をオンラインパフォーマンスに変換する際の制約を受ける．

ある理想的な分布に従ってドキュメントがサンプリングされる，適切に定義された IR タスクとは異なり，局所的ランキング指標を計算するために使用されるアイテム集合には選択バイアスがある．明示的なレイティングの場合，ユーザは評価したいアイテムを選択する．多くのシステムでは，ユーザは自分の好きなアイテムを評価する可能性が高くなる．このように，テストデータのアイテム分布（評価されたアイテムの多くはユーザが好むものから構成される）は，実サービス上で新しいモデルをユーザに適用した場合の分布とはまったく異なる（ほとんどのアイテムは以前にユーザが見たことがない）．推薦アイテムのクリックなどの暗黙の評価では，通常，テストデータは既存の推薦システムから収集される．この場合，データ収集期間中にシステムによって使用されるモデルが，テストデータのアイテム分布を決定する．したがって，テストされる新しいモデルがテストデータに現れないアイテムを選択する傾向がある場合，そのパフォーマンスを正確に測定することはできない．

オンラインモデルのパフォーマンスを測定することは実験の最終目的である．ランキング指標は，新しいモデルが古いモデルよりもアイテムをうまく順位付けできるかどうかを示す有用な指標である．ただし，オンラインにおけるユーザエンゲージメント指標のパフォーマンス向上のために，オフライン指標を使用するのは難しい．例えば，ランキング指標の10%の改善で，オンラインパフォーマンスがどれほど向上するかを予測することは難しい．

## 4.2 オンラインバケットテスト

推薦モデルの実際のパフォーマンスを測定するには，無作為に選択した一部のユーザに対して新しいモデルでサービスを提供し，ユーザが推薦アイテムにどのように応答するかを観測する必要がある．このような実験は，**オンラインバケットテスト**または単に**バケットテスト**と呼ばれる．本節では，最初にオンラインバケットテストの適切な組み立て方法と一般的に使用される指標を紹介し，最後にバケットテストの結果を分析する方法について説明する．

### 4.2.1 バケットの構築

説明を簡単にするために，モデルAとモデルBの2つの推薦モデルを比較するバケットテストについて説明する．まず，ユーザまたは「リクエスト（ユーザの訪問）」に対して2つの無作為ランダムサンプルを作成し，1つのサンプルにはモデルAを用いてサービスを提供し，もう一方にはモデルBでサービス提供を行う．この各サンプルを**バケット**と呼ぶ．バケットテストでは，2種類のバケットが一般的に使用される．

1. **ユーザベースのバケット**：ユーザベースの場合，バケットはランダムに選択されたユーザ集合である．ユーザをバケットに割り当てる簡単な方法の1つは，各ユーザIDにハッシュ関数を適用し，あらかじめ指定された範囲のハッシュ値を1つのバケットに割り当てることだ．Ron Rivestによって設計されたMD5ハッシュなどを用いることができる．
2. **リクエストベースのバケット**：この場合，バケットはランダムに選択されたリクエスト集合である．リクエストベースのバケットを作成する簡単な方法は，リクエストごとに乱数を生成し，あらかじめ指定された値の範囲によってリクエストをバケットに割り当てることである．しかし，このようなバケットでは同じユーザによるリクエスト（訪問）が異なるバケットに属する可能性がある．

ユーザベースのバケットは，通常，リクエストベースのバケットよりもバケットをより明確に分離できる．例えば，リクエストベースのバケットが適用されると，以前のリクエストがモデルBを使用して処理されていた場合，モデルAを使用して処理されたリクエストに対するユーザの応答は，モデルBによって影響を受ける可能性がある．また，モデルによる長期的なユーザの行動への影響はユーザベースのバケットでしか測定できない．しかし，性能の低いモデルがユーザベースのバケットに適用された場合，当該モデルが適用されたバケット内のユーザのユーザ体験が低下する可能性がある．リクエストベースのバケットは，あるユーザの全てのリクエストが同じバケットに割り当てられる可能性が低いため，ユーザ体験の低下は起こりにくい．しかし，一般にはユーザベースのバケットがより好ましい．

実験を行うにあたり，各バケットに割り当てる処理を除いて，バケットの設定はまったく同じでなければならない．つまり，モデルAは1つのバケットにサービスを提供するために使用され，モデルBは他のバケットにサービスを提供するために使用される．特に，2つのバケットに同じ選択基準を適用することが重要である．例えば，1つのバケットがログインしているユーザだけで構成されている場合，他のバケットも同じ操作を行う必要がある．

ユーザベースのバケットを使用する場合，直交性を保証するために，テストごとに「独立」のハッシュ関数をもたせると便利である．例えば，ウェブページに推薦モジュールが2つあり，各モジュールに2つのモデルがあるとする．そして，2つのモジュールに対応して，テスト1とテスト2の2つのテストがある．各テスト $i$ に，2つの推薦モデル $A_i$ と $B_i$ に対応する2つのバケットを構築する．両方のテストで同じハッシュ関数を使用し，閾値を下回るハッシュ値をもつユーザをモデル $A_i$ に割り当て，残りを両方のモジュールのモデル $B_i$ に割り当てると，モデル $A_1$ はモデル $A_2$ と同じバケットが，モデル $B_1$ はモデル $B_2$ と同じバケットが常に使用される．これは，$A_1$ と $A_2$，$B_1$ と $B_2$ との間で互いに影響を及ぼす可能性があるため，$A_1$ と $B_1$ を比較する場合，無効な比較となる可能性がある．この問題に対処する1つの方法は，$A_1$ にユーザが割り当てられる確率を，テスト2における $A_2$ または $B_2$ にユーザが割り当てられる確率と独立にすることである．これにより，テスト1で使用されるハッシュ値と，テスト2で使用される値とを統計的に独立にすることが容易になる．独立したハッシュ関数を使用すると，現在のテストと以前のテストの依存関係を制御することもできる．

もう1つの有益な方法は，同じモデルに対して2つのバケットを提供し，2つのバケットのパフォーマンス指標が統計的に似ているかどうかをチェックすることである．このようなテストは一般にA/Aテストと呼ばれる．これは統計的変動性の推定だけでなく，実験の設定の明らかな誤差を検出するのにも役立つ．さらにもう1つの有益な方法として，少なくとも1〜2週間バケットテストを実行することがあげられる．これはユーザの行動が時間帯や曜日によって異なるためである．また，新しい推薦モデルが以前のモデルでは推薦しなかったアイテムを推薦する場合，ユーザは**新奇性効果**のために積極的にクリックする傾向がある．これにより生じる潜在的な偏りを軽減するために，テスト指標を時間の経過とともに監視し，テストの最初の数日間のテスト結果を破棄することが有効である．

前述の実用的な示唆以外にも，統計的有意性を確保するためのバケットサイズを決めるために，実験計画法を使用することが有効である．ブートストラップサンプリングは，パフォーマンス指標の分散を決定する際に有用である．また，パフォーマンス指標の分散はバケットのサンプルサイズ計算に役立つ．ただし，これらの方法は本書の範囲外とする．興味のある読者はMontgomery(2012) と Efron and Tibshirani(1993) を参照してほしい．

### 4.2.2　オンラインパフォーマンス指標

推薦システムが使用すべき性能指標はアプリケーションの目的に依存する．多くのシステムの主な目的はユーザエンゲージメントの向上である．以下では一般的に使用されるエンゲージメント指標をいくつか説明する．

- **CTR**：推薦モジュールのクリック率 (CTR) は，モジュールの各表示に対する平均クリック数である．これは，モジュールの合計クリック数をユーザに表示された合計回数で割ることで求められる．通常，アイテムのクリックはユーザの推薦アイテムへの関心を示す良い指標である．ただし，ユーザエンゲージメントを測定するうえで有害なクリックがいくつかあるため，排除する必要がある．例として，ソフトウェアロボットやスパム，誤クリック（アイテムのコンテンツが推薦モジュールで提供されている説明と矛盾している場合），リンク切れアイテムのクリック（リンク切れに対して，ユーザはリンクを複数回クリックする傾向にある）などである．また，同一ユーザの同一アイテムに対する複数回クリックを取り除き，各（ユーザ，アイテム）対の重みを制限するのが有効である．この場合，CTR の分子はユーザがアイテムをクリックした一意の（ユーザ，アイテム）対の数になる．
- **ユーザあたりの平均クリック数**：良い推薦システムは，ユーザがウェブサイトを繰り返し訪問することを促進する．ユーザの訪問頻度の増加は，ユーザエンゲージメントの増加を示す．しかし，それは CTR の分母を増加させ，モデルの CTR を低下させる可能性がある．この問題に対処する 1 つの方法は，分母をバケット内のユーザの総数で置き換えることだ．結果として得られる指標は，1 ユーザの平均クリック数となる．この指標では，リクエストベースのバケットよりもユーザベースのバケットのほうが適している．複数のモデルを介してユーザに配信できるためである．

- **クリックするユーザの割合**：推薦アイテムをクリックしないユーザもいる．良いモデルは，そのようなユーザにもクリックさせることができる．この側面を定量化する指標として，バケット内の推薦アイテムをクリックしたユーザの数をバケット内の全ユーザ数で割った数を考えることができる．
- **クリック以外のアクション**：クリックは肯定的なユーザアクションの1つのタイプに過ぎない．一部のシステムでは，各推薦アイテムにボタンが表示され，ユーザはシェアや「いいね」，コメントをすることができる．シェア率，いいね率，コメント率などの異なる種類のアクション率は，CTRと同様の方法で定義できる．ユーザ1人あたりの行動数とアクションをとった者の割合も，クリックの場合と同様に定義できる．
- **消費時間**：ユーザが推薦アイテムをクリックしたり，その他のアクションをとった後，サイト内で過ごす時間も有用なエンゲージメント指標である．しかしサイト内で消費される時間の正確な推定は難しい．例えば，ニュース記事推薦システムでは，ユーザが記事を開いてページを離れるまでの時間を測定することは比較的容易である．しかし，ユーザが実際に記事を読んでいるのか，他のことをしていて画面を開いたまま放置しているのかを知ることは難しい．

多くのアプリケーションにおいて，モデルのパフォーマンスを完全に理解するために，前述したエンゲージメント指標の全て，または，大部分を計算するのが有効である．

### 4.2.3 テスト結果の解析

パフォーマンス指標を計算する前に，実験設定の妥当性を検証するために，いくつかの「健全性チェック」を実行することを勧める．

**健全性チェック**：いくつかの統計量はバケット全体で同じであると予想される．これらの統計量を確認することで，バケットが正しく設定されていることを確認できる．チェックをするために有効な統計量を以下で説明する．

- **ユーザ属性のヒストグラム**：ユーザの人口統計（例えば，年齢，性別，地理的位置，職業）のヒストグラム，ユーザの継続期間（登録時点と現在の時間の差），ユーザの関心事などの分布はバケット間で同じでなければならない．
- **インプレッション**：CTRを主要なパフォーマンス指標として使用する場合，各バケット内で推薦モジュールがアイテムを表示した回数（インプレッション数とも呼ばれる）がほぼ同じであるかどうかを確認するとよい（バケットサイズが異なる場合，バケットサイズで正規化する）．
- **時間経過に伴うバケット内のインプレッション数，クリック数，およびユーザ数**：時系列プロットを見ることで，バケットが期待どおりに設定されているかを確認できる．インプレッション数やクリック数などの統計情報の時系列データの異常は，調査すべき問題を示唆している可能性がある．
- **ユーザの訪問頻度**：ユーザの訪問頻度分布は全バケットで同じでなければならない．分布の違いは，カイ二乗検定のような統計的検定によって検出することができる．差異があれば，実験設定やデータの問題で何らかの誤りが発生している可能性を示唆している．

ほとんどのエンドツーエンド推薦システムは複雑であるため，これらの指標を使用してシステムを監視することは，実験結果を確実に評価するために重要である．

**セグメント別の指標分割**：全テスト期間，全ユーザで平均した単一の指標では，新しいモデルをオンラインでテストした際に完全な理解が得られないことがある．モデルのパフォーマンスをよりよく理解するために，異なるタイプのセグメント向けの指標を計算したほうがよい．

- **ユーザ属性による内訳**：2つのモデルを比較する場合，いくつかの既知の属性（例えば，年齢，性別，地理的位置）にもとづいて定義された全て（またはほぼ全て）のユーザセグメントにわたって，あるモデルが他のモデルよりも一貫して優れているかどうかを確認することが有効である．
- **ユーザの活動レベル別の内訳**：一部のモデルは，ヘビーユーザ向けの推薦アイテムを選定するのには優れているが，ライトユーザにはうまく対応できないことがある．その他のモデルは，ヘビーユーザとライトユーザの両方で同様のパフォーマンスを発揮できる場合がある．行動ベースのユーザセグメント別パフォーマンス指標を計算し，モデルから最大限の利益を受けているユーザセグメントを理解することは有益である．例えば，毎月の訪問数または行動の平均数にもとづいて，行動ベースのユーザセグメントを作成することができる．

- **時間別の内訳**：時系列でモデルのパフォーマンスを観察すると，時間帯や週末／平日などの要因がモデルのパフォーマンスに影響を与えているかどうかがわかる．新奇性（実験開始直後）や傾向（長期にわたる試験を実施する場合）などの時間的効果を理解するのにも有効である．

## 4.3 オフラインシミュレーション

オンラインバケットテストは，実際のユーザに対する実験が必要となるため，オフラインテストと比較して実験コストが高い．ユーザに対して不適切な推薦がされた場合，その経験がユーザに悪影響を及ぼす可能性があるためだ．したがって，オンラインで多くのバリエーションのモデルを同時にテストすることは難しい．オフラインテストは，実行コストは安いが，オンラインでのモデルのパフォーマンスを正確に推定できないことがある．ここでは，オフラインテストとオンラインテストのギャップを埋めるのに役立つ2つのオフライン評価法について議論する．本節ではシミュレーション手法について説明し，続く4.4節でオフラインリプレイ法を説明する．

シミュレーションの基本的なアイデアは，オフライン環境でアイテムに対するユーザの応答をシミュレートできる**グラウンドトゥルース** (GT: ground truth) **モデル**[2) ]を構築することである．そのようなモデルが存在する場合，それをアイテムの推薦に使うべきであり，他のモデルを評価する必要はないと主張することができる．もちろん，GTモデルは実際に構築するのが難しい．したがって，アイテムとの相互作用の際のユーザの行動のニュアンスを全て取り

2) 訳注：正確さや整合性をチェックするためのモデル．

込んだシミュレーションモデルを構築するのではなく，パラメータ推定の際にテストデータを使用できるモデルをGTモデルと考える．評価されるモデルは，テストデータを見ることができるという重大な利点を有していない．いくつかの例をあげて説明する．

**Most-Popular 推薦におけるシミュレーション**：3.3.1 項で説明したように，Most-Popular 推薦の設定から始める．ここでの目的は各時点で最も人気のあるアイテムを提供することである．アイテムの人気は肯定的な応答率（例えばCTR）によって測定されると仮定する．この設定では，GTモデルは次の要素で構成される．

- 各時点 $t$ における各アイテム $j$ の応答率 $p_{jt}$．時間間隔は等間隔とし（例えば，10分間隔でバケット化する），$t$ を $t$ 番目の間隔とするのが一般的である．
- 時点 $t$ でのユーザ訪問数 $n_t$．
- 時点 $t$ における候補アイテム集合 $\mathcal{J}_t$．

通常，オンラインシステムからデータを収集して $p_{jt}$，$n_t$，$\mathcal{J}_t$ を推定し，それらを評価の根拠として扱う．データ収集期間が決まると，$n_t$ は時点 $t$ におけるユーザ総訪問回数を見ることによって容易に推定することができ，$\mathcal{J}_t$ はその時点の候補アイテム集合である．$p_{jt}$ を推定するためにデータを収集する1つの有用な方法は，各候補アイテムがそのバケット内の全ての訪問で表示される可能性があるランダムバケットを作成することである．このバケットから収集されたデータにもとづいて，時系列データの平滑化または推定によって $p_{jt}$ を得ることができる（詳細は Pole et al., 1994 を参照）．$\{p_{jt}\}_{\forall t}$ は，アイテム $j$ の応答率の時系列であることに留意されたい．アイテムプールのアイテムが多すぎる場合，サンプルサイズが小さくなるため，各アイテムについての推定応答率の信頼性が低くなる可能性がある．評価の目的で実際にうまく機能する単純な解決策は，ベースライン推薦モデルで計算されたスコア上位 $K$ 個のアイテムのみを用いることで，候補セット $\mathcal{J}_t$ を制限することである．GTモデルの $\{p_{jt}\}$ の推定は，時系列全体を使用することによって得られる．すなわち $p_{jt}$ の推定値は，時点 $t$ の前後のデータによって影響を受ける可能性がある．

シミュレーションを実行するには**GT 分布**を仮定する必要がある．モデルが時点 $t$ で $m_{jt}$ 回の訪問に対してアイテム $j$ を推薦する場合，このアイテムのクリック数 $c_{jt}$ は，平均 $p_{jt}m_{jt}$ の分布に従って生成される．ユーザがアイテムに対して複数回クリックすることを許可した場合，一般的に $c_{jt}$ に使用される 2 つの分布は二項分布とポアソン分布である．それぞれの分布の定義を以下に示す．

$$\begin{aligned} &c_{jt} \sim \text{Binomial}\,(\text{確率} = p_{jt},\ \text{サイズ} = m_{jt}) \quad \text{または} \\ &c_{jt} \sim \text{Poisson}\,(\text{平均} = p_{jt}m_{jt}) \end{aligned} \tag{4.12}$$

確率的な Most-Popular 推薦モデル $\mathcal{M}$ を考える．モデルは以下のように機能する．時点 $t$ の開始前に当該時点におけるアイテムの提供プランを決定する．時点 $t$ の訪問に対してアイテム $j$ が推薦される割合を $x_{jt}$ とする．パフォーマンス指標は $\mathcal{M}$ が推薦するアイテム全体の応答率である．$\mathcal{M}$ をテストするには次の手順に従う．

1. 時点 $t$ ごとに以下を実行する．
   (a) モデル $\mathcal{M}$ を使用して，各アイテム $j$ について $\sum_j x_{jt} = 1$ および $x_{jt} \geq 0$ となるように，時点 $t$ の訪問でアイテム $j \in \mathcal{J}_t$ が推薦される割合 $x_{jt}$ を設定する．ここで，$m_{jt} = n_t x_{jt}$ は，アイテム $j$ が推薦される訪問回数である．これは，時点 $t$ より前に観測されたデータにもとづいて決定される．すなわち，$\{(c_{j\tau}, m_{j\tau})\}_{\forall j, \tau < t}$ である．
   (b) 各アイテム $j$ について，$p_{jt}$ と $m_{jt}$ にもとづいて，GT 分布からクリック数 $c_{jt}$ をサンプリングする．
2. モデル $\mathcal{M}$ の応答率を $(\sum_t \sum_j c_{jt})/(\sum_t n_t)$ として計算する．

**セグメント化された Most-Popular 推薦シミュレーション**：ユーザをセグメントに分割することにより，Most-Popular 推薦を簡単に拡張することができる．固定のセグメントを指定する（ここでは，ユーザをセグメント化する方法の比較はしない）と，セグメント化されていない Most-Popular 推薦の方法と同様の方法で，セグメント化された Most-Popular 推薦モデルを評価できる．$\mathcal{U}$ をユーザセグメントの集合とすると，$p_{ujt}$ と $n_{ut}$ は，時点 $t$ におけるセグメント $u \in \mathcal{U}$ のアイテム $j$ に対する CTR と，時点 $t$ におけるセグメント $u$ の訪問回数をそれぞれ表す．セグメントはきれいに細分化することはできない．細分化し過ぎると，$p_{ujt}$ と $n_{ut}$ の推定値はあまりにもノイズが混じり，GT モデルとして扱うには不適切となる．

セグメント化された Most-Popular 推薦モデル $\mathcal{M}_s$ をテストするために，ユーザセグメントの集合 $\mathcal{U}$ が与えられた場合，以下の手順を実施する．

1. 時点 $t$ ごとに以下を実行する．
    (a) モデル $\mathcal{M}_s$ を使用して，全ての $u$ について $\sum_j x_{ujt} = 1$ となるように，時点 $t$ のセグメント $u$ の訪問でアイテム $j \in \mathcal{J}_t$ が推薦される割合 $x_{ujt}$ を設定する．これは，時点 $t$ より前に観測されたデータにもとづいて決定される．すなわち，$\{(c_{uj\tau}, m_{uj\tau})\}_{\forall u,j,\tau<t}$ である．ここで，$c_{uj\tau}$ はクリック数を表し，$m_{ujt} = n_{ut}x_{jt}$ である．
    (b) $p_{ujt}$ と $m_{ujt}$ にもとづいて，GT 分布からクリック数 $c_{ujt}$ をサンプリングする．
2. モデル $\mathcal{M}_s$ の応答率を $(\sum_u \sum_t \sum_j c_{ujt})/(\sum_u \sum_t n_{ut})$ として計算する．

簡単な問題設定では，モデルを比較するのにシミュレーションは便利な方法である．しかしながら，問題設定が複雑になると良好な GT モデルを得ることは困難である．より正確にいうと，異なる部類のモデルを比較するとき，選択された GT モデルに類似した推薦モデルの評価が高くなるためバイアスが生じる可能性が高い．

## 4.4　オフラインリプレイ

本節では，ログに記録されたデータに関する推薦履歴を「リプレイ（再生）」することで，一般的な問題設定に対するオフライン評価を行うという問題に取り組んでいく．まず，4.4.1 項の単純な設定から始める．4.4.1 項では，固定されたアイテム集合から各ユーザの訪問に対して単一のアイテムのみを推薦するシナリオを考え，4.4.2 項では，別のシナリオにおける処理方法について説明する．ここでは，最大化したいパフォーマンス指標を「報酬」と呼ぶ．例えば，アイテムのクリックなどの肯定的なアクションが報酬となる．場合によっては，広告収益やランディングページ（アイテムに関する詳細情報を提供し，ユーザが推薦アイテムをクリックした後に表示されるページ）に費やされた時間などの誘導効果によって，クリックのような肯定的なアクションを重み付けし，荷重クリック報酬を計算する．目的は，過去に収集されたデータを使用して新しい推薦モデルの期待報酬を推定することである．

### 4.4.1 基本的なリプレイ推定量

訪問ごとにアイテム数や種類を固定したアイテムプールから 1 つのアイテムを推薦するシナリオを考える．推薦する際に利用可能な全ての情報を $\boldsymbol{x}$ とする．$\boldsymbol{x}$ は以下を含む．

- ユーザ ID とユーザ素性
- 候補アイテム集合，アイテム ID，およびアイテム素性
- 表示形式，レイアウト，時刻，曜日などのコンテキスト素性

$\boldsymbol{r}$ を報酬値のベクトルとすると，$r[j]$ はアイテム $j$ が推薦された場合の報酬である．$\mathcal{P}$ を $(\boldsymbol{x}, \boldsymbol{r})$ の同時確率分布とする．目的は新しい推薦モデル $h$ の期待報酬を推定することである．$h$ は $\boldsymbol{x}$ にもとづいて固定候補セットから 1 つのアイテムを返す関数 $h(\boldsymbol{x})$ である．関数 $h$ は素性ベクトルにもとづくこともできるし，ランダム要素を含むこともできる．例えば，$h$ は確率 $\epsilon$ でアイテムプールから無作為にアイテムを選択し，確率 $(1-\epsilon)$ で回帰モデルによって推定された最も高い応答率のアイテムを選択するとする．期待される報酬は以下となる．

$$E_{(\boldsymbol{x},\boldsymbol{r})\sim\mathcal{P}}\left[\sum_j r[j]\cdot \Pr(h(\boldsymbol{x})=j \mid \boldsymbol{x})\right] \tag{4.13}$$

ここで，$E_{(\boldsymbol{x},\boldsymbol{r})\sim\mathcal{P}}$ は $(\boldsymbol{x}, \boldsymbol{r})$ の同時分布 $\mathcal{P}$ の期待値であり，$\Pr(h(\boldsymbol{x})=j \mid \boldsymbol{x})$ は素性ベクトル $\boldsymbol{x}$ が与えられたとき，モデル $h$ でアイテム $j$ が選択される条件付き確率である．期待報酬を推定するために，過去のユーザ-アイテム間の相互

作用と関連する報酬を記録する．これらの記録されたデータは履歴提供モデル (historical serving model) $s$ によって得られる．$s$ は $\boldsymbol{x}$ にもとづいて，固定された候補集合から 1 つのアイテムを返す関数 $s(\boldsymbol{x})$ である．4.3 節では，$t$ は時点を表すのに使用したが，ここでは $t$ を個々の訪問を表す記号として使用する．$\boldsymbol{x}_t$ は $t$ 番目に記録された訪問に関する素性ベクトルを示すものとする．$i_t = s(\boldsymbol{x}_t)$ を，$t$ 番目に記録されたユーザの訪問に対する，履歴提供モデル $s$ によって選択されたアイテムとする．次に，ログに記録されたデータの形式は次のとおりである．

$$\boldsymbol{D} = \{(\boldsymbol{x}_t, i_t, r_t[i_t])\}_{t=1}^{T} \tag{4.14}$$

ここで，$T$ は記録されたユーザの総訪問数を示す．各ユーザの訪問 $t$ に対して報酬ベクトル $\boldsymbol{r}_t$ の単一の要素のみを観測することに注意してほしい．これは関数 $s(\boldsymbol{x}_t)$ から返されるアイテム $i_t$ の報酬である．

ここで，新しい推薦関数 $h$ を評価するために，以下のリプレイ手順を検討する．

1. $t = 1$ から $T$ まで，レコード $(\boldsymbol{x}_t, i_t, r_t[i_t])$ を取得し，以下を実行する
   (a) $h$ を使用して候補アイテムを選択する．すなわち $j_t = h(\boldsymbol{x}_t)$．ここで，$j_t$ は選択されたアイテムである．
   (b) $j_t = i_t$ ならば，報酬 $r_t[i_t] \cdot w_{jt}$ を含める．ここで，$w_{jt}$ はこのレコードの重みであり，後で決定する．
   (c) $j_t \neq i_t$ の場合，このレコードは無視される．
2. 獲得報酬の合計を $T$ で割った値を返す．

この手順に従った出力を，**リプレイ推定量** (replay estimator) と呼び，以下のように表現する．

$$\frac{1}{T}\sum_{t=1}^{T}\sum_{j} r_t[j] \cdot \mathbf{1}\{h(\boldsymbol{x}_t) = j \text{ かつ } s(\boldsymbol{x}_t) = j\} \cdot w_{jt} \tag{4.15}$$

ここで，$\mathbf{1}\{X\}$ は，状態 $X$ が真であれば 1 を返し，そうでない場合には 0 を返す．$w_{jt}$ は $t$ 回目の訪問に対するアイテム $j$ の（決定すべき）重みである．また，以下に注意してほしい．

$$(h(\boldsymbol{x}_t) = j \text{ かつ } s(\boldsymbol{x}_t) = j) \Leftrightarrow j_t = i_t \tag{4.16}$$

**期待報酬の不偏推定**：期待報酬に対する不偏推定を得るために，リプレイ推定量の重み $w_{jt}$ を決定する．ログデータ $\{(\boldsymbol{x}_t, \boldsymbol{r}_t)\}_{\forall t}$ は，$\mathcal{P}$ から $iid$（独立同分布）としてサンプリングされた $(\boldsymbol{x}, \boldsymbol{r})$ で構成されると仮定する．

リプレイ推定量の期待値は以下で示される．

$$\frac{1}{T}\sum_{t=1}^{T} E_{(\boldsymbol{x}_t, \boldsymbol{r}_t)}\left[\sum_j r_t[j] \cdot \Pr(h(\boldsymbol{x}_t) = j \text{ かつ } s(\boldsymbol{x}_t) = j \mid \boldsymbol{x}_t) \cdot w_{jt}\right]$$

$w_{jt}$ を以下のように設定した場合，

$$w_{jt} = \frac{1}{\Pr(s(\boldsymbol{x}_t) = j \mid h(\boldsymbol{x}_t) = j, \boldsymbol{x}_t)} \tag{4.17}$$

条件付き確率の定義によって，リプレイ推定量の期待値は次のようになる．

$$\frac{1}{T}\sum_{t=1}^{T} E_{(\boldsymbol{x}_t, \boldsymbol{r}_t)}\left[\sum_j r_t[j] \cdot \Pr(h(\boldsymbol{x}_t) = j \mid \boldsymbol{x}_t)\right]$$

$(\boldsymbol{x}_t, \boldsymbol{r}_t)$ が $(\boldsymbol{x}, \boldsymbol{r})$ の $iid$ なので，これはまさに期待報酬である．

式 (4.17) では，確率は $\boldsymbol{x}_t$ を条件とする確率関数 $h$ と $s$ によって定義される．実際には，これら 2 つの関数（すなわち，新しい推薦モデルおよび履歴提供モデル）は別々のランダムシードにもとづいて生成されるため，独立して扱うことができる．したがって，シンプルな設定にすることができる．

$$w_{jt} = \frac{1}{\Pr(s(\boldsymbol{x}_t) = j \mid \boldsymbol{x}_t)} \tag{4.18}$$

独立性を明示するために，$h(\boldsymbol{x}_t)$ は $h^*(\boldsymbol{x}_t, \xi_t)$ として，$s(\boldsymbol{x}_t)$ は $s^*(\boldsymbol{x}_t, \eta_t)$ として書き換える．ここで $h^*$ と $s^*$ は決定的関数 (deterministic function) であり，$\xi_t$ と $\eta_t$ はランダムシードである．定義によると，$\boldsymbol{x}_t$ が所与のとき $\xi_t$ と $\eta_t$ が独立している限り，$\boldsymbol{x}_t$ が所与のとき $h(\boldsymbol{x}_t)$ と $s(\boldsymbol{x}_t)$ は独立である．

新しい推薦モデル $h$ は決定的関数とすることができるが，履歴提供モデル $s$ はそうすることができない．とりわけ履歴提供モデル $s$ では，重み $w_{jt}$ が計算できなくなるため，各訪問 $t$ において各アイテム $j$ を選択する確率が 0 であってはならない．シンプルな履歴提供モデル $s$ としては，ユーザの訪問に対してアイテムプールからアイテムをランダムに選択することが考えられる．これにより，小さなバケットのユーザに対する悪影響を最小限に抑えることができる．このような履歴提供モデルでは，リプレイ推定量は一様なランダム化によって得られた履歴データにおけるランキング1位の推定適合率として簡単に解釈できる．アイテムプールおよび訪問に対する一様なランダム化により，異なるシナリオにおける任意の新しい推薦モデル $h$ を信頼できる方法で包括的に評価することが容易になる．

リプレイ推定量は，オンライン学習と探索-活用手法の評価のために使用できる．ここで，$h(\boldsymbol{x}_t)$ は，以前に $h$ によって選択されたアイテムから得られた報酬に依存する．しかし，それにはいくつかの制限がある．リプレイ手法は $h(\boldsymbol{x}_t) = s(\boldsymbol{x}_t)$ のときの報酬のみを使用するため，トラフィック量（単位時間あたりの訪問数）を減らしたオンライン学習と探索-活用手法の期待報酬しか推定することができない．トラフィック量は，$h(\boldsymbol{x}_t) = s(\boldsymbol{x}_t)$ となる確率に元のボリュームを掛けたものに縮小される．また候補アイテム集合が大きい場合，$h(\boldsymbol{x}_t) = s(\boldsymbol{x}_t)$ の確率が小さくなり，推定量の分散が大きくなる．

### 4.4.2　リプレイの拡張

リプレイ推定量は，各アイテムの報酬分布が時間の経過とともに変化しないという条件のもとで，訪問ごとに固定された候補セットから1つのアイテムを推薦するシステムを評価するための期待報酬の不偏推定量である．これから，より一般的な設定に拡張する方法について議論する．

**ユーザの訪問数に応じてアイテムプールを変更する**：各ユーザの訪問において，アイテムプールが異なる場合のアプリケーションシナリオを考えてみよう．例えば，Facebook や LinkedIn のニュースフィードのような推薦システムでは，友人のステータス更新や共有も推薦の対象としている．この場合，各ユーザで友人が異なるため，全てのユーザが異なるアイテムプールをもつ可能性がある．ニュースなどの時間に敏感なアイテムを推薦するアプリケーションでは，アイテムの寿命が短く，時間の経過とともにアイテムプールが頻繁に変更される．

$\mathcal{J}_\tau(\boldsymbol{x})$ を，時間 $\tau$ における素性ベクトル $\boldsymbol{x}$ を有するユーザの訪問に対する候補アイテム集合とする．$\mathcal{D}$ を $\tau$ の分布とし，$\mathcal{P}_\tau$ を時間 $\tau$ における $(\boldsymbol{x}, \boldsymbol{r})$ の分布とする．$\mathcal{P}_\tau$ は時間とともに急激に変化しないと仮定する．この場合の期待報酬は次のように表される．

$$E_{\tau \sim \mathcal{D}} E_{(\boldsymbol{x},\boldsymbol{r}) \sim \mathcal{P}_\tau} \left[ \sum_{j \in \mathcal{J}_\tau(\boldsymbol{x})} r[j] \cdot \Pr(h(\boldsymbol{x}) = j \mid \boldsymbol{x}) \right] \tag{4.19}$$

そして，この設定でのリプレイ推定量は以下となる．

$$\frac{1}{T} \sum_{t=1}^{T} \sum_{j \in J_t(\boldsymbol{x}_t)} r_t[j] \cdot \mathbf{1}\{h(\boldsymbol{x}_t) = j \text{ かつ } s(\boldsymbol{x}_t) = j\} \cdot w_{jt} \tag{4.20}$$

式 (4.20) ではバイアスが生じない．

**複数のスロット**：いくつかのアプリケーションシナリオでは，ユーザの訪問に対して推薦アイテムを表示するスロットが複数ある．ここでは，訪問 $t$ に対する推薦アイテムを表示するための $K_t$ 個のスロットがあると仮定する．$r_t^{(k)}[j]$ は，訪問 $t$ でスロット $k$ に表示されたアイテム $j$ の報酬を示す．$h_k(\boldsymbol{x}_t)$ はモデル $h$ がスロット $k$ で推薦するアイテムを示し，$s_k(\boldsymbol{x}_t)$ は履歴提供モデル $s$ がスロット $k$ で表示したアイテムを示すものとする．この設定におけるリプレイ推定量は次のとおりである．

$$\frac{1}{T} \sum_{t=1}^{T} \sum_{k=1}^{K_t} \sum_{j \in \mathcal{J}_t(\boldsymbol{x}_t)} r_t^{(k)}[j] \cdot \mathbf{1}\{h_k(\boldsymbol{x}_t) = j \text{ かつ } s_k(\boldsymbol{x}_t) = j\} \cdot w_{jt}^{(k)} \tag{4.21}$$

この推定では，あるスロットにおけるアイテムの報酬が，他のスロットにおいて同時に表示されたアイテムとは無関係であると仮定する．しかし，これは実際には多くのアプリケーションでは当てはまらない．例えばニュース推薦では，対象の政治ニュースとは別に2つの政治ニュースを推薦することで，対象の政治ニュースの報酬を減らすことができる．一般に，これは不偏推定量ではない．順位間の依存関係が存在し，大きなアイテムプールから複数のスロットに対して推薦を行う場合において，バイアスのないリプレイ指標 (replay metric) を取得することは，未だに研究課題である．

## 4.5　まとめ

モデルの評価は推薦システム開発プロセスにおける重要な要素である．実際のユーザにサービス提供するための新しい推薦モデルを導入する前に，新しいモデルに問題がないことを確認し，導入により期待できることを理解するために，オフライン評価を行うことは有益である．しかし，オフライン評価によって，デプロイ後のモデルの性能を正確に予測するのは難しい．幸いなことに，適切に制御されランダム化された方法でデータを収集することができれば，オフラインリプレイ手法により単純な設定でモデル性能に対する不偏推定量を計算することができる（例えば，ユーザ訪問ごとに比較的小さな候補アイテム集合から1つのアイテムを推薦する）．一般的な設定における，バイアスのないオフライン評価は未だに解決していない問題である．

実サービス上に新しい推薦モデルを導入した後，モデルのパフォーマンスを検証するためにオンライン評価を行う必要がある．正確な比較を行うために，実験バケット（新しいモデル）と対照バケット（ベースライン）を適切に設定する必要がある．また，モデルの動作をより詳細に理解するために，ユーザまたはデータレコードをセグメント化する方法を使用した指標を検討するとよい．

良い推薦システムは継続的にモデルを改善することで構築できる．継続的なモデルの改善に対して，モデルの評価，適切な評価方法および評価基準の慎重な選択と実施に十分な注意を払う必要がある．

## 4.6　演習

4.1　与えられた時系列 $\{(c_t, n_t) : t = 1, ..., T\}$ を用いて，CTR$\{p_t\}$ の時系列を推定する方法を提案せよ．推定値の不確実性の推定も行える手法を使用する利点があるか？　利点があると考えるのであれば，GT モデルの平均と不確実性の両方の推定値が得られる場合において，シミュレーション手法を修正するための戦略を示せ．

# 第 II 部

# 一般的な問題設定

# 第5章

# 問題設定とシステム構成

推薦システムは，1つ以上の目的を最適化するためにアイテムを選択しなければならない．第1章でいくつかの目的を紹介し，第2章で古典的手法を見直し，第3章で探索と活用のトレードオフおよび次元削減のためのアイデアを説明し，第4章では推薦モデルの評価方法について議論した．本章および続く5つの章では，一般的に遭遇するシナリオにおいて使用される統計的手法の説明をする．特に，推薦アイテムに対するユーザの肯定的な反応を最大にすることを主要な目的とした問題設定に焦点を当てる．多くのアプリケーションシナリオでは，アイテムに対するクリックが主なレスポンスである．クリック数を最大にするには，高いクリック率 (CTR) のアイテムを推薦する必要がある．したがって，CTR の推定が主な焦点となる．クリックと CTR を主要な指標として扱うが，他の肯定的な反応（例えばシェアなど）も同様の方法で処理できる．多目的最適化 (multiobjective optimization) の議論は第11章で行う．

推薦問題の統計的手法の選択は，アプリケーションによって異なる．本章では，続く4つの章で説明する手法の概要を説明する．5.1節でいくつかの問題設定を紹介し，5.2節ではシステム構成について説明する．具体的には，ウェブ推薦システムが実際にどのように機能しているかを説明し，システム内での統計的手法の役割について述べる．

表 5.1　ウェブサイトと推薦モジュール.

| ウェブサイトカテゴリ | 例 | 推薦モジュール | |
|---|---|---|---|
| 一般ポータルサイト | www.yahoo.com<br>www.msn.com<br>www.aol.com | ホームページ | 特集モジュール（FM：一般もしくはドメイン特化型） |
| 個人ポータルサイト | my.yahoo.com<br>igoogle.com | ホームページ | 特集モジュール（FM：個別推薦） |
| ドメイン特化型サイト | sport.yahoo.com | ホームページ | 特集モジュール（FM：ドメイン特化型） |
| | money.msn.com<br>music.aol.com | 詳細ページ | 関連コンテンツモデル (RM) |
| ソーシャルネットワークサイト | facebook.com | ホームページ | ネットワーク更新モデル (NM) |
| | linkedin.com<br>twitter.com | 詳細ページ | 関連コンテンツモデル (RM) |

出典： Agarwal et al.(2013)

## 5.1　問題設定

典型的な推薦システムは，ウェブページ上の**モジュール**として実装されていることが多い．本節では，いくつかの一般的な推薦モジュールを紹介し，アプリケーション設定の詳細を説明し，これらの設定でよく使用される統計的手法について説明する．

### 5.1.1　一般的な推薦モジュール

ウェブサイトを，一般ポータル，個人ポータル，ドメイン特化型サイト，ソーシャルネットワークサイトの4つのカテゴリに分類する．表5.1に概要を示す．

**一般ポータル**は，さまざまなコンテンツを提供するウェブサイトである．Yahoo!，MSN，AOLなどのコンテンツネットワークのホームページは一般ポータルの例である．

**個人ポータル**は，ユーザ自身が望むコンテンツで自分のページをカスタマイズできるようにしたウェブサイトである．例えばMy Yahoo!のユーザは，さまざまなソースまたはサイト運営者からのコンテンツフィードを選択し，ユーザの好みにもとづいてページにフィードを配置することによってホームページをカスタマイズする．

**ドメイン特化型サイト**は，特定のドメイン（例えば，スポーツ，金融，音楽，映画など）のコンテンツを提供するウェブサイトのことである．大雑把にいうとドメイン特化型サイトには，サイト内の目玉となるコンテンツを提供するホームページと詳細なコンテンツを提供する詳細ページの2種類のページがある．詳細ページの例として，記事ページ，映画ページおよび製品ページがある．

**ソーシャルネットワークサイト**は，ユーザが相互に接続し，ネットワークを介して情報を発信できるウェブサイトである．当該サイトの例として，LinkedIn，Facebook および Twitter があげられる．ドメイン特化型サイトと同様に2種類のページがある．ユーザの関心事に関する情報（通常，そのユーザとつながっている他のユーザからの更新情報），個々のエンティティ（ユーザ，会社，記事など）の詳細なコンテンツを提供するページである．

これらのウェブサイトの推薦モジュールは，特集モジュール，ネットワーク更新モジュールおよび関連コンテンツモジュールの3つのカテゴリに大別される．

**特集モジュール (FM)** は，関心の高い，または「おすすめ」の最新コンテンツをユーザに推薦する．図5.1に示した Yahoo!Today モジュールは**一般 FM** の例である．そのような FM は，コンテンツネットワークを介して提供されたアイテム（例えば，スポーツ，金融）へのリンクを有する異種コンテンツを示し，ユーザをコンテンツネットワーク内の異なるドメイン特化型サイトに誘導する流通チャネルとして機能する．一般ポータルには，特定ドメインからのアイテムのみを推薦する**ドメイン特化型 FM** もある．図5.2は MSN 上のニュース，スポーツ，エンターテインメントの3つのドメイン別 FM を示している．個人ポータルでは，**個別化 FM** は各ユーザの個人的関心に合った推薦をする．図5.3は My Yahoo! の「News for You」という個別化 FM を示してい

図 **5.1**　Yahoo! のホームページ上の Today モジュール（一般 FM）.

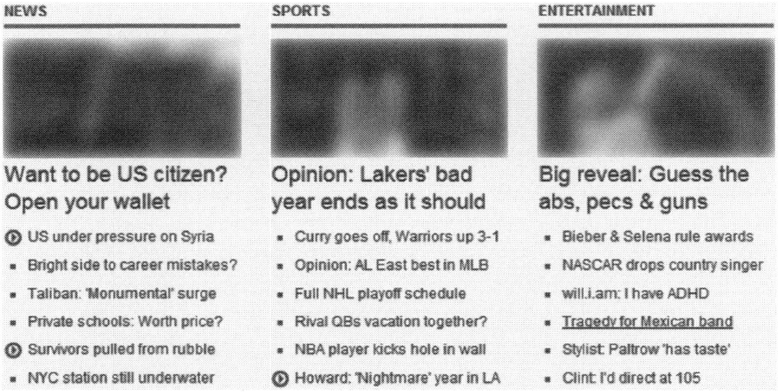


図 **5.2**　MSN 上のドメイン特化型 FM.

る.「News for You」では，ユーザが購読しているコンテンツフィードに関するアイテムを推薦する．一般およびドメイン特化型 FM も個別化することができる．これらの 3 つのタイプの FM に要求される推薦方法は類似性が高い.

**ネットワーク更新モジュール** (NM) は，ソーシャルネットワーク内の隣接ユーザからの更新情報（ステータスの更新，プロフィールの更新，記事や写真の共有など）を推薦する．FM とは対照的に，NM で表示されるアイテムはユーザの友人のみが見られるように制限されていることが多い[†]．推薦対象にはシェア，いいね，コメントなどのソーシャルアクションが含まれる．NM で良い推薦をするには，アイテムの発信者の評判，発信者と受信者の間のつなが

[†] NM は個人情報を含むためスクリーンショットの掲載はしていない.

**図 5.3** My Yahoo! における「News for You」モジュール（個別化 FM）.

りの強さ，関連するソーシャルアクションの性質によって推薦内容を変えることが重要である．

**関連コンテンツモジュール** (RM) は，詳細ページ内で主要コンテンツ（例えば記事）の「関連」アイテムを推薦する．FM と NM とは対照的に，RM には追加情報（= コンテキスト）の利用が可能である．詳細ページはコンテキストを提供し，推薦はそのコンテキストに関連していなければならない．図 5.4 は，リーダーシップとマネージメントの権威として知られているジャック・ウェルチが LinkedIn 上に投稿した記事「The Six Deadly Sins of Leadership」に掲載された RM の例を示している．良い推薦を行うには，ユーザのビューの関連性（例えば，記事 A を読むユーザは記事 B を読む），意味的関連性，アイテムの人気度およびアイテムとユーザの興味との一致性を利用する．

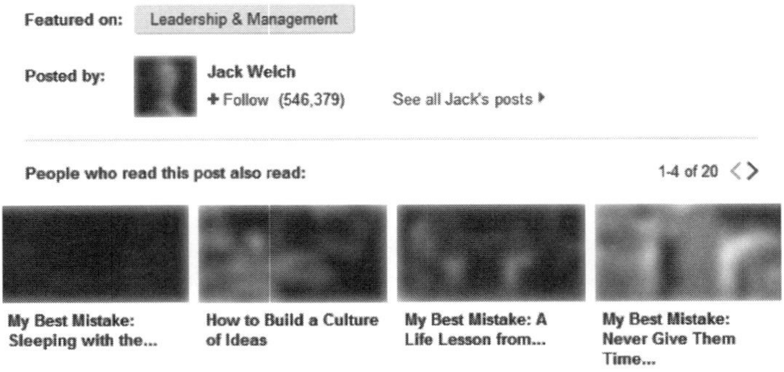


図 **5.4**　LinkedIn における関連コンテンツモジュール.

### 5.1.2　アプリケーション設定

適切な推薦方法を選択するには，アプリケーションの特性を考慮する必要がある．推薦アプリケーションの特性を理解するために使用される典型的な質問を表 5.2 に示した．

**ユーザ関連の特性**：個別化推薦が実現できるかどうかは，信頼できるユーザ ID が利用可能かどうかによって異なる．個人ポータルおよびソーシャルネットワークサイトでは，ユーザがログインする必要があるため，信頼できるユーザ ID を取得できる．一般およびドメイン特化型ポータルでは，ユーザはログインする必要はなく，信頼できるユーザ ID を取得できない場合もある．ブラウザクッキー (bcookies) は，ユーザを追跡し，ログインしていないユーザの識別子として利用できる．より正確にいうと，bcookies はユーザではなくウェブブラウザの識別子である．複数のユーザが同じブラウザを使用でき，またユーザが複数のブラウザを使用でき，かつ，ユーザが bcookies をクリアできるため，bcookies はノイズを含んだ識別子としてしか機能しない．ユーザを特定できたら，取得可能なユーザの素性ベクトルと，ユーザと推薦モジュールとの相互作用の頻度を調べる．ユーザの素性が取得可能な場合，ユーザの反応を予測するために使用できる．しかしユーザの素性が取得できない場合でも，協調フィルタリングを使用してヘビーユーザに向けて推薦アイテムを個別化できる．ま

表 5.2 推薦アプリケーションの特性.

| | |
|---|---|
| ユーザ | 信頼できるユーザ識別子が入手可能か？<br>ユーザの素性（例：人口統計，位置情報）として取得可能なものは何か？<br>推薦モジュールとの相互作用の頻度は？ |
| アイテム | 候補アイテムの数と質は？<br>アイテムの素性（例：カテゴリ，エンティティ，キーワード）として取得可能なものは何か？<br>アイテムの寿命は？ |
| コンテキスト | コンテキスト情報は取得可能か？<br>取得可能な場合，どのような情報が取得できるか？ |
| 応答 | ユーザの応答（例：クリック，レイティング）は取得可能か？<br>ユーザからのフィードバックを使用してモデルを更新するには，どれくらいの時間を要するか？ |

た，全ての推薦モジュールが個別化を必要とするわけではない．例えば，一般およびドメイン特化型ポータルの FM は，深く個別化する必要はない．

**アイテム関連の特性**：選択すべき推薦手法は，アイテムプールのサイズと質によって異なる．例えば，少量の高品質アイテムを順位付けするのと，大量の低品質アイテムを順位付けする場合とでは考慮すべき事項が異なる．前者のシナリオでは，重大な機会損失を発生させることなく，効率的な探索-活用手法を用いて，各アイテムの CTR を迅速かつ正確に推定することが課題である．一方で後者は，ユーザの応答を観測する前に低品質アイテムを除去する必要がある．また，アイテムプールが小さくユーザの訪問数が多い場合，各アイテムの CTR を正確に推定するための十分なユーザ応答データがあるため，アイテム素性はあまり重要ではない．アイテムプールが大きい場合は，適切なアイテム素性を用いて，各アイテムの探索に対する有益な情報を付加し，探索コストを削減することができる．その他の重要な考慮事項は，アイテムが時間に敏感であるかどうかである．例えば，ニュース記事は寿命が短く 1 日か 2 日で時代遅れになるのに対し，特定分野の著名人によって書かれた教育記事は陳腐化しづらく，時間にあまり依存しないことがある．アイテムに対するユーザの応答率も時間とともに変化する可能性がある．したがって，頻繁にパラメータを更新するオンラインモデルにより，変化を追跡することが重要な場合がある．

**コンテキストに関連した特性**：記事詳細ページにおけるRMのような推薦アプリケーションは，推薦されたアイテムが明示的なコンテキスト（例えば，ページ上の記事）に関連している必要があり，RMではないFMではコンテキストを考慮する必要がない．しかし，明示的なコンテキストのないアプリケーションであっても，時刻，平日と週末，モバイルデバイスとデスクトップコンピュータのような暗黙的なコンテキストがある．コンテキスト情報が利用可能であるとき，推薦問題は，ユーザ-アイテム行列を用いた応答のモデル化から，ユーザ，アイテムおよびコンテキストにまたがる3次元テンソルを用いた応答のモデリングにまで及ぶ．これについては第10章で議論する．

**応答関連の特性**：本書における重要な前提は，モデリングに用いるユーザの応答が入手可能であることだ．ただし，一部のユーザや一部のアイテムからの過去の応答は存在しないかもしれない．また，リアルタイムでのユーザ応答の連続的なデータストリームが取得可能な場合と，ユーザ応答のワンタイムスナップショットしか得られない場合とでは，モデリングにおいて大きな相違点をもたらす．前者は時間に敏感なアイテムを推薦するための必須要件である．探索-活用戦略の適用可能性は，ほぼリアルタイムでの連続的なユーザ応答データの供給にも依存する．他の考慮事項は，ユーザが複数のタイプのフィードバック（クリック，シェア，コメントなど）を提供したときのユーザ応答の解釈である．応答モデル（2.3.2項参照）の選択は，ユーザの応答をどのように解釈するかによって異なる．多変量応答モデリングは，ユーザが複数のタイプの応答を生成する場合に有効である．

### 5.1.3　一般的な統計手法

続く4つの章では，オフラインモデル，オンラインモデル，探索-活用戦略の3種類の統計的方法に焦点を当てる．これらの手法について，次にあげる3つの共通のアプリケーション設定に対して検討する．

**Most-Popular 推薦**：このタイプの推薦については1.2節と3.3.1項で議論した．目的は，CTRが最も高いアイテムをすばやく特定し，全てのユーザに推薦することである．アイテムは時間に敏感であり，ユーザの反応はほぼリアルタイムで利用可能であると仮定する．探索-活用戦略を使用して少量の高品質アイテムの人気度(CTR)を推定し，アイテム素性ベクトルを通じて各アイテムの事前分布をモデル化して大規模アイテムプールに適用できるように手法を拡張する．簡単な個別化は，セグメント化されたMost-Popular推薦によって行うことができる．これは，3.3.2項で説明したように，ユーザ母集団を部分母集団にセグメント化し，個別にアイテムの人気をセグメントごとに推定することによって実現できる．Most-Popular推薦は，概念的には単純であるが，一般またはドメイン特化型ポータルでのFMで有効な方法であることが多く，より洗練されたモデリング手法に対する強力なベースラインとなる．第6章でMost-Popular推薦における，次の統計的手法を紹介する．

- **オンラインモデル**：時間の経過とともにアイテムのCTRを追跡するための動的ベータ二項(dynamic beta-binomial)モデルとガンマ-ポアソンモデル．
- **オフラインモデル**：ベータ二項モデルとガンマ-ポアソンモデルで使用される事前パラメータの最尤推定により，アイテム素性ベクトルを使って新規アイテムのCTRの推定をするオンラインモデルを初期化する．
- **探索-活用**：多腕バンディット戦略において，探索と活用のトレードオフにおける最適なポイントに到達するために，ラグランジュ緩和法によって得られた近似的なベイズ最適解に焦点を当てる．

**個別化推薦**：目的は，個々のユーザが特定のアイテムにどのように応答するかを正確に予測することにより，個別化を深めていくことである．ここでは，ユーザ識別子が利用可能であると仮定する．検討している手法の中には，ユーザに関する唯一の取得可能な情報がユーザ素性ベクトルのみである場合でも機能するものがある．まず，時間に敏感でないオフラインモデルから始める．ここでの主な問題は，多数の過去の応答をもつユーザやアイテム，過去の応答がほとんど（またはまったく）ないユーザやアイテムを同時にモデル化する手法である．次に，時間に敏感なアイテムを対象としたオンラインモデルに拡張する．個別化推薦は，ウェブサイトのFMやNMを含む幅広いアプリケーション設定に適用できる．第7章と第8章では，次の統計的手法を紹介する．

- **オフラインモデル**：コールドスタート状態でユーザおよびアイテムの潜在因子の推定に素性ベクトルを使用する柔軟な事前情報付き回帰と，（多くのアプリケーション設定で最高性能を示す）行列分解を組み合わせる．
- **オンラインモデル**：モデルの収束を速めるために，次元削減が可能な縮小ランク回帰を使用する．また，状態空間モデルにより最新の応答データを用いて回帰モデルを段階的に更新する．
- **探索-活用**：Thompsonサンプリング，UCB，SoftMaxを用いる．

**コンテキスト依存型推薦**：目的はユーザ，アイテムおよびコンテキストにまたがる3次元テンソルを用いてCTRを正確に予測することである．すなわち，ユーザが所与の状況（例えば，推薦されたアイテムに関連すると思われる記事ページ）にいるときに，ユーザがアイテムにどのように応答するかを示す．コンテキストとアイテムの素性が取得可能であり，いくつかの種類の類似度や関連度が素性ベクトルによって測定できると仮定する．コンテキスト依存型推薦は，ウェブサイトの詳細ページにRMを構築するのに便利である．モデリングの主要な課題の1つは，観測されるユーザ応答が3次元テンソルにおいて極端にスパースであることだ．第10章では，事前情報付き回帰を用いた行列因子分解や階層的な平滑化などのオフラインモデルに焦点を当てる．オンラインモデルと探索-活用戦略は，個別化推薦で説明したものと同様である．

## 5.2　システム構成

統計的手法を深く理解する前に，ウェブシステムとユーザの相互作用について理解することは有用である．本節では，一般的なウェブ推薦システムの主要な構成要素について説明し，次に寿命の短いアイテムの個別化推薦のための具体的なシステム例について説明する．

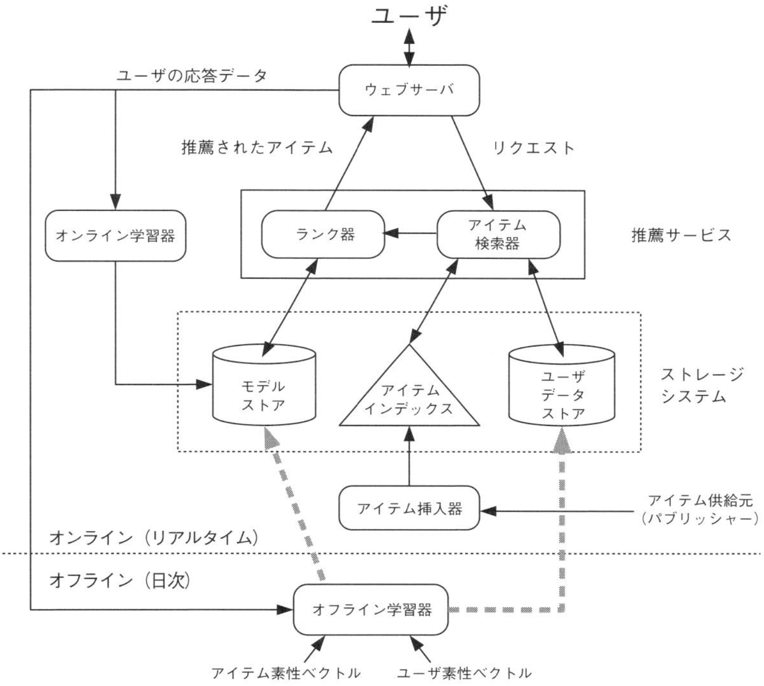


図 5.5 一般的なウェブ推薦システムの構成.

### 5.2.1 主要な構成要素

図 5.5 に一般的なウェブ推薦システムの構成を示す．システムには次の 4 つの主要な構成要素が含まれる.

1. **推薦サービス**：ウェブサーバからの推薦要求を受け取り，推薦アイテムを返す.
2. **ストレージシステム**：ユーザ素性ベクトル（および潜在因子），アイテム素性ベクトル（および潜在因子），モデルパラメータおよびアイテムの効率的な検索のためのインデックスを格納する.
3. **オフライン学習器**：ユーザ応答データからモデルパラメータ（および潜在因子）を学習し，パラメータ（および因子）をオンラインストレージシステムに定期的（毎日など）にプッシュする．通常，モデルの学習には時間がかかる．特にユーザ応答データ数が多い場合，当該構成要素は，1秒以内にユーザの要求に応答するオンラインシステムとは別のオフライン環境にある．

4. **オンライン学習器**：最新のユーザ応答データを使用してモデルを調整するために，リアルタイムで一部のモデルパラメータを継続的に更新する．

### 5.2.2　システムの例

事例を示し議論を具体的にする．

**アプリケーション設定**：時間の影響を受けやすいアイテム（ニュース記事など）のポータル内でFMの個別化推薦サービスを構築する問題を考える．候補アイテムプールは，時間とともに変化し，任意の時点で多数の候補アイテムから構成されている可能性がある．ユーザの素性ベクトルは，プロフィール情報（例えば，人口統計）から入手可能である．アイテムの素性ベクトル（例えば，bag-of-words）はアイテムから抽出される．推薦アイテムのクリック数を最大にするという目的のもとに，ユーザの応答データが最大で数分間のレイテンシで連続的に収集されると仮定する．

**モデル**：CTR予測のために以下のモデルを考える．$\boldsymbol{x}_i$ はユーザ $i$ の素性ベクトルを表し，$\boldsymbol{x}_j$ はアイテム $j$ の素性ベクトルを表す．$\boldsymbol{x}_i$ および $\boldsymbol{x}_j$ は異なる素性を含み，ベクトル長が異なってもよい．$\boldsymbol{u}_i$ をユーザ $i$ の潜在因子ベクトルとし，$\boldsymbol{v}_j$ をアイテム $j$ の潜在因子ベクトルとする．両者ともデータから学習する．ロジスティック応答モデルのように，ユーザ $i$ がアイテム $j$ と $1/(1+\exp(-s_{ij}))$ で相互作用するときのCTRを予測する．ここでスコア $s_{ij}$ は以下で表される．

$$s_{ij} = \boldsymbol{x}_i'\boldsymbol{A}\boldsymbol{x}_j + \boldsymbol{u}_i'\boldsymbol{v}_j \tag{5.1}$$

$\boldsymbol{A}$ はデータから学習される回帰係数行列（ユーザ素性ベクトルとアイテム素性ベクトルの各対における相互作用）である．回帰係数は時間とともに大幅に変化することはなく，ユーザの関心も1日以内に大きく変化することは稀なので，$\boldsymbol{A}$ と $\boldsymbol{u}_i$ を日次更新することが許容されると仮定する．しかし，アイテムは時間に敏感であるため，新しいユーザ応答データが利用可能になったときはすぐに $\boldsymbol{v}_j$ を更新することが重要である．

**ストレージシステム**：候補アイテム，素性ベクトルおよびモデルは，ストレージシステムに格納される．

- **アイテムインデックス**：この例では，アイテム挿入器は多数のアイテム供給元（例えばパブリッシャー）を監視する．そして，新しいアイテム $j$ が利用可能になると，アイテム挿入器はアイテム素性ベクトル $\boldsymbol{x}_j$ を抽出し，アイテムおよびその素性ベクトルをアイテムインデックスに入れ，素性ベクトルによるアイテムの迅速な検索をサポートする．このようなアイテムインデックスの例として Fontoura et al.(2011) があげられる．
- **ユーザデータストア**：ユーザ素性ベクトル $\boldsymbol{x}_i$ は，ユーザデータストアに格納される．ユーザデータストアは，指定されたキー（ユーザ ID）による値（ユーザ素性ベクトル）の高速取得をサポートするように設計されたキーバリューストア（例えば Voldemort[††]）である．ユーザ潜在因子 $\boldsymbol{u}_i$ もユーザ ID が検索キーとなるため，ユーザ潜在因子もユーザデータストアに格納される．
- **モデルストア**：回帰係数行列 $\boldsymbol{A}$ はモデルストアに保存され，学習器によって日次で更新される．また，アイテム因子 $\boldsymbol{v}_j$ はオンライン学習器によって継続的に更新されるオンラインモデルのモデルパラメータであるため，アイテム因子もモデルストアに格納される．モデルストアもまたキーバリューストアである．アイテム因子の検索キーもアイテム ID であり，回帰係数行列を格納するための特殊キーは予約されている．

**オフライン学習器**：ユーザとアイテムの素性ベクトル $(\boldsymbol{x}_i, \boldsymbol{x}_j)$ とユーザ応答データが与えられると，オフライン学習器は収集されたデータからモデルパラメータと潜在因子 $(\boldsymbol{A}, \boldsymbol{u}_i, \boldsymbol{v}_j)$ を推定する．オフライン学習には数時間かかることがある．この例では，1 日に 1 回学習プロセスを実行し，学習したモデルのパラメータと因子を対応するオンラインストレージシステムに日次で送る．

---

[††] `http://www.project-voldemort.com/` を参照．

ユーザ応答データが多数の場合，並列計算用のインフラが必要となることが多い．MapReduce は多くのウェブアプリケーションに共通の選択肢であり，Hadoop[†††] は広く普及しているオープンソースソフトウェアである．

**オンライン学習器**：ユーザ素性ベクトル $\boldsymbol{x}_i$ およびアイテム素性ベクトル $\boldsymbol{x}_j$，ユーザ因子 $\boldsymbol{u}_i$，回帰係数行列 $\boldsymbol{A}$ およびウェブサーバログからの連続的なストリームがリアルタイムで受信されると，オンライン学習器はアイテム因子 $\boldsymbol{v}_j$ を連続的に更新して，各アイテムに対する直近の応答を反映する．$\boldsymbol{x}_i$，$\boldsymbol{x}_j$，$\boldsymbol{A}$ および $\boldsymbol{u}_i$ が与えられると，この学習問題は多数（各アイテム $j$ に1つずつ）の独立回帰問題を推定することに帰着される．各回帰は素性ベクトルとして $\boldsymbol{u}_i$ を，オフセット（回帰モデルのバイアスまたは切片項として加えられるべき定数）として $\boldsymbol{x}_i'\boldsymbol{A}\boldsymbol{x}_j$ を扱うことによって，係数ベクトル $\boldsymbol{v}_j$ を推定する．詳細は第7章および第8章を参照してほしい．アイテム別回帰モデルが互いに独立しており，個々のアイテムのユーザ応答データの数が比較的少ないため，アイテム因子をオフライン学習器よりも迅速に学習することができる．

**オフライン学習器とオンライン学習器の同期**：オフライン学習には時間がかかることに注意が必要である．オフライン学習器が日次の学習を終え，新しく学習した $\boldsymbol{A}$，$\boldsymbol{u}_i$，$\boldsymbol{v}_j$ をストレージシステムにプッシュする．しかしオフライン学習の開始時間後に収集されたデータはまだ学習されていないため，学習されたアイテム因子 $\boldsymbol{v}_j$ は最新ではない．オフラインモデルをプッシュしている間にスムーズなモデル遷移を保証するために，モデルパラメータ $\boldsymbol{A}$，$\boldsymbol{u}_i$，$\boldsymbol{v}_j$ の2つのバージョンを保持する必要がある．プッシュ後，モデルパラメータの古いバージョンを使用してユーザにサービスを提供し，新しいバージョンが準備できるまで古いバージョンのパラメータを更新し続ける．新しいバージョン（オフラインで学習済み）の $\boldsymbol{A}$，$\boldsymbol{u}_i$，$\boldsymbol{v}_j$ がストレージシステムにプッシュされると，オフライン学習で使用していない未学習のデータを使ってオンラインで新しいバージョンのアイテム因子 $\boldsymbol{v}_j$ を更新する．全てのオンラインデータを取り込んで新しいバージョンの $\boldsymbol{v}_j$ の更新が終わると，新しいバージョンを使用してユーザにサービスを提供し，旧バージョンの $\boldsymbol{v}_j$ のオンライン更新を中止する．

[†††] `http://hadoop.apache.org/` を参照．

**推薦サービス**：素性ベクトル，因子，モデルをストレージシステムに入れて更新すると，推薦サービスは次のように機能する．

- **アイテム検索**：各リクエストに対して，アイテム検索器はユーザ ID $i$ を使用してユーザデータストアに問い合わせ，ユーザ素性ベクトル $\boldsymbol{x}_i$ および潜在因子ベクトル $\boldsymbol{u}_i$ を得る．ユーザ素性ベクトルにもとづいてアイテム検索器はアイテムインデックスを照会し，ユーザに対する候補アイテムセットを取得する．必要に応じて単純な基準またはモデルを使用して，インデックスから返される候補アイテムを上位 $k$ 個に限定して，計算コストを減らすことができる．次に，候補アイテムは，ユーザ素性ベクトルおよび因子とともにランク器 (ranker) に送信される．
- **ランキング**：ユーザ $i$ の候補アイテムを受け取ると，ランク器は各アイテム $j$ の推定応答率の平均と分散を計算する．平均は $\boldsymbol{x}_i'\boldsymbol{A}\boldsymbol{x}_j + \boldsymbol{u}_i'\boldsymbol{v}_j$ の単調関数である．分散の計算方法については第 7 章で紹介する．最後に，全ての候補アイテムの応答率の平均および／または分散にもとづいて探索-活用戦略が適用され，アイテムに対する「飢餓 (starvation)」（サンプルがまったくない状態）を回避し，ユーザにとって最良のアイテムに迅速に収束するようにする．

# 第6章

# Most-Popular 推薦

第3章では探索-活用問題の理論的概要と，推薦システムにおけるアイテムのスコアリングの重要性，特に古典的な多腕バンディット (MAB: multiarmed bandit) 問題への関連について説明した．さらに，実際に使用されている一般的なヒューリスティックを含めた，MAB 問題に対するベイジアンおよびミニマックスアプローチについて述べた．しかし，推薦システムで発生する理論と現実の差異は MAB 問題の仮定にそぐわないものもある．これには，動的アイテムプール，非定常 CTR，フィードバック遅延が含まれる．本章では，実際のアプリケーションでうまく機能する新しい解決策を考える．

多くの推薦システムでは，クリック率 (CTR) などの肯定的なアクションの割合にもとづいてアイテムをスコアリングすることが適切である．このようなアプローチは，推薦アイテムに対するアクションの総数を最大化する．実際によく使用される簡単なアプローチは，CTR 上位 $k$ 個のアイテムを推薦することである．これを，Most-Popular 推薦アプローチと呼ぶことにする．ここでは，人気はアイテムの CTR によって測定される．Most-Popular アプローチは概念的には単純であるが，アイテムの CTR を推定する必要があるため，技術的には簡単ではない．Most-Popular 推薦は個別化推薦をする必要がないアプリケーションにおいては良いベースラインとしても役立つ．本章では，Most-Popular 推薦問題に探索-活用戦略を適用することから始める．

6.1 節ではアプリケーションの実例を示し，実用アプリケーションにおける

Most-Popular 推薦アイテムの特性を示す．次に，6.2 節で Most-Popular 推薦における探索-活用問題を数学的に定義し，6.3 節で第一原理からベイズ的手法を示す[1]．一般的な非ベイズ的手法については 6.4 節で概説する．6.5 節では広範な実験をとおして，システムがベイズ的枠組みを使用して適切にモデル化された場合，ベイズ的手法は他の手法よりも著しく優れていることを示している．最後に 6.6 節で候補アイテム集合が大きい場合のデータスパースネスにどのように対処するかを議論する．

## 6.1　アプリケーション例：Yahoo!Today モジュール

5.1.1 項では，ウェブポータルページに一般的に表示される特集モジュールを紹介した．Yahoo! ホームページの Today モジュール（第 5 章の図 5.1 参照）が典型的な例である．当該モジュールの目的は，ホームページ内のユーザエンゲージメント（通常はクリック数の合計で測定される）を最大化するためのアイテム（ニュース記事）を推薦することだ．モジュールはいくつかのスロットを有するパネルであり，複数のアイテムから構成されたコンテンツプールから選択され，編集されたアイテム（すなわちストーリー）を各スロットに表示する．説明を簡単にするため，モジュール内の最も主要なスロットのクリック数を最大にすることに焦点を当てる．

このアプリケーションの特性をよりよく理解するために，2 日間の Today モジュール内のアイテムの CTR 曲線を見ることにする．図 6.1 の各曲線は，ランダムに収集されたデータにもとづいて推定されたアイテムの CTR を示している．本実験は，（数十万から数百万オーダーの）ユーザ集合をランダムに選択することによって行われた．この集合に属するユーザが Yahoo! ホームページを訪れたとき，コンテンツプールから無作為にアイテムを選択しユーザにサービスを提供する．この図から明らかなように，各アイテムの CTR は時間の経

[1] 訳注：第一原理は近似や経験的なパラメータ等を含まない最も根本となる基本法則であり，当該法則を前提に自然現象を説明することができるものである．ここでは，まず近似を使用せずに解を考え，その後徐々に近似を取り入れていることを示していると考えられる．

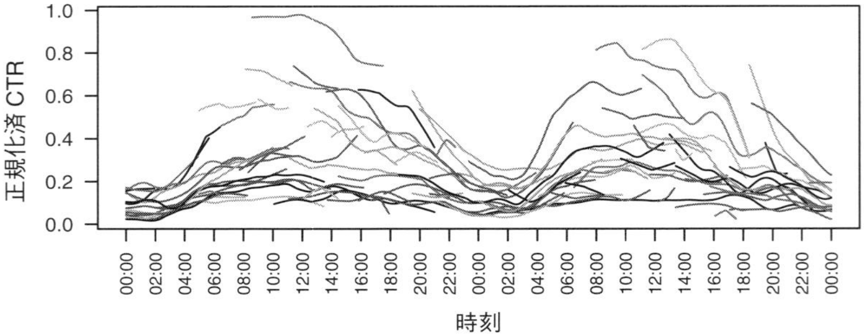


**図 6.1**　Yahoo!Today モジュールにおける2日間のCTR曲線（$y$ 軸は実際のCTRの値を隠すために線形に正規化してある）.

過とともに変化し，アイテムの寿命は通常短い（数時間から1日）．アイテムの一生は，アイテムがコンテンツプールに追加されたときに始まり，モジュールのコンテンツを新鮮かつタイムリーに保つために削除された時点で終了する．

このような時間依存性のある推薦システムがもつ特徴およびシステム制約によって，古典的MABのいくつかの仮定は満たされない．3.2節で説明した古典的なバンディット問題では，各腕は未知の**固定**報酬確率(CTR)をもち，腕（アイテム）の集合は**静的**であった．また，即時的な報酬フィードバックを前提としていた．すなわち，腕を引いた（ユーザ訪問時にアイテムを示した）後，**直ちに**応答（クリックのあり／なし）を得ると仮定していた．しかしYahoo!Todayモジュールでは，次のことを考慮する必要がある．

- **動的アイテム集合**：通常アイテムの寿命は短く，アイテム集合は時間とともに変化する．寿命が短い場合，古典的なバンディット戦略のリグレットバウンドはあてにならない．なぜなら，腕を引く回数が少ないときにはビッグオー表記の定数を無視できないからである．
- **非定常 CTR**：各アイテムのCTRは時間とともに変化する．本書で例示したサンプルアプリケーションでは，アイテムのCTR曲線の最高点は最低点よりも400%高い場合がある．しかし通常CTR曲線は時間の経過に対してなめらかであり，適切な時系列モデルによってモデル化することができる．

Auer et al.(1995) のような敵対的バンディット戦略では CTR の非定常性を考慮しているものもあるが，当該手法の特性は例示しているアプリケーションの設定とはかなり異なる．

- **バッチ配信**：クリックやビューの観測は，システムパフォーマンスの制約やユーザのフィードバック遅延のために遅れる．後者は，アイテムビュー（すなわち推薦システムによって生成されたアイテムの表示）とその後のクリックとの間のタイムラグ（通常は数分以内）のために生じる．この遅延を処理する一般的な方法は，時間をある間隔（例えば，$n$ 分間隔）で離散化し，ユーザの訪問ごとに意思決定を行うのではなく，次の間隔の各アイテムに割り当てられる訪問の割合を指定するサンプリング計画を決定する探索-活用戦略である．

## 6.2 問題定義

Yahoo!Today モジュールを例に観測された素性にもとづいて Most-Popular 推薦アプローチの厳密な数学的定式化を行う．目的は，次の時間間隔で各アイテムに割り振られる訪問割合を決定し，将来における総クリック数を最大にする**推薦戦略**を見つけることである．

本章では，インデックス $i$ とインデックス $t$ はそれぞれアイテム $i$ と時点 $t$ を表す．$p_{it}$ は時点 $t$ におけるアイテム $i$ の**未観測**の動的な CTR を表し，$N_t$ はユーザ訪問（すなわちビュー数）の総数を表し，$\mathcal{I}_t$ は時点 $t$ におけるアイテム集合を表す．アイテムプールは動的である．したがって $\mathcal{I}$ にも $t$ の添え字が付く．CTR $p_{it}$ がわかっていれば，時点 $t$ における最適解は $N_t$ 人の全てのユーザの訪問に対してアイテム $i_t^* = \arg\max_i p_{it}$ を提供することである．しかし CTR $p_{it}$ は未知であるため，アイテム $i$ を表示して得られたデータによって推定する必要がある．各時点 $t$ におけるユーザ訪問数 $N_t$ が既知であると仮定する．実際には予測モデルを使用して $N_t$ を推定する．例えば，図 6.2 は Yahoo!Today モジュールにおける 1 週間の $N_t$ を示している．トラフィックパターンは規則的であり，曜日効果および時間効果を用いた標準的な時系列手法を使用して容易にモデル化することができる．

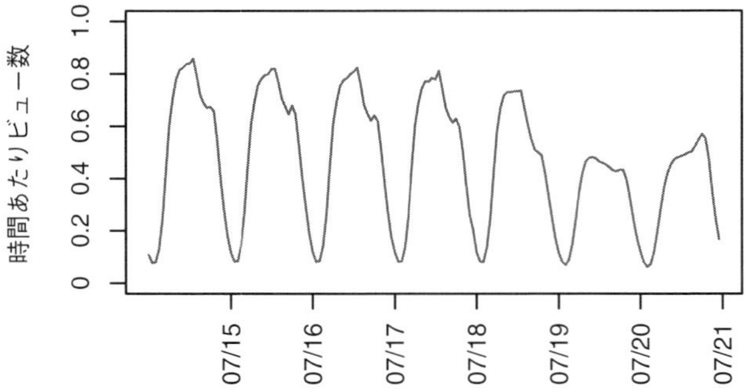


**図 6.2**　Yahoo!Today モジュールへの 1 週間の時間別ユーザ訪問数（$y$ 軸は実際のトラフィック量を隠すために線形に正規化している）．

**定義 6.1　提供戦略：**　提供戦略 $\pi$（ポリシーとも呼ばれる）は，各時点 $t$ において $t$ よりも前に観測された全てのデータにもとづいて，各アイテムに割り当てるべきユーザの訪問割合を決定するアルゴリズムである．戦略 $\pi$ が時点 $t$ においてアイテム $i$ に割り当てるユーザの訪問割合を $x_{it}^{\pi}$ と表すとすると，各 $t$ について，$\sum_i x_{it}^{\pi} = 1$ であり，$x_{it}^{\pi} \geq 0$ である．時点 $t$ における全てのアイテム $i$ に対する $x_{it}^{\pi}$ の集合を**提供計画** (serving plan) または**配分計画** (allocation plan) と呼ぶ．

$x_{it}^{\pi} N_t$ は，戦略 $\pi$ が時点 $t$ においてアイテム $i$ に割り当てるユーザ訪問数を示すことは容易にわかる．この戦略は，フィードバックが瞬間的に行われ，各ユーザが訪問した後にアイテム状態が変化することを仮定している標準的な多腕バンディットとは異なることがわかる．以降の議論では，文脈から明らかなときに上付きの添え字 $\pi$ と下付きの添え字 $i$ を省略することがある．

$c_{it}^{\pi}$ は，時点 $t$ で $x_{it}^{\pi} N_t$ 回のユーザの訪問に対してアイテム $i$ を割り当てた後に観測されるクリック数を示すものとする．ここで $c_{it}^{\pi}$ は確率変数である．Agarwal et al.(2009) の付録で報告されている知見にもとづいて，$c_{it}^{\pi} \sim \mathrm{Poisson}(p_{it} x_{it}^{\pi} N_t)$ と仮定する．この仮定は他のいくつかのウェブアプリケーションでも合理的であることがわかっている†．$R(\pi, T) = \sum_{t=1}^{T} \sum_{i \in \mathcal{I}_t} c_{it}^{\pi}$ を $T$

† 推定 CTR が 1 より大きくなる可能性があるという懸念がある場合，ポアソン分布を二

時点（典型的には数か月）にわたり戦略 $\pi$ をとった場合のクリック数の総和（報酬とも呼ばれる）とする．

**定義 6.2 オラクル最適戦略：** $p_{it}$ を正確に知っているオラクルを仮定する．オラクル戦略 $\pi^+$ は，各時点 $t$ において最高の $p_{it}$ をもつアイテム ($i_t^* = \arg\max_i p_{it}$) を選択する．

**定義 6.3 リグレット：** 戦略 $\pi$ のリグレットは，オラクル最適報酬 (oracle optimal reward) と戦略 $\pi$ における報酬の差である．すなわち，$E[R(\pi^+, T)] - E[R(\pi, T)]$ である．

**定義 6.4 ベイズ最適戦略：** $p_{it}$ に対する事前分布 $\mathcal{P}$ を仮定する．$N_t$ と $\mathcal{I}_t (1 \leq t \leq T)$ が与えられると，$E_{\mathcal{P}}[R(\pi^*, T)] = \max_\pi E_{\mathcal{P}}[R(\pi, T)]$ であれば事前分布 $\mathcal{P}$ のもとで $\pi^*$ はベイズ最適である．ここで $E_{\mathcal{P}}$ は $\mathcal{P}$ のもとで計算された期待値を表す．

目的はベイズ最適戦略を見つけることである．ベイズ最適戦略は，CTR を推定するために探索をする必要があり，リグレットは 0 ではないことに注意してほしい．一方でオラクル最適戦略は探索をする必要がない．

探索-活用戦略における多くの既知の最適化の結果は，腕（またはアイテム）が常に存在し，リグレットは常に最良の単一の腕を引く「最適戦略」にもとづいていると仮定している（例えば Gittins, 1979; Lai and Robbins, 1985; Auer, 2002）．多くの一般的なウェブアプリケーション（ニュース，広告など）では，腕の寿命が短く，各腕で開始時間が異なるため上の仮定とは設定が異なる．したがって，各時点で最も有効な腕を引くオラクル最適戦略にもとづいてリグレットを定義する．時点が異なると最良の腕が変わる可能性があるため，このリグレットに対する最適なバウンド[2)] は十分に研究されておらず，さらなる研究が必要である．Most-Popular 推薦問題に対する最適なリグレットバウンドを導く代わりに，実際の問題に対してうまく機能する古典的なバンディット戦

---

項分布で置き換えるのは簡単である．CTR が小さいアプリケーションでは，このような懸念はない．

2) 訳注：リグレットの上界．

略の適応について議論する．これらのアプローチでは，アプリケーションの特性を適切にモデリングし，単純化されたシナリオでベイズ最適解を示し，適切な近似によって一般的なケースにおける最適な解を示し，ログデータを使用して多数の戦略を経験的に評価する．また，Yahoo!Today モジュールにおけるオンラインバケットテストの結果については，実際のアプリケーションでいくつかの探索-活用戦略を比較する．このような評価が行われることは稀である．Yahoo! の在職期間中にこのような調査を実施することができた事は幸運であった．

## 6.3 ベイズ的手法

本節では，計算の実行可能性を保証した近似を用いたベイズ探索-活用戦略について説明し，このベイズ的手法を段階的に発展させる．まず，静的なアイテム集合を仮定した単純なシナリオの最適解を考える．続いて，インデックスポリシー (index policy) に似た一般的な事例（$K$ 個の 1 次元問題を解くことで $K$ 次元問題を解く）において近似解を導く．

記法を簡略化するために単一のアイテムで考え，インデックス $i$ は記法から削除する．時点 $t$ におけるアイテムの CTR の事前分布は $p_t \sim \mathcal{P}(\boldsymbol{\theta}_t)$ である．ここで，ベクトル $\boldsymbol{\theta}_t$ は分布の**状態**またはパラメータである．$c_t$ 回のクリックを得るためにアイテムを $x_t N_t$ 回表示させ，時点 $t+1$ における事後分布（事前分布の更新）$p_{t+1} \sim \mathcal{P}(\boldsymbol{\theta}_{t+1})$ を得る．$c_t$ は確率変数であることに注意してほしい．$\boldsymbol{\theta}_{t+1}$ が $c_t$ と $x_t$ の関数であることを強調したい場合，$\boldsymbol{\theta}_{t+1}(c_t, x_t)$ と書く．CTR が一定であることを仮定して，ガンマ-ポアソンモデルを考察する．動的モデルについては，6.3.3 項で説明する．

**ガンマ-ポアソンモデル (GP)：** Agarwal et al.(2009) を参照し，時点 $t$ における事前分布 $\mathcal{P}(\boldsymbol{\theta}_t)$ を，平均 $\alpha_t/\gamma_t$ と分散 $\alpha_t/\gamma_t^2$ をもつガンマ分布 $\mathrm{Gamma}(\alpha_t, \gamma_t)$ と仮定する．さらに，$x_t N_t$ 回の訪問に対してアイテムを提供し $c_t$ 回のクリックを得ると仮定する．ここで，クリック数の分布は $(c_t \mid p_t, x_t N_t) \sim \mathrm{Poisson}(p_t x_t N_t)$ である．共役性から，$\mathcal{P}(\boldsymbol{\theta}_{t+1}) = \mathrm{Gamma}(\alpha_t + c_t, \gamma_t + x_t N_t)$.

$\alpha_t$ と $\gamma_t$ は，直感的にそれぞれ過去に観測されたクリック数とビュー数を表していると解釈できる．時点 $t$ においてアイテムに割り当てられるユーザの訪問割合を計算するとき，アイテムの状態 $\boldsymbol{\theta}_t = [\alpha_t, \gamma_t]$ は既知である．しかし，$\boldsymbol{\theta}_{t+1}(c_t, x_t)$ は確率変数 $c_t$ の関数である．なぜなら，$c_t$ は，$x_t N_t$ 回のユーザ訪問が割り当てられた後に得られるクリック数であり，観測された値ではないからである．

**一時点先最適戦略 (one-step look-ahead)：** 一時点先の時間（時点 1 とする）のみを考慮した最適戦略を考える．この場合，以下で表す期待総クリック数を最大にする $x_{i1}$ を見つけることが目的となる．

$$\max_{x_{i1}} E\left[\sum_{i \in \mathcal{I}_1} x_{i1} N_1 p_{i1}\right] = \max_{x_{i1}} \sum_{i \in \mathcal{I}_1} x_{i1} N_1 E[p_{i1}]$$

全ての $i$ について，$\sum_{i \in \mathcal{I}_1} x_{i1} = 1$ かつ $0 \leq x_{i1} \leq 1$ を条件とする．推定 CTR が最も高いアイテムに 100%のユーザを割り当てた場合，最大値が達成されることが容易にわかる．すなわち，$E[p_{i^*1}] = \max_i E[p_{i1}]$ であれば $x_{i^*1} = 1$，そうでなければ $x_{i1} = 0$ である．

### 6.3.1 2 × 2 問題：2 つのアイテム，2 つの時点

本項では前述のものとは異なった，最適解を効率的に計算できる単純化されたシナリオを検討する．これを 2 × 2 問題と呼ぶ．つまり，2 つのアイテムと 2 つの時点がある場合の最適化を考える．腕が 2 つの場合の問題は文献で研究されている（例えば，DeGroot(2004) や Sarkar(1991)）．しかし，Most-Popular 推薦問題に対して適切ではない仮定のもとで研究が行われていた．さらに議論を簡単にするために，1 つのアイテムの CTR を知っているとする．2 つの時点を表す文字として 0 と 1 を使用する．本シナリオでは 2 つのアイテムしかないので以下のように記法を簡略化する．

- $N_0$ および $N_1$ は，それぞれ時点 0 および時点 1 におけるユーザの訪問数である．
- $q_0$ と $q_1$ はそれぞれ時点 0 と時点 1 の CTR のわかっているアイテム（以下，確定アイテム）の CTR である．

- $p_0 \sim \mathcal{P}(\boldsymbol{\theta}_0)$ と $p_1 \sim \mathcal{P}(\boldsymbol{\theta}_1)$ はそれぞれ時点0と時点1のCTRが未知のアイテム（以下，不確定アイテム）のCTR分布である．
- $x$ と $x_1$ は，それぞれ時点0と時点1の不確定アイテムに割り当てられた訪問の割合である．$(1-x)$ および $(1-x_1)$ は，確定アイテムに割り当てられた割合である．
- $c$ は時点0の不確定アイテムによって得られたクリック数を表す確率変数である．
- $\hat{p}_0 = E[p_0]$ かつ $\hat{p}_1(x,c) = E[p_1 \mid x,c]$．GPモデルでは $\hat{p}_0 = \alpha/\gamma$ であり，$\hat{p}_1(x,c) = (c + p_0\gamma)/(\gamma + xN_0)$ である．

現在の状態 $\boldsymbol{\theta}_0 = [\alpha, \gamma]$ は既知であるが，$\boldsymbol{\theta}_1$ は $c$ の関数であり，したがって確率関数である．また，$x_1$ も $c$ の関数である．$c$ の関数であることを強調したい場合は $x_1(c)$ と書き，関数 $x_1$ の集合を $\mathcal{X}_1$ とする．目的は，以下に示す2時点の期待総クリック数を最大にする $x \in [0,1]$ と $x_1 \in \mathcal{X}_1$ を見つけることである．

$$\begin{aligned}&E[N_0(xp_0 + (1-x)q_0) + N_1(x_1p_1 + (1-x_1)q_1)]\\&\quad = E[N_0x(p_0 - q_0) + N_1x_1(p_1 - q_1)] + q_0N_0 + q_1N_1\end{aligned}$$

$q_0N_0$ と $q_1N_1$ は定数なので，期待値の項を最大にするだけでよい．つまり，以下を最大化することにより $x$ および $x_1$ を求める．

$$\mathrm{Gain}(x, x_1) = E[N_0x(p_0 - q_0) + N_1x_1(p_1 - q_1)] \tag{6.1}$$

$\mathrm{Gain}(x, x_1)$ は以下の2つの差分である．

1. 2つのアイテム間で訪問を分配する戦略（$xN_0$ と $x_1N_1$ が時点0と時点1の不確定アイテムに割り当てられる）
2. 常に確定アイテムに割り当てる戦略

直感的には，不確定アイテムを探索することによって得られる利得を定量化していると理解できる．なぜなら，不確定アイテムは潜在的に確定アイテムよりも優れているからである．

**命題6.5：** $\boldsymbol{\theta}_0$，$q_0$，$q_1$，$N_0$，および $N_1$ が与えられると，

$$\max_{x\in[0,1],x_1\in\mathcal{X}_1} \mathrm{Gain}(x,x_1) = \max_{x\in[0,1]} \mathrm{Gain}(x)$$

となる．ここで，

$$\begin{aligned}\mathrm{Gain}(x) &= \mathrm{Gain}(x,\boldsymbol{\theta}_0,q_0,q_1,N_0,N_1)\\ &= N_0 x(\hat{p}_0 - q_0) + N_1 E_c[\max\{\hat{p}_1(x,c) - q_1, 0\}]\end{aligned}$$

$\hat{p}_0(=\alpha/\gamma)$ および $\hat{p}_1(x,c)(=(c+p_0\gamma)/(\gamma+xN_0))$ は，$\boldsymbol{\theta}_0(=[\alpha,\gamma])$ の関数である．時点1は最後の時点であるので，$c$ の周辺分布に対するテイル期待値 (tail expectation) $E_c[\max\{\hat{p}_1(x,c)-q_1,0\}]$ で表され，一時点先最適戦略より，利得が最大になるとき $\hat{p}_1(x,c)-q_1>0$ であるかどうかに応じて $x_1(c)$ は1または0のいずれかの値をとる．

**最適解：** $\max_{x\in[0,1]}\mathrm{Gain}(x)$ は $2\times 2$ 問題の最適クリック数を表しており，所与のクラスの分布 $\mathcal{P}$ に対して，最適な $x$ を数値的に得ることができる．最適解を計算するにあたり，計算効率を上げるために近似を導入し，$\hat{p}_1(x,c)$ がおおよそ正規分布であると仮定する．ここでは，事後分布 $(p_1 \mid x,\, c)$ のみを正規分布で近似する．事前分布 $p_0$ はガンマ分布であると仮定し，$\sigma_0^2$ を $p_0$ の分散とする．ガンマ分布では $\sigma_0^2=\alpha/\gamma^2$ である．分布 $(c \mid p_1)$ および $p_1$ に関する個別の推定の反復によって，以下を得る．

$$\begin{aligned}E_c[\hat{p}_1(x,c)] &= \hat{p}_0 = \alpha/\gamma\\ \mathrm{Var}_c[\hat{p}_1(x,c)] &= \sigma_1^2(x) = \frac{xN_0}{\gamma+xN_0}\sigma_0^2\end{aligned}$$

正規近似を使用して，テイル期待値は閉じた式で得られる．

**命題 6.6　正規近似：** $\phi$ と $\Phi$ を標準正規分布の密度関数と分布関数とする．

$$\begin{aligned}&\mathrm{Gain}(x,\boldsymbol{\theta}_0,q_0,q_1,N_0,N_1)\\ \approx &N_0 x(\hat{p}_0-q_0) + N_1\left[\sigma_1(x)\,\phi\left(\frac{q_1-\hat{p}_0}{\sigma_1(x)}\right) + \left(1-\Phi\left(\frac{q_1-\hat{p}_0}{\sigma_1(x)}\right)\right)(\hat{p}_0-q_1)\right]\end{aligned}$$

正規近似により，$\mathrm{Gain}(x)$ は（良い性質を有する）微分可能な関数になる．図6.3(a) は，異なる事前平均による3つの利得関数を示している．特に $\mathrm{Gain}(x)$ は，たかだか1つの最小値と，たかだか1つの最大値をもつ（境界を除く）．ま

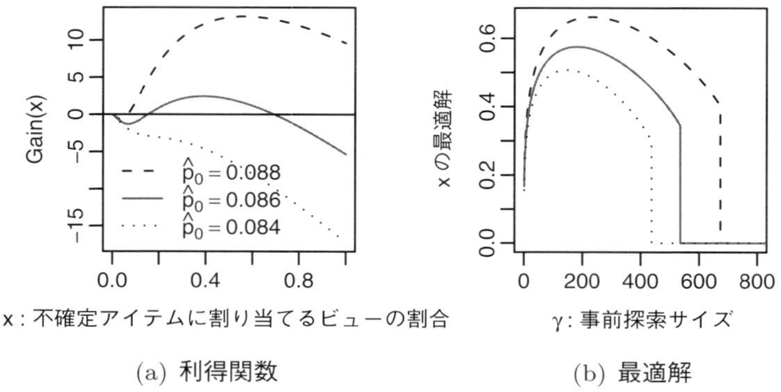


図 6.3　(a) $\gamma = 500, N_0 = 2K, N_1 = 40K, q_0 = q_1 = 0.1$ のときの，異なる $\hat{p}_0$ に対する Gain$(x)$. (b) $\gamma$ を変化させた場合の $x$ $(\arg\max_x \text{Gain}(x))$ の最適解.

た，$\frac{d^2}{dx^2}\text{Gain}(x) = 0$ は，$0 < x < 1$ に対してたかだか 1 つの解をもつことを示す．解が存在する場合，$C$ を解とすると，$0 < x < C$ に対して $\frac{d^2}{dx^2}\text{Gain}(x) > 0$ である．また，$\frac{d^2}{dx^2}\text{Gain}(x) < 0$ であることも示せる．つまり，$\frac{d}{dx}\text{Gain}(x)$ は $C < x < 1$ で減少する．ここで，解が存在する場合，二分探索により効率的に $\frac{d}{dx}\text{Gain}(x) = 0$ となる点 $C < x^* < 1$ を探すことができる．したがって，最適解は $x = 0$，$x^*$，1 のいずれかである．

**命題 6.7：**　$x^*$ を正規近似に対する最適解とする．このとき，$|x - x^*| < \epsilon$ の解 $x$ を求める計算時間のオーダーは $O(\log 1/\epsilon)$ である．

これは，二分法により最適解が得られるという観測結果から容易に導かれる．

**利得関数の特性：**　図 6.3(b) は不確定アイテムにおいて，異なる平均に対する不確定性の関数としての最適な探索量（$\gamma$ が小さいほど不確実性が高いことを意味する）を示している．予想されるものとは反対に，不確実性が低下（すなわち $\gamma$ が大きくなる）しても，探索量は単調に減少しない．実際には，不確実性の度合いが高すぎる（すなわち $\gamma$ が小さい）場合には，あまり探索すべきではない．この戦略は慎重であり，不確実性の高いアイテムにはあまり多くの観測を割り当てない．これは，2 つ先の時間しか考慮していないためである．

### 6.3.2 $K \times 2$ 問題：$K$ 個のアイテム，2 つの時点

ここでは $K$ 個のアイテムを考慮するが，時点は 2 つ先だけを考慮する．この問題に対する最適解を計算するのは困難である．したがって，最適解を見つけるために Whittle(1988) に類似したラグランジュ緩和法を適用する．

$p_{it} \sim \mathcal{P}(\boldsymbol{\theta}_{it})$ は時点 $t \in \{0,1\}$ におけるアイテム $i$ の CTR を表すことを思い出してほしい．$\mu(\boldsymbol{\theta}_{it}) = E[p_{it}]$ とする．記法を簡略化するために，次のようなベクトル表現を使用する．$\boldsymbol{\theta}_t = [\boldsymbol{\theta}_{1t}, \ldots, \boldsymbol{\theta}_{Kt}]$，$\mathbf{x}_t = [x_{1t}, \ldots, x_{Kt}]$，$\boldsymbol{c}_0 = [c_{10}, \ldots, c_{K0}]$．ここで，$x_{it}$ は時点 $t \in \{0,1\}$ においてアイテム $i$ に割り当てられるビューの割合であり，$c_{i0}$ は時点 0 におけるアイテム $i$ のクリック数である．2 つの時点で予想される合計クリック数を最大にする $\mathbf{x}_0$ と $\mathbf{x}_1$ を求めることが目的である．$\boldsymbol{\theta}_0$ は既知であり，$\boldsymbol{\theta}_1 = \boldsymbol{\theta}_1(\mathbf{x}_0, \boldsymbol{c}_0)$ は $\mathbf{x}_0$ および $\boldsymbol{c}_0$ に依存する．また，$\mathbf{x}_0$ は数値ベクトルであるが，$\mathbf{x}_1 = \mathbf{x}_1(\boldsymbol{\theta}_1)$ は $\boldsymbol{\theta}_1$ の関数である．$\mathbf{x} = [\mathbf{x}_0, \mathbf{x}_1]$ とする．

期待総クリック数は以下で算出される．

$$R(\mathbf{x}, \boldsymbol{\theta}_0, N_0, N_1) = N_0 \sum_i x_{i0}\mu(\boldsymbol{\theta}_{i0}) + N_1 \sum_i E_{\boldsymbol{\theta}_1}[x_{i1}(\boldsymbol{\theta}_1)\mu(\boldsymbol{\theta}_{i1})]$$

目的関数は以下で与えられる．

$$R^*(\boldsymbol{\theta}_0, N_0, N_1) = \max_{0 \le \mathbf{x} \le 1} R(\mathbf{x}, \boldsymbol{\theta}_0, N_0, N_1)$$

$$\text{制約条件}\quad \text{とりうる全ての } \boldsymbol{\theta}_1 \text{ の値について，} \sum_i x_{i0} = 1 \text{ かつ } \sum_i x_{i1}(\boldsymbol{\theta}_1) = 1$$

**ラグランジュ緩和法：** 前述の最適化を計算上実現可能にするために時点 1 の制約を緩和する．具体的には，**とりうる全ての** $\boldsymbol{\theta}_1$ に対して $\sum_i x_{i1}(\boldsymbol{\theta}_1) = 1$ の制約を課すのではなく，平均して $\sum_i x_{i1}(\boldsymbol{\theta}_1) = 1$ となるように制約を緩和する．したがって，最適化問題は次のようになる．

$$R^+(\boldsymbol{\theta}_0, N_0, N_1) = \max_{0 \le \mathbf{x} \le 1} R(\mathbf{x}, \boldsymbol{\theta}_0, N_0, N_1)$$

$$\text{制約条件}\quad \sum_i x_{i0} = 1 \text{ かつ } E_{\boldsymbol{\theta}_1}\left[\sum_i x_{i1}(\boldsymbol{\theta}_1)\right] = 1$$

次に価値関数 $V$ を次のように定義する．

$$V(\boldsymbol{\theta}_0, q_0, q_1, N_0, N_1)$$
$$= \max_{0 \le \mathbf{x} \le 1} \left\{ R(\mathbf{x}, \boldsymbol{\theta}_0, N_0, N_1) - q_0 N_0 \left( \sum_i x_{i0} - 1 \right) - q_1 N_1 \left( E\left[ \sum_i x_{i0} \right] - 1 \right) \right\}$$

$q_0$ および $q_1$ はラグランジュ乗数である．穏やかな条件下では次のようになる．

$$R^+(\boldsymbol{\theta}_0, N_0, N_1) = \min_{q_0, q_1} V(\boldsymbol{\theta}_0, q_0, q_1, N_0, N_1)$$

ここで，計算の単純化を可能にする価値関数 $V$ の2つの重要な特性を述べる．

**命題 6.8　凸性：**　$V(\boldsymbol{\theta}_0, q_0, q_1, N_0, N_1)$ は $(q_0, q_1)$ で凸である．

$V$ は $(q_0, q_1)$ で凸であるため，標準的な凸最適化ツールを使用して最小解を見つけることができる．しかし，$(q_0, q_1)$ が与えられたときの $V$ を効率的に計算するという課題は残る．幸いにも，これは以下に述べる可分性の性質によって簡単に計算することができる．

**命題 6.9　可分性：**

$$V(\boldsymbol{\theta}_0, q_0, q_1, N_0, N_1)$$
$$= \sum_i \left( \max_{0 \le x_{i0} \le 1} \mathrm{Gain}\,(x_{i0}, \boldsymbol{\theta}_{i0}, q_0, q_1, N_0, N_1) \right) + q_0 N_0 + q_1 N_1 \tag{6.2}$$

ここで，Gain は命題 6.5 で定義済みである．

可分性により，各アイテム $i$ に対して独立して $x_{i0}$ を最大化することで価値関数 $V$ を計算することができる．この独立した最大化は命題 6.5 の利得の最大化に帰着され，命題 6.6 を用いて効率的に解くことができる．したがって，$K$ 個の独立した1次元最適化を介して $K$ 次元空間 $(x_{10}, \ldots, x_{K0})$ における同時最大化問題を解くことができる．これは，Gittins(1979) のインデックスポリシーの計算と同様の考え方である．

**近似解：**　標準的な凸最適化ツールを使用して $\min_{q_0, q_1} V(\boldsymbol{\theta}_0, q_0, q_1, N_0, N_1)$ を解き，時点0で各アイテム $i$ に割り当てるユーザの訪問割合を計算できる．$q_0^*$ と $q_1^*$ を最小解とする．次の式はアイテム $i$ に割り当てられる訪問の割合を示している．

$$x_{i0}^* = \arg\max_{0 \le x_{i0} \le 1} \mathrm{Gain}(x_{i0}, \boldsymbol{\theta}_{i0}, q_0^*, q_1^*, N_0, N_1)$$

ラグランジュ緩和法は Whittle(1988) によってバンディット問題に最初に適用された．いくつかの関連問題の研究で，ラグランジュ緩和は近似解となることが示唆されている．Glazebrook et al.(2004) は，（ラグランジュ緩和にもとづく）Whittle のインデックスポリシーが好成績を示すことを実証的に証明した．

### 6.3.3 一般解

ここでは，一般的な Most-Popular 推薦問題の解について説明する．この場合，考慮すべき時点が多く，候補アイテム集合は非定常 CTR をもつ動的集合である．3 つ以上の時点を考慮する際に生じる問題に対処するために次に説明する 2 期近似を行い，その後，動的な候補アイテムの集合に問題を拡張する．最後に，動的ガンマ-ポアソンモデルを使用して非定常なアイテム CTR を推定する方法について説明する．

#### 6.3.3.1 2 期近似

$K$ 個のアイテムと $T+1$ 個の時点 $(t=0,\ldots,T)$ があるとする．最初に，$K$ 個のアイテム全てが全時点で利用可能であると仮定する．$K\times 2$ 問題の場合と同様に，ラグランジュ緩和を適用した後も，依然として凸性および可分性の特性が保持される（わずかな式変更が必要であるが）．しかし計算量は $T$ の大きさに依存し指数関数的に増加する．効率的な計算のために，$T+1$ 個の時点を 2 期に分けて近似する．すなわち，第 1 期（インデックス 0）は時点 0 における $N_0$ 回の訪問を含み，第 2 期（インデックス 1）には残りの全ての時点が割り振られ，$\sum_{t\in[1,T]} N_t$ 回の訪問が含まれる．$K\times 2$ の場合，第 2 期を第 2 時点として扱う．したがって，$N_1$ が $\sum_{t\in[1,T]} N_t$ で置き換えられた $K\times 2$ 問題を解くことによって近似解を得る．

#### 6.3.3.2 候補アイテムの動的集合

$K\times 2$ の場合の近似解を複数の時点をもつ動的なアイテム集合に拡張する．アイテム集合 $\mathcal{I}_t$ は時間の経過とともに変化するものとする．アイテム $i$ の寿命の開始時刻と終了時刻をそれぞれ $s(i)$ と $e(i)$ とする．寿命の終了時刻は確率的であってもよい．終了時刻の可変性については，価値関数の中で周辺化することにより今までの枠組みに組み込むことができる．ここでは，簡単のために決定的な $e(i)$ を仮定する．$\mathcal{I}_0$ は，現時点 $t=0$ 以前からアイテムプールに加わっている $s(i) \leq 0$ かつ $e(i) \geq 0$ となるアイテム $i$ の集合であり，これは**生存アイテム**と呼ばれる．$T = \max_{i \in \mathcal{I}_0} e(i)$ は寿命が最も長い生存アイテムの終了時刻を示す．$1 \leq s(i) \leq T$ のアイテム $i$ の集合を $\mathcal{I}^+$ とし，**将来アイテム**と呼ぶ．$T(i) = \min\{T, e(i)\}$ とする．

ラグランジュ緩和を適用した後も，凸性と可分性の性質はまだ保持されているが（わずかに変更した式を使用する必要がある），計算の複雑さは時点数に依存し指数関数的に増加する．効率化のために各アイテム $i$ に対して2期近似を適用する．第1期 $(\max\{0, s(i)\})$ は探索段階であるのに対して，残りの時点 $(\max\{0, s(i)\}+1$ から $T(i))$ は活用段階である．これらの2つの段階は，それぞれ $K \times 2$ の場合の $t=0$ および $t=1$ に対応する．2期近似は，時点 $t=0$ におけるアイテムの提供計画を計算するためにのみ使用され，$t=1,\ldots,T(i)$ に対しては純粋な活用はしない．$t=1$ ではアイテム $i$ における探索時点 $\max\{1, s(i)\}$ を考慮し，$t=0$ 以前に観測されたデータにもとづいてアイテム $i$ の提供計画を計算する．

この2期近似を適用すると，目的関数 $V$（命題6.9）は次のようになる．

$$
\begin{aligned}
&V(\boldsymbol{\theta}_0, q_0, q_1, N_0, \ldots, N_T) \\
&= \sum_{i \in \mathcal{I}_0} \max_{0 \leq x_{i0} \leq 1} \mathrm{Gain}\left(x_{i0}, \boldsymbol{\theta}_{i0}, q_0, q_1, N_0, \sum_{t=1}^{T(i)} N_t\right) \\
&\quad + \sum_{i \in \mathcal{I}^+} \max_{0 \leq y_i \leq 1} \mathrm{Gain}\left(y_i, \boldsymbol{\theta}_{i0}, q_1, q_1, N_{s(i)}, \sum_{t=s(i)+1}^{T(i)} N_t\right) \\
&\quad + q_0 N_0 + q_1 \sum_{t \in [1,T]} N_t
\end{aligned}
\tag{6.3}
$$

関数 $V$ を最小にする $q_0^*$ と $q_1^*$ を見つけるために標準的な凸最小化手法を適用する．$q_0 = q_0^*$ かつ $q_1 = q_1^*$ のとき，前述の利得関数（2行目）を最大にする $x_{i0}$ は，次の時点でアイテム $i$ に与えられるユーザの訪問割合である．

ここで，式(6.3)について説明する．生存アイテム $\mathcal{I}_0$（2行目）は，将来アイテム $\mathcal{I}^+$（3行目）とは異なる扱いが必要である．各アイテムについて2期近似を適用する．生存アイテム $i \in \mathcal{I}_0$ の場合，第1期は時点0で $N_0$ 個のビューを有し，第2期は1から $T(i)$ までのビュー $\sum_{t\in[1,T(i)]} N_t$ を有する．将来アイテム $i \in \mathcal{I}^+$ については，第1期は $s(i) > 0$ であり，第2期は $s(i)+1$ から $T(i)$ までである．目的は時点0（すなわち $x_{i0}$）で生存アイテムをどのように提供するかを決定することであるので，時点0より後にシステムに入る将来アイテム $i$ に対しては異なる変数 $y_i$ を使用する．

式(6.3)では，ラグランジュ乗数 $q_0$ および $q_1$ を使用して，オプティマイザが割り当てたビュー数が，指定されたビューの合計数と一致するようにする．具体的には $q_0$ は時点0において $\sum_i x_{i0}N_0 = N_0$ を保証する．$q_1$ は，時点1から $T$ において $E[\sum_{t\in[1,T]}\sum_i x_{it}N_t] = \sum_{t\in[1,T]} N_t$ を保証する．将来アイテム $\mathcal{I}^+$ は時点1から $T$ でのみ発生する．したがって，式(6.3)の将来アイテムに関する利得関数（3行目）には $q_1$ が2回出現するが，$q_0$ は1度も現れない．

変数 $\boldsymbol{\theta}_{i0}$ は，アイテム $i$ のCTRに関する現在の信念を表す．生存アイテム $i \in \mathcal{I}_0$ においては，$\boldsymbol{\theta}_{i0}$ はアイテムのCTRモデル（分布）の現在の状態を表す．将来アイテム $i \in \mathcal{I}^+$ においては，$\boldsymbol{\theta}_{i0}$ はアイテムのCTR（おそらくアイテム素性ベクトルを使用して予測される）に対する事前の信念である．

**定義 6.10　一般化ベイズ戦略 (BayesGeneral scheme)[3)]：** 式(6.3)の解を一般化ベイズ戦略と呼ぶ．

一般化ベイズ戦略では，$q_0$ と $q_1$ に対して2次元の凸型の非可微分最小化問題を解く必要がある．制約が満たされていることを保証するために，高精密な最小化が必要であり，実行時間が長くなる．したがって，効率を上げるために以下の近似を考える．

**定義 6.11　ベイズ $2\times2$ 戦略 (Bayes $2\times2$ scheme)：** ベイズ $2\times2$ 戦略では，$q_0$ と $q_1$ を推定CTR $\max_i \mu(\boldsymbol{\theta}_{i,0})$ が最も高いアイテム $i^*$ のCTRで近似し，その後 $q_0$，$q_1$ を固定した状態で，それぞれの $x_{i0}$ の最適解を求める．この操作は直感的には，$2\times2$ 問題を使用して各アイテム $i$ を最良のアイテム $i^*$ と比較していると解釈できる．この場合，$i^*$ のCTRについてはわかっていると仮定する．$\sum_i x_{i0}$ は1にはならないため，アイテム $i$ に割り当てられる割合を $\rho x_{i0}$ と

3) 訳注：一般化ベイズ (BayesGeneral) は著者の造語

して設定する．また，$x_{i^*0}$ が常に1となってしまうのを防ぐために，$i^*$ に与えられる割合を $\max\{1-\sum_{i\neq i^*}\rho x_{i0}, 0\}$ とする．ここで，$\rho$ はグローバルチューニングパラメータである．

6.5節では，ベイズ $2\times 2$ の性能が一般化ベイズに近いことを示す．$\rho$ はシミュレーションにもとづいて調整されており，ベイズ $2\times 2$ の性能は $\rho$ の設定にあまり敏感ではないことがわかる．

#### 6.3.3.3 非定常CTR

時間ごとのCTRの分布を時系列モデルで更新することにより，非定常性を取り入れる．一般に，CTRの予測分布を推定するモデルは，ベイズ的手法に取り込むことができる．ここでは，Agarwal et al.(2009)を参照し，**動的ガンマ-ポアソン**(DGP)モデルを使用した．時点 $t-1$ におけるアイテム $i$ のCTR $p_{i,t-1}$ が Gamma$(\alpha,\gamma)$ に従うと仮定する．最近のデータに大きな重みを付けることでCTRの時間的変動を取得する．1つの簡単な方法は，各時点の終了時に有効サンプルサイズ $\gamma$ を割り引くことである．$t$ における事前分布は，中心が $t-1$ における事後平均で，分散が $t-1$ における事後分散の分布である．ただし，事後分散は「割引」係数 $w$（分散は有効サンプルサイズに依存する）を介して得られる．状態空間モデルの割引の概念の詳細についてはWest and Harrison(1997)を参照してほしい．より具体的には，時点 $t$ におけるアイテム $i$ の $c$ 回のクリックおよび $v$ 回のビューを観測した後，時点 $t$ における事前分布は $p_{i,t}\sim \mathrm{Gamma}(w\alpha+c, w\gamma+v)$ である．ここで $w\in(0,1]$ は前述した割引係数である．DGPモデルを $2\times 2$ 問題の解に組み込むのは簡単である．利得関数を計算する際には，第2時点の $\alpha$ と $\gamma$ を $w$ により割り引く．通常の近似では，

$$\mathrm{Var}_c[\hat{p}_1(x,c)] = \sigma_1(x)^2 \equiv \frac{xN_0}{w\gamma + xN_0}\sigma_{0w}^2 \quad \text{ここで}\ \sigma_{0w}^2 = \frac{\alpha}{w\gamma^2} \tag{6.4}$$

とする．

## 6.4 非ベイズ的手法

本節では6.1節で述べたように，標準的な多腕バンディットの文献から，いくつかの非ベイズ戦略（UCB，POKER，およびExp3）を，動的アイテム集合，非定常CTR，およびバッチ処理に対して適用する．また，6.5節でベイズ的手法と実証的に比較するためのベースラインモデルについても説明する．解説を簡単にするために，$\hat{p}_{it} = E[p_{it}]$ をDGPモデルで推定する．

**B-UCB1：** Auer(2002)が提案したUCB1戦略は，一度に1つのサービスを提供するために設計された一般的な戦略であり，最も高い**優先度**をもつアイテム $i$ を次のページビューで提供する．アイテムの優先順位は各フィードバック後に更新される（更新は瞬時に行われると仮定している）．アイテム $i$ の優先順位は以下で計算される．

$$\hat{p}_{it} + \sqrt{\frac{2 \ln n}{n_i}} \tag{6.5}$$

ここで，$n_i$ は過去のアイテム $i$ に対するビューの総数であり，$n = \sum_i n_i$ である．しかし，これは本書のシナリオでは機能しないため，次のように変更する．

- CTRの非定常性を組み込むためには，アイテム $i$ が状態 $[\alpha_{it}, \gamma_{it}]$ のときDGPモデルを用いて $\hat{p}_{it} = \alpha_{it}/\gamma_{it}$ を推定し，$n_i$ を有効サンプルサイズ $\gamma_{it}$ に置き換える．
- 動的な $\mathcal{I}_t$ に適応するために，$n$ を $\sum_{i \in \mathcal{I}_t} \gamma_{it}$ に置き換える．
- バッチ処理に対しては，フィードバック遅延の影響を組み込むための**仮想的実行**手法を提案する．主な考え方は，UCB1を次の時点で1ページずつのページビューに対応するように仮想実行することである．実際にはアイテムを提供していないため「仮想」提供に対する報酬はない．代わりに，アイテム $i$ の仮想提供に対する報酬は現在のCTR推定値であると仮定する．次の時点で全ての訪問に対し仮想的にUCB1を実行した後，アイテム $i$ に割り当てられるビューの割合を，アイテム $i$ に対して行った仮想提供の割合で置き換える．

これまでの内容をまとめると，次の時点における $N_t$ 回の各訪問に対して以下の処理を実行する．$1 \leq k \leq N_t$ の場合，$k$ 番目のページビューを最も高い優先度をもつアイテム $i^*$ に仮想的に割り当てる．$m_i$ を仮想実行中にアイテム $i$ に与えられたビューの数を追跡するカウンタとする．仮想実行中の現在の $k$ におけるサンプルサイズを $n_i = \gamma_{it} + m_i$ および $n = \sum_{i \in \mathcal{I}_t} n_i$ として更新する．アイテム $i$ の優先順位は以下で計算される．

$$
\begin{aligned}
&\text{チューニングなし：}\quad \hat{p}_{it} + \sqrt{\frac{2 \ln n}{n_i}} \\
&\text{チューニングあり：}\quad \hat{p}_{it} + \left( \frac{\ln n}{n_i} \min\left\{ \frac{1}{4},\ \mathrm{Var}(i) + \sqrt{\frac{2 \ln n}{n_i}} \right\} \right)^{\frac{1}{2}}
\end{aligned}
\tag{6.6}
$$

ここで $\mathrm{Var}(i) = \hat{p}_{it}(1 - \hat{p}_{it})$ である．仮想実行が終了した後における $m_i$ は，時点 $t$ の間にアイテム $i$ に割り当てられた訪問の回数である．したがって，$x_{it} = m_i / \sum_j m_j$ とする．この戦略をバッチ UCB1 または B-UCB1 と呼ぶ．チューニングを施したモデルは，チューニングなしのモデルよりも一様に優れていることを実験により確認している．

**B-POKER：** Vermorel and Mohri(2005) が提案した POKER 戦略は UCB1 に似ているが，優先順位に関する戦略が異なる．$K = |\mathcal{I}_t|$ とする．一般性を失うことなく，$\hat{p}_{1t} \geq \cdots \geq \hat{p}_{Kt}$ と仮定できる．B-UCB1 の手順に従って POKER を設定に適応させ，優先度関数のみを以下に変更する．

$$
\hat{p}_{it} + \Pr(p_{it} \geq \hat{p}_{1t} + \delta)\delta H
$$

ここで，$\delta = (\hat{p}_{1t} - \hat{p}_{\sqrt{K},t}) / \sqrt{K}$ であり，$H$ はチューニングパラメータである．テイル確率は $p_{it} \sim \mathcal{P}(\alpha_{it} + m_i \hat{p}_{it}, \gamma_{it} + m_i)$ と仮定して計算する．ここで $\mathcal{P}$ はガンマ分布である．

**Exp3：** Auer et al.(1995) で提案された Exp3 は，敵対的で非定常的な報酬分布に対して設計されている．$G_i$（初期値 0）を，アイテム $i$ が今までに得た「調整された」クリックの総数とし，$\epsilon \in (0,1]$ と $\eta > 0$ をチューニングパラメータとする．時点 $t$ ごとに以下を行う．

1. 時点 $t$ におけるアイテム $i$ に対するユーザの訪問割合 $x_{it}$ を与える．ここ

で，$x_{it} = (1-\epsilon)r_{it} + \epsilon/|\mathcal{I}_t|$，$r_{it} \propto e^{\eta G_i}$ である．

2. 時点 $t$ の終わりに，アイテム $i$ が $c_{it}$ 回クリックされたとすると，$G_i$ は $G_i = G_i + c_{it}/x_{it}$ で更新される．

**ベースラインとなるヒューリスティック戦略：** $\epsilon$-グリーディは，各時点において固定の割合（訪問割合）$\epsilon$ を設定し，全ての生存アイテムを一様に探索し，推定CTRが最も高いアイテムに残りのトラフィックを割り振る単純な戦略である．**SoftMax** は，$x_{it} \propto e^{\hat{p}_{it}/\tau}$ を設定する別の簡単な手法である．ここで**温度パラメータ** $\tau$ がチューニングパラメータである．

比較のために，**WTA-UCB1** と **WTA-POKER** と呼ばれる非バッチ UCB1 と POKER も含めた．ここで，WTA は「勝者総取り (winner takes all)」という意味である．つまり，ある期間内の全てのトラフィックを最高の優先順位をもつ単一のアイテムに割り当てる．

## 6.5 実証的評価

本節では，本章の前半で説明した探索-活用戦略の実証的評価について述べる．まず，Yahoo!Today モジュールの戦略を評価することから始める．Today モジュールでは，データ収集期間中の任意の時点で約 20 の生存アイテムを選択できる．次に，生存アイテムの数が 10 から 1,000 の範囲にある仮想シナリオを評価し，その後，ユーザセグメントに多腕バンディット戦略を適用する利点を示す．これは，Yahoo!Today モジュールからわずかな量のトラフィックをランダムに選択して行われたオンラインバケットテストにより得られた結果である．

### 6.5.1 比較分析

**Yahoo!Today モジュールのシナリオ：** このアプリケーションは，各 5 分間隔で約 20 個の生存アイテム集合から最も人気のあるアイテムを選択する．シミュレーションによる実験の設定をするために，過去データを 4 か月間遡って収集し，生存アイテム集合と各時点のユーザ訪問数を取得した．Agarwal et al.(2009) が提案したように，残差の自己相関を最小にするように選択された帯域幅に当てはまるように **loess** (locally weighted regression) を学習させることにより，各時点で各アイテムの**グラウンドトゥルース** (GT) CTR を推定する．データは**ランダムバケット**から収集された．このバケットはランダムに選択されたユーザ集合で構成されており，コンテンツプール内の全ての生存アイテムを同じ確率で表示する．このバケットの訪問数は，あらゆる時点で各生存アイテムにおいて信頼度の高い CTR を推定するのに十分な大きさであった．時点 $t$ の前後のデータを使用して遡及的に推定アイテム CTR を計算しているため，時点 $t$ より前のデータから推定した CTR よりも正確である．

異なるサンプルサイズのシナリオにおける戦略のパフォーマンスを評価するために，$N'_t = a \cdot N_t$ を設定する．$a$ はさまざまな値をとる．ここで，$N_t$ は時点 $t$ のデータ内で観測された実際のビュー数である．戦略によって計算された割り当て量 $N'_{it}$ に対する時点 $t$ のアイテム $i$ に対するクリック数 $c_{it}$ は，遡及的 CTR 推定値を用いて $\text{Poisson}(p_{it}N'_{it})$ からシミュレートされる．Exp3 を除く全ての戦略は，非定常 CTR を前向きに推定するために DGP モデルの事後平均推定値を使用する．ベイズ戦略，B-UCB1（ここで，$n_i$ はモデルから得られる有効サンプルサイズであり，分散を知ることに等しい），WTA-UCB1，B-POKER および WTA-POKER ではモデルの分散推定値も使用する．各戦略のチューニングパラメータを初月のデータを用いて決定し，残りの 3 か月間のデータを使用し全ての戦略をテストする．戦略のパラメータを調整するために，10〜20 個のパラメータ設定を試した．それぞれの設定について，最初の 1 か月間のデータでシミュレーションし，最高のパフォーマンスを得た設定を選択した．図 6.4(a) は，トラフィック（1 時点あたりの平均訪問者数）に対する各戦略のリグレット率 (percentage regret) を表している．戦略 $S$ のリグレット率は以下のように定義される．

$$\frac{\#\text{Clicks(Opt)} - \#\text{Clicks}(S)}{\#\text{Clicks(Opt)}} \tag{6.7}$$

ここで，Opt は，GT が完全にわかっていると仮定したオラクル最適戦略である．Opt はそれぞれの時点でさまざまなアイテムを選ぶことができる．標準的なバンディット問題で使用される最適な戦略では，全ての時点で単一の最善ア

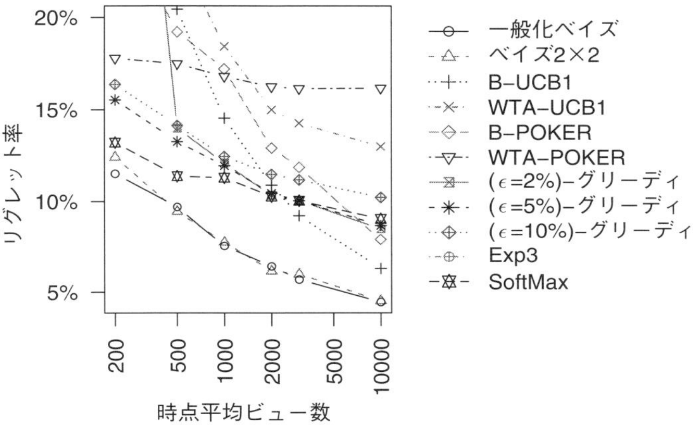


(a) Yahoo! Todayモジュールシナリオ

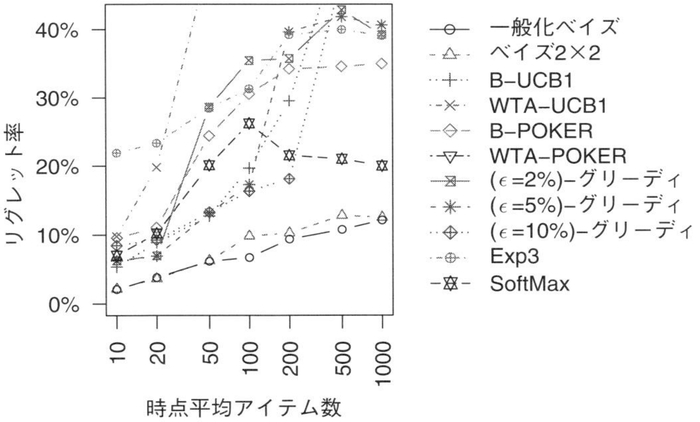


(b) 仮想シナリオ

**図 6.4** 探索-活用戦略の実証的比較（$x$ 軸は対数スケール）．(a) では，WTA-UCB1 と Exp3 は 20%以上のリグレットを有していることに注意．(b) では WTA-POKER は 40%以上のリグレットを有している．

イテムのみを選択するため，それよりも強い概念のリグレットを提供する（詳細は Auer et al., 1995 を参照）.

**仮想シナリオ：** 各時点における生存アイテムの数を変化させることによって，いくつかの仮想シナリオを作成した．各シナリオでは，トラフィック量を1時点あたり 1,000 ビューとし，平均を 20 としたポアソン分布から各アイテムの寿命をサンプリングし，平均と分散を実データから計算したガンマ分布から各アイテムの GT CTR をサンプリングした．そして時間軸を 1,000 時点に設定し10 回実験を実行した．図 6.4(b) は，各戦略のリグレット率を各時点の生存アイテム数の関数として表している．ここでのデータは合成的に生成されているため，リグレットの値は図 6.4(a) と一致しないことがある.

**結果のまとめ：** 結果は以下になる.

- 一般化ベイズとベイズ $2 \times 2$ は他の全ての戦略よりもおしなべて優れている．特に，データスパースネスが増すにつれてパフォーマンスの差が大きくなる．チューニング済みの $\rho$ を用いたベイズ $2 \times 2$ は一般化ベイズに非常に近い.
- バッチ戦略（B-UCB1 および B-POKER）は，一般的に，非バッチバージョンよりも優れている．特に，1時点あたりのユーザ訪問数が多い場合に性能を発揮する．しかし，極端に希薄なデータにおいては WTA-POKER が B-POKER より優れている.
- $\epsilon$-グリーディ戦略は実用的なパフォーマンスを発揮するが，適切な $\epsilon$ はアプリケーションに依存する.
- 通常 Exp3 は対立的な設定に設計されているため，最悪のパフォーマンスを示す．逆に SoftMax は $\tau$ を慎重にチューニングした場合，実用的なパフォーマンスを発揮する.

ここでの主張は，統計的に有意であり，いくつかの追加データセットを用いた実験によって確認している.

### 6.5.2 各戦略の特徴

各戦略における探索-活用の特徴に対する直感的理解は，ある戦略が他の戦略よりも優れている理由を理解するのに役立つ．グリーディな傾向がある戦略は，事後分布の平均が最も高いアイテムへより多くの訪問を割り当て，長期的な視点では機会損失が発生する可能性が高い．逆に，事後平均の高いアイテムに訪問の大部分を割り当てることに慎重な戦略は，最良のものにゆっくり収束する．

バンディット戦略における探索と活用のトレードオフを定量的に評価するために，3つの基準を用いてバンディット戦略の特徴付けを行う．ある時点で，特定の戦略において推定CTRが最も高いアイテムを，その戦略におけるEMP(estimated most-popular) アイテムと呼ぶ．戦略が異なる場合，各アイテムに割り当てられたサンプルサイズが異なるために，同じ統計的推定手法を使っても同じ時点で異なるEMPアイテムを選択することがある．各戦略が時点 $t$ でアイテム $i$ に割り当てるビューの数を $n_{it}$ とする．$p_{it}$ を時点 $t$ におけるアイテム $i$ の真のCTRとし，$p_t^* = \max_i p_{it}$ とする．一般性を失うことなく，$i = 1$ を戦略によって決定されたEMPアイテムであると仮定できる．

戦略を特徴付けるために以下の3つの指標を定義する．

1. **EMP 表示割合**：$\sum_t n_{1t} / \sum_t \sum_i n_{it}$ は，戦略がEMPアイテムを表示するビューの割合である．この数値は戦略が知識活用を適用するトラフィック量を定量化する．
2. **EMP リグレット**：$\sum_t n_{1t}(p_t^* - p_{1t}) / \sum_t n_{1t}$ は，EMPアイテムを表示することに対するリグレットである．EMPリグレットは，活用時に最適なアイテム（または良いアイテム）を特定する能力を定量化する．探索回数が戦略が必要とする数に満たない場合，EMPのリグレットは高くなる．これは，ベストなアイテムを特定するのに十分な観測サンプルをもたないためである．
3. **非 EMP リグレット**：$\sum_t \sum_{i \neq 1} n_{it}(p_t^* - p_{it}) / \sum_t \sum_{i \neq 1} n_{it}$ は非EMPアイテムの表示に対するリグレットを示す．戦略がアイテムのCTRを正確に知っている状況では常にEMPアイテムを表示するため，この指標は探索コストを定量化する数値である．

図 6.5(a) は，各戦略に対する EMP リグレットと非 EMP リグレットの比較を示している．戦略ごとに3つのシミュレーション（図では3つのポイントに相当）を実行し，時点ごとに 20，100，および 1,000 のアイテムを使用した．シミュレーションの設定は 6.5.1 項の仮想シナリオの設定と同じである．図 6.5(a) では左下に良い戦略が配置される．図 6.5(b) は各戦略における EMP の表示割合に対する EMP リグレットを示している．良い戦略は右下に配置される．

ベイズ戦略は両者の図の中で最も優れた成績を示している．アイテム数が多い場合でもその性能は良好である．非バッチ戦略（WTA-UCB1 および WTA-POKER）は，通常，時点ごとに1つのアイテムしか表示しないため，最良のアイテムを識別できない．アイテムの寿命が平均で 20 時点である場合，アイテムの寿命が切れる前に良いアイテムを識別するのに十分なデータを収集することができない．B-UCB1 は EMP リグレットが小さく，良好なアイテムを識別する特性を示している．しかし当該戦略は必要以上に探索する性質がある．3つの $\epsilon$-グリーディ戦略は非常に似た特性をもっている．これらの EMP 表示の割合は $1-\epsilon$ で固定される．$\epsilon$-グリーディ戦略の非 EMP リグレットは完全にランダムなため大きい．アイテムの数が多くなるにつれて良好なアイテムを識別する能力は低下する．SoftMax は特にアイテム数が少ない場合に非常に競争力がある．しかし全体的な性能は，全てのシミュレーション設定においてベイズ戦略と比較して非常に悪い．さらに，当該戦略は温度パラメータに過度に敏感であることがわかった．したがって温度パラメータは慎重に調整する必要がある．しかし SoftMax は不確実性の推定を必要としないという利点がある．

### 6.5.3　セグメンテーション分析

年齢，性別，地理位置情報，閲覧行動（検索履歴，訪問ページ，クリックした広告など）などの既知のユーザ素性を使用して作成されたユーザセグメントごとに個別に実行することで，個別化推薦戦略のパフォーマンスを実証する．手作業でラベル付けし，各アイテムを $C$ 個のコンテンツカテゴリのうちの1つに割り当てた．過去データを用いて以下のようにユーザセグメントを生成した．

$y_{uit}$ は時点 $t$ におけるアイテム $i$ に対するユーザ $u$ の応答（クリックした／

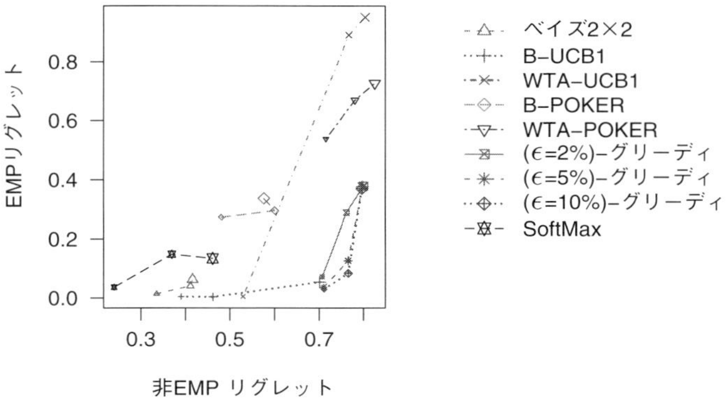


(a) リグレット：EMP vs 非EMP

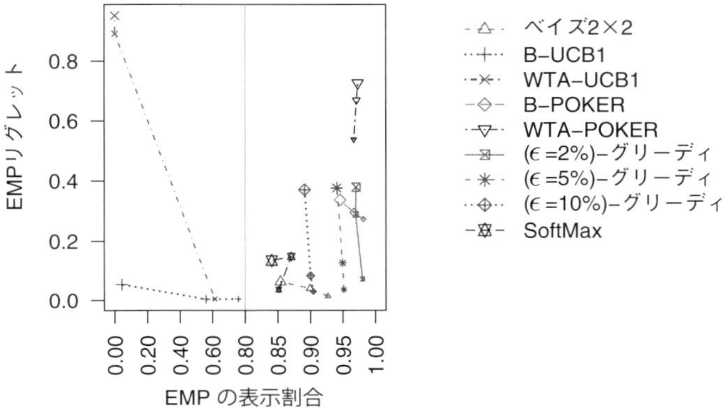


(b) EMPリグレット vs EMP割合

**図 6.5** バンディット戦略の特性．各点は戦略のシミュレーション結果を表している．各戦略について，時点ごとに 20 個（小点），100 個（中点），および 1,000 個（大点）のアイテムで 3 つのシミュレーションを実行した．一般化ベイズは，ベイズ $2 \times 2$ とほぼ同じ特性をもつため省略した．(b) の $x$ 軸が 0.8 以上の領域では目盛り幅を細かくしている．

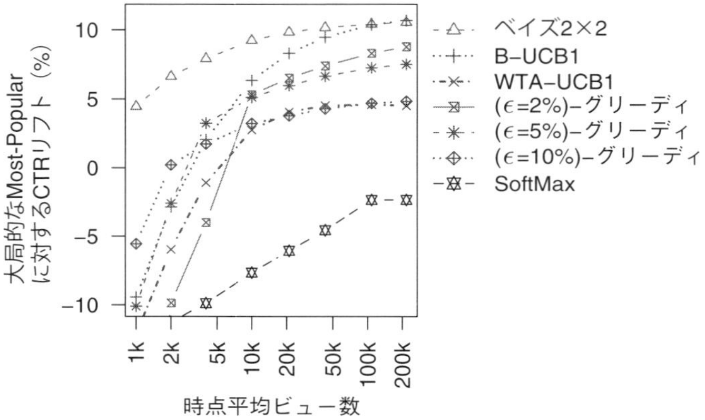


**図 6.6**　セグメンテーション分析.

していない）を表し，$\boldsymbol{x}_{ut}$ はユーザ素性ベクトルを表す（閲覧行動は動的であるため添え字 $t$ が付いている）．次にロジスティック回帰モデル $y_{uit} \mid p_{uit} \sim \text{Bernoulli}(p_{uit})$ を求める．ここで，$\log(p_{uit}/(1-p_{uit})) = \boldsymbol{x}'_{ut}\boldsymbol{\beta}_{c(i)}$ であり，$\boldsymbol{\beta}_k$ はカテゴリ $k$ の潜在因子，$c(i)$ はアイテム $i$ のカテゴリを表す．推定された $\boldsymbol{\beta}_k$ と素性ベクトル $\boldsymbol{x}_{ut}$ を用いて各ユーザをカテゴリ空間 $[\boldsymbol{x}'_{ut}\boldsymbol{\beta}_1, \ldots, \boldsymbol{x}'_{ut}\boldsymbol{\beta}_C]$ に射影する．慎重に分析した後，これらの射影をクラスター化して5つのユーザセグメント（クラスター）を選択した．セグメントはYahoo!Today モジュールの記事を編集する編集者によって分析および解釈された．セグメンテーションは，編集者がターゲットとするコンテンツの計画を立てる際の解釈性が回帰モデルよりも優れている．図6.6では，セグメンテーションを行っていないオラクル最適戦略に対する各戦略のCTRリフトを示している．達成可能な最大リフトは約13%である．ベイズ戦略は他の全ての戦略よりも一様に優れており，全てのトラフィック量で正のリフトを示している．B-UCB1と $\epsilon$-グリーディは，大量のトラフィックがある場合は十分に機能するがトラフィック量が少ないと急速に性能が悪化する．驚いたことにSoftMaxはこの実験ではうまく機能しなかった．これは，全てのセグメントに単一の $\tau$ を使用したためである．$\tau$ はアイテムのCTR分布のスケールに敏感であり，セグメントによってアイテム CTR 分布が大きく異なるため，全てのセグメントで単一の $\tau$ を使用した場合はパフォーマンスが低下する．

### 6.5.4　バケットテストの結果

ここでは，Yahoo!Today モジュールの実サービスにおけるトラフィックの一部を使用して実施された実験結果を報告する．

**実験設定：** 実験の設定をするために，同じサイズのランダムサンプル（バケット）を複数作成する．各ユーザはウェブブラウザに保存された識別子 (cookie) を用いて識別される．したがって，cookie を有効にしていないユーザは除外する．cookie を有効にしていないユーザは比較的少なく，実験の有効性には影響しない．各バケットで異なる配信戦略を実行し，同じ期間に複数の戦略のパフォーマンスを比較する．戦略はベイズ $2 \times 2$，B-UCB1 および $\epsilon$-グリーディの 3 つを比較した．また，パフォーマンス指標として 2 週間にわたるバケット全体の CTR を使用した．理想的には，割り当てられたバケット内の全てのトラフィックを各戦略が完全に制御できることが必要である．しかし，過度の探索によるユーザ体験への影響を懸念し，バケットの最大 15% を探索可能なトラフィック（**探索トラフィック**）とした．残りの 85% のトラフィック（**活用トラフィック**）に対しては，戦略によって決定される現在の EMP を提示する．探索トラフィックと活用トラフィックのパフォーマンスを別々に報告する．ベイズ $2 \times 2$ と B-UCB1 は，推定 CTR が最も高いアイテムに 85% のビューを割り当て，それらからのフィードバックを取り込んだ後，残りの 15% を割り当てた．$\epsilon$-グリーディの場合，利用可能な全てのアイテムをランダムに探索するために 15% を使用する．機密性の理由から実際の CTR を開示せず，全アイテムにランダムに配信したバケットに対する CTR リフトのみを記載する．

結果を表 6.1 に示す．全ての戦略において活用トラフィックで，ほぼ同じ CTR リフトを示した．しかし探索トラフィックでは，ベイズ $2 \times 2$ が B-UCB1 およびランダム（$\epsilon$-グリーディ）よりも格段に優れていることは明らかである．約 20 のアイテムを探索するために 5 分ごとに約 270 ビューを表示すると，全ての戦略は現在の最良のアイテムを簡単に見つけることができるが，ベイズ

表 6.1　バケットテストの結果.

| アイテム提供戦略 | 探索時の CTR リフト (%) | 活用時の CTR リフト (%) | 2 週間の閲覧回数 |
|---|---|---|---|
| ベイズ 2 × 2 | 35.7% | 38.7% | 7,781,285 |
| B-UCB1 | 12.2% | 40.1% | 7,753,184 |
| $\epsilon$-グリーディ | 0.0% | 39.4% | 7,805,165 |

注：5% 未満の差は統計的に有意ではない．探索における 1 時点あたりの平均閲覧回数は約 270 である．

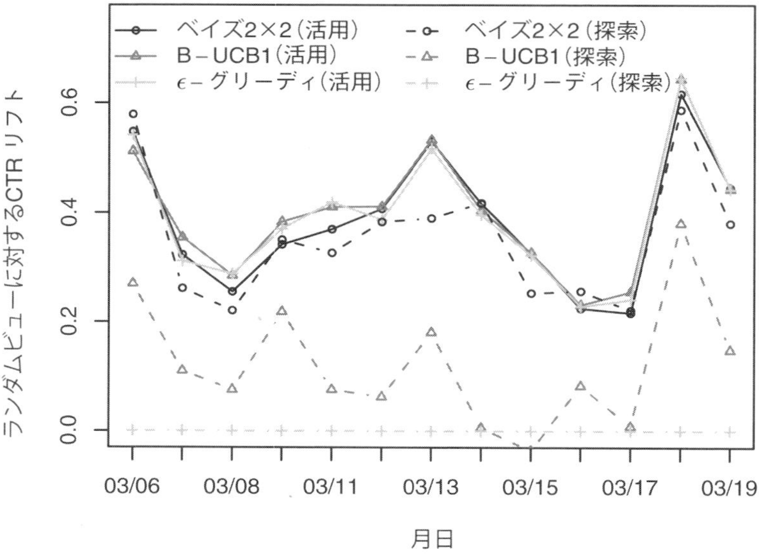


図 6.7　2 週間実行されたオンラインバケットテストの結果.

2 × 2 はより経済的である．図 6.7 は日次での結果を示している．ベイズ 2 × 2 は探索バケットにおいて他手法に対して一様に優れている．

## 6.6 巨大なコンテンツプール

これまでは，候補アイテムの数がユーザの訪問数に比べて比較的少なく，適度なサイズのコンテンツプールにおける Most-Popular 推薦を分析してきた．しかし，一部のアプリケーション設定では，コンテンツプールのサイズが非常に大きく，少ない回数で各アイテムを探索することができない．これらのシナリオでは，ユーザに推薦する前に CTR の事前評価を計算することにより，探索コストを削減することが重要である．1 つの自然なアプローチは，アイテム素性ベクトルを用いて，各アイテムが追加された際に事前分布を計算することである．CTR の事前分布はビューとクリックが観測されると継続的に更新され，配信計画を計算するための探索-活用戦略にも使用される．

ここでは，ガンマ-ポアソンモデルを引き続き使用する．$c_{it}$ および $n_{it}$ を，時点 $t$ におけるアイテム $i$ のクリック数およびビュー数とする．$\boldsymbol{x}_{it}$ はアイテム $i$ および時点 $t$ に関連する素性ベクトルを示す．素性ベクトルには，アイテム $i$ のカテゴリ情報，bag-of-words（語彙表現）およびアイテムの経過時間（すなわち，アイテムの作成からの時間）および時刻を含む．またアイテムを $\boldsymbol{x}_{it}$ にもとづいて，いくつかのセグメントに分類すると仮定し，アイテム $i$ が属するセグメントを $s(i)$ とする．これらから，以下のモデルを得る．

$$c_{it} \sim \text{Poisson}(p_{it} \cdot n_{it}) \tag{6.8}$$
$$p_{it} \sim \text{Gamma}\,(\text{平均} = f(\boldsymbol{x}_{it}),\ \text{サイズ} = \gamma_{s(i)}) \tag{6.9}$$

$p_{it}$ は時点 $t$ におけるアイテム $i$ の未観測の CTR であることに留意されたい．ガンマ分布とポアソン分布の共役性により $p_{it}$ は容易に周辺化できる．具体的には，$(c_{it} \mid f(\boldsymbol{x}_{it}), \gamma_{s(i)})$ の分布は負の二項分布である．**Obs** を過去に観測された $(i,t)$ の対の集合とし，$\alpha_{it} = f(\boldsymbol{x}_{it}) \cdot \gamma_{s(i)}$ とする．対数尤度関数は以下で与えられる．

$$\sum_{(i,t)\in\mathbf{Obs}} \log \frac{(\gamma_{s(i)})^{\alpha_{it}} \cdot \Gamma(c_{it} + \alpha_{it})}{(n_{it} + \gamma_{s(i)})^{(c_{it}+\alpha_{it})} \cdot \Gamma(\alpha_{it})} + \text{constant} \tag{6.10}$$

ここで $\Gamma(\cdot)$ はガンマ関数である．ガンマ分布の平均が正であるため，予測関数の一般的な選択肢は $f(\boldsymbol{x}_{it}) = \exp(\boldsymbol{\beta}'\boldsymbol{x}_{it})$ である．ここで，$\boldsymbol{\beta}$ は回帰係数ベク

トルである．最尤推定は，対数尤度関数（式(6.9)）を最大化することによって（例えば勾配降下を使用して）得ることができる．モデルの当てはめを安定化するために，一般に $L_2$ 正則化項 $\lambda \cdot ||\boldsymbol{\beta}||^2$ が損失関数（すなわち負の対数尤度）に加えられる．ここで $\lambda$ はチューニングパラメータである．

## 6.7　まとめ

ウェブ推薦において一番人気のあるアイテムを推薦する最も単純な問題は探索-活用問題である．長い間研究されてきた古典的な多腕バンディット問題と強い関連性をもっているが，いくつかの重要な仮定は成り立たない．これを乗り越えるためには新しい手法を開発する必要がある．本章ではベイズ決定理論アプローチを提示し，第一原理からこの問題を攻略した．また，古典的手法の適応についてもいくつか説明した．実証的評価によれば，システムがベイズ的枠組みを使用して適切にモデル化された場合，ベイズ的手法は他のシステムよりも格段に優れている．しかし，適切なモデリングに大変な労力が必要な場合は，古典的なバンディット戦略に対して簡単なヒューリスティックを使用するのが良いアプローチである．B-UCB1，SoftMax（適切な調整が必要）およびヒューリスティックの中でも最も単純な $\epsilon$-グリーディ（適切な調整が必要）をお勧めする．

## 6.8　演習

6.1　命題6.5と6.6の詳細な証明をせよ．また，命題6.6の直後に記載されている利得関数の特性を検証せよ．

6.2　命題6.8と6.9の詳細な証明をせよ．また，式(6.3)を導出せよ．

# 第7章

# 素性ベクトルベースの回帰による個別化

ユーザごとに個人の興味と要求にあわせたアイテムを推薦することは重要である．ユーザ全体の人気度にもとづいたアイテムの推薦は多くの場合十分ではない．年齢や性別，住所などの属性にもとづいてユーザセグメントを作り，そのセグメントにおいて最も人気のあるアイテムを推薦する簡単な拡張で個別化は実現できる（例えば米国の東海岸に住む20才から40才の男性ユーザは1つのセグメントになる）．しかしながら，そのような戦略には限界がある．ユーザセグメントの数が多いとき，それぞれのセグメントにおけるアイテムの人気度を高い信頼性で推定することは，データスパースネスの観点から難しい．またユーザの訪問数はベキ分布に従う．このことは，わずかな割合のユーザがそのサイトを頻繁に訪れる一方，残りのユーザの訪問がときどきしかないことを示す．過去にサイトを何度も訪れているユーザのためには，そのユーザ特注のモデルを作ることが望ましい．例えば，もしマリーが前の週にYahoo!のフロントページに100回訪れ，明らかに他の記事より野球のニュースが好きなようであれば，次にマリーがページを訪れたときは野球の記事を優先すべきである．たまに訪れるユーザのためには，通常，似たユーザのデータを使うことによって個別化を行う．類似度を定義することが問題の要点であり，しばしば異なる情報源を使用し人口統計，行動属性，社会ネットワークなどのユーザの属性を考察することで定義される．それらの情報を正確なやり方でまとめることは困難である．さらに多くのユーザは頻繁に訪問するユーザとほとんど訪問のないユーザの中間に位置する．自動的にあるユーザに対して過去の行動が似たユーザへの適切な重み付けの量を決定する方法論が必要である．

ユーザ，アイテムとそれらのふるまいが時間とともに変化しない推薦システムの場合，まとまった過去のデータで学習したオフラインモデルで十分である．そのようなモデルの例は第2章を参照してほしい．しかし多くのアプリケーションでの設定では，新しいアイテムが頻繁に追加され，ユーザのふるまいと興味もまた時間とともに変化する．そのような非定常性を捉えるためには，頻繁に推薦モデルを更新することが重要である．

本章では素性ベクトルベース回帰に着目する．それは回帰を通じて類似度を捉えることで，時間に依存するアイテムの推薦を個別化する．第8章では，類似度とユーザの過去の行動を使うことによって得られた情報を適切に重み付けすることを可能とした行列分解の方法を使うことで，素性ベクトルベースのモデルを改良する．

一般的に利用される2つの標準的なアプローチは，オフライン素性ベクトルベース回帰と標準的なオンライン回帰である．これらの実装は簡単だが，ともに限界がある．オフライン素性ベクトルベース回帰では，ユーザ $i$ とアイテム $j$ は素性ベクトル $\boldsymbol{x}_i$ と $\boldsymbol{x}_j$ によって特徴付けられる．**オフライン**回帰モデルは，$\boldsymbol{x}_i$ と $\boldsymbol{x}_j$ をユーザ $i$ がアイテム $j$ に作用する期待応答 $s_{ij}$ を予測するための素性ベクトルとして用いて学習を行う．そのようなモデルは，ユーザ，アイテムとそれらの間の相互作用を，素性によって完全に捉えることができるときに効果的である．しかし，そのような予測に使用する素性の網羅的な集合を見つけるのは困難である．素性は非常に似ているが，与えられたユーザセグメントにおいては人気度が違う場合がある．これは単に使用しなければならなかった素性では，データの非一様性（違い）を捉えることができなかったからである．加えて新しいアイテムの追加とユーザの追加はその非一様を増すことになり，一定間隔での素性の更新が必要になる．他のよくあるアプローチは，それぞれのユーザまたはアイテムに対してオンライン回帰モデルを構築することである．あるユーザ素性の集合に対してアイテム固有の回帰モデルを学習したいとしよう．期待応答 $s_{ij}$（またはそれに対するある単調変換）は，一般化線形モデル $f(s_{ij}) = \boldsymbol{x}_i'\boldsymbol{\beta}_j$ を使って予測される．ここで，$\boldsymbol{\beta}_j$ はアイテム $j$ のユーザ素性ベク

トル $\boldsymbol{x}_i$ に対する回帰係数ベクトルである．これはユーザ素性ベクトルの次元が小さなときは合理的なアプローチである．高次元の $\boldsymbol{\beta}_j$ は，一般的に収束が遅くなりオンラインシナリオでは性能が劣る．加えて $\boldsymbol{\beta}_j$ は，ユーザのアイテム $j$ への応答データを用いて学習する必要がある．多くのアイテムを備えたアプリケーションでは，アイテム $j$ がなくなる前に $\boldsymbol{\beta}_j$ を正確に学習するために必要十分なユーザの反応を得ることできないだろう．

本章の目標は以下のような特徴をもった手法を示すことである．

- **アイテムまたはユーザ固有のふるまいを高速に学習する**：素性ベクトルベースの回帰の限界を超えるため，それぞれのユーザまたはアイテムレベルのユーザとアイテムの相互作用をモデル化する．これはアイテム固有の**因子**，ユーザ固有の**因子**を表す素性ベクトルベースモデルを拡張することで実現される．この因子とはそれぞれのアイテムとユーザの回帰係数である．この因子は，新しいアイテムと新しいユーザに対しては未知であり，適切に個別化された推薦をタイムリーに行うためにはオンラインで速く学習しなければならない．
- **効果的なコールドスタート対応**：アイテムとユーザの因子を決定する応答のデータがないときも，新しいアイテムと新しいユーザに対して良い推薦を行うことが求められる．
- **スケーラビリティ**：大量のアイテムプールと高頻度に訪問があるアプリケーションは一般的である．それゆえ，オンラインの学習は計算量の観点から効率が良く，スケーラブルでなければならない．

本章ではアイテム固有の因子またはユーザ固有の因子のどちらかをもち，両方をもつわけではないモデルを議論する．簡単のためにユーザの**素性ベクトル**を利用し，アイテム固有の**因子**を学習するモデルを考える．必要であればアイテムの素性ベクトルを利用し，ユーザの因子を学習するように入れ替えることは簡単にできる．ユーザとアイテムの両方の因子を取り入れたモデルは第 8 章で議論する．

アイテム固有の因子をもつモデルは，アイテムとユーザ両方の因子をもつモデルの特殊な場合ではあるが，扱いやすい計算量でありスケールしやすい．実際的なシナリオでは，多くが散発的な訪問者であり，アイテム因子のみを使うモデルのほうが計算量の観点から使いやすい．実社会の推薦システムで複雑なモデルを使うコストに対して，より単純な代替案を検討することは重要である．正確さをわずかながら犠牲にしても，エンジニアリングコストを顕著に削減できる単純なモデルは実用的で，より採用したいものである．

## 7.1　高速オンライン双線形因子モデル (FOBFM)

本節では高速オンライン双線形因子モデル (FOBFM: fast online bilinear factor model) を紹介する．7.1.1 項で概要を示し，7.1.2 項で議論を発展させる．

### 7.1.1　概要

概念としては，FOBFM は 2 つの部品からなる．(1) 過去のデータから素性ベクトルベースでモデルを初期化し，(2) オンラインで削減されたパラメータを学習する次元削減ステップの 2 つである．本項では簡略化した FOBFM を紹介する．

素性ベクトルベースの回帰モデルを，ユーザ $i$ のアイテム $j$ への応答 $s_{ij}$ の予測に使用する．

$$\boldsymbol{x}_i' \boldsymbol{A} \boldsymbol{x}_j + \boldsymbol{x}_i' \boldsymbol{v}_j, \text{ ここで } \boldsymbol{v}_j = \boldsymbol{B}\boldsymbol{\delta}_j$$

ここで，$\boldsymbol{x}_i$ はユーザ $i$ に関する素性ベクトル，$\boldsymbol{x}_j$ はアイテム $j$ に関する素性ベクトル，$\boldsymbol{A}$ は $\boldsymbol{x}_i$ と $\boldsymbol{x}_j$ との相互作用をモデル化した重み行列（オフラインで学習される）である．2.3.2 項で示したように $\boldsymbol{v}_j$ はアイテム $j$ の因子ベクトルである．ユーザとアイテムの素性の例は第 2 章を確認されたい．$\boldsymbol{v}_j$ の次元は $\boldsymbol{x}_i$ と同様に典型的には非常に大きい．それゆえ $\boldsymbol{v}_j$ を，全てのアイテムに共通の**大局的**な線形射影行列 $\boldsymbol{B}$ と，各アイテムの低次元因子ベクトル $\boldsymbol{\delta}_j$ に分解する．オフラインとオンラインの学習プロセスによって $\boldsymbol{B}$ と $\boldsymbol{\delta}_j$ を学習する．このモデルにおける 4 つの主要なアイデアを以下に示す．

**素性ベクトルベースの初期化**：オフライン双線形素性ベクトルベース回帰モデル $\boldsymbol{x}_i' \boldsymbol{A} \boldsymbol{x}_j$ は，$\boldsymbol{x}_i$ と $\boldsymbol{x}_j$ をもとに $\boldsymbol{\delta}_j$ をオンライン学習するための適切なオフセッ

ト（または初期値）を与える．オンラインモデルはこのオフセットに対する補正のみを学習する．オンラインデータを観測する前の状態 ($\delta_j = 0$) では，応答はこのオフライン回帰モデルを用いて予測される．例えば，もし男性のスポーツ記事をクリックする割合が女性の4倍ならば，オフライン予測器は新規のスポーツ記事に対してこの知識を使用する．また，オフライン予測器はオンラインにおけるアイテム因子推定の収束を促進する．素性ベクトルベースでデータの示す傾向の多くが捉えられる場合においてオンラインの推定は必要ない．しかし，ウェブ推薦の場合においてオンライン予測が不要な場合は稀である．

**次元削減**：ベクトル $\boldsymbol{v}_j$ は，アイテム $j$（それぞれのアイテムはそれぞれ係数ベクトルをもつ）に対するユーザの因子（各個人のユーザ素性ベクトルの各次元1つに対して1つの係数をもつ）を表す回帰係数ベクトルである．実用的には，$\boldsymbol{v}_j$ の次元（すなわちユーザの素性ベクトルの次元）はデータを表現するために十分に大きい必要がある．一方で $\boldsymbol{v}_j$ はオンラインで学習する必要もある．素早く学習を収束させるために，特に新規アイテムが追加されたときは，次元削減が必要となる．回帰の場合，これは過去のデータを使い，事前分布を推定することで $\boldsymbol{v}_j$ の自由度を制限する縮小推定 (shrinkage estimation)[1] で実現される．そのようなアプローチは魅力的だが，オンラインで大量のパラメータを更新する必要があり，計算コストが高い．「縮小」と「高速な更新」を両方同時に実現するために，縮小ランク回帰 (Anderson, 1951) という古い技術を使い，大量の回帰を推定するときには，低次元空間に射影することでパラメータの次元を削減する．これは $\boldsymbol{v}_j = \boldsymbol{B}\delta_j$ と計算され，また $\boldsymbol{B}$ はオフラインで学習される．その後，低次元ベクトル $\delta_j$ のみがアイテムごとにオンラインで学習される．実際に，ランク縮小はパラメータベクトル $\boldsymbol{v}_j$ に対して線形の制限をおくことと同等である．このようにして縮小されたランクはパラメータに「ハード」な制約を課す．「ハード」な制約とは，縮小の方法を用いて $\boldsymbol{v}_j$ の事前分布に対して行う「ソフト」な制約とは異なるものである．

**高速オンライン回帰**：$\delta_j$ の次元は小さいので，サンプルサイズが小さくてもオ

---

[1] 訳注：精度良く推定できない場合に，あらかじめ設定した値に近づくように（値との差が）縮小されるように推定する．

**表 7.1**　高速オンライン双線形因子モデル．

| | |
|---|---|
| 観測値 | $y_{ijt} \sim N(s_{ijt}, \sigma^2)$ または |
| | $y_{ijt} \sim \text{Bernoulli}(p_{ijt}), s_{ijt} = \log \frac{p_{ijt}}{1-p_{ijt}}$ |
| オフラインモデル | $s_{ijt} = \boldsymbol{x}'_{ijt}\boldsymbol{b} + \boldsymbol{x}'_{it}\boldsymbol{A}\boldsymbol{x}_j + \boldsymbol{x}'_{it}\boldsymbol{v}_{jt}$ |
| | $\boldsymbol{v}_{jt} = \boldsymbol{B}\boldsymbol{\delta}_j$ |
| | $\boldsymbol{\delta}_j \sim N(\boldsymbol{0}, \sigma_v^2 \boldsymbol{I})$ |
| オンラインモデル | $s_{ijt} = \boldsymbol{x}'_{ijt}\boldsymbol{b} + \boldsymbol{x}'_{it}\boldsymbol{A}\boldsymbol{x}_j + \boldsymbol{x}'_{it}\boldsymbol{B}\boldsymbol{\delta}_{jt}$ |
| | $\boldsymbol{\delta}_{jt}$ のみがオンラインの回帰で学習される |

ンラインで信頼できる予測を得ることができる．加えて $\boldsymbol{\delta}_j$ はそれぞれ独立に学習できる．よって，異なるアイテムは並列に学習できる．

**オンラインモデル選択**：ランク縮小パラメータ $k = \text{rank}(\boldsymbol{B})$ は重要であり，正しく推定する必要がある．$k$ の推定は，それぞれのアイテム $j$ に対して $k$ 個の異なるランクをもつ複数のオンラインモデルを同時に学習し，それらのモデルから予測対数尤度が最小のモデルを選択することで行われる．

### 7.1.2　モデルの詳細

FOBFM の詳細を表 7.1 にまとめる．$(i, j)$ をユーザ $i$，アイテム $j$ の対を表すとする．$y_{ijt}$ をある時点 $t$ にアイテム $j$ をユーザ $i$ に提示した際の観測される応答（レイティングやクリック）とする．これまでの設定に従い，$\boldsymbol{x}_{it}$，$\boldsymbol{x}_j$，$\boldsymbol{x}_{ijt}$ をそれぞれ（時点 $t$ における）ユーザ $i$，アイテム $j$，時点 $t$ における（ユーザ $i$，アイテム $j$）対の素性ベクトルとする．ベクトル $\boldsymbol{x}_{it}$ はユーザの人口統計，位置情報，閲覧行動に関する情報を含んでいるかもしれない．また，$\boldsymbol{x}_j$ はコンテンツのカテゴリ情報やタイトルやアイテムの記述に関する本文などの情報を含んでいるかもしれない．アイテム素性ベクトルは時間に伴って変化するかもしれないが，ここで紹介する多くの例では時間変化しない．したがって，この定式化ではアイテム素性ベクトル $\boldsymbol{x}_j$ に時刻の添え字 $t$ を付けない．最後に，$\boldsymbol{x}_{ijt}$ はアイテムまたはユーザとは異なる情報に関する素性を表すベクトルであり，例としてはアイテムが提示されるウェブページ中の位置や提示された時刻などである．必要がないときは時刻の添え字 $t$ を省略する．

#### 7.1.2.1 応答モデル

$s_{ijt}$ をユーザ $i$ が時刻 $t$ にアイテム $j$ に対して行う**観測されていない真のスコア**であるとする．ここでの目的は，観測した応答 $y_{ijt}$（誤差を多く含むだろう）と素性ベクトル $\boldsymbol{x}_{it}, \boldsymbol{x}_j, \boldsymbol{x}_{ijt}$ を用いて，全ての $(i, j)$ 対に対して $s_{ijt}$ を推定することである．2.3.2 項で説明した任意の応答モデルを使用することができる．ここでは以下の 2 つに関して議論する．

- **数値的応答に対するガウシアンモデル**：数値的応答（またはレイティング）である場合，一般に以下を仮定する．

$$y_{ijt} \sim N(s_{ijt}, \sigma^2) \tag{7.1}$$

  $\sigma^2$ はユーザによる応答の分散であり，データから推定する．$s_{ijt}$ はユーザ $i$ がアイテム $j$ に与えるレイティングの平均値を表す．
- **バイナリ応答に対するロジスティックモデル**：ユーザがバイナリで応答を返す場合 (例えばクリックするかしないか,「いいね」するかしないか，シェアするかしないか)，一般に以下を仮定する．

$$y_{ijt} \sim \text{Bernoulli}(p_{ijt}) \quad \text{ここで } s_{ijt} = \log \frac{p_{ijt}}{1 - p_{ijt}} \tag{7.2}$$

  $p_{ijt}$ は，ユーザ $i$ がアイテム $j$ に対してある時点 $t$ に応答する確率（例えばクリックする確率）である．

#### 7.1.2.2 オンライン回帰＋素性ベクトルベースのオフセット

主要なモデリングにおける課題は，時間とともに変化するユーザ $i$ とアイテム $j$ の間の相互作用を表す $s_{ijt}$ をいかに推定するかということである．FOBFM は，$s_{ijt}$ を素性ベクトルベースの回帰とアイテムごとの回帰の組み合わせとして，以下のようにモデル化する．

$$s_{ijt} = (\boldsymbol{x}'_{ijt}\boldsymbol{b} + \boldsymbol{x}'_{it}\boldsymbol{A}\boldsymbol{x}_j) + \boldsymbol{x}'_{it}\boldsymbol{v}_{jt} \tag{7.3}$$

素性ベクトルベース回帰の項 $(\boldsymbol{x}'_{ijt}\boldsymbol{b} + \boldsymbol{x}'_{it}\boldsymbol{A}\boldsymbol{x}_j)$ において，$\boldsymbol{b}$ と $\boldsymbol{A}$ は未知の回帰係数であり，大量の過去データから推定される．アイテム ID は素性として考

えていないことを留意せよ．この回帰は良いベースラインを与えるが，アイテムごとの回帰項 $\boldsymbol{x}_{it}'\boldsymbol{v}_{jt}$ を加えることで予測性能は顕著に向上する．ここで，$\boldsymbol{v}_{jt}$ はアイテム固有の因子ベクトルでアイテムごとの違いを取り込んでいる．新規のアイテムは過去のデータに現れないので，その $\boldsymbol{v}_{jt}$ はオンラインで学習する必要がある．

素性ベクトルベースの回帰項 $(\boldsymbol{x}_{ijt}'\boldsymbol{b} + \boldsymbol{x}_{it}'\boldsymbol{A}\boldsymbol{x}_j)$ はオンラインでアイテム固有因子の学習を行うための強固な**オフセット**を与える．とりわけ，オンラインではこのオフセットに対する「補正」のみが学習される必要がある．素性ベクトルを用いて予測できる場合，補正の分散は小さく，オンラインモデルはより速く収束する．

一般に $\boldsymbol{x}_{it}$ と $\boldsymbol{x}_j$ は高次元である．よって回帰係数行列 $\boldsymbol{A}$ も大きくなる．しかしながら，$\boldsymbol{x}_{it}$ と $\boldsymbol{x}_j$ は典型的にスパースである．多くの手法（例えば Lin et al., 2008）はこのスパース性を利用してスケーラブルに $\boldsymbol{A}$ を推定する．

アイテム固有因子 $\boldsymbol{v}_{jt}$ はモデルの複雑さを増し，パラメータ推定を困難にする．例えば，もしユーザ素性ベクトル $\boldsymbol{x}_{it}$ が数千個の要素をもつならば，（新規アイテムのサンプルサイズは小さいため）控えめに見ても数百万アイテムの在庫に対する数百万のパラメータをかなり少ない数の観測を用いて推定しなければならない．

#### 7.1.2.3　縮小ランク回帰

アイテムの回帰パラメータに線形の制約を課すことで，アイテム間でパラメータを共有し，オンラインフェーズでの計算量を顕著に削減できる．$\boldsymbol{v}_{jt}$ は，未知の射影行列 $\boldsymbol{B}_{r\times k}$ $(k \ll r)$ の列によって張られる $k$ 次元の線形部分空間に含まれると仮定する．つまり，全てのアイテム $j$ に対して以下のように表される．

$$\boldsymbol{v}_{jt} = \boldsymbol{B}\boldsymbol{\delta}_{jt} \tag{7.4}$$

全てのアイテムは同じ射影行列 $\boldsymbol{B}$ を共有する．与えられた $\boldsymbol{B}$ のもと，それぞれのアイテム $j$ に対し，$k$ 次元ベクトル $\boldsymbol{\delta}_{jt}$ のみをオンラインで学習する．

計算の際，数値的に悪条件になることを防ぐため，$\boldsymbol{\delta}_{jt} \sim N(\boldsymbol{0}, \sigma_\delta^2\boldsymbol{I})$ を仮定する．ここで $N(\,)$ は多変量正規分布を表す．$\boldsymbol{\delta}_{jt}$ に関して周辺化すると

$v_{jt} \sim N(\mathbf{0}, \sigma^2 BB')$ となることがわかる．$\mathrm{rank}(B) = k < r$ なので，全ての確率は $B$ の列によって張られる低次元の部分空間中にある．一般には，$v_{jt} = B\delta_{jt} + \epsilon_{jt}$ を仮定したよりロバストなモデルを使うほうが良い．ここで $\epsilon_{jt} \sim N(\mathbf{0}, \tau^2 I)$ は，$k$ 次元の空間への線形変換の後に残る特性を表現するための，ホワイトノイズによって生成される確率過程である．これによってランク不足を解消し，$v_{jt} \sim N(\mathbf{0}, \sigma^2 BB' + \tau^2 I)$ の周辺分布を考えずに済む．応答が連続値の場合にはこのモデルは扱いやすいが，バイナリの場合に使用するロジスティックモデルでは顕著に計算量が増加する．ここでは $\tau^2 = 0$ を仮定する．

## 7.2 オフライン学習

FOBFM の学習アルゴリズムは（本節で説明する）オフラインアルゴリズムと（7.3 節で説明する）オンラインアルゴリズムによって構成される．オフラインアルゴリズムは，期待値最大化法（EM アルゴリズム：expectation-maximization algorithm）で過去に観測された応答のデータを用いてパラメータ $\Theta = (b, A, B, \sigma^2, \sigma_v^2)$ を推定する．簡単のため時刻を表す添え字 $t$ を省略し，$y = \{y_{ij}\}$ を観測値の集合とする．**完全なデータ**を得るために，これらの「不完全な」データは未観測なアイテム因子 $\Delta = \{\delta_j\}_{\forall j}$ によって補われる．EM アルゴリズムの目的は観測できない $\Delta$ の分布に対し，周辺化することで得られる「不完全な」データの尤度[2] $\Pr(y|\Theta) = \int \Pr(y, \Delta|\Theta) d\Delta$ を最大化するパラメータ $\Theta$ を求めることである．このような周辺化は計算量的に困難なので，EM アルゴリズムを用いる．

### 7.2.1 EM アルゴリズム

ガウシアンモデルの完全データ対数尤度 (complete data log-likelihood)[3] $L(\Theta; y, \Delta)$ は，以下のように計算される．

---

[2] 訳注：観測できない変数に関して周辺化されているので不完全と呼ばれる．

[3] 訳注：観測値と観測されない潜在変数の全てによって条件付けられるので完全と呼ぶ．

$$
\begin{aligned}
L(\boldsymbol{\Theta}; \boldsymbol{y}, \boldsymbol{\Delta}) &= \log \Pr(\boldsymbol{y}|\boldsymbol{\Theta}, \boldsymbol{\Delta}) \\
&= -\frac{1}{2\sigma^2} \sum_{ij} (y_{ij} - \boldsymbol{x}'_{ij}\boldsymbol{b} - \boldsymbol{x}'_i \boldsymbol{A} \boldsymbol{x}_j - \boldsymbol{x}'_i \boldsymbol{B} \boldsymbol{\delta}_j)^2 - \frac{D}{2} \log \sigma^2 \\
&\quad - \frac{1}{2\sigma_v^2} \sum_j \boldsymbol{\delta}'_j \boldsymbol{\delta}_j - \frac{Nk}{2} \log \sigma_v^2
\end{aligned} \tag{7.5}
$$

ここで $D$ は観測値の数，$N$ はアイテムの数，$\boldsymbol{\delta}_j$ は $k$ 次元のベクトルである．ロジスティックモデル ($y_{ij} \in \{0,1\}$) の場合は以下のようになる．

$$
\begin{aligned}
& L(\boldsymbol{\Theta}; \boldsymbol{y}, \boldsymbol{\Delta}) \\
&= -\sum_{ij} \log(1 + \exp\{-(2y_{ij} - 1)(\boldsymbol{x}'_{ij}\boldsymbol{b} + \boldsymbol{x}'_i \boldsymbol{A} \boldsymbol{x}_j + \boldsymbol{x}'_i \boldsymbol{B} \boldsymbol{\delta}_j)\}) \\
&\quad - \frac{1}{2\sigma_v^2} \sum_j \boldsymbol{\delta}'_j \boldsymbol{\delta}_j - \frac{Nk}{2} \log \sigma_v^2
\end{aligned} \tag{7.6}
$$

$\boldsymbol{\Theta}^{(h)}$ を $h$ 回目の反復で推定されたパラメータとする．EMアルゴリズムは，収束するまで以下のステップを繰り返す．

1. **E ステップ**：$\boldsymbol{\Theta}$ の関数として $q_h(\boldsymbol{\Theta}) = E_{\boldsymbol{\Delta}}[L(\boldsymbol{\Theta}; \boldsymbol{y}, \boldsymbol{\Delta})|\boldsymbol{\Theta}^{(h)}]$ を計算する．ここで期待値は事後分布 $(\boldsymbol{\Delta}|\boldsymbol{\Theta}^{(h)}, \boldsymbol{y})$ に対して平均をとる．ここで $\boldsymbol{\Theta} = (\boldsymbol{b}, \boldsymbol{A}, \boldsymbol{B}, \boldsymbol{\sigma}^2, \sigma_v^2)$ は $q_h$ の引数であるが $\boldsymbol{\Theta}^{(h)}$ は前の反復で決定した既知の量で構成される．$\hat{\boldsymbol{\delta}}_j$ と $\hat{V}[\boldsymbol{\delta}_j]$ を，与えられた $\boldsymbol{y}$ と $\boldsymbol{\Theta}^{(h)}$ をもとに計算した事後平均と分散とする．ガウシアンモデルの場合，$q_h(\boldsymbol{\Theta})$ は以下のように計算される．

$$
\begin{aligned}
q_h(\boldsymbol{\Theta}) &= E_{\boldsymbol{\Delta}}[L(\boldsymbol{\Theta}; \boldsymbol{y}, \boldsymbol{\Delta})|\boldsymbol{\Theta}^{(h)}] \\
&= -\frac{1}{2\sigma^2} \sum_{ij} \left( (y_{ij} - \boldsymbol{x}'_{ij}\boldsymbol{b} - \boldsymbol{x}'_i \boldsymbol{A} \boldsymbol{x}_j - \boldsymbol{x}'_i \boldsymbol{B} \hat{\boldsymbol{\delta}}_j)^2 + \boldsymbol{x}'_i \boldsymbol{B} \hat{V}[\boldsymbol{\delta}_j] \boldsymbol{B}' \boldsymbol{x}_i \right) \\
&\quad - \frac{D}{2} \log \sigma^2 - \frac{1}{2\sigma_v^2} \sum_j (\hat{\boldsymbol{\delta}}'_j \hat{\boldsymbol{\delta}}_j + \mathrm{tr}(\hat{V}[\boldsymbol{\delta}_j])) - \frac{Nk}{2} \log \sigma_v^2
\end{aligned} \tag{7.7}
$$

   ロジスティックモデルは7.2.2項で説明する．このEステップでは，$q_h(\boldsymbol{\Theta})$（すなわち，全てのアイテム $j$ の $\hat{\boldsymbol{\delta}}_j$ と $\hat{V}[\boldsymbol{\delta}_j]$）の十分統計量を計算する．
2. **M ステップ**：Eステップで求めた期待値を最大化する $\boldsymbol{\Theta}$ を求める．

$$\boldsymbol{\Theta}^{(h+1)} = \arg\max_{\boldsymbol{\Theta}} q_h(\boldsymbol{\Theta}) \tag{7.8}$$

ガウシアンモデルの場合，前の E ステップで計算した $\hat{\boldsymbol{\delta}}_j$ と $\hat{V}[\boldsymbol{\delta}_j]$ を用いて式 (7.7) を最大化する $(\boldsymbol{b}, \boldsymbol{A}, \boldsymbol{B}, \sigma^2, \sigma_v^2)$ を求める．

以降で E ステップと M ステップの詳細を述べる．

### 7.2.2 E ステップ

E ステップの目的は，それぞれのアイテム $j$ の因子ベクトルに関する事後平均 $\hat{\boldsymbol{\delta}}_j$ と分散 $\hat{V}[\boldsymbol{\delta}_j]$ を計算することである．ここで $o_{ij} = \boldsymbol{x}'_{ij}\boldsymbol{b} + \boldsymbol{x}'_i\boldsymbol{A}\boldsymbol{x}_j$，$\boldsymbol{z}_i = \boldsymbol{B}'\boldsymbol{x}_i$ とおく．

**ガウシアンモデル**：ガウシアンモデルを以下のように書き直す．

$$\begin{aligned} y_{ij} &\sim N(o_{ij} + \boldsymbol{z}'_i\boldsymbol{\delta}_j, \sigma^2) \\ \boldsymbol{\delta}_j &\sim N(\boldsymbol{0}, \sigma_v^2\boldsymbol{I}) \end{aligned} \tag{7.9}$$

これは，（線形変換した）素性ベクトル $\boldsymbol{z}_i$ とオフセット $o_{ij}$ を用いたベイズ線形回帰の式に他ならない．正規分布の共役性から以下を得る．

$$\begin{aligned} \hat{V}[\boldsymbol{\delta}_j] &= \left( \frac{1}{\sigma_v^2}\boldsymbol{I} + \sum_{i \in \mathcal{I}_j} \frac{\boldsymbol{z}_i\boldsymbol{z}'_i}{\sigma^2} \right)^{-1} \\ \hat{\boldsymbol{\delta}}_j &= \hat{V}[\boldsymbol{\delta}_j] \left( \sum_{i \in \mathcal{I}_j} \frac{(y_{ij} - o_{ij})\boldsymbol{z}_i}{\sigma^2} \right) \end{aligned} \tag{7.10}$$

**ロジスティックモデル**：ガウシアンモデルと同様に，ロジスティックモデルも以下のように書き直すことができる．

$$\begin{aligned} & y_{ij} \sim \text{Bernoulli}(p_{ij}) \quad \text{ここで } \log \frac{p_{ij}}{1 - p_{ij}} = o_{ij} + \boldsymbol{z}'_i\boldsymbol{\delta}_j \\ & \boldsymbol{\delta}_j \sim N(\boldsymbol{0}, \sigma_v^2\boldsymbol{I}) \end{aligned} \tag{7.11}$$

これは事前分布を正規分布にした際のベイズロジスティック回帰である．不幸なことに $\boldsymbol{\delta}_j$ の事後平均と分散の閉じた式を得ることはできない．それらを推

定する1つの方法はラプラス近似を用いることである．特に $\boldsymbol{\delta}_j$ の事後分布は

$$
\begin{aligned}
p(\boldsymbol{\delta}_j|\boldsymbol{y}) &= \frac{p(\boldsymbol{\delta}_j, \boldsymbol{y})}{p(\boldsymbol{y})} \\
&\propto p(\boldsymbol{\delta}_j, \boldsymbol{y}) = \sum_i \log f((2y_{ij}-1)(o_{ij} + \boldsymbol{z}_i'\boldsymbol{\delta}_j)) - \frac{1}{2\sigma_v^2}||\boldsymbol{\delta}_j||^2
\end{aligned}
\tag{7.12}
$$

ここで $f(x) = (1+e^{-x})^{-1}$ はシグモイド関数である．以下のように事後平均を事後分布のモード[4] で近似する．

$$
\hat{\boldsymbol{\delta}}_j \approx \arg\max_{\boldsymbol{\delta}_j} p(\boldsymbol{\delta}_j, \boldsymbol{y}) \tag{7.13}
$$

そして，事後分散を2次のテイラー展開で近似評価すると以下のようになる．

$$
\hat{V}[\boldsymbol{\delta}_j] \approx [(-\nabla^2_{\boldsymbol{\delta}_j} p(\boldsymbol{\delta}_j, \boldsymbol{y}))|_{\boldsymbol{\delta}_j = \hat{\boldsymbol{\delta}}_j}]^{-1} \tag{7.14}
$$

ここで，$g_{ij}(\boldsymbol{\delta}_j) = f((2y_{ij}-1)(o_{ij} + \boldsymbol{z}_i'\boldsymbol{\delta}_j))$ とする．すると，$\hat{\boldsymbol{\delta}}_j$ は勾配法を用いて計算できる．ここで，勾配とヘッセ行列[5] は以下のように計算できる．

$$
\begin{aligned}
\nabla_{\boldsymbol{\delta}_j} p(\boldsymbol{\delta}_j, \boldsymbol{y}) &= \sum_i (1 - g_{ij}(\boldsymbol{\delta}_j))(2y_{ij}-1)\boldsymbol{z}_i - \frac{1}{\sigma_v^2}\boldsymbol{\delta}_j \\
\nabla^2_{\boldsymbol{\delta}_j} p(\boldsymbol{\delta}_j, \boldsymbol{y}) &= -\sum_i g_{ij}(\boldsymbol{\delta}_j)(1 - g_{ij}(\boldsymbol{\delta}_j))\boldsymbol{z}_i\boldsymbol{z}_i' - \frac{1}{\sigma_v^2}\boldsymbol{I}
\end{aligned}
\tag{7.15}
$$

### 7.2.3　M ステップ

M ステップでは以下の関数を最大化する $\boldsymbol{\Theta}$ を求める．

$$
q_h(\boldsymbol{\Theta}) = E_{\boldsymbol{\Delta}}[L(\boldsymbol{\Theta}; \boldsymbol{y}, \boldsymbol{\Delta})|\boldsymbol{\Theta}^{(h)}]
$$

**ガウシアンモデル**：ガウシアンモデルの $q_h(\boldsymbol{\Theta})$ は式 (7.7) で定義される．M ステップは以下のようになる．

---

[4] 訳注：最頻値．データの中で最も頻繁に現れる値．確率質量関数が得られる場合は，確率質量が最大の点である．

[5] 訳注：2階偏微分可能な多変数関数 $f(x_1, \ldots, x_n)$ に対して，ヘッセ行列の $(i, j)$ 成分は $\frac{\partial^2 f}{\partial x_i \partial x_j}$ である．

1. **回帰係数 $(\boldsymbol{b}, \boldsymbol{A}, \boldsymbol{B})$ の推定**：計算の効率のため，以下の近似を行う．

$$E\left[\sum_{ij}(y_{ij} - \boldsymbol{x}'_{ij}\boldsymbol{b} - \boldsymbol{x}'_i\boldsymbol{A}\boldsymbol{x}_j - \boldsymbol{x}'_i\boldsymbol{B}\boldsymbol{\delta}_j)^2\right] \approx \sum_{ij}(y_{ij} - \boldsymbol{x}'_{ij}\boldsymbol{b} - \boldsymbol{x}'_i\boldsymbol{A}\boldsymbol{x}_j - \boldsymbol{x}'_i\boldsymbol{B}\hat{\boldsymbol{\delta}}_j)^2 \tag{7.16}$$

厳密な式を推定で置き換えて近似することは，高速化のために一般的に行われる実用的な方法である（Mnih and Salakhutdinov, 2007; Celeux and Govaert, 1992 など）．これは最適化の際に分散項 $\boldsymbol{x}'_i\boldsymbol{B}\hat{V}[\boldsymbol{\delta}_j]\boldsymbol{B}'\boldsymbol{x}_i$ を無視していることになる．これによって，以下の標準的な最小二乗回帰の問題になる．

$$\underset{\boldsymbol{b},\boldsymbol{A},\boldsymbol{B}}{\arg\max}\sum_{ij}(y_{ij} - \boldsymbol{x}'_{ij}\boldsymbol{b} - \boldsymbol{x}'_i\boldsymbol{A}\boldsymbol{x}_j - \boldsymbol{x}'_i\boldsymbol{B}\hat{\boldsymbol{\delta}}_j)^2 + \lambda_1||\boldsymbol{b}||^2 + \lambda_2||\boldsymbol{A}||^2 + \lambda_3||\boldsymbol{B}||^2 \tag{7.17}$$

ここで，ロバストに推定するために $L_2$ 正則化項を加えた．この標準的な最小二乗回帰の問題には任意の正規化，最適化手法を適用できる．$\hat{\boldsymbol{b}}$，$\hat{\boldsymbol{A}}$，$\hat{\boldsymbol{B}}$ を推定した回帰係数とする．

2. **観測値の分散 $\sigma^2$ の推定**：$q_h(\boldsymbol{\Theta})$ の $\sigma^2$ の微分を 0 にすることで以下を得る．

$$\hat{\sigma}^2 = \frac{1}{D}\sum_{ij}((y_{ij} - \boldsymbol{x}'_{ij}\boldsymbol{b} - \boldsymbol{x}'_i\boldsymbol{A}\boldsymbol{x}_j - \boldsymbol{x}'_i\boldsymbol{B}\hat{\boldsymbol{\delta}}_j)^2 + \boldsymbol{x}'_i\boldsymbol{B}\hat{V}[\boldsymbol{\delta}_j]\boldsymbol{B}'\boldsymbol{x}_i) \tag{7.18}$$

3. **事前分散 $\sigma_v^2$ の推定**：$q_h(\boldsymbol{\Theta})$ の $\sigma_v^2$ の微分を 0 にすることで以下を得る．

$$\frac{1}{Nk}\sum_j\left(\hat{\boldsymbol{\delta}}'_j\hat{\boldsymbol{\delta}}_j + \mathrm{tr}(\hat{V}[\boldsymbol{\delta}_j])\right) \tag{7.19}$$

**ロジスティックモデル**：ガウシアンモデルと類似している．以下の近似を用いる

$$E\left[\sum_{ij}\log(1+\exp\{-(2y_{ij}-1)(\boldsymbol{x}'_{ij}\boldsymbol{b} + \boldsymbol{x}'_i\boldsymbol{A}\boldsymbol{x}_j + \boldsymbol{x}'_i\boldsymbol{B}\boldsymbol{\delta}_j)\})\right] \approx \sum_{ij}\log(1+\exp\{-(2y_{ij}-1)(\boldsymbol{x}'_{ij}\boldsymbol{b} + \boldsymbol{x}'_i\boldsymbol{A}\boldsymbol{x}_j + \boldsymbol{x}'_i\boldsymbol{B}\hat{\boldsymbol{\delta}}_j)\}) \tag{7.20}$$

これで $(\boldsymbol{b}, \boldsymbol{A}, \boldsymbol{B})$ の推定はロジスティック回帰の問題になる．どのような正規化や最適化手法を用いてもよい．ガウシアンモデルと同様に $\sigma_v^2$ の推定ができることが容易にわかる．

### 7.2.4 スケーラビリティ

E ステップはそれぞれのアイテムに対して独立なベイズ回帰問題を解くことで構成される．独立であることで，簡単に応答データをアイテム単位に分割でき，回帰問題を並列に解くことができる．それぞれの問題のデータの数は概ね小さい．データの数が多かったとしても $\boldsymbol{\delta}_j$ の次元が小さいので，ランダムに選んだ部分サンプルを用いても精度にそれほど悪影響はない．M ステップの主要な計算は $(\boldsymbol{b}, \boldsymbol{A}, \boldsymbol{B})$ を推定することで，標準的な最小二乗法やロジスティック回帰の問題に帰着できる．確率的勾配降下法 (SGD) や共役勾配法 (CG: conjugate gradient) など，任意のスケーラブルな最適化手法を使用することができる．

## 7.3 オンライン学習

オンライン学習で使うオフライン学習の結果は回帰係数 $(\boldsymbol{b}, \boldsymbol{A}, \boldsymbol{B})$ と事前分散 $\sigma_v^2$ である．表7.1で示したアイテム $j$ に関するオンラインモデルは，以下のように書き換えることができる．

$$
\begin{aligned}
s_{ijt} &= \boldsymbol{x}_{ijt}'\boldsymbol{b} + \boldsymbol{x}_{it}'\boldsymbol{A}\boldsymbol{x}_j + \boldsymbol{x}_{it}'\boldsymbol{B}\boldsymbol{\delta}_{jt} \\
&= o_{ijt} + \boldsymbol{z}_{it}'\boldsymbol{\delta}_{jt}
\end{aligned}
$$

ここで $o_{ijt} = \boldsymbol{x}_{ijt}'\boldsymbol{b} + \boldsymbol{x}_{it}'\boldsymbol{A}\boldsymbol{x}_j$ はオフセット，$\boldsymbol{z}_{it} = \boldsymbol{B}'\boldsymbol{x}_{it}$ は次元削減されたユーザ素性ベクトル，$\boldsymbol{\delta}_{jt}$ は回帰係数である．各アイテム $j$ のオンラインモデル間は独立で，かつ $\boldsymbol{\delta}_j$ の次元が小さいので，モデルの更新は効率的かつスケーラブルに並列実行できる．一般に，標準的なカルマンフィルタ (West and Harrison, 1997) を，$\boldsymbol{\delta}_j$ の事前平均と分散を 0 と $\sigma_v^2$ にすることで逐次的にモデルを更新するために使うことができる．以下では，ガウシアンモデルとロジスティックモデルでのオンライン学習の詳細を説明し，探索-活用問題，$\boldsymbol{\delta}_j$ の次元のオンライン選択を紹介する．

### 7.3.1 ガウシアンオンラインモデル

全てのアイテム $j$ に対して，$\boldsymbol{\mu}_{j0} = \mathbf{0}$，$\boldsymbol{\Sigma}_{j0} = \sigma_v^2 \boldsymbol{I}$ を $\boldsymbol{\delta}_j$ の事前平均と分散の初期値として設定する．時点 $t$ にアイテム $j$ に接触したユーザ $i$ によって構成されるデータ集合 $\mathcal{I}_{jt}$ から応答データを取得したと考えよう（時点 $t$ はある期間を示す）．ガウシアンオンラインモデルは以下のように与えられる．

$$
\begin{aligned}
y_{ijt} &\sim N(o_{ijt} + \boldsymbol{z}'_{it}\boldsymbol{\delta}_{jt}, \sigma^2),\ \forall\, i \in \mathcal{I}_{jt} \\
\boldsymbol{\delta}_{jt} &\sim N(\boldsymbol{\mu}_{j,t-1}, \rho\boldsymbol{\Sigma}_{j,t-1})
\end{aligned}
\tag{7.21}
$$

ここで，より最近の観測値ほど重みを付けられるように，$\rho \geq 1$（通常は 1 付近の値）は時間とともに事前分散を大きくする．正規分布の共役性から以下のようにできる．

$$
\begin{aligned}
\boldsymbol{\Sigma}_{jt} &= \left( \frac{1}{\rho}\boldsymbol{\Sigma}_{j,t-1}^{-1} + \sum_{i \in \mathcal{I}_{jt}} \frac{1}{\sigma^2} \boldsymbol{z}_{it}\boldsymbol{z}'_{it} \right)^{-1} \\
\boldsymbol{\mu}_{jt} &= \boldsymbol{\Sigma}_{jt} \left( \boldsymbol{\Sigma}_{j,t-1}^{-1}\boldsymbol{\mu}_{j,t-1} + \sum_{i \in \mathcal{I}_{jt}} \frac{(y_{ijt} - o_{ijt})\boldsymbol{z}_{it}}{\sigma^2} \right)
\end{aligned}
\tag{7.22}
$$

### 7.3.2 ロジスティックオンラインモデル

ロジスティックオンラインモデルは以下で与えられる．

$$
\begin{aligned}
y_{ijt} &\sim \mathrm{Bernoulli}(p_{ijt}), \\
\log \frac{p_{ijt}}{1 - p_{ijt}} &= o_{ijt} + \boldsymbol{z}'_{it}\boldsymbol{\delta}_{jt},\ \forall\, i \in \mathcal{I}_{jt}, \\
\boldsymbol{\delta}_{jt} &\sim N(\boldsymbol{\mu}_{j,t-1}, \rho\boldsymbol{\Sigma}_{j,t-1})
\end{aligned}
\tag{7.23}
$$

7.2.2 項のロジスティックモデルの説明にあるように，$\boldsymbol{\delta}_{jt}$ の事後平均と分散の閉じた式を得ることができないのでラプラス近似を用いる．

$$
\begin{aligned}
p(\boldsymbol{\delta}_{jt}, \boldsymbol{y}) = &\sum_{i \in \mathcal{I}_{jt}} \log f((2y_{ijt} - 1)(o_{ijt} + \boldsymbol{z}'_{it}\boldsymbol{\delta}_{jt})) \\
&- \frac{1}{2\rho}(\boldsymbol{\delta}_{jt} - \boldsymbol{\mu}_{j,t-1})'\boldsymbol{\Sigma}_{j,t-1}^{-1}(\boldsymbol{\delta}_{jt} - \boldsymbol{\mu}_{j,t-1})
\end{aligned}
\tag{7.24}
$$

ここで $f(x) = (1+e^{-x})^{-1}$ はシグモイド関数である．以下のように，事後平均を事後分布のモードで近似すると以下のようになる．

$$\mu_{jt} \approx \arg\max_{\delta_{jt}} p(\delta_{jt}, y) \tag{7.25}$$

そして，事後分散を2次のテイラー展開で近似評価すると以下のようになる．

$$\Sigma_{jt} \approx \left[(-\nabla^2_{\delta_{jt}} p(\delta_{jt}, y))|_{\delta_{jt}=\mu_{jt}}\right]^{-1} \tag{7.26}$$

ここで，$g_{ijt}(\delta_{jt}) = f((2y_{ijt}-1)(o_{ijt} + z'_{it}\delta_{jt}))$ とする．$\mu_{jt}$ は任意の勾配法を用いて計算できる．勾配とヘッセ行列は以下のように与えられる．

$$\begin{aligned}\nabla_{\delta_{jt}} p(\delta_{jt}, y) &= \sum_i (1 - g_{ijt}(\delta_{jt}))(2y_{ijt}-1)z_{it} - \frac{1}{\rho}\Sigma^{-1}_{j,t-1}(\delta_{jt} - \mu_{j,t-1}) \\ \nabla^2_{\delta_j} p(\delta_j, y) &= -\sum_i g_{ij}(\delta_j)(1 - g_{ij}(\delta_j)) z_i z'_i - \frac{1}{\rho}\Sigma^{-1}_{j,t-1}\end{aligned} \tag{7.27}$$

### 7.3.3　探索-活用戦略

アイテム $j$ の因子ベクトル $\delta_{jt}$ を推定するためには，そのアイテムに対するユーザの応答を得る必要がある．探索-活用戦略では，特に新しいアイテムに関して不完全な因子の推定のもとでアイテムを探索することが要請される．ベイズ探索-活用戦略は，最も人気のあるアイテムを推薦する他の戦略を上回るものの計算コストが大きいため，簡単には個別化モデルに拡張ができない．以下の探索-活用戦略は，実用上，よく使われている．

- **$\epsilon$-グリーディ**：わずかな割合 $\epsilon$ のユーザ（または推薦モジュールのある位置に対する訪問イベント）を，これまで一定の回数の観測がなされていないアイテムへのランダムな探索に割り当てる．残りのユーザへは予測応答が最も良いアイテムを推薦する．
- **SoftMax**：ユーザ $i$ の訪問に対してアイテム $j$ を以下の確率で選ぶ．

$$\frac{e^{\hat{s}_{ijt}/\tau}}{\sum_j e^{\hat{s}_{ijt}/\tau}} \tag{7.28}$$

　ここで温度パラメータ $\tau$ は経験的に設定される．$s_{ijt}$ はモデルの予測スコアである．

- **Thompson サンプリング**：各ユーザ $i$ の訪問に対して，候補となる各アイテム $j$ に対する $\boldsymbol{\delta}_{jt}$ を $N(\boldsymbol{\mu}_{jt}, \boldsymbol{\Sigma}_{jt})$ からサンプリングする．そして，このサンプリングされた因子ベクトルにもとづき，スコア $s_{ijt}$ を計算する．それからスコアに応じて順位付けを行う．
- ***d*-偏差 UCB**：各ユーザ $i$ の訪問に対して，候補となる各アイテム $j$ に対する $d$-偏差 UCB スコアを以下のように計算する．

$$o_{ijt} + \boldsymbol{z}'_{it}\boldsymbol{\mu}_{jt} + d(\boldsymbol{z}'_{it}\boldsymbol{\Sigma}_{jt}\boldsymbol{z}_{it})^{\frac{1}{2}} \tag{7.29}$$

それから，このスコアでアイテムの順位付けを行う．$d$ は経験的に設定される．

### 7.3.4 オンラインモデル選択

アイテムあたりの因子数 $k$（ベクトル $\boldsymbol{\delta}_j$ の長さ）はモデルの性能に影響を与える．これは，特にアイテムが追加されたときにおいてそうである．例えば，わずかな数のユーザの応答（観測）しかもっていないとき，大量のパラメータのモデルを学習するのは難しい．よって，$k$ が小さいモデルのほうが性能の良いことが期待される．しかしながら，小さい $k$ のモデルは柔軟性に欠け，通常，ユーザのアイテムとの相互作用のふるまいの詳細を捉える能力をもたない．よってアイテムの観測数が増えるに伴って，より $k$ の大きなモデルの性能がより高くなることが期待される．

最適な $k$ を選択するため，オンラインモデル選択のアプローチをとる．特に，それぞれのアイテムに対し，あらかじめ選ばれたそれぞれ異なる $k$ の値（例えば $k = 1, \ldots, 10$）をもつ複数のモデルを保持する．あるアイテムに関して最適な $k$ の値は，そのアイテムに関する観測回数 $n$ の関数であると仮定する．この関数を $k^*(n)$ とする．$k^*(n)$ を決定するため，選択基準として予測対数尤度を用いる．$\ell(k, n, j)$ を，$k$ 個の因子をもつ $n$ 個の観測値で訓練されたモデルでの $(n+1)$ 番目のアイテム $j$ に関する観測値の予測値の対数尤度とする．$\mathcal{J}(n)$ を $n$ 個の観測値の候補となるアイテムの集合とする．候補となるアイテムと観測値の数が時間とともに変化するので，$\mathcal{J}(n)$ は時間とともに変化する．$n$ 個の観測値で学習した $k$ 因子のモデルでの平均対数尤度は以下のようになる．

$$\ell(k,n) = \frac{\sum_{j \in \mathcal{J}(n+1)} \ell(k,n,j)}{|\mathcal{J}(n+1)|} \tag{7.30}$$

$n$ 個の観測値とともに，与えられたどのアイテムに対しても $\ell(k,n)$ を最大化する $k$ を選ぶことができる．これは $k^*(n) = \arg\max_k \ell(k,n)$ となる．しかしながら，$|\mathcal{J}(n+1)|$ が小さいとき $\ell(k,n)$ は誤差が大きいだろう．単純に指数的な重み付けで $\ell(k,n)$ の平滑化を行うことができる．$0 < w \leq 1$ を，あらかじめ設定した重みとする．対数尤度の平滑化平均 $\ell^*(k,n)$ は以下のような方法で得られる．

$$\begin{aligned} \ell^*(k,1) &= \ell(k,1) \\ \ell^*(k,n) &= w\,\ell(k,n) + (1-w)\ell^*(k,n-1) \quad (n>1) \end{aligned} \tag{7.31}$$

## 7.4 Yahoo! データセットの実例

本節ではそれぞれ Yahoo! フロントページと My Yahoo! へのユーザ訪問のサーバログから取得された2つのデータセットでの FOBFM を使用した実例を示す．それぞれの観測イベントは，ユーザがアイテム（記事のリンク）をクリックしたことを示す**肯定的イベント**，またはユーザはアイテムを見たがクリックはしなかったことを示す**否定的イベント**のいずれかである．特に，コールドスタート設定では適切な初期化なしに大量の素性を用いるオンラインモデルの性能が低いことを示す．主成分回帰モデル (PCR: principal component regression) は適切な初期化がない場合，性能が劣化する．一方，FOBFM は効果的にオンライン学習を加速し，我々の適用例で顕著に他のベースラインモデルを上回る．

それぞれのデータセットを2つの互いに素なイベントの集合に分割した．

1. **訓練セット**：オフラインモデルパラメータ（例えば，FOBFM の $\mathbf{\Theta} = (\boldsymbol{b}, \boldsymbol{A}, \boldsymbol{B}, \sigma^2)$）は訓練データを用いて学習される．ベースラインモデルの微調整のためにチューニング用データが必要なときは，訓練セットをさらに分割して使う．FOBFM ではこのような微調整は必要ないことに注意されたい．全てのパラメータは EM アルゴリズムによる学習で推定される．
2. **テストセット**：モデルの性能指標はテストセットを使って計算する．テストイベントに対して予測を行った後，そのイベントはオンライン学習に使うことができる（例えば，FOBFM の $\delta_{jt}$ の推定値の更新やモデルのランク $k$ の選択など）.

時間ごとにモデル性能を報告するため，テストセットのイベントをタイムスタンプを用いて時刻順に整列し，それぞれのアイテムの最初の $n$ 個のイベントをバケット 1 に割り当て，次の $n$ 個のイベントをバケット 2 に，というふうに分割する（大半の実験では $n = 10$ とした）．それから，それぞれのバケットに対して性能指標を計算した．例えば，バケット $b$ のイベントはバケット $b$ より以前のイベントの観測値を用いて推定されたパラメータのモデルを用いて評価される．$p_c$ をバケット $b$ の $c$ 番目のテストイベントの予測されたクリック率とする．$S^+$ を肯定的イベントに対応する $p_c$ の集合とし，$S^-$ を否定的イベントに対応する $p_c$ の集合とする．以下の 2 つの性能指標を評価した．

1. **テストセットの対数尤度**：$\sum_{p_c \in S^+} \log p_c + \sum_{p_c \in S^-} \log(1 - p_c)$．これは，このモデルのもとでテストイベントがどれだけ起こりやすいかを定量化する指標である（直感的には，モデルの予測するクリック率がどれだけ正確かを表している）.
2. **テストセットの順位相関**：どちらの例でも記事の順位付けにモデルのスコアを用いるので，$y_c$（正しいラベル）と $p_c$ 間のケンドールの $\tau$ 順位相関をもとにモデルを比較することが有用である．ケンドールの $\tau$ の定義は 4.1.3 項を確認してほしい.

以下の手法を比較する.

- **FOBFM**：ここで，FOBFM はオンラインでのモデルランク $k$ の自動推定も含む．FOBFM ではパラメータの微調整は必要ない.
- **オフライン**：オフライン素性ベクトルのみの過去データで学習した双線形回帰モデル $s_{ijt} = \boldsymbol{x}'_{ijt}\boldsymbol{b} + \boldsymbol{x}'_{it}\boldsymbol{A}\boldsymbol{x}_j$．オンライン学習は一切行わない.
- **初期化なしモデル**：これは初期化なしのアイテムレベルのオンライン飽和回帰モデル[6) ] $s_{ijt} = \boldsymbol{x}'_{it}\boldsymbol{v}_j$，ここで $\boldsymbol{v}_j$ はオンラインで事前分布を $N(\boldsymbol{0}, \sigma^2 \boldsymbol{I})$

---

6) 訳注：飽和モデルとは全ての交互作用を含むモデル.

として学習する．この分散 $\sigma^2$ はチューニング用に分割したデータセットを使い推定する．そして，最も性能のよかった $\sigma^2$ での性能のみを報告する．このモデルはオンラインで推定すべき大量のパラメータをもつ．（アイテムID，ユーザ素性）対ごとに1つのパラメータである．

- **PCR**：オフライン双線形回帰のない主成分回帰モデル $s_{ijt} = \boldsymbol{x}'_{it}\boldsymbol{B}\boldsymbol{\delta}_j$．ここで $\boldsymbol{B}$ はユーザ素性ベクトルのトップ $m$ の主成分からなる．$\boldsymbol{B}$ は訓練データセットの $\boldsymbol{x}_{it}$ のみから決定される．そして，$m$ はチューニング用データセットを用いて決定する．最適な $m$ の性能のみを評価する．
- **PCR-B**：主成分回帰モデル付きの主成分回帰モデル $s_{ijt} = \boldsymbol{x}'_{ijt}\boldsymbol{b} + \boldsymbol{x}'_{it}\boldsymbol{A}\boldsymbol{x}_j + \boldsymbol{x}'_{it}\boldsymbol{B}\boldsymbol{\delta}_j$．ここで $\boldsymbol{B}$ はユーザ素性ベクトルのトップ $k$ の主成分からなる．$\boldsymbol{B}$ は $\boldsymbol{x}_{it}$ のみから決定される．一方，$\boldsymbol{A}$ は訓練セットの $y_{ijt}$ から教師あり学習を用いて推定される．そして，チューニングセットから決定した最適な $k$ での性能を報告する．

### 7.4.1　My Yahoo! データセット

My Yahoo! (`http://my.yahoo.com/`) は個別化されたニュース購読サービスである．個別化はユーザの RSS フィードへの申し込みをもとに行う．本項では，推薦された記事とユーザとの相互作用にもとづき，個別化された全ての My Yahoo! フィードからの記事の推薦問題を考える（申し込みを行ったものとは別の記事の推薦する）．この適用例は時間依存し，ユーザはできるだけ記事が公開されてからすぐに閲覧したいので，推薦はコールドスタートの設定で行われなければならない．

このデータは2009年の8月から9月に収集され13,808アイテム（記事）と約300万のユーザからなる．アイテム素性はトップのキーワードとURLを含む．ユーザ素性は年齢，性別，興味のあるカテゴリ，そしてYahoo!の他のサイトでの行動の頻度レベルを含む (Chen et al., 2009)．ユーザがアイテムをクリックしたときは肯定的イベントとして記録する．クリックされたアイテムと同じモジュール内で上位に順位付けされ，かつ，ユーザにクリックされない全てのアイテムは否定的イベントである．訓練セットは，（公開された時刻をもとに）最初の8,000アイテムに関する全てのイベントにより構成される．そし

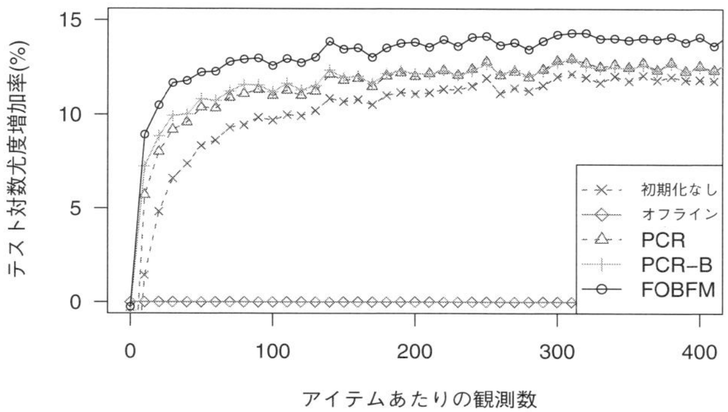


**図 7.1** My Yahoo! データセットでさまざまなモデルでのテストセット対数尤度（オフラインモデルの対数尤度は約 −0.64）.

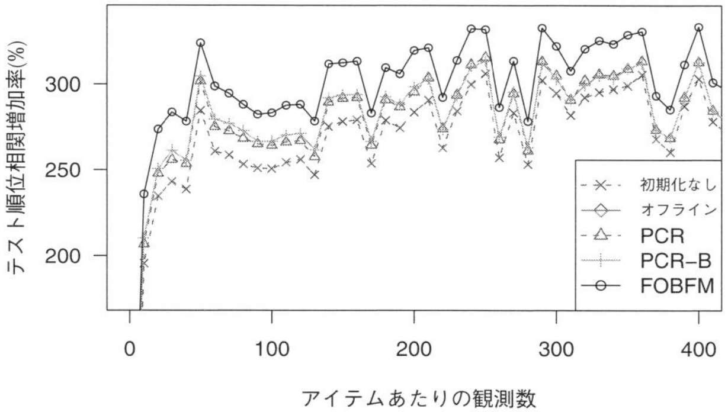


**図 7.2** My Yahoo! データセットにおける，さまざまなモデルでのテストセット順位相関（オフラインモデルの順位相関は約 0.12）.

て残りのデータはテストセットとする.

図 7.1 と図 7.2 では，モデルの性能をそれぞれのアイテムあたりの更新に使用される観測数（図の $x$ 軸）の関数として評価し，異なったモデルをテストセット対数尤度と順位相関に関して比較した．それぞれのモデルのオフラインモデルに対する相対的な対数尤度（と順位相関）のリフトを報告する．図から示されるように，FOBFM は明確に他の全てのモデルを上回っている．全ての

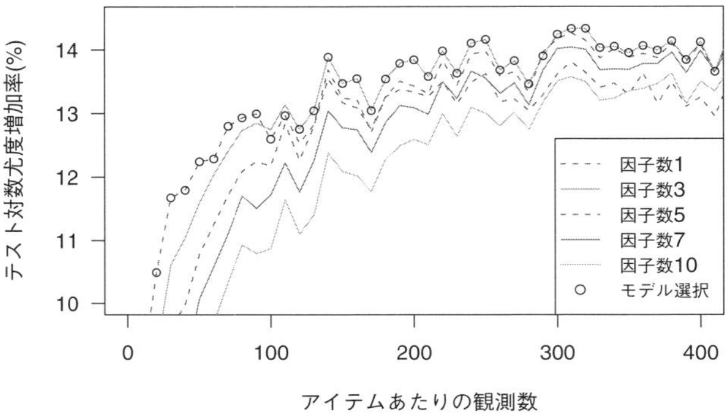


**図 7.3**　My Yahoo! データセットで異なった因子数でのテストセット対数尤度.

時刻においてリフトは一様に良好である．このデータセットでは，アイテム素性は予測にほとんど役立たない．そのことはオフラインモデルの対数尤度と順位相関の低さから示される．実際，オフラインの性能が低いことが，オンラインモデルにおいて大きなリフトを得ることに寄与している．

**オンラインモデル選択の効果**：FOBFM でのオンラインモデル選択（ランク $k$ を選択すること）の効果を確かめるため，ランク削減回帰モデルでの対数尤度のリフト曲線を異なったランクパラメータ $k$ の値でプロットし，図 7.3 に示した．同様のふるまいは順位相関のリフト曲線でも観測された．直感的には，ランクの増加はオンライン学習を収束させるための観測値の数を増加させる．大雑把にいえば，オンライン学習において，アイテムの観測回数が 100 より少ないときは，アイテムあたりのランクが 1 のモデルが他を上回る．次いで，アイテムあたりランク 3 のモデルが追いつき，そしてアイテムあたりランク 5 のモデルが追いつく，という具合である．このデータセットでは，初期の段階ではランク 1 モデルが優勢であり，それからランク 3 モデルが他より優位になる．この図から，オンラインモデル選択が一様に良い性能を示していることがわかる．

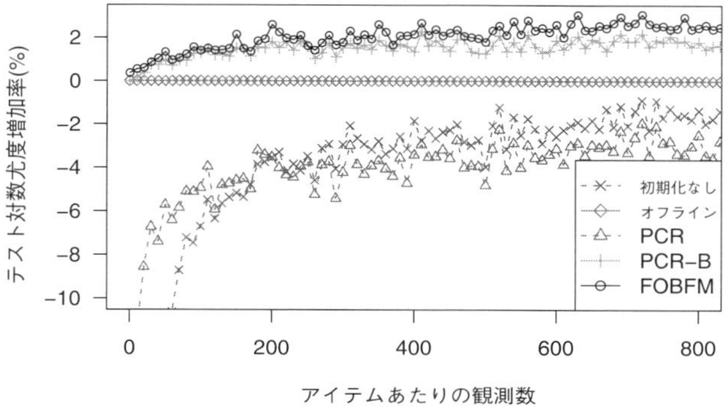


**図 7.4** Yahoo! フロントページデータセットにおけるさまざまなモデルでのテストセット対数尤度（オフラインモデルの対数尤度は約 −0.39）.

### 7.4.2 Yahoo! フロントページデータセット

本項ではYahoo! フロンページデータセットに着目する．Yahoo! ホームページのTodayモジュール（`http://www.yahoo.com`の最上部中心のモジュール）は，ページを訪れる全てのユーザに4つの最近の話題を表示するモジュールである．ここではユーザ素性に応じて推薦を個別化するアプリケーションシナリオに着目する．

2008年11月から2009年4月までの6か月間のデータを収集した．それは4,396アイテムと約1,350万イベントからなる．このアプリケーションでのそれぞれのアイテムは，編集者によっていくつかのカテゴリが付けられている．ユーザ素性はMy Yahoo! のものと同じである．ユーザがモジュールの先頭のアイテムをクリックしたことを肯定的イベントとする．モジュールの先頭にあるアイテムがクリックされず，他のアイテムをクリックしたときを否定的イベントとする．最初の4か月のデータを訓練セットとして使い，最後の2か月分をテストセットとする．

図7.4と図7.5は，異なったモデルでのテストセットに対する対数尤度と順位相関である．それぞれのモデルでの対数尤度（と順位相関）のオフラインモデルに対する相対的なリフトを示している．My Yahoo! データセットと同様

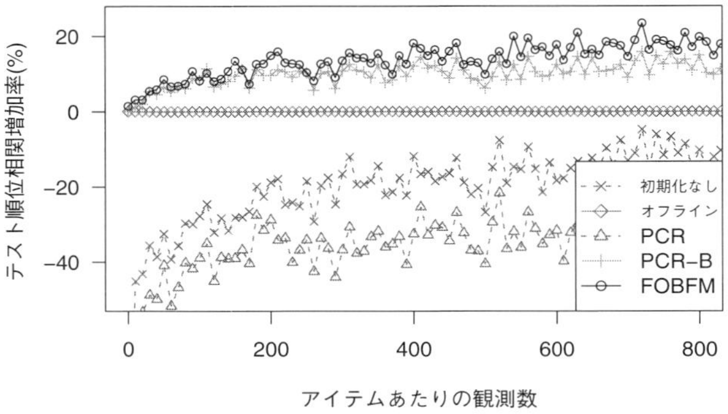


**図7.5**　Yahoo! フロントページデータセットにおけるさまざまなモデルでのテストセット順位相関（オフラインモデルの順位相関は約0.34）.

に，FOBFMは他の全てのモデルに対して性能で常に上回っている．Yahoo! フロントページデータセットのアイテム素性は，予測能力が高いため（例えば記事のカテゴリ），アイテム素性によらない初期化なしモデルとPCRモデルは他のアイテム素性にもとづくモデルより性能が悪い．予測可能なアイテム素性にもとづくベースライン（オフラインモデル）はMy Yahoo! データセットでは性能が良くなり，ベースラインに対するリフト自体は小さくなる．

図7.6はオンラインモデル選択を使った戦略の効果を示す．曲線は図7.3と比べて変動が大きい．FOBFMはほとんどの区間で一様に良い．それでもなお，再びオンラインモデル選択が有用であることを示している．

Yahoo! フロントページのトラフィックは多いうえ，相対的に少ない数のアイテムを扱っているので，長い対象期間に対してモデルの性能評価が可能である（より多くのオンライン学習を行うためにそれぞれのアイテムあたりの多くの観測値が使える）．オンラインシナリオにおいて大量の観測値がある場合，初期化なし飽和モデルは他のモデルを上回ることを期待するかもしれない．ある時点でこの切り替わりが起こることは興味深い．図7.7は初期化なしモデルとFOBFMとの差が時間の経過につれ減ること，初期化なしモデルはアイテムあたりの観測値が1万を超えてもFOBFMを上回ることはないことを示している．これはアイテムの係数に冗長性があるということであり，そのこと

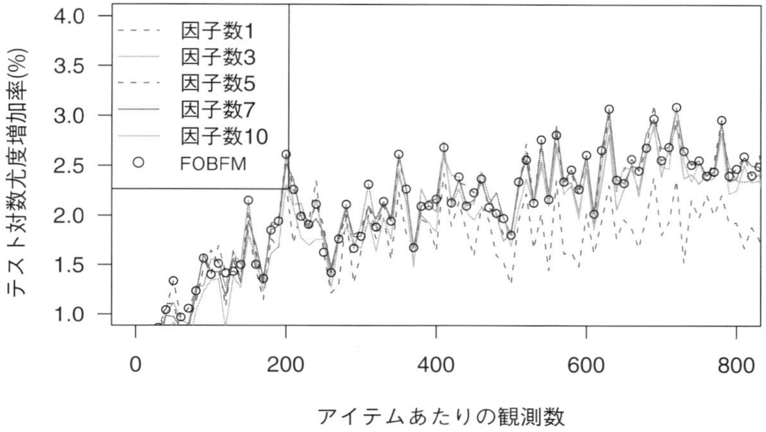


**図 7.6**　Yahoo! フロントページデータセットでの異なった因子数でのテストセット対数尤度.

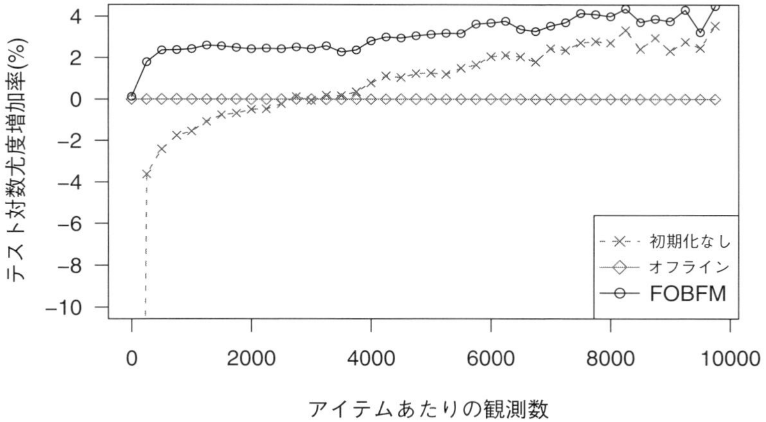


**図 7.7**　初期化なしモデルは大量の観測値を得たときに追いつく.

が（FOBFM で）利用されるとき，アイテムごとのオンラインモデルの高速な収束をもたらしている.

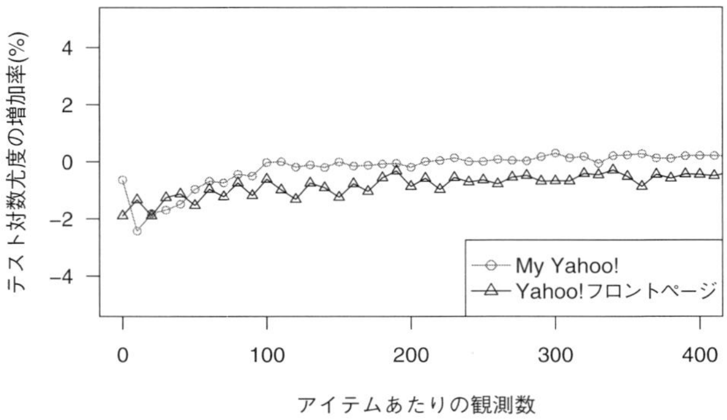


図 **7.8**　FOBFM でのオフライン双線形項あり／なしのパーセンテージ比較.

### 7.4.3　オフライン双線形項なしの FOBFM

ここでは FOBFM におけるアイテム素性の予測に対する効果を調べる．図 7.8 は，Yahoo! フロントページデータセットと My Yahoo! データセットを使い，FOBFM においてオフライン双線形項 ($\boldsymbol{x}'_{ijt}\boldsymbol{b} + \boldsymbol{x}'_{it}\boldsymbol{A}\boldsymbol{x}_j$) あり／なしで学習した違いをパーセンテージで示している．図からわかるようにオフライン双線形項なしの場合はありの場合に比べ，単に性能がわずかに落ちるだけである．My Yahoo! に関してはアイテム素性は予測に有用でないため，ありとなしで性能が類似することは不思議ではない．しかしながら，Yahoo! フロントページでは，アイテムは編集の過程でラベルが付けられおり，予測に有用なアイテム素性が与えられているが，わずかな違いしか見出せない．このことは，大量の過去データのもとでは，射影行列 $\boldsymbol{B}$ を推定するための，予測に使うアイテム素性を構築するために負担しなければならない追加コストを払っても，推薦システムにおいて顕著な利益を得ることができないことを示唆する．

## 7.5　まとめ

本章で行った実験から得られた知見をまとめる．FOBFM で使われているランク削減の技術は，アイテム単位のオンラインモデルを高速に学習するための良い初期値を効果的に得る手段である．また，性能はモデルのランク $k$ に依存することを確認した．アイテムが追加されてすぐでは小さな $k$ が良い性能を示すが，観測値が多くなれば，大きな $k$ の場合がより良い性能となる．オンラインモデル選択における学習に使用していないサンプルの予測対数尤度を最大化するという選択基準は効果的なモデル選択戦略である．興味深いことに全てのアイテム係数をもつ飽和モデルは，ランク削減モデルと比較して収束が遅い．Yahoo! フロントページへの適用において，予測に使うアイテム素性を用いて FOBFM を初期化することの利点がわずかしかないことは興味深い．もし，このような現象が広い範囲のウェブアプリケーションで一般的であれば，ウェブへの推薦システムの適用におけるアイテムのメタデータ収集にかかるコストを顕著に削減することができる．

## 7.6 演習

7.1 $\boldsymbol{v}_{jt} = \boldsymbol{B}\delta_{jt}$ の代わりに $\boldsymbol{v}_{jt} \sim N(\boldsymbol{B}\delta_{jt}, \tau^2\boldsymbol{I})$ という定式化を考えてみよ．また，このモデルを当てはめるアルゴリズムを示せ．

# 第8章

# 因子モデルによる個別化

第7章では，素性ベクトルベースの回帰モデルによる個別化を議論した．第2章では，それぞれアイテム類似度，ユーザ類似度，行列分解にもとづくモデルを紹介した．実用上，訓練データセット中にユーザとアイテムともに大量の観測値が存在する（ユーザ，アイテム）対に対して応答を予測す**ウォームスタート**シナリオの場合では，行列分解が良い予測精度を示す．しかしながら，データセットの中の応答が少ない，またはないユーザ（またはアイテム）に関しての予測精度は悪くなる．そのような場合は，しばしば**コールドスタート**シナリオと呼ばれる．8.1節で，同時に利用可能なユーザとアイテムの素性ベクトルを活用する行列分解を拡張したモデルである回帰ベース潜在因子モデル(RLFM: regression-based latent factor model)を説明する．この戦略は1つのフレームワークでコールドスタートとウォームスタートシナリオの両方に対し性能向上する．それから8.2節で学習アルゴリズムに進み，8.3節でいくつかのデータセットでのRLFMの性能を紹介する．最後に8.4節では，最近のウェブ推薦システムにおいて典型的な大量データにおけるRLFMでの学習戦略を議論し，8.5節ではその性能を評価する．

## 8.1　回帰ベース潜在因子モデル (RLFM)

RLFMは単一のモデリングフレームワークで，素性ベクトルとユーザのアイテムに対する過去の応答を活用するために行列分解を拡張する (Agarwal and Chen, 2009; Zhang et al., 2011). 当該手法は協調フィルタリングの利点とコンテンツベースの手法の利点を組み合わせる基本的なフレームワークを提供する. 過去の応答データから十分にユーザやアイテムの潜在因子を決定できないとき, RLFM は素性ベクトルにもとづく回帰モデルでそれらを推定する. 別の方法では, その潜在因子は行列分解で推定される. RLFM の重要な側面はコールドスタートからウォームスタートへとなめらかに連続的に変化する能力である.

**データと定式化**: 通常, ユーザを示すために $i$ を, アイテムを示すために $j$ を使う. $y_{ij}$ をユーザ $i$ のアイテム $j$ に対する応答とする. 2.3.2 項で見たように, この応答はガウス応答モデルでモデル化された数値 (例えば, 数値で表現されたレイティング) やロジスティック回帰でモデル化されたバイナリ応答 (例えば, クリックしたか否か) など, さまざまな形になりうる.

応答データに加えて, それぞれのユーザとアイテムの素性も利用できるとする. $\boldsymbol{x}_i$, $\boldsymbol{x}_j$ と $\boldsymbol{x}_{ij}$ をそれぞれユーザ $i$, アイテム $j$, (ユーザ-アイテム) 対 $(i, j)$ の素性ベクトルとする. ユーザ $i$ の素性ベクトル $\boldsymbol{x}_i$ はユーザの人口統計, 位置情報, 閲覧行動情報を含むことができる. アイテム素性ベクトル $\boldsymbol{x}_j$ はコンテンツのカテゴリ, アイテムがテキストを含むときのタイトルや本文から抽出された単語情報を含むことができる. ベクトル $\boldsymbol{x}_{ij}$ はアイテム $j$ をユーザ $i$ に推薦した (または将来推薦する) ときの状況を表わす素性ベクトルである. これはウェブページ上のアイテムが表示された位置や表示された日時など, ユーザ $i$ とアイテム $j$ の相互作用や類似性を示すあらゆる素性の情報を含みうる. ベクトル $\boldsymbol{x}_i$, $\boldsymbol{x}_j$, $\boldsymbol{x}_{ij}$ は異なった素性を含み, 異なった次元をもつ. 推薦問題における素性の例は第 2 章を確認されたい.

### 8.1.1 行列分解から RLFM

行列分解では $\boldsymbol{u}_i'\boldsymbol{v}_j$ を用いて $y_{ij}$ を予測する. ここで $\boldsymbol{u}_i$ と $\boldsymbol{v}_j$ は潜在因子を表す $r$ 次元のベクトルである (詳細は 2.4.3 項参照). $\boldsymbol{u}_i$ をユーザ $i$ の因子ベクトル, $\boldsymbol{v}_j$ をアイテム $j$ の因子ベクトルと呼ぶ. $r$ は潜在的な次元数であり, これはユーザ数やアイテム数よりかなり小さい．それぞれのユーザとアイテムに関連した $r$ 次元パラメータベクトルをもつ．ユーザとアイテムの間の非一様性[1]と応答データのノイズのために，ヘビーユーザや頻度の高いアイテムの因子を正確に推定するために相対的に大きな $r$（数十から数百）を使う一方，頻度の少ないユーザやアイテムのデータへの過学習を防ぐため因子に正則化をかける，ということを行いたいだろう．最も一般的な正則化の手法は因子を0に「縮小」することである．例えば，ユーザ $i$ の過去の応答データが少ない，またはないときに，因子ベクトル $\boldsymbol{u}_i$ はニュートラル[2]な値，つまり $\mathbf{0}$ に近づく制約を加える．この手法は，全ての $i$ に対して平均 $\mathbf{0}$ である多変量正規分布を事前分布として $\boldsymbol{u}_i$ が生成されていることを仮定することと同じで，確率的行列分解 (PMF: probabilistic matrix factorization) と呼ばれている手法である．過去の応答データのない新規のユーザ $i$ に関しては $\boldsymbol{u}_i = \mathbf{0}$ となり，全てのアイテム $j$ に対して $\boldsymbol{u}_i'\boldsymbol{v}_j = 0$ となることを意味していることに注意してほしい．このような分解のみでは，新規ユーザへの推薦には使えない．

RLFMのアイデアは，概念的には単純である．$\boldsymbol{u}_i$ の0への縮小に代わって，$r$ 次元の回帰関数 $G(\boldsymbol{x}_i)$ に従って求めたユーザ素性ベクトルに依存する0でない値へ縮小するようにする．より正確に述べるなら，$\boldsymbol{u}_i$ の事前平均として0を仮定する代わりに，$\boldsymbol{u}_i$ の事前分布の平均を $G(\boldsymbol{x}_i)$ と仮定する．因子 $\boldsymbol{u}_i$ と回帰関数 $G$ はモデル学習過程の一部として同時に学習される．$\boldsymbol{v}_j$ に対しても同様のアイデアを適用する．RLFMのアイデアは単純だが，どのように推定するかは非自明であり困難である．

直感的には，RLFMは素性ベクトルを用いて点推定されたそれぞれのユーザ（またはアイテム）因子ベクトルを**もとにして**，そこからなめらかに逸脱することができる．実際には，逸脱する量はサンプルサイズと観測値間の相関に依存する．特にデータ数の少ないユーザ（またはアイテム）は積極的に素性ベクトルベースで決定した値に縮小する．こうしてユーザとアイテムの因子は素性ベクトルをもとに初期化される．しかし，よりたくさんのデータが利用可能に

[1] 訳注：ここでの非一様性は，ユーザおよびアイテムごとに反応はさまざまで異なるということである．

[2] 訳注：データが少ないのでモデルに影響を与えない．

なれば改良される．異なったサンプルサイズ，相関，非一様性を構成する粗い粒度から細かい粒度へとなめらかに変化するこの能力が正確かつスケーラブルであり，一般的な目的に利用可能な個別化された推薦のために重要な側面である．

1次元の潜在因子空間を考える．つまり $r=1$ ということである．このケースでは $\boldsymbol{u}_i$ はスカラーである．図 8.1 は Yahoo! フロントページのデータでヘビーユーザとライトユーザを分けて推定した潜在因子の分布である．以下の3つのモデルを使った．

1. **RLFM**：$\boldsymbol{u}_i$ は平均 $G(\boldsymbol{x}_i)$ の事前分布をもつ．
2. 因子のみモデル：$\boldsymbol{u}_i$ は平均0の事前分布をもつ．これは PMF と同じ．
3. 素性ベクトルのみモデル：$\boldsymbol{u}_i = G(\boldsymbol{x}_i)$．$y_{ij}$ は $G(\boldsymbol{x}_i)'H(\boldsymbol{x}_j)$ で予測される．これは素性ベクトルのみに依存して素性ベクトルをもとに決定された点からの逸脱はない．$H$ をアイテムに対する回帰関数と呼ぶ．

ライトユーザに対して因子のみモデルは因子が0に近づくように「縮小」するため，利用可能なユーザとアイテムの素性の情報を利用することができない．逆に，RLFM では素性ベクトルによって決定した値にたちもどることでデータスパースネスをやわらげる．ヘビーユーザに対しては，因子のみモデルはデータに過学習する傾向にある．逆に，RLFM では事前平均からなめらかに逸脱し，良い正則化となる．

### 8.1.2 モデルの詳細

**応答モデル**：$s_{ij}$ を観測されていない真のスコアであるとする．これはユーザ $i$ のアイテム $j$ への応答を定量化したものである．目的は全ての $(i,j)$ 対に対して観測された応答 $y_{ij}$ と素性ベクトル $\boldsymbol{x}_i$，$\boldsymbol{x}_j$，$\boldsymbol{x}_{ij}$ にもとづいて $s_{ij}$ を推定することである．

- **数値による応答のためのガウシアンモデル**：数値で与えられる応答（またはレイティング）に対しては，一般的に（ときには応答をさらに変換した後の値に対して）以下を仮定する．

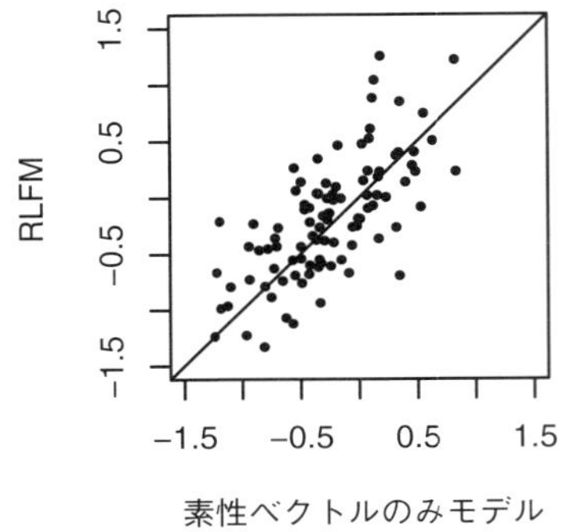


**(a)** ヘビーユーザに対するRLFM

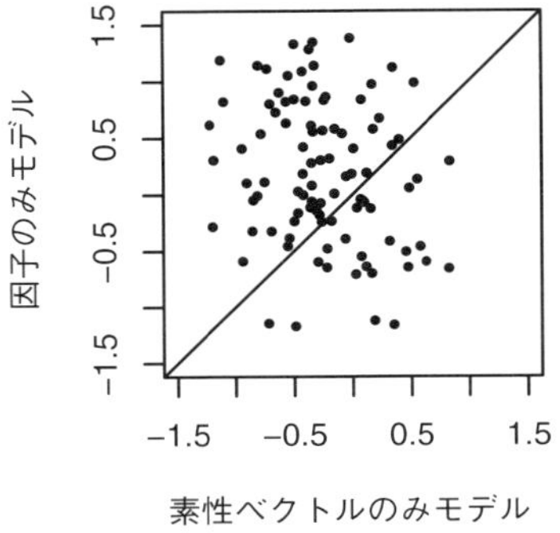


**(b)** ヘビーユーザに対する因子のみモデル

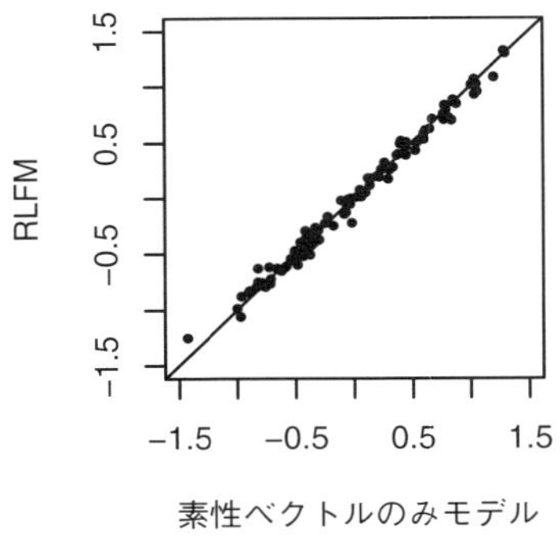


**(c)** ライトユーザに対するRLFM

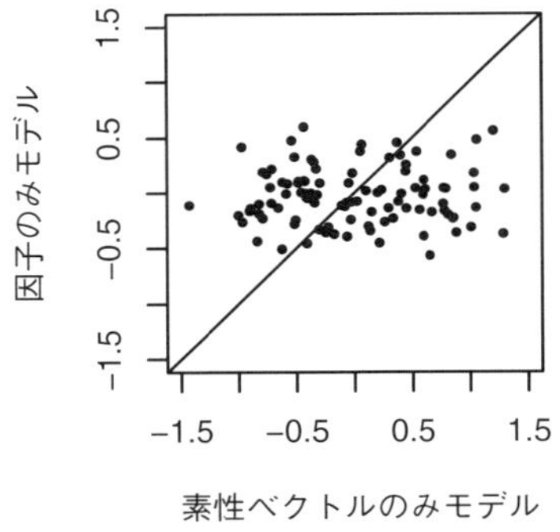


**(d)** ライトユーザに対する因子のみモデル

**図8.1**　推定した潜在因子のRLFM，因子のみモデルと素性ベクトルのみモデルの比較．それぞれの$(x, y)$は，$x$と$y$ともに各プロットに示した2つの手法で推定した潜在因子の最初の値である．ライトユーザに対しては，因子のみモデルは0に落ち込む．逆にRLFMは素性ベクトルのみモデルに落ち込む．

$$y_{ij} \sim N(s_{ij}, \sigma^2) \tag{8.1}$$

ここで$\sigma^2$はユーザ応答のゆらぎの分散であり，データから推定する必要がある．ここで$s_{ij}$はユーザ$i$のアイテム$j$に対する応答の平均を表す．

- **バイナリ応答のためのロジスティックモデル**：ユーザの応答がバイナリ（例えば，クリックするか否か，「いいね」するかしないか，シェアするかしないか）であるとき，一般に以下を仮定する．

$$y_{ij} \sim \text{Bernoulli}(p_{ij}) \quad ここで\, s_{ij} = \log \frac{p_{ij}}{1 - p_{ij}} \tag{8.2}$$

$p_{ij}$ はユーザ $i$ のアイテム $j$ への応答が起こる確率である．

**因子による分解**：$s_{ij}$ を以下のようにモデル化する．

$$s_{ij} = b(\boldsymbol{x}_{ij}) + \alpha_i + \beta_j + \boldsymbol{u}_i'\boldsymbol{v}_j \tag{8.3}$$

これは以下のような要素からなる．

- 関数 $b(\boldsymbol{x}_{ij})$ は素性ベクトル $x_{ij}$ にもとづく回帰関数で，2.3 節で説明した任意の手法を用いて求めることができる．例えば，$\boldsymbol{x}_{ij} = (\boldsymbol{x}_i, \boldsymbol{x}_j)$（すなわち 2 つの素性ベクトルを結合する）として $\boldsymbol{A}$ をデータから学習し $b(\boldsymbol{x}_{ij}) = \boldsymbol{x}_i'\boldsymbol{A}\boldsymbol{x}_j$ とする．
- スカラー $\alpha_i$ はデータから学習されるもので，他のユーザより肯定的に反応しやすいユーザや否定的に反応しやすいユーザが存在するということによるユーザ $i$ のバイアスを表す．
- スカラー $\beta_j$ もデータから学習され，アイテム $j$ の人気度を表す．
- ベクトル $\boldsymbol{u}_i$ はデータから推定されるユーザ $i$ の $r$ 次元の潜在因子ベクトルであり，ユーザの過去のアイテムとの相互作用をまとめたものである．
- ベクトル $\boldsymbol{v}_j$ はデータから推定されるアイテム $j$ の $r$ 次元の潜在因子ベクトルであり，アイテムの過去のユーザとの相互作用をまとめたものである．内積 $\boldsymbol{u}_i'\boldsymbol{v}_j$ はユーザとアイテムとの親和性を表す．

モデルの潜在変数の次元 $r$ はあらかじめ設定しておく．実際には異なった $r$ でモデルを当てはめて，第 4 章で説明した評価手法をもとに最も良い $r$ を選択する．直感的にはユーザ因子 $\boldsymbol{u}_i = (u_{i1}, \ldots, u_{ir})$ をユーザ $i$ の $r$ 個の異なった潜在的な「トピック」への親和性とみなすことができ，また $\boldsymbol{v}_j = (v_{j1}, \ldots, v_{jr})$ をアイテム $j$ の同じ $r$ 個の潜在的な「トピック」への親和性とみなすことができる．ユーザとアイテムはともに同じ潜在ベクトル空間に写像されるので，内積 $\boldsymbol{u}_i'\boldsymbol{v}_j = \sum_{k=1}^{r} u_{ik}v_{jk}$ はユーザとアイテムの類似度を表す．

**過学習の問題**：関数 $b$ のパラメータに加えて，データから推定する必要のあるパラメータの数は $(r+1)(M+N)$ である．ここで $M$ はユーザの数，$N$ はアイテムの数である．実際には $(r+1)(M+N)$ が観測値の数より多いかもしれない．このとき，ひどい過学習を起こしうる．このような場合は因子を0に縮小するということがよく行われる．これは平均0の正規分布を潜在因子の事前分布として採用するということである．しかしながら0に縮小することの効果は限定的であり，特にコールドスタートシナリオの場合はあまり汎化しないだろう．さらにいえば，あるユーザ（またはアイテム）の応答回数の分布は通常ゆがんでいるため，$r$ が小さいとき（例えば10以下）に良い予測精度を得ることは難しい．それゆえ大きな $r$（数十から数百）を使いながらも実行的な自由度を減らすために，パラメータの正則化を行うことが重要である．この0に縮小させるアプローチは分散を小さくし過学習問題に対処する合理的な方法だが，学習したモデルは**コールドスタートシナリオでは正確な予測に失敗する**．例えば過去の観測値がない複数のユーザまたはアイテムに対して0という同じ因子の推定値をとる．しかしユーザとアイテムの素性が利用可能であるならば，より良く推定できるはずである．例えば学習時に大量のニューヨークとカリフォルニアのユーザが観測されたならば，明確にこれら2つの地域の平均的な推定される因子は異なった値をとる．新規ユーザに対して因子を予測するとき，この情報を利用すれば顕著にバイアスが減る．

**回帰の事前分布**：RLFMの鍵となるアイデアは，因子を常に0に縮小せず，異なったユーザとアイテムの因子は素性ベクトルによって決定された異なった平均に縮小させることである．この柔軟性を追加するため，回帰と因子の推定を同時に行う必要がある．特に $\alpha_i$，$\beta_j$，$\boldsymbol{u}_j$ と $\boldsymbol{v}_j$ に対して以下の事前分布をおく．

$$\begin{aligned} \alpha_i &\sim N(g(x_i), \sigma_\alpha^2), \quad \boldsymbol{u}_i \sim N(G(x_i), \sigma_u^2 I) \\ \beta_j &\sim N(h(x_j), \sigma_\beta^2), \quad \boldsymbol{v}_j \sim N(H(x_j), \sigma_v^2 I) \end{aligned} \tag{8.4}$$

ここで $g$ と $h$ はスカラーを返す任意の回帰関数であり，$G$ と $H$ は $r$ 次元ベクトルを返す任意の回帰関数である．これらの回帰関数を事前分布に追加することは計算量的にはより困難さを増す．この問題については8.2節で取り組む．一般的に $\boldsymbol{u}_i$ と $\boldsymbol{v}_j$ の事前分布の分散共分散行列を完全に指定することはできる．単純化のため対角の分散共分散行列 $\sigma_u^2 I$，$\sigma_v^2 I$ で表現される無相関の事前分布のみを扱う．実験では非対角の共分散行列を使っても対角行列に対し明確な性能向上はなかった．

**回帰関数**：$b$，$g$，$h$，$G$，$H$ を線形回帰とおくことはAgarwal and Chen(2009)とStern et al.(2009) で提案されたモデルに対応する．Zhang et al. (2011) では，このアプローチをこれまでの非線形回帰の研究を利用できるように他の回帰関数に一般化した．例えば，$b$ として決定木，$g$ として最近傍モデル，$h$ としてランダムフォレスト，$G$ としてスパース回帰LASSO，$H$ として勾配ブースティングなどである．

$G$ と $H$ はベクトルを返す関数である．ベクトルの全ての値を目的変数として多変量回帰モデルで同時に予測することもできるし，目的変数を1変数の通常の回帰モデルを用いて1つ1つ予測することもできる．同時に予測するとベクトルの要素間の相関関係を利用でき，良い精度が得られるかもしれない．一方，1変数の回帰モデルは単純であり，スケーラブルに学習できる．ここで1変数回帰モデルに関して $G(x_i) = (G_1(x_i), \ldots, G_r(x_i))$ を定義する．それぞれの $G_k(x_i)$ は独立な単回帰関数とする．

**尤度関数**：$\boldsymbol{\Theta} = (b, g, h, G, H, \sigma_\alpha^2, \sigma_u^2, \sigma_\beta^2, \sigma_v^2)$ を事前に決定するパラメータ（ハイパーパラメータ）のセットとする．$b, g, h, G, H$ は回帰関数に対応する推定する必要のあるモデルパラメータである．$\boldsymbol{\Delta} = \{\alpha_i, \beta_j, \boldsymbol{u}_i, \boldsymbol{v}_j\}_{\forall i,j}$ を因子（この場合ランダムエフェクトとも呼ばれる）のセットとする．$\boldsymbol{y}$ を観測された応答とする．観測された応答が正規分布に従うとするガウシアンモデルでは，**完全データ対数尤度**（観測値 $\boldsymbol{y}$ と与えられたセッティング $\boldsymbol{\Delta}$ の同時確率）が以下のように与えられる．

$$
\begin{aligned}
\log L(\boldsymbol{\Theta};\boldsymbol{\Delta},\boldsymbol{y}) = \log\Pr(\boldsymbol{y},\boldsymbol{\Delta}|\boldsymbol{\Theta}) = \text{constant} \\
&- \frac{1}{2}\sum_{ij}\left(\frac{1}{\sigma^2}(y_{ij} - b(\boldsymbol{x}_{ij}) - \alpha_i - \beta_j - \boldsymbol{u}_i'\boldsymbol{v}_j)^2 + \log\sigma^2\right) \\
&- \frac{1}{2\sigma_\alpha^2}\sum_i(\alpha_i - g(\boldsymbol{x}_i))^2 - \frac{M}{2}\log\sigma_\alpha^2 \\
&- \frac{1}{2\sigma_\beta^2}\sum_j(\beta_j - h(\boldsymbol{x}_j))^2 - \frac{N}{2}\log\sigma_\beta^2 \\
&- \frac{1}{2\sigma_u^2}\sum_i||\boldsymbol{u}_i - G(\boldsymbol{x}_i)||^2 - \frac{Mr}{2}\log\sigma_u^2 \\
&- \frac{1}{2\sigma_v^2}\sum_j||\boldsymbol{v}_j - H(\boldsymbol{x}_j)||^2 - \frac{Nr}{2}\log\sigma_v^2
\end{aligned}
\tag{8.5}
$$

ここで2行目は予測誤差を二乗和誤差の形として示している．そして，その次の4行はそれぞれ対応した回帰関数によって予測された値への縮小を $L_2$ 正則化の形で示している．$\log\sigma_*^2$ の項は正規分布を仮定したことから導かれる．$\sigma^2/\sigma_\alpha^2$，$\sigma^2/\sigma_\beta^2$，$\sigma^2/\sigma_u^2$，$\sigma^2/\sigma_v^2$ は対応する正則化項の強さと解釈できる．値が大きいほどより強い正則化がなされているということである．

**モデルの当てはめと予測**：与えられる（ユーザ，アイテム）対に関連し観測された応答データ $\boldsymbol{y}$ と素性ベクトルに対して，モデルの当てはめの目的はまず事前パラメータ $\boldsymbol{\Theta}$ の最尤推定量 (MLE) を求めることである．

$$
\hat{\boldsymbol{\Theta}} = \arg\max_{\boldsymbol{\Theta}}\log\Pr(\boldsymbol{y}|\boldsymbol{\Theta}) = \arg\max_{\boldsymbol{\Theta}}\log\int\Pr(\boldsymbol{y},\boldsymbol{\Delta}|\boldsymbol{\Theta})d\boldsymbol{\Delta} \tag{8.6}
$$

式 (8.5) の完全データ対数尤度と違い，式 (8.6) の対数尤度は周辺化されたもので，未観測の潜在因子 $\boldsymbol{\Delta}$ は積分される，これは，$\boldsymbol{\Delta}$ は観測されていないのでより適切である．ここでは単にモデルの当てはめの出力のみを定義する．実際のアルゴリズムは8.2節で説明する．事前パラメータのMLE($\hat{\boldsymbol{\Theta}}$) を得た後，**経験ベイズ**のアプローチをとる．与えられたMLEに対して以下のように因子の事後平均を計算する．

$$
\begin{aligned}
\hat{\alpha}_i &= E[\alpha_i|\boldsymbol{y},\hat{\boldsymbol{\Theta}}], \quad \hat{\boldsymbol{u}}_i = E[\boldsymbol{u}_i|\boldsymbol{y},\hat{\boldsymbol{\Theta}}] \\
\hat{\beta}_j &= E[\beta_j|\boldsymbol{y},\hat{\boldsymbol{\Theta}}], \quad \hat{\boldsymbol{v}}_j = E[\boldsymbol{v}_j|\boldsymbol{y},\hat{\boldsymbol{\Theta}}]
\end{aligned}
\tag{8.7}
$$

観測していない $(i, j)$ 対の応答を予測するために，以下の事後平均を用いる．

$$\hat{s}_{ij} = b(\boldsymbol{x}_{ij}) + \hat{\alpha}_i + \hat{\beta}_j + E[\boldsymbol{u}_i'\boldsymbol{v}_j|\boldsymbol{y}, \hat{\boldsymbol{\Theta}}] \approx b(\boldsymbol{x}_{ij}) + \hat{\alpha}_i + \hat{\beta}_j + \hat{\boldsymbol{u}}_i'\hat{\boldsymbol{v}}_j \quad (8.8)$$

ここで近似 $E[\boldsymbol{u}_i'\boldsymbol{v}_j|\boldsymbol{y}, \hat{\boldsymbol{\Theta}}] \approx \hat{\boldsymbol{u}}_i'\hat{\boldsymbol{v}}_j$ は予測における計算コストを削減する．もしユーザ $i$ が訓練データ $\boldsymbol{y}$ に存在しないなら，そのユーザの因子は素性ベクトルを用いて予測された事前平均と一致すべきである．すなわち $\hat{\alpha}_i = g(\boldsymbol{x}_i)$, $\hat{\boldsymbol{u}}_i = G(\boldsymbol{x}_i)$ である．同様のことは新規アイテムにも適用される．

### 8.1.3 RLFM の確率過程

RLFM によって導かれる予測関数のクラスに関しての直感を得るために，ガウス応答に対する $y_{ij}$ の事前分布の周辺分布を見よう．

$$\begin{aligned}
E[y_{ij}|\Theta] &= b(\boldsymbol{x}_{ij}) + g(\boldsymbol{x}_i) + h(\boldsymbol{x}_j) + G(\boldsymbol{x}_i)'H(\boldsymbol{x}_j) \\
\mathrm{Var}[y_{ij}|\Theta] &= \sigma^2 + \sigma_\alpha^2 + \sigma_\beta^2 + \sigma_u^2\sigma_v^2 \\
&\quad + \sigma_u^2 H(\boldsymbol{x}_j)'H(\boldsymbol{x}_j) + \sigma_v^2 G(\boldsymbol{x}_i)'G(\boldsymbol{x}_i) \qquad (8.9) \\
\mathrm{Cov}[y_{ij_1}, y_{ij_2}|\Theta] &= \sigma_\alpha^2 + \sigma_u^2 H(\boldsymbol{x}_{j_1})'H(\boldsymbol{x}_{j_2}) \\
\mathrm{Cov}[y_{i_1 j}, y_{i_2 j}|\Theta] &= \sigma_\beta^2 + \sigma_v^2 G(\boldsymbol{x}_{i_1})'G(\boldsymbol{x}_{i_2})
\end{aligned}$$

$E[y_{ij}|\Theta]$ は新規ユーザ $i$ の新規アイテム $j$ に対する予測関数である．最先端の回帰関数を使う場合，豊かな関数のクラスが導かれる．例えば $G$，$H$ として決定木を使った場合，予測関数は木の直積である．

式 (8.9) を使ってガウシアンプロセスの共分散（またはカーネル）関数を定義できる．$y_{ij}$ の周辺分布は正規分布ではないが（2 つの $r$ 次元正規乱数の内積なので），分散構造を取り入れ定義されたガウシアンプロセスを観察すれば RLFM のふるまいに関する知見を得ることができる．与えられる観測された応答 $\boldsymbol{y}$ のもとで，観測されていない応答 $y_{ij}$ の予測応答はすでに観測された応答の値の重み付き和で表現される．式 (8.9) にもとづき $\boldsymbol{\mu}$ と $\boldsymbol{\Sigma}$ を観測された応答 $\boldsymbol{y}$ の平均と分散共分散行列として定義する．そしてベクトル $\boldsymbol{c}_{ij} = \mathrm{Cov}[y_{ij}, \boldsymbol{y}]$ を観測されていない応答 $y_{ij}$ と観測されたレスポンス $\boldsymbol{y}$ との間の共分散と定義する．そのとき $y_{ij}$ の事後平均は以下のように与えられる．

$$E[y_{ij}|\Theta] + \boldsymbol{c}_{ij}'\boldsymbol{\Sigma}^{-1}(\boldsymbol{y} - \boldsymbol{\mu}) \quad (8.10)$$

$c_{ij}$ は訓練データの $i$ 列と $j$ 行にわたる要素のみが0でないことを注意してほしい．こうして直感的にはRLFMは素性ベクトルベースの予測器に**補正**を加えたもので $y_{ij}$ を予測する．この補正は行と列の残差の重み付き平均であり，重みは素性ベクトルをもとに導かれたものである．それゆえ，もしアイテム $j$ が他のアイテムと相関し，そのうえ（または）ユーザ $i$ が他のユーザと相関しているとき，この確率過程は性能を向上させるさらなる補正項を加えるために相関の情報を利用する．実際には計算量的に式 (8.9) で定義される確率過程を直接使うのは適切ではない．ここでのモデル学習戦略は計算をスケールするために潜在因子を用いて増強された観測データによって機能する．実際，この式 (8.9)，(8.10) による確率過程は観測値間の相関を導く際の回帰パラメータの果たす役割を明らかにする．またこれは予測に関わる不変パラメータ $G(\boldsymbol{x}_i)'H(\boldsymbol{x}_j)$，$G(\boldsymbol{x}_i)'G(\boldsymbol{x}_i)$，$H(\boldsymbol{x}_j)'H(\boldsymbol{x}_j)$ を与える．潜在因子モデルを（周辺化されたモデルの代わりに）直接使う限りにおいて，この不変性は $\boldsymbol{u}_i$ と $\boldsymbol{v}_j$ をそれぞれ推定することなしに現れる．積 $\boldsymbol{u}_i'\boldsymbol{v}_j$ はデータからのみ一意に決定される．

## 8.2　学習アルゴリズム

本節では学習アルゴリズムの詳細を説明する．最初に8.2.1項でガウシアンモデルでの期待値最大化法（EMアルゴリズム）を説明し，それから8.2.2節で，いかにロジスティックモデルを学習するか，適応的棄却法 (ARS: adaptive rejection sampling) での説明を行い，8.2.3項で変分近似を使用した説明をする．

**問題の定義**：$\boldsymbol{\Theta} = (b, g, h, G, H, \sigma_\alpha^2, \sigma_u^2, \sigma_\beta^2, \sigma_v{}^2)$ を事前パラメータのセットとする．$\boldsymbol{\Delta} = \{\alpha_i, \beta_j, \boldsymbol{u}_i, \boldsymbol{v}_j\}_{\forall i,j}$ を潜在因子のセットとする．そして $\boldsymbol{y}$ を観測した応答のセットとする．ここでの目的は式 (8.6) で定義される事前パラメータのMLE($\hat{\boldsymbol{\Theta}}$) を求め，因子の事後平均 $E[\boldsymbol{\Delta}|\boldsymbol{y}, \hat{\boldsymbol{\Theta}}]$ を推定することである．

この定式化は通常の最適化の定式化とは2つの点で異なる．1つ目は因子に関する周辺化が通常良い汎化をもたらすこと．2つ目は潜在次元数 $r$ の値を除きチューニングが必要ないことである．これは正則化の重み（例えば事前分散）が学習の途中で自動的に決定されるからである．典型的な最適化の定式化では正則化の重みは分離したチューニング用のデータセットで調整するが，ここではこの調整が必要ないということである．なぜなら最適な正規化の重みはランクパラメータ $r$ の関数だからである．実際，過去の経験から明らかに大きな $r$ の場合，自動的により汎化し，大きなランクを使うことでさらなる汎化を助けることがわかっている．

### 8.2.1 ガウス応答のための EM アルゴリズム

Dempster et al.(1977) で提案された EM アルゴリズムは因子モデルの学習に適している．この場合，因子は観測データから補われる欠損値である．EM アルゴリズムは E ステップと M ステップを収束するまで繰り返す．$\hat{\mathbf{\Theta}}^{(t)}$ を $t$ 回目の反復のはじめにおける $\mathbf{\Theta}$ の推定値とする．

- **E** ステップ：観測データ $\boldsymbol{y}$ と現在の推定値 $\mathbf{\Theta}$ の条件付き欠損データ $\mathbf{\Delta}$ に事後分布に関して完全データ対数尤度の期待値を求める．これは $\mathbf{\Theta}$ の関数として以下のように計算する．

$$q_t(\mathbf{\Theta}) = E_{\mathbf{\Delta}}[\log L(\mathbf{\Theta};\mathbf{\Delta},\boldsymbol{y})|\hat{\mathbf{\Theta}}^{(t)}]$$

  ここで平均操作は $(\mathbf{\Delta}|\hat{\mathbf{\Theta}}^{(t)},\boldsymbol{y})$ の事後分布に対して行う．

- **M** ステップ：$\mathbf{\Theta}$ を更新するため E ステップで求めた完全データ対数尤度の期待値を最大化する．

$$\hat{\mathbf{\Theta}}^{(t+1)} = \arg\max_{\mathbf{\Theta}} q_t(\mathbf{\Theta})$$

E ステップの実際の計算は $\arg\max_{\mathbf{\Theta}} q_t(\mathbf{\Theta})$ を計算するための十分統計量を生成することである．よって $q_t(\mathbf{\Theta})$ を計算するたびに毎回元データを参照する必要はない．EM アルゴリズムはそれぞれの反復ごとに $\int L(\mathbf{\Theta};\mathbf{\Delta},\boldsymbol{y})d\mathbf{\Delta}$ が減少する保証はない．

主要な計算のボトルネックは E ステップである．なぜなら因子の事後分布の閉じた式は得られないからである．それゆえ Booth and Hobert(1999) によって開発されたモンテカルロ EM (MCEM: Monte Carlo EM) アルゴリズムを使用する．MCEM アルゴリズムはこの事後分布からサンプルを生成し，モンテカルロ平均をとることで E ステップの期待値計算を近似する．

別の方法として期待値の閉じた式を導くために変分近似を適用したり，期待値計算を条件付き分布のモードで置き換える ICM (iterative conditional modes) アルゴリズム (Besag, 1986) を適用できる．しかしながら経験的には，または他の研究（例えば Salakhutdinov and Mnih, 2008）によると，通常サンプリングが予測性能の点で良い．またスケーラブルであると同時に因子の数が増えるとともに起こる過学習への耐性も良い．さらに重要なことはハイパーパラメータが自動的に推定されることである．このことから MCEM アルゴリズムに着目する．

#### 8.2.1.1 モンテカルロ E ステップ

$E_{\boldsymbol{\Delta}}[\log L(\boldsymbol{\Theta};\boldsymbol{\Delta},\boldsymbol{y}|\hat{\boldsymbol{\Theta}}^{(t)})]$ の閉じた式は得られないので，ギブスサンプラーで生成した $L$ 個のサンプルでモンテカルロ平均をとる (Gelfand, 1995)．$\delta$ を $\alpha_i$，$\beta_j$，$\boldsymbol{u}_i$，$\boldsymbol{v}_j$ のいずれか 1 つを表わすとして $(\delta|\text{Rest})$ を他のパラメータが与えられたもとでの $\delta$ の条件付き分布とする．$\mathcal{I}_j$ をアイテム $j$ に応答した全てのユーザの集合として，$\mathcal{J}_i$ をユーザ $i$ によって応答を受けた全てのアイテムの集合とする．ギブスサンプラーは以下の手順を $L$ 回繰り返す．

1. それぞれのユーザ $i$ に対して正規分布 $(\alpha_i|\text{Rest})$ に従い $\alpha_i$ をサンプリングする．

$$
\begin{aligned}
o_{ij} &= y_{ij} - b(x_{ij}) - \beta_j - \boldsymbol{u}_i'\boldsymbol{v}_j \text{ として} \\
\text{Var}[\alpha_i|\text{Rest}] &= \left(\frac{1}{\sigma_\alpha^2} + \sum_{j\in\mathcal{J}_i}\frac{1}{\sigma^2}\right)^{-1} \\
E[\alpha_i|\text{Rest}] &= \text{Var}[\alpha_i|\text{Rest}]\left(\frac{g(x_i)}{\sigma_\alpha^2} + \sum_{j\in\mathcal{J}_i}\frac{o_{ij}}{\sigma^2}\right)
\end{aligned}
\tag{8.11}
$$

2. それぞれのアイテム $j$ に対して正規分布 $(\beta_j|\text{Rest})$ に従い $\beta_j$ をサンプリングする．

$$o_{ij} = y_{ij} - b(x_{ij}) - \alpha_i - \boldsymbol{u}_i'\boldsymbol{v}_j \text{ として}$$

$$\mathrm{Var}[\beta_j|\mathrm{Rest}] = \left(\frac{1}{\sigma_\beta^2} + \sum_{i\in\mathcal{I}_j}\frac{1}{\sigma^2}\right)^{-1}$$
$$E[\beta_j|\mathrm{Rest}] = \mathrm{Var}[\beta_j|\mathrm{Rest}]\left(\frac{h(x_j)}{\sigma_\beta^2} + \sum_{i\in\mathcal{I}_j}\frac{o_{ij}}{\sigma^2}\right) \tag{8.12}$$

3. それぞれのユーザ $i$ に対して正規分布 $(\boldsymbol{u}_i|\mathrm{Rest})$ に従い $\boldsymbol{u}_i$ をサンプリングする.

$$o_{ij} = y_{ij} - b(x_{ij}) - \alpha_i - \beta_j \text{ として}$$

$$\mathrm{Var}[\boldsymbol{u}_i|\mathrm{Rest}] = \left(\frac{1}{\sigma_u^2}I + \sum_{j\in\mathcal{J}_i}\frac{\boldsymbol{v}_j\boldsymbol{v}_j'}{\sigma^2}\right)^{-1}$$
$$E[\boldsymbol{u}_i|\mathrm{Rest}] = \mathrm{Var}[\boldsymbol{u}_i|\mathrm{Rest}]\left(\frac{1}{\sigma_u^2}G(x_i) + \sum_{j\in\mathcal{J}_i}\frac{o_{ij}\boldsymbol{v}_j}{\sigma^2}\right) \tag{8.13}$$

4. それぞれのアイテム $j$ に対して正規分布 $(\boldsymbol{v}_j|\mathrm{Rest})$ に従い $\boldsymbol{v}_j$ をサンプリングする.

$$o_{ij} = y_{ij} - b(x_{ij}) - \alpha_i - \beta_j \text{ として}$$

$$\mathrm{Var}[\boldsymbol{v}_j|\mathrm{Rest}] = \left(\frac{1}{\sigma_v^2}I + \sum_{i\in\mathcal{I}_j}\frac{\boldsymbol{u}_i\boldsymbol{u}_i'}{\sigma^2}\right)^{-1}$$
$$E[\boldsymbol{v}_j|\mathrm{Rest}] = \mathrm{Var}[\boldsymbol{v}_j|\mathrm{Rest}]\left(\frac{1}{\sigma_v^2}H(x_j) + \sum_{i\in\mathcal{I}_j}\frac{o_{ij}\boldsymbol{u}_i}{\sigma^2}\right) \tag{8.14}$$

$\tilde{E}[\cdot]$ と $\tilde{\mathrm{Var}}[\cdot]$ を $L$ 個のギブスサンプルによって得られたサンプルで求めたモンテカルロ平均と分散とする. E ステップの出力は以下のようになっている.

- 全ての $i,j$ に対して $\hat{\alpha}_i = \tilde{E}[\alpha_i], \hat{\beta}_j = \tilde{E}[\beta_j], \hat{\boldsymbol{u}}_i = \tilde{E}[\boldsymbol{u}_i], \hat{\boldsymbol{v}}_j = \tilde{E}[\boldsymbol{v}_j]$
- 全ての観測した $(i,j)$ 対に対して $\tilde{E}[\boldsymbol{u}_i'\boldsymbol{v}_j]$
- $\sum_{ij}\tilde{\mathrm{Var}}[s_{ij}], \sum_{ik}\tilde{\mathrm{Var}}[u_{ik}]$, ここで $u_{ik}$ は $\boldsymbol{u}_i$ の $k$ 番目要素
- $\sum_{jk}\tilde{\mathrm{Var}}[v_{jk}]$, ここで $v_{jk}$ は $\boldsymbol{v}_j$ の $k$ 番目要素

これらは M ステップで使われる十分統計量である.

#### 8.2.1.2　M ステップ

M ステップでは E ステップで計算された期待値を最大化するパラメータ $\boldsymbol{\Theta}$ を求める．

$$
\begin{aligned}
q_t(\boldsymbol{\Theta}) &= E_{\boldsymbol{\Delta}}[\log L(\boldsymbol{\Theta};\boldsymbol{\Delta},\boldsymbol{y})|\hat{\boldsymbol{\Theta}}^{(t)}] \\
&= \text{constant} \\
&\quad -\frac{1}{2\sigma^2}\sum_{ij}\tilde{E}[(y_{ij}-b(x_{ij})-\alpha_i-\beta_j-\boldsymbol{u}_i'\boldsymbol{v}_j)^2]-\frac{D}{2}\log(\sigma^2) \\
&\quad -\frac{1}{2\sigma_\alpha^2}\sum_i((\hat{\alpha}_i-g(x_i))^2+\tilde{\text{Var}}[\alpha_i])-\frac{M}{2}\log\sigma_\alpha^2 \\
&\quad -\frac{1}{2\sigma_\beta^2}\sum_j((\hat{\beta}_j-h(x_j))^2+\tilde{\text{Var}}[\beta_j])-\frac{N}{2}\log\sigma_\beta^2 \\
&\quad -\frac{1}{2\sigma_u^2}\sum_i(||\hat{\boldsymbol{u}}_i-G(x_i)||^2+\text{tr}(\tilde{\text{Var}}[\boldsymbol{u}_i]))-\frac{Mr}{2}\log\sigma_u^2 \\
&\quad -\frac{1}{2\sigma_v^2}\sum_j(||\hat{\boldsymbol{v}}_j-H(x_j)||^2+\text{tr}(\tilde{\text{Var}}[\boldsymbol{v}_j]))-\frac{Nr}{2}\log\sigma_v^2
\end{aligned}
\tag{8.15}
$$

$(b,\sigma^2)$，$(g,\sigma_\alpha^2)$，$(h,\sigma_\beta^2)$，$(G,\sigma_u^2)$，$(H,\sigma_v^2)$ はそれぞれ別々の回帰で最適化されることが簡単にわかる．

**$(b,\sigma^2)$ の回帰**：ここでは以下を最小化したい．

$$
\frac{1}{\sigma^2}\sum_{ij}\tilde{E}[(y_{ij}-b(x_{ij})-\alpha_i-\beta_j-\boldsymbol{u}_i'\boldsymbol{v}_j)^2]+D\log(\sigma^2) \tag{8.16}
$$

ここで $D$ は観測した応答の数である．$b$ に対する最適解は以下のような設定のもとでの回帰問題を解くことで求められることが簡単にわかる．

- 素性ベクトル：$\boldsymbol{x}_{ij}$
- 目的変数：$(y_{ij}-\hat{\alpha}_i-\hat{\beta}_j-\tilde{E}[\boldsymbol{u}_i'\boldsymbol{v}_j])$

RSS (residual sum of square) をこの回帰問題の残差の二乗和であるとする．そして，最適な $\sigma^2$ は $(\sum_{ij}\tilde{\text{Var}}[s_{ij}]+\text{RSS})/D$，ここで RSS はこの回帰問題の残差の二乗和である．$b$ は任意の回帰モデルで良いことを留意せよ．

**$(g,\sigma_\alpha^2)$ の回帰**：$(b,\sigma^2)$ と同様に，最適な $g$ は以下のような設定のもとでの回帰問題を解くことで求められる.

- 素性ベクトル：$\boldsymbol{x}_i$
- 目的変数：$\hat{\alpha}_i$

最適な $\sigma_\alpha^2$ は $(\sum_i \tilde{\mathrm{Var}}[\alpha_i] + \mathrm{RSS})/M$ となり，ここで $M$ はユーザの数である.

$(h, \sigma_\beta^2)$ **の回帰**：最適な $h$ は以下の設定の回帰問題を解くことで求められる.

- 素性ベクトル：$\boldsymbol{x}_j$
- 目的変数：$\hat{\beta}_j$

最適な $\sigma_\beta^2$ は $(\sum_j \tilde{\mathrm{Var}}[\beta_j] + \mathrm{RSS})/N$ となり，ここで $N$ はアイテムの数である.

$(G, \sigma_u^2)$ **の回帰**：多変数回帰モデルとして，多変数の目的変数 $\hat{\boldsymbol{u}}_i$ について $\boldsymbol{x}_i$ を素性ベクトルとして回帰問題を解くことで最適な $G$ を求める．単回帰モデルとしては，それぞれの $G_k(\boldsymbol{x}_i)$ をスカラーを返す関数として，$G(\boldsymbol{x}_i) = (G_1(\boldsymbol{x}_i), \ldots, G_r(\boldsymbol{x}_i))$ を考える．この場合，それぞれの $k$ に対して $G_k$ を以下の設定での回帰問題を解くことで求める.

- 素性ベクトル：$\boldsymbol{x}_i$
- 予測する応答：$\hat{u}_{ik}$（ベクトル $\hat{\boldsymbol{u}}_i$ の $k$ 番目要素）

RSS をこの回帰問題の残差の二乗和であるとする．このとき $\sigma_u^2 = (\sum_{ik} \tilde{\mathrm{Var}}[u_{ik}] + \mathrm{RSS})/(rM)$ となる.

$(H, \sigma_v^2)$ **の回帰**：多変数回帰モデルとして考える．多変数の目的変数 $\tilde{E}[\boldsymbol{v}_j]$ について $\boldsymbol{x}_j$ を素性ベクトルとして回帰問題を解くことで最適な $H$ を求める．単回帰モデルとしては，それぞれの $H_k(\boldsymbol{x}_j)$ をスカラーを返す関数として，$H(\boldsymbol{x}_j) = (H_1(\boldsymbol{x}_j), \ldots, H_r(\boldsymbol{x}_j))$ を考える．この場合，それぞれの $k$ に対して $H_k$ を以下の設定での回帰問題を解くことで求める.

- 素性ベクトル：$\boldsymbol{x}_j$
- 予測する応答：$\hat{v}_{jk}$（ベクトル $\hat{\boldsymbol{v}}_j$ の $k$ 番目要素）

RSSをこの回帰問題の残差の二乗和であるとする．そのとき $\sigma_v^2 = (\sum_{jk} \tilde{\mathrm{Var}}[v_{jk}] + \mathrm{RSS})/(rN)$ となる．

#### 8.2.1.3　備考

**Mステップの正則化**：Mステップの回帰問題に対して，どのような正則化や最適化アルゴリズムでも適用することができる．実際には，素性の数が多いときや素性間の相関が高いときに正則化は重要である．

**ギブスサンプルの回数**：Eステップの計算を厳密な手法からモンテカルロ平均に置き換えると，モンテカルロサンプリングの誤差に起因して，ステップごとに周辺尤度が増加することはもはや保証されない．もしモンテカルロサンプリングの $\hat{\Theta}^{(t)}$ に関する誤差が相対的に $||\hat{\Theta}^{(t-1)} - \hat{\Theta}_\infty^{(t)}||$ より大きいならば，モンテカルロEステップは誤差が累積し計算が無駄になる（$\hat{\Theta}_\infty^{(t)}$ は，無限回のサンプリングを行うなど厳密にEステップを実行することで得られる）．この問題に対して，いくつかの実際的なガイドライン (Booth and Hobert, 1999) を除き，厳密な対処法は知られていない．例えば，初期の反復では少ないモンテカルロサンプリングを使うほうが良い，などである．さまざまな戦略で広範囲にわたる実験を行い，100個のサンプリング（10個のバーンインサンプルを生成した後）のEM反復を20回行えば，実験を行った範囲では適切に実行できた．実際にはサンプル数の選択は性能にあまり影響を与えなかった．例えば，50などの小さなサンプル数であっても，性能はそれほど悪くならなかった．ギブスサンプラーはその単純さから選ばれており，より早く**混合**させるサンプリング方法を調査する余地がある．

**スケーラビリティ**：因子の次元，EM反復の回数，ギブスサンプリングの数を決定したもとで，MCEMアルゴリズムは本質的に観測値の数に対して**線形時間**である．実験を行った範囲ではMCEMアルゴリズムはかなり少ないEM反復（10回くらい）の後，高速に収束する．このアルゴリズムは並列化可能である．Eステップで $\ell$ 番目のサンプルを生成するとき，それぞれのユーザの因子は他のユーザのサンプルとは独立に生成することができる．このようにしてサンプリングは並列に実行できる．同様の性質はアイテムに関しても成り立つ．M ステップではいくつかの回帰問題を解く必要がある．それには任意のスケーラブルなソフトウェアパッケージを利用することもできる．

**因子の縮小推定**：RLFM は回帰関数の線形結合と協調フィルタリングによる因子の推定である．因子の予測 $\boldsymbol{u}_i$（同様に $\boldsymbol{v}_j$）を考えよう．単純のため $r = 1$ とする．そして $o_{ij}$ を素性ベクトル $\boldsymbol{x}_{ij}$ とユーザとアイテムのバイアスに補正した後のユーザ $i$，アイテム $j$ の応答とする．$\lambda = \frac{\sigma^2}{\sigma_u^2}$ として以下のようになる．

$$E[u_i|\text{Rest}] = \frac{\lambda}{\lambda + \sum_{j \in \mathcal{J}_i} \boldsymbol{v}_j^2} G(\boldsymbol{x_i}) + \frac{\sum_{j \in \mathcal{J}_i} \boldsymbol{v}_j o_{ij}}{\lambda + \sum_{j \in \mathcal{J}_i} \boldsymbol{v}_j^2} \tag{8.17}$$

これは固定した $\boldsymbol{v}$ に対し，回帰 $G$ とユーザ $i$ の応答 $o_{ij}$ の線形結合となっている．この線形結合している項の重みは大局的な縮小パラメータ $\lambda$ と，そのユーザによって応答されたアイテムに関する因子の両方に依存している．回帰による影響は $\sum_{j \in \mathcal{J}_i} \boldsymbol{v}_j^2$ が $\lambda$ より著しく大きいときに無視でき，この場合ユーザ因子の推定はそれぞれのユーザに対する線形回帰を，そのユーザの異なったアイテムに対する応答とそれらのアイテムの因子ベクトルを素性ベクトルとみなした回帰問題だとして実行することによって得られる．明らかに，精度よくアイテム因子を推定するために十分な量のアイテムに対する応答を観測したとき，応答の情報によってほとんど決定され，回帰はもはや重要ではない．

ハイパーパラメータが既知であると仮定すると，注目すべきは，データで条件付けられた $u_i$ の周辺期待値が以下で与えられる重み付けを行ったユーザ $i$ の応答と回帰の線形和になることである．

$$E\left[\frac{\lambda}{\lambda + \sum_{j \in \mathcal{J}_i} \boldsymbol{v}_j^2}\right], \ E\left[\frac{\boldsymbol{v}_j}{\lambda + \sum_{j \in \mathcal{J}_i} \boldsymbol{v}_j^2}\right] \quad \text{ここで } j \in \mathcal{J}_i \tag{8.18}$$

ここで期待値はアイテム因子 $v_j$ に関する周辺事後分布に対して計算する．ここから，どのように RLFM が回帰と応答の間でバランスをとり，因子を推定するかに関する知見を得ることができる．興味深いことに，縮小推定量は応答と回帰の線形結合であるにもかかわらず，重みは非常に強い非線形の関数で表され大局的な縮小パラメータと局所的な応答情報の両方に依存する．

### 8.2.2　ロジスティック応答のための ARS ベース EM アルゴリズム

バイナリ（ロジスティック）応答 $y_{ij} \in \{0,1\}$ における RLFM の学習アルゴリズムは，ガウス応答での EM アルゴリズムと似ている．この場合，完全データ対数尤度は以下のように与えられる．

$$\begin{aligned}\log L(\boldsymbol{\Theta};\boldsymbol{\Delta},\boldsymbol{y}) &= \log \Pr(\boldsymbol{y},\boldsymbol{\Delta}|\boldsymbol{\Theta}) = \text{constant}\\
&- \sum_{ij}\log(1+\exp\{-(2y_{ij}-1)(b(\boldsymbol{x}_{ij})+\alpha_i+\beta_j+\boldsymbol{u}_i'\boldsymbol{v}_j)\})\\
&- \frac{1}{2\sigma_\alpha^2}\sum_i(\alpha_i - g(\boldsymbol{x}_i))^2 - \frac{M}{2}\log\sigma_\alpha^2\\
&- \frac{1}{2\sigma_\beta^2}\sum_j(\beta_j - h(\boldsymbol{x}_j))^2 - \frac{N}{2}\log\sigma_\beta^2\\
&- \frac{1}{2\sigma_u^2}\sum_i||\boldsymbol{u}_i - G(\boldsymbol{x}_i)||^2 - \frac{Mr}{2}\log\sigma_u^2\\
&- \frac{1}{2\sigma_v^2}\sum_i||\boldsymbol{v}_j - H(\boldsymbol{x}_j)||^2 - \frac{Nr}{2}\log\sigma_v^2\end{aligned} \tag{8.19}$$

EM アルゴリズムは E ステップと M ステップを繰り返す．本項では ARS にもとづく手法を説明し，8.2.3 項で変分近似を説明する．

#### 8.2.2.1　ARS による E ステップ

バイナリデータとロジスティックリンク関数[3)]に対し，条件付き事後分布 $p(\alpha_i|\text{Rest})$，$p(\beta_j|\text{Rest})$，$p(\boldsymbol{u}_i|\text{Rest})$，$p(\boldsymbol{v}_j|\text{Rest})$ は閉じた式ではない．しかしながら，正確で効率的なサンプリングは ARS を使って実現できる (Gilks, 1992)．ARS は任意の多変数の対数凸分布関数から効率的なサンプリングを行う手法である．

一般に棄却法 (RS: rejection sampling) は多変数の分布からサンプリングを行うためによく使われる．一般的ではない分布 $p(x)$ からサンプリングしたいとしよう．もし $p(x)$ を近似して簡単にサンプリングができ，かつ $p(x)$ より裾が重い[4)]別の分布 $e(x)$ を見つけたなら，$e(x)$ を棄却法に使用できる．全ての

3) 訳注：一般化線形モデルにおいて線形回帰の結果と目的変数を結びつける関数．線形回帰の結果をリンク関数で変換する．

4) 訳注：中心から離れた点の確率が大きい．

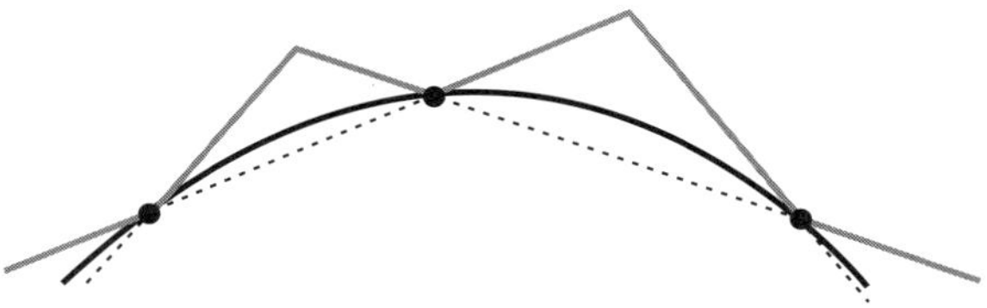

図 8.2 ある分布関数（の対数）の上界と下界の例.

$p(x) > 0$ となる $x$ に対して，$p(x) \leq Me(x)$ となる定数 $M$ を見つけることが鍵である．例えば図 8.2 の灰色の実線で示した折れ線が $Me(x)$ で，黒の曲線が $p(x)$ である．このアルゴリズムは単純である．有効なサンプルが得られるまで以下のステップを繰り返す．まず $e(x)$ から $x^*$ をサンプリングする．そして，確率 $p(x^*)/(Me(x^*))$ で $x^*$ を有効なサンプルとして採用し，そうでなければ棄却する．

$p(x^*)/(Me(x^*))$ は常に 0 から 1 の間の値をとることに留意してほしい．このアルゴリズムは $p(x)$ からのサンプリングを実現し，採択確率は $1/M$ である．小さな $M$ を求めるときは $p(x)$ のモードを必要とする．また実用的には棄却法に適合した良い分布 $e(x)$ を探すことも重要である．ARS はこの 2 つの問題を対処する．ARS は区分的に指数関数で構成される良い適合分布 $e(x)$ を見つける．つまり $\log e(x)$ は図 8.2 で示される折れ線のように区分線形である．ARS では $p(x)$ のモードを求める必要はなく，$p(x)$ が対数凸関数であるということのみが必要であり，ここでは満たされている．この区分指数関数は，対象となる対数分布関数の上側の包絡線をとることで構築する．さらにいえば，この手続きは適応的で包絡線をさらに良くするために棄却された点を使用する．これは将来のサンプリングにおける棄却率を下げることになる．

Gilks(1992) に提案された導関数なし ARS を使う．これは以下のような手続きである．まず対象となる対数凸分布関数 $p(x)$ から得られるサンプル $x^*$ を得たい．$p(x)$ のモードに対して少なくとも 1 点がモードの右側にあり 1 点が左側にあるような，少なくとも 3 点の初期値から始める（この 3 点の条件は分布の微分から保証され，実際にモードを計算する必要はない）．$\log p(x)$ の下界 $lower(x)$ は，$p(x)$ の評価点を繋いだ弦と端点では垂直な直線によって構成される．例えば，図 8.2 では点線で表示された区分線形の線が $lower(x)$ である．一方，黒の実線は $\log p(x)$ である．また，上界 $upper(x)$ は弦をそれらが交わる点まで伸ばすことで構築する．例えば，図 8.2 の灰色の区分線形な直線な $upper(x)$ である．この包絡関数 $e(x)$（上界）と押し潰した関数 $s(x)$（下界）は区分線形な $\log p(x)$ の上界と下界に指数関数を作用させて作る．つまり $e(x) = \exp(upper(x)), s(x) = \exp(lower(x))$ である．$e_1(x)$ を対応する $e(x)$ から導かれる分布関数とすると以下のように書ける．

$$e_1(x) = \frac{e(x)}{\int e(x)dx} \tag{8.20}$$

このサンプリングの手順は以下のように行う．以下のステップを有効なサンプルが得られるまで繰り返す．

1. $e_1(x)$ に従って乱数 $x^*$ を生成する．それとは独立に $z \sim \mathrm{Uniform}(0,1)$ を生成する．
2. もし $z \leq s(x^*)/e(x^*)$ ならば $x^*$ を有効なサンプルとして採択する．
3. もし $z \leq p(x^*)/e(x^*)$ ならば $x^*$ を有効なサンプルとして採択する．そうでなければ $x^*$ を棄却する．
4. もし $x^*$ が棄却されたならば，$x^*$ を用いて新規の弦を作り，$e(x)$ と $s(x)$ を更新する．

サンプルが採択されるまでこの手続きを繰り返す．押し潰した関数を採択基準として使用することは元の分布 $p(x)$ の部分的な情報を含むことに注意してほしい．最初に押し潰した関数で $x^*$ をテストすることは計算量を削減する．なぜなら押し潰した関数は構築された包絡線から容易に利用でき，$p(x^*)$ を評価する計算のコストが高いからである．

ARS による E ステップは以下のように動作する．$\Delta$ を $L$ 個サンプルするため以下を $L$ 回繰り返す．

1. ARS を使い，$p(\alpha_i|\mathrm{Rest})$ に従ってそれぞれのユーザに関する $\alpha_i$ をサンプルする．この対象となる分布の対数は以下のように与えられる．

$$\log p(\alpha_i|\text{Rest}) = \text{constant} \\ - \sum_{j\in\mathcal{J}_i} \log(1+\exp\{-(2y_{ij}-1)(f(x_{ij})+\alpha_i+\beta_j+\boldsymbol{u}_i'\boldsymbol{v}_j)\}) \\ - \frac{1}{2\sigma_\alpha^2}(\alpha_i - g(x_i))^2 \tag{8.21}$$

2. それぞれのアイテム $j$ に対して $\alpha_i$ と同様に $\beta_j$ をサンプリングする.
3. それぞれのユーザ $i$ に対して $\boldsymbol{u}_i$ を $p(\boldsymbol{u}_i|\text{Rest})$ に従いサンプリングする. $\boldsymbol{u}_i$ は $r$ 次元ベクトルなので, それぞれの $k = 1,\ldots,r$ に対して $u_{ik}$ を $p(u_{ik}|\text{Rest})$ に従い ARS でサンプリングする. 対象となる分布の対数は以下のように与えられる.

$$\log p(u_{ik}|\text{Rest}) = \text{constant} \\ - \sum_{j\in\mathcal{J}_i} \log(1+\exp\{-(2y_{ij}-1)(f(x_{ij})+\alpha_i+\beta_j+u_{ik}v_{jk}+\sum_{\ell\neq k} u_{i\ell}v_{j\ell})\}) \\ - \frac{1}{2\sigma_u^2}(u_{ik} - G_k(x_i))^2 \tag{8.22}$$

4. それぞれのアイテム $j$ に対して $\boldsymbol{u}_i$ と同様に $\boldsymbol{v}_j$ もサンプリングする.

**ARS の初期点**：ARS の棄却率は初期値と対象とする分布に依存する. 棄却率を下げるために, Gilks et al. (1995) はギブスサンプラーにおける以前の反復の 5% 点, 50% 点, 95% 点を 3 つの初期点として包絡関数を構築することを提案している. このアプローチを実際に使用し, おおよそ 60% 棄却率の減少を観測した.

**中心化**：RLFM の結果は一意ではない. 例えば, $\tilde{f}(x_{ij}) = f(x_{ij}) - \delta$, $\tilde{g}(x_i) = g(x_i) + \delta$ として, $\tilde{f}$ と $\tilde{g}$ を用いたモデルは本質的に $f$, $g$ を用いた場合と同じである. モデルを一意に決定するため, 因子の値に制限を加える. 特に, $\sum_i \alpha_i = 0$, $\sum_j \beta_j = 0$, $\sum_i \boldsymbol{u}_i = \boldsymbol{0}$, $\sum_j \boldsymbol{v}_j = \boldsymbol{0}$ とする. これらの制限はユーザの因子間とアイテムの因子間に依存関係をもたらす. サンプリングのとき, これらの依存関係を取り扱う代わりに, 単にサンプルの平均を引くことでサンプリングの後にこれらの制限を課す. これは全ての因子をサンプリングした後に $\bar{\alpha} = \sum_i \hat{\alpha}_i / M$ と平均を計算して, 全ての $i$ に対して $\hat{\alpha}_i = \hat{\alpha}_i - \bar{\alpha}$ とする, 他の因子も同様である．ここで $M$ はユーザの数であり，$\hat{\alpha}_i$ は $\alpha_i$ の事後サンプル平均である．

#### 8.2.2.2　M ステップ

M ステップはガウス応答と $b(\boldsymbol{x}_{ij})$ の回帰以外は同様である．なぜなら $b$ のみがロジスティック関数の尤度を計算する必要があるからである．特にここでは，以下の $o_{ij} = \alpha_i + \beta_j + \boldsymbol{u}_i'\boldsymbol{v}_j$ に対する期待値を最大化する $b$ を計算する必要がある．

$$\sum_{ij} E_{o_{ij}}[\log(1+\exp\{-(2y_{ij}-1)(b(\boldsymbol{x}_{ij})+o_{ij})\})] \tag{8.23}$$

この期待値 (8.23) は閉じた式が得られないので，推定機を追加してこれを使って求めた推定値を用いて近似する．

$$\begin{aligned}&\sum_{ij} E_{o_{ij}}[\log(1+\exp\{-(2y_{ij}-1)(b(\boldsymbol{x}_{ij})+o_{ij})\})]\\&\quad\approx\sum_{ij}\log(1+\exp\{-(2y_{ij}-1)(b(\boldsymbol{x}_{ij})+\hat{o}_{ij})\}]\end{aligned} \tag{8.24}$$

ここで $\hat{o}_{ij} = \hat{\alpha}_i + \hat{\beta}_j + \hat{\boldsymbol{u}}_i'\hat{\boldsymbol{v}}_j$ は定数のオフセットとして扱うことができる．学習用の観測 $(i,j)$ に対して，バイナリ応答 $y_{ij}$ を目的変数，$\boldsymbol{x}_{ij}$ を素性ベクトルとして，オフセット $o_{ij}$ とする標準的なロジスティック回帰問題に帰着する．

### 8.2.3　ロジスティック応答のための変分 EM アルゴリズム

Jaakkola and Jordan (2000) の変分近似をもとに行う．基本的なアイデアは，完全データでの対数尤度の変分下限をもとにしたEM反復を行う前に，バイナリ応答をガウス応答に変換することである．それから単にガウシアンモデルのEステップとMステップを使う．

$f(z) = (1+e^{-z})^{-1}$ をシグモイド関数とする．Jaakkola and Jordan (2000) では $\log f(x)$ を以下の近似で評価する．

$$\begin{aligned}\log f(z) &= -\log(1+e^{-z}) = \frac{z}{2} + q(z)\\ q(z) &= -\log(e^{z/2}+e^{-z/2})\end{aligned} \tag{8.25}$$

ここでテイラー展開をする．

$$
\begin{aligned}
q(z) &\geq q(\xi) + \frac{dq(\xi)}{d(\xi^2)}(z^2 - \xi^2) \\
&= \log g(\xi) - \frac{\xi}{2} - \lambda(\xi)(z^2 - \xi^2)
\end{aligned}
\tag{8.26}
$$

任意の $\xi$ に対して上式が成り立つ．ここで $\lambda(\xi)$ は以下のように与えられる．

$$
\lambda(\xi) = \frac{dq(\xi)}{d(\xi^2)} = \frac{1}{4\xi}\frac{e^{\xi/2} - e^{-\xi/2}}{e^{\xi/2} + e^{-\xi/2}} = \frac{1}{4\xi}\tanh\left(\frac{\xi}{2}\right) \tag{8.27}
$$

この下限は任意の $\xi$ に対して成り立ち，等号成立は $\xi^2 = z^2$ のときである．$\xi_{ij}$ を観測値 $y_{ij}$ に対応した変分パラメータとする．$s_{ij} = b(\boldsymbol{x}_{ij}) + \alpha_i + \beta_j + \boldsymbol{u}_i'\boldsymbol{v}_j$ とする．下限の式 (8.26) を使い，完全データ対数尤度の下限は式 (8.19) で定義される．

$$
\begin{aligned}
&\log L(\boldsymbol{\Theta}; \boldsymbol{\Delta}, \boldsymbol{y}) \geq \ell(\boldsymbol{\Theta}; \boldsymbol{\Delta}, \boldsymbol{y}, \boldsymbol{\xi}) \\
&\quad = \sum_{ij}\left(\log f(\xi_{ij}) + \frac{(2y_{ij} - 1)s_{ij} - \xi_{ij}}{2} - \lambda(\xi_{ij})(s_{ij}^2 - \xi_{ij}^2)\right) \\
&\qquad + \log \Pr(\boldsymbol{\Delta}|\boldsymbol{\Theta})
\end{aligned}
\tag{8.28}
$$

ここで $\log \Pr(\boldsymbol{\Delta}|\boldsymbol{\Theta})$ は式 (8.19) の最後の 4 行である．$\ell(\boldsymbol{\Theta}; \boldsymbol{\Delta}, \boldsymbol{y}, \boldsymbol{\xi})$ はガウシアンモデルと似た形に書き直すことができる．

$$
\begin{aligned}
\ell(\boldsymbol{\Theta}; \boldsymbol{\Delta}, \boldsymbol{y}, \boldsymbol{\xi}) &= \sum_{ij} -\frac{(r_{ij} - s_{ij})^2}{2\sigma_{ij}^2} + \log \Pr(\boldsymbol{\Delta}|\boldsymbol{\Theta}) + c(\boldsymbol{\xi}) \\
r_{ij} &= \frac{2y_{ij} - 1}{4\lambda(\xi_{ij})},\ \sigma_{ij}^2 = \frac{1}{2\lambda(\xi_{ij})}
\end{aligned}
\tag{8.29}
$$

ここで $c(\boldsymbol{\xi})$ は $\xi_{ij}$ などによってのみ依存する関数である．ここで $r_{ij}$ は分散 $\sigma_{ij}^2$ であるガウス応答と扱うことができる．

ここで，変分 EM アルゴリズムは $\log L(\boldsymbol{\Theta}; \boldsymbol{\Delta}, \boldsymbol{y})$ を $\ell(\boldsymbol{\Theta}; \boldsymbol{\Delta}, \boldsymbol{y}, \boldsymbol{\xi})$ で置き換えることで動作する．$\hat{\boldsymbol{\Theta}}^{(t)}$ と $\hat{\boldsymbol{\xi}}^{(t)}$ を $t$ 回目の反復のはじめにおける $\boldsymbol{\Theta}$ と $\boldsymbol{\xi}$ の推定であるとする．まず全てに対し $\xi_{ij} = 1$ とおく．$t$ 回目の反復では以下を行う．

1. E ステップ：$E_{(\boldsymbol{\Delta}|\boldsymbol{y}, \hat{\boldsymbol{\Theta}}^{(t)}, \hat{\boldsymbol{\xi}}^{(t)})}[\ell(\boldsymbol{\Theta}; \boldsymbol{\Delta}, \boldsymbol{y}, \boldsymbol{\xi})]$ を式 (8.29) に従い計算する．これは $r_{ij}$ を応答として，$\sigma_{ij}^2$ を観測値の分散としたガウシアンモデルの E ステップと同じ

2. Mステップ：$\hat{\boldsymbol{\Theta}}^{(t+1)}$ と $\hat{\boldsymbol{\xi}}^{(t+1)}$ を，以下を用いて求める．

$$(\hat{\boldsymbol{\Theta}}^{(t+1)}, \hat{\boldsymbol{\xi}}^{(t+1)}) = \underset{(\boldsymbol{\Theta}, \boldsymbol{\xi})}{\arg\max}\, E_{(\boldsymbol{\Delta}|\boldsymbol{y}, \hat{\boldsymbol{\Theta}}^{(t)}, \hat{\xi}^{(t)})}[\ell(\boldsymbol{\Theta}; \boldsymbol{\Delta}, \boldsymbol{y}, \boldsymbol{\xi})] \tag{8.30}$$

#### 8.2.3.1　変分Eステップ

Eステップは以下のように動作する．与えられた疑似的な正規分布からの観測値 $(r_{ij}, \sigma_{ij}^2)$，これは $\hat{\xi}_{ij}^{(t)}$ によって計算される，以下のように $L$ 回 $\Delta$ をサンプリングする．

1. それぞれのユーザ $i$ について正規分布である事後分布 $(\alpha_i|\text{Rest})$ に従って $\alpha_i$ を以下のようにサンプリングする．

$$o_{ij} = r_{ij} - b(x_{ij}) - \beta_j - \boldsymbol{u}_i'\boldsymbol{v}_j \text{ として}$$

$$\begin{aligned} \text{Var}[\alpha_i|\text{Rest}] &= \left(\frac{1}{\sigma_\alpha^2} + \sum_{j\in\mathcal{J}_i}\frac{1}{\sigma_{ij}^2}\right)^{-1} \\ E[\alpha_i|\text{Rest}] &= \text{Var}[\alpha_i|\text{Rest}]\left(\frac{g(x_i)}{\sigma_\alpha^2} + \sum_{j\in\mathcal{J}_i}\frac{o_{ij}}{\sigma_{ij}^2}\right) \end{aligned} \tag{8.31}$$

2. $\alpha_i$ と同様に全てのアイテム $j$ に対して $\beta_j$ をサンプリングする
3. それぞれのユーザ $i$ について正規分布である事後分布 $(\boldsymbol{u}_i|\text{Rest})$ に従って $\boldsymbol{u}_i$ を以下のようにサンプリングする．

$$o_{ij} = r_{ij} - b(x_{ij}) - \alpha_i - \beta_j \text{ として}$$

$$\begin{aligned} \text{Var}[\boldsymbol{u}_i|\text{Rest}] &= \left(\frac{1}{\sigma_u^2}I + \sum_{j\in\mathcal{J}_i}\frac{\boldsymbol{v}_j\boldsymbol{v}_j'}{\sigma_{ij}^2}\right)^{-1} \\ E[\boldsymbol{u}_i|\text{Rest}] &= \text{Var}[\boldsymbol{u}_i|\text{Rest}]\left(\frac{G(x_i)}{\sigma_u^2} + \sum_{j\in\mathcal{J}_i}\frac{o_{ij}\boldsymbol{v}_j}{\sigma_{ij}^2}\right) \end{aligned} \tag{8.32}$$

4. $\boldsymbol{u}_i$ と同様に全てのアイテム $j$ に対して $\boldsymbol{v}_j$ をサンプリングする

#### 8.2.3.2　変分Mステップ

Mステップは，ガウス応答の場合と $b(\boldsymbol{x}_{ij})$ の回帰を除いて同じである．なぜなら，$b$ のみがロジスティック関数の尤度計算を必要とするからである．$b$ に加えて変分パラメータ $\boldsymbol{\xi}$ の更新も行う必要がある．実際 $b$ の推定は $\boldsymbol{\xi}$ の推定と明確に分離できない．こうして，収束するまで以下の 2 ステップを繰り返す．

**$b$ の回帰**：$s_{ij}$ に含まれる新しい $b$ の推定値を，式 (8.29) を使って求める．これは $b$ に関する以下のような回帰問題の最適解を求めればよいことがわかる．

- **素性ベクトル**：$\boldsymbol{x}_{ij}$
- **目的変数**：$(r_{ij} - \hat{\alpha}_i - \hat{\beta}_j - \tilde{E}[\boldsymbol{u}_i'\boldsymbol{v}_j])$，ここで $r_{ij}$ は $\xi_{ij}$ の最も新しい推定値をもとに計算される．
- **重み**：$1/\sigma_{ij}^2$，これは $\xi_{ij}$ の最も新しい推定値をもとに計算される．

**$\boldsymbol{\xi}$ の推定**：新たな $\xi_{ij}$ は式 (8.28) を用いて計算される．

$$\begin{aligned}
&\frac{d}{d\xi_{ij}}\tilde{E}[\ell(\boldsymbol{\Theta};\boldsymbol{\Delta},\boldsymbol{y},\boldsymbol{\xi})] \\
&\quad = \frac{d}{d\xi_{ij}}\log f(\xi_{ij}) - \frac{1}{2} - (\tilde{E}[s_{ij}^2] - \xi_{ij}^2)\frac{d\lambda(\xi_{ij})}{d\xi_{ij}} + 2\lambda(\xi_{ij})\xi_{ij} \\
&\quad = \frac{1}{2} + \frac{d}{d\xi_{ij}}q(\xi_{ij}) - \frac{1}{2} - (\tilde{E}[s_{ij}^2] - \xi_{ij}^2)\frac{d\lambda(\xi_{ij})}{d\xi_{ij}} + 2\lambda(\xi_{ij})\xi_{ij} \\
&\quad = -(\tilde{E}[s_{ij}^2] - \xi_{ij}^2)\frac{d\lambda(\xi_{ij})}{d\xi_{ij}}
\end{aligned} \tag{8.33}$$

$\xi_{ij}^2 = \tilde{E}[s_{ij}^2]$ のとき最大となる．よって

$$\begin{aligned}
\hat{\xi}_{ij}^{(t+1)} &= \sqrt{\tilde{E}[s_{ij}^2]} \\
&= \sqrt{(b(x_{ij}) + \hat{\alpha}_i + \hat{\beta}_j + \tilde{E}[\boldsymbol{u}_i'\boldsymbol{v}_j])^2 + \tilde{\mathrm{Var}}[s_{ij}]}
\end{aligned} \tag{8.34}$$

ここで $b$ は回帰問題の解である．

## 8.3 コールドスタートの実例

線形回帰を事前分布とする RLFM の性能評価例として，映画評価のデータセット（MovieLens と EachMovie）と Yahoo! フロントページデータセット

**表 8.1**　MovieLens と EachMovie におけるテストセット RMSE.

| | MovieLens-1M | | | EachMovie | | |
|---|---|---|---|---|---|---|
| モデル | 30% | 60% | 75% | 30% | 60% | 75% |
| RLFM | 0.9742 | 0.9528 | 0.9363 | 1.281 | 1.214 | 1.193 |
| 因子のみ | 0.9862 | 0.9614 | 0.9422 | 1.260 | 1.217 | 1.197 |
| 素性ベクトルのみ | 1.0923 | 1.0914 | 1.0906 | 1.277 | 1.272 | 1.266 |
| フィルタボット | 0.9821 | 0.9648 | 0.9517 | 1.300 | 1.225 | 1.199 |
| Most-Popular | 0.9831 | 0.9744 | 0.9726 | 1.300 | 1.227 | 1.205 |
| コンスタントモデル | 1.118 | 1.123 | 1.119 | 1.306 | 1.302 | 1.298 |
| Dyn-RLFM | | | 0.9258 | | | 1.182 |

(Y!FP) の 2 つを示す．映画評価のデータセットでは一般的な二乗平均平方根誤差 (RMSE) を評価指標として使う．Yahoo! データセットでは受信者操作特性曲線（ROC 曲線）を使う．

**手法**：以下の手法で RLFM を評価する．

- **因子のみモデル**と**素性ベクトルのみモデル**は，RLFM の特殊な場合である．
- **Most-Popular** は，テストデータのユーザに訓練データの中で最も人気のアイテムを推薦するベースラインの手法である
- **フィルタボット** (Park et al., 2006) は，コールドスタートにおける協調フィルタリングを扱えるようにデザインされたハイブリッドな方法である．全体の人気度，映画のジャンル，アイテムベースアルゴリズムに関連した年齢と性別にもとづいた 11 のユーザグループにもとづき 13 個のボットを使った (Herlocker et al., 1999).

他のいくつかの協調フィルタリングアルゴリズム（純粋なアイテム間類似度，ユーザ間類似度，回帰ベースのもの）はすでに試みた．**フィルタボット**はこれらの中では一様に良い性能を示すので，このベースラインに関連して結果のみを報告する．

**MovieLens データ**：943 人のユーザ，1,682 個の映画，10 万個のレイティングによる MovieLens-100K と 6,040 人のユーザ，3,706 本の映画（説明書きによると

3,900)，100 万個のレイティングによる MovieLens-1M の 2 つの MovieLens データセットでの実験を行った．ユーザ素性は年齢，性別，ZIP コード（先頭の数字のみを使用した），職業を含む．アイテム素性は映画のジャンルを含む．MovieLens-100K はあらかじめ 5 つの訓練-テストデータへの分割を行い，5 フォールド交差検証を行う．$r = 5$ で RLFM，因子のみモデル，素性ベクトルのみモデルで RMSE を評価した．これらのデータに関して，テストセットには新たなユーザとアイテムは存在しない．RLFM による因子のみモデルに対する相対的な性能向上は，概ね素性ベクトルベースの事前分布によって得られる正則化による（例えば，図 8.1 を見てほしい）．

| | RLFM | 因子のみモデル | 素性ベクトルのみモデル |
|---|---|---|---|
| MovieLens-100K | 0.8956 | 0.9064 | 1.0968 |

しかしながら，ランダム分割にもとづくテストは，結局，未来のデータから過去を予測することになる．これは未来に起こるユーザのアイテムに対するレイティングを予測するという実世界でのシナリオには対応しない．MovieLens-1M ではより現実的な設定での結果を報告する．最も新しい 25%の評価データをテストデータとして保持し，最初の 30%，60%，75%の評価データを用いて 3 つのモデルを学習する．表 8.1 はテストセットの RMSE を示す．

純粋な素性ベクトルベースのモデルである素性ベクトルのみモデルの性能は悪い（コンスタントモデル[5] よりは良い）．実際，アイテムの人気度にもとづくモデルは素性ベクトルのみモデルより顕著に良い．因子のみモデルは全ての既存の協調フィルタリングの手法を上回る．素性ベクトルとアイテムの人気を通じて制限された因子にもとづく RLFM は，顕著に他の静的なモデルを上回る．テストセットの多くの割合（だいたい 56%）は新規ユーザによるものであるが，大半のアイテムは過去に表れた古いものである．動的 RLFM を通じて得た素性ベクトルベースの事前分布にもとづく素性ベクトルを出発点とする新たなユーザへの適応的な因子の推定によって，静的な RLFM 以上の予測精度における顕著な性能向上を得る．

[5] 訳注：全ての入力に対して定数のスコアを予測値として返すモデル．

**EachMovie データ**：EachMovie データは MovieLens と似ているが，さらにノイジーで（コンスタントモデルに対する RMSE は最適モデルに近い），多くのユーザの 1 つまたは 2 つの素性が欠損している．72,916 ユーザによる 1,628 本の映画に対する 2,811,983 個のレイティングを含んでいる．2,559,107 個の真のレイティング（重みが 1）を選び，レイティングを 0 から 5 の範囲に収まるように線形に正規化する．MovieLens と同様に分割を行い，訓練データを作成する．テストデータの RMSE は表 8.1 で示した．この結果は定性的に MovieLens の結果と似ている．RLFM が最適なオフラインモデルであるということである．RLFM のオンライン版は他の手法を顕著に上回る．

**Yahoo! フロントページデータ**：前半の数章で示したように，今日の Yahoo! フロントページはいくつかのタブをもち，それぞれのユーザに応じたタブで 4 つの記事を推薦する．それぞれのユーザの訪問に対して適切な記事を推薦し，クリック数を最大化するアルゴリズムを開発することが目的である．この例における記事の寿命は短い（通常 1 日より短い），そしてスケーラビリティの観点からモデルは定期的にオフラインでしか再学習が行われない．そのようにオフラインで学習されたモデルがデプロイされるとき，ほとんどの記事（と多く割合のユーザ）が新規のものである．古典的な協調フィルタリングアルゴリズムにおける各記事について，訓練データ中にいくつかのユーザによるレイティングがあるという仮定は，この場合成立しない．よって，アイテムの素性とユーザの過去の履歴を両方用いるモデルを使用したい．どの時点であっても少数の**生きている**アイテムしかないため，アイテムの潜在因子をオンラインで更新することは，良い性能を得るための合理的な手法である．Yahoo! フロントページデータセット (Y!FP) と呼ばれるデータセットは推薦アルゴリズムの性能を評価するために作られた．このデータセットは 30,635 人の頻繁に訪れる（少なくとも 5 か月以内に 30 回のレイティングがあった）Yahoo! のユーザによる 4,316 記事に対する 1,909,525 個の「バイナリのレイティング」（クリック，または，単に閲覧しただけでクリックしなかった）からなる．ユーザの素性は年齢，性別，位置情報とユーザのネットワークでの行動（検索，広告のクリック，閲覧ページ，登録など）をもとに推測されたウェブブラウジングの傾向を含

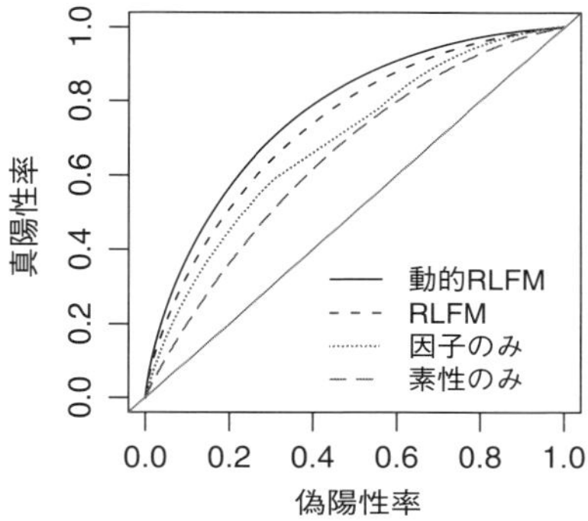


図 **8.3** Y!FP データにおける異なる手法での ROC 曲線.

む.ユーザは最近の過去の行動パターンから,数千のアイテムのカテゴリに対する興味の度合いをスコアとして付与される.これらのスコアを訓練データの主成分分析を使うことで数百個の素性に次元削減する.アイテム素性は編集者によって手作業で記事に付与されたカテゴリである.

**Y!FP の結果**：図 8.3 に示したように,全てのモデルは,全ての入力に対して定数のスコアを予測値として返すコンスタントモデルより良い(コンスタントモデルの ROC 曲線は図の直線である).テストセットのほとんど全てのアイテムはこの例の場合,新規のものである.したがって因子のみモデルの場合,アイテム因子 $(\beta_j, v_j)$ は 0 であり,ユーザによる人気度に対応する項 $\alpha_i$ によってのみ決定される.よって,図からユーザのクリックのみにもとづく予測は純粋な素性ベクトルベースのモデルより性能が良いことがわかる.アイテム素性ベクトルとともに細粒度のユーザプロファイルを使う静的な RLFM モデルは因子のみモデルより性能が顕著に良い.これはデータにおける強いユーザ-アイテム相互作用の存在を示唆する.他のデータセットと同様に新規アイテムのプロファイル $(\beta_j, v_j)$ をオンラインで推定する動的な RLFM は最も粒度の細かいモデルであり最も性能が良い(図 8.3).

**実験結果の議論**：純粋に素性ベクトルにもとづくモデルはユーザ-アイテム固有の統計量にもとづくモデルより劣ることを見た.これは素性ベクトルにもと

づいて予測可能で，過去のインタラクションデータを統合するときに，精度を顕著に向上させる．多くの適用例において実際に動的であるため，因子のオンラインの更新もまた重要である．この分野での将来の研究としてアルゴリズムの性能の現実的な評価を行うため，時刻にもとづいたデータの分割を行った評価アルゴリズムを考えるというものがあるだろう．一般的に使われる時間によらない分割を用いた評価手法は時間に対して変化しないユーザとアイテムの対に対する性能指標にしかならない．

## 8.4　時間依存するアイテムの大規模な推薦

RLFMは時間依存する大規模な推薦システムに使用される．8.4.1項では，新規アイテム（またはユーザ）が頻繁に追加されたり，アイテム（またはユーザ）のふるまいが時間とともに変化する場合のオンライン学習の適用を議論する．それから8.4.2項では，データが非常に多い場合に単一のコンピュータのメモリでRLFMを学習するアルゴリズムを紹介する．

### 8.4.1　オンライン学習

第7章と同様にオンライン学習のアプローチを適用できる．

**周期的オフライン学習**：周期的に（例えば1日ごとに），大量のデータ（例えば最近3か月に収集されたデータ）を用いてRLFMを再学習させる．もし，そのデータが単一のコンピュータで扱えるなら，8.2節の学習アルゴリズムを使う．そうでなければ8.4.2項で説明する並列学習アルゴリズムを使う．このオフライン学習で得られる出力は以下のものによって構成される．

- 回帰関数：$b$，$g$，$G$，$h$，$H$
- 事前分散：$\sigma_\alpha^2$，$\sigma_\beta^2$，$\sigma_u^2$，$\sigma_v^2$
- 因子の事後平均：$\hat{\alpha}_i$，$\hat{\beta}_j$，$\hat{\boldsymbol{u}}_i$，$\hat{\boldsymbol{v}}_j$
- 因子の事後分散：もしユーザのオンラインモデルが必要なら $\tilde{\mathrm{Var}}[\alpha_i]$，$\tilde{\mathrm{Var}}[\boldsymbol{u}_i]$，$\tilde{\mathrm{Cov}}[\alpha_i, \boldsymbol{u}_i]$．もしアイテムのオンラインモデルが必要なら $\tilde{\mathrm{Var}}[\beta_j]$，$\tilde{\mathrm{Var}}[\boldsymbol{v}_j]$，$\tilde{\mathrm{Cov}}[\beta_j, \boldsymbol{v}_j]$．これらの分散と共分散は8.2.1項，8.2.2項で説明したモンテカルロEステップのギブスサンプラーで得られる．

**アイテムのオンライン学習**：もし新規アイテムが頻繁に追加される，またはアイテムの寿命が短いとき，またはそのふるまい（目新しさや人気）が時間とともに変化するときには，アイテム $j$ のオンラインモデルを構築することが役に立つ．$o_{ijt} = b(\boldsymbol{x}_{ijt}) + \alpha_i$ としよう．ここでは時間依存を表すため時刻の添え字 $t$ を素性ベクトル $x_{ijt}$ にも追加した．もしアイテム $j$ が訓練データにあれば，オンラインモデルの事前平均と分散はオフライン学習によって得られた事後平均と分散である．これは

$$\begin{aligned} \mu_{j0} &= (\beta_j, \boldsymbol{v}_j) \quad \text{（スカラーとベクトルを並べたベクトル）} \\ \Sigma_{j0} &= \begin{pmatrix} \tilde{\mathrm{Var}}[\beta_j] & \tilde{\mathrm{Cov}}[\beta_j, \boldsymbol{v}_j] \\ \tilde{\mathrm{Cov}}[\beta_j, \boldsymbol{v}_j] & \tilde{\mathrm{Var}}[\boldsymbol{v}_j] \end{pmatrix} \end{aligned} \tag{8.35}$$

もしアイテム $j$ が訓練データに存在しない新規アイテムの場合，オンラインモデルの事前平均と分散は素性ベクトルベースの回帰によって与えられる．これは

$$\begin{aligned} \mu_{j0} &= (h(\boldsymbol{x}_j), H(\boldsymbol{x}_j)) \\ \Sigma_{j0} &= \begin{pmatrix} \sigma_\beta^2 & 0 \\ 0 & \sigma_u^2 \boldsymbol{I} \end{pmatrix} \end{aligned} \tag{8.36}$$

ガウシアンオンラインモデルは以下のように書ける．

$$\begin{aligned} y_{ijt} &\sim N(o_{ijt} + \boldsymbol{u}_i' \boldsymbol{v}_{jt},\ \sigma^2),\ \forall\, i \in \mathcal{I}_{jt} \\ \boldsymbol{v}_{jt} &\sim N(\boldsymbol{u}_{j,t-1},\ \rho\Sigma_{j,t-1}) \end{aligned} \tag{8.37}$$

ここで，$y_{ijt}$ はアイテム $j$ に対するユーザ $i$ のある時点 $t$ における応答であり，$\mathcal{I}_{jt}$ は時点 $t$ にアイテム $j$ に対して応答したユーザの集合である．ロジスティックオンラインモデルは同様に以下のように書ける．

$$\begin{aligned} y_{ijt} &\sim \mathrm{Bernoulli}(p_{ijt}),\ \forall\, i \in \mathcal{I}_{jt} \\ \log \frac{p_{ijt}}{1 - p_{ijt}} &= o_{ijt} + \boldsymbol{u}_i' \boldsymbol{v}_{jt} \\ \boldsymbol{v}_{jt} &\sim N(\boldsymbol{\mu}_{j,t-1},\ \rho\boldsymbol{\Sigma}_{j,t-1}) \end{aligned} \tag{8.38}$$

これらの 2 つのモデルは 7.3 節で示した手法で当てはめることができる．

**ユーザのオンライン学習**：もし，ユーザの興味が時間に対してゆっくり変化し，オフライン学習が頻繁に（日次で）に行われるなら，ユーザに対してはオンラインモデルを必要としない．なぜならユーザは通常，短い期間では多くのアイテムに応答しないからである．この場合，訓練データに現れるユーザの因子は，オフライン学習によって得られる事後平均（すなわち，$\hat{\alpha}_i, \hat{\boldsymbol{u}}_i$）である．訓練データ中にない新規ユーザに対するこの因子は，素性ベクトルベースの回帰（すなわち，$g(\boldsymbol{x}_i), G(\boldsymbol{x}_i)$）によって推定される．もしユーザに対するオンラインモデルが実際に必要ならば，アイテムに対するオンラインモデルと同様に学習される．

### 8.4.2　並列学習アルゴリズム

分散クラスターにあり，単一のコンピュータのメモリに格納できないために学習できない巨大なデータセットに対して，8.2節のアルゴリズムは適用可能ではない．本項ではMapReduceにもとづく学習方針を示す．まずデータを小さな単位に分割してMCEMをそれぞれの単位に実行し，$\boldsymbol{\Theta}$の推定値を得るために分割統治アプローチを適用する．最終的な$\boldsymbol{\Theta}$の推定値は全ての分割に対する$\boldsymbol{\Theta}$の推定値の平均をとることで得られる．最後に与えられた$\boldsymbol{\Theta}$に対して$n$個の**アンサンブル**（データをそれぞれ別のシードで$n$回分割したもの）で計算し，それぞれの再分割されたデータに対してEステップを実行し結果の平均をとることで$\boldsymbol{\Delta}$の最終的な推定値を得る．アルゴリズム8.1にこの処理を示す．

**データ分割**：広範囲にわたる実験から，特にデータがスパースな場合，モデルの性能はMapReduceフェーズのデータの分割方法が重大な影響をおよぼすことがわかっている．単純な観測値のランダム分割では良い予測精度は得られないだろう．有名なウェブサイトではユーザの数はしばしばアイテムの数よりかなり多い．加えて多くのユーザに対してユーザあたり観測値の数は小さい．典型的なアイテムのサンプルサイズは相対的に典型的なユーザよりも大きい．このような場合ユーザにもとづく分割を勧める．なぜならば，あるユーザに関する全てのデータが同じ分割内にあることが保証され，このことがより信頼性の高いユーザ因子の推定を得ることを助けるからである．同様にアイテムの数が

**アルゴリズム 8.1** 並列行列分解

$\boldsymbol{\Theta}$ と $\boldsymbol{\Delta}$ の初期化
乱数シード $s_0$ でデータを $m$ 個に分割.
**for** それぞれの分割 $\ell \in \{1,\ldots,m\}$ に対して並列に **do**
  分割 $\ell$ での $\boldsymbol{\Theta}$ の推定値 $\hat{\boldsymbol{\Theta}}_\ell$ を得るため VAR[6] または ARS を使い $K$ 回 MCEM アルゴリズムを実行.
**end for**
$\hat{\boldsymbol{\Theta}} = \frac{1}{m}\sum_{\ell=1}^{m} \hat{\boldsymbol{\Theta}}_\ell$
**for** $k = 1$ から $n$ まで並列に **do**
  乱数シード $s_k$ でデータを $m$ 個に分割.
  **for** それぞれの分割 $\ell \in \{1,\ldots,m\}$ に対して並列に **do**
    与えられた $\hat{\boldsymbol{\Theta}}$ に対して E ステップを実行し分割 $\ell$ における全てのユーザとアイテムに対する事後サンプル平均 $\hat{\boldsymbol{\Delta}}_{k\ell}$ を得る.
  **end for**
**end for**
全てのユーザ $i$ に対して, $\hat{\alpha}_i, \hat{\boldsymbol{u}}_i$ を得るためにユーザ $i$ を含む全ての $\hat{\boldsymbol{\Delta}}_{k\ell}$ に関して平均をとる.
全てのアイテム $j$ に対して, $\hat{\boldsymbol{\beta}}_i, \hat{\boldsymbol{v}}_i$ を得るためにアイテム $j$ を含む全ての $\hat{\boldsymbol{\Delta}}_{k\ell}$ に関して平均をとる.

ユーザの数より多い場合, アイテムにもとづく分割を勧める. 直感的な説明は変分近似 $\mathrm{Var}[\boldsymbol{u}_i|\mathrm{Rest}] = \left(\frac{1}{\sigma_u^2}\boldsymbol{I} + \sum_{j\in\mathcal{J}_i}\frac{\boldsymbol{v}_j\boldsymbol{v}_j'}{\sigma_{ij}^2}\right)^{-1}$ を使ったときのユーザ因子 $\boldsymbol{u}_i$ の条件付き分散を観測することで得られる. アイテム因子は既知(または高い精度で推定されている)であることを仮定して, もしあるユーザのデータがいくつかに分割されたら, 分割したデータによる平均インフォメーションゲイン(分散の逆数)はそれぞれの分割のインフォメーションゲインの調和平均となる. 調和平均の値は算術平均の値より小さいので, 分割によるユーザ因子の推定におけるインフォメーションの減少は算術平均と調和平均の差である. 分割によって情報が弱くなるなら, この違いは大きくなる. したがって, ユーザ(アイテム)のデータがスパースであるときに, ユーザ(アイテム)で分割するのが賢明である.

[6] 訳注:変分近似 (variational approximation).

**$\boldsymbol{\Theta}$ の推定**：ランダム分割によって得られた $\boldsymbol{\Theta}$ の推定は不偏である．それぞれの分割したデータに対して当てはめ，それから M ステップのパラメータ $\hat{\boldsymbol{\Theta}}_\ell$ $(\ell = 1, \ldots, m)$ の平均をとることでまた不偏推定量を得る．またランダムな分割を行っているので，それぞれの推定値の間には正の相関はないため，分散は小さい．MCEM アルゴリズムを実行する前の $\boldsymbol{\Theta}$ の初期値は，全ての分割に対して同じである．特に事前平均を 0 から始める，すなわち $g(x_i) = h(x_j) = 0$，$G(x_i) = H(x_j) = \mathbf{0}$ とすることである．パラメータの推定を改善するために，分割間のパラメータを同期し，次の MCEM 反復を実行するというアイデアがある．これはデータを再分割して得られた $\hat{\boldsymbol{\Theta}}$ を $\boldsymbol{\Theta}$ の初期値として，それぞれの分割に対して新たな $\boldsymbol{\Theta}$ の推定値を得るために MCEM 反復を行うことである．しかしながら，実際に実行してみると，プロセスを繰り返し実行することによる明確な予測精度の向上はなく，代わりに学習時間と複雑さが増す．

**$\boldsymbol{\Delta}$ の推定**：アンサンブルのそれぞれの実行に対し，異なる乱数シードでデータを分割することが不可欠である．結果として，アンサンブルの別の実行に対してユーザとアイテムの組み合わせは異なる．それぞれのアンサンブルの実行によって与えられた $\hat{\boldsymbol{\Theta}}$ に対し，それぞれ E ステップを 1 回実行して平均をとることで最終的なユーザ因子とアイテム因子を得る．再びランダム分割によってアンサンブルをとることにより相関のない推定値が保証され，平均をとることによって分散を削減する．

#### 8.4.2.1　一意性の問題

実際には，中心化を行った後でも，モデルは以下の 2 つの理由から一意に決定されない．

1. $\boldsymbol{u}_i'\boldsymbol{v}_j = (-\boldsymbol{u}_i)'(-\boldsymbol{v}_j)$ なので，$\boldsymbol{u}$ と $\boldsymbol{v}$（それと対応するコールドスタートのパラメータ）の符号を反転させても対数尤度は変わらない．
2. 2 つの因子 $u_{ik}$ と $v_{jk}$ または $u_{i\ell}$ と $v_{j\ell}$ に対して，$u_{ik}$ と $u_{i\ell}$，$v_{jk}$ と $v_{j\ell}$ を同時に交換することもまた対数尤度を変えない．対応するコールドスタートパラメータもまた変更される．

経験的には，このような一意性の問題は，小さなデータセットでは問題にならない．特に単一のコンピュータで実行できる場合においてである．しかしながら，Yahoo! フロントページなどの大規模データセットで，$G$ と $H$ が線形回帰で定義されている場合，MCEM ステップを実行した後，$G$ と $H$ の推定値としてそれぞれの分割ごとに非常に違うものが得られる．よって，分割の平均をとった $G$ と $H$ の値はほとんど0になる．よって，一意性の問題は大規模データセットにおける行列分解の実行における問題といえる．

**解決法**：問題1に対しては，アイテム因子 $\boldsymbol{v}$ が常に正になるように制約を加える．この制約は単に適応的棄却法のサンプリングに対し，下界（例えば，常に正の数しかサンプリングしない）をおくことでなされる．このアプローチをとった後は，もはや $\boldsymbol{v}$ の中心化を行う必要はない．問題2に対しては，まず $\sigma_v^2 = 1$ として，$\boldsymbol{u}_i$ の事前分布を $N(G(x_i), \sigma_u^2 \boldsymbol{I})$ から $N(G(x_i), \boldsymbol{\Sigma}_u)$ に置き換える．ここで $\boldsymbol{\Sigma}_u$ は対角の分散行列で，$\sigma_{u1} \geq \sigma_{u2} \geq \cdots \geq \sigma_{ur}$ であるとする．この場合の当てはまり方もよく似ているが，それぞれの M ステップを行った後，当てはめた $\sigma_{uk}$（ここで $k = 1, \ldots, r$ である）を並びかえることで $\sigma_{uk}$ の条件を常に満たすようにする．

## 8.5 大規模問題の実例

2つの主要な疑問に対処する手法の評価を行う．

(1) バイナリ応答を扱う異なった手法をどのように比較するか？
(2) 現実の大規模なウェブ推薦システムで異なった手法がどのように役割を果たすか？

最初の疑問に対して変分近似，適応的棄却サンプリング (ARS) と確率的勾配降下法 (SGD) を公開されている MovieLens-1M から作られたバイナリデータセットの偏りのない場合と偏りのある場合において評価する．次の疑問に対しては，まずは単一のコンピュータでの比較を行うため Yahoo! フロントページの Today モジュールのヘビーユーザからなる小さなサンプルの予測性能を評価する．さらに，最近提案された不偏であるオフライン評価手法 (Li et al., 2011) を使い，Today モジュールから得られる大規模で偏りのあるバイナリ応答データを用い，完全なエンドツーエンドの評価を行う．この評価手法はオンラインクリックのリフトを近似することを可能にする．詳細は 4.4 節を確認のこと．

**手法**：以下のモデルと学習手法を考える．全てにおいて実験ではユーザとアイテムあたり 10 個の因子を使用する．

- **素性ベクトルのみモデル**：素性ベクトルのみ因子分解モデルはベースラインである．このモデルは以下のようなものである．

$$s_{ij} = b(x_{ij}) + g(x_i) + h(x_j) + G(x_i)'H(x_j)$$

ここで $g$，$h$，$G$，$H$ は未知の回帰関数で標準的な共役勾配法で各分割されたデータに当てはめて，それから推定値の平均をとり，$g$，$h$，$G$，$H$ を得る．アンサンブルをとる必要はない．

- **MCEM-VAR**：変分近似を用いた MCEM による行列分解モデル．
- **MCEM-ARS**：MCEM の E ステップにおいて中心化した適応棄却法を用いる行列分解モデル．
- **MCEM-ARSID**：MCEM の E ステップにおいて中心化した適応棄却法を用いる行列分解モデルで，アイテム因子 $\boldsymbol{v}$ を正にする制約と $\boldsymbol{u}$ の分散の事前分布としてソートした要素による対角行列を取り入れた（詳細は 8.4.2 項を見よ）．
- **SGD**：確率的勾配降下法 (SGD) を用いて最適化を行う分解モデル．Charkarabarty et al.(n.d.) によるソースコードを使う．このモデルは以下のように書ける．

$$s_{ij} = (\alpha_i + \boldsymbol{u}_i + \boldsymbol{U}\boldsymbol{x}_i)'(\beta_j + \boldsymbol{v}_j + \boldsymbol{V}\boldsymbol{x}_j)$$

ここで $\boldsymbol{U}$ と $\boldsymbol{V}$ はコールドスタート時に素性ベクトル $\boldsymbol{x}_i, \boldsymbol{x}_j$ から $r$ 次元の潜在空間に射影する未知の係数行列である．ロジスティック関数を用いたバイナリ応答の場合，以下のロス関数を最小化する．

$$\sum_{ij} y_{ij} \log(1+\exp(-s_{ij})) + \sum_{ij}(1-y_{ij}) \log(1+\exp(s_{ij}))$$
$$+ \lambda_u \sum_i ||\boldsymbol{u}_i||^2 + \lambda_v \sum_j ||\boldsymbol{v}_j||^2 + \lambda_U ||\boldsymbol{U}||^2 + \lambda_V ||\boldsymbol{V}||^2$$

ここで，$\lambda_u$，$\lambda_v$，$\lambda_U$，$\lambda_V$ はチューニングパラメータであり，$||\boldsymbol{U}||$ と $||\boldsymbol{V}||$ はフロベニウスノルムである．このソースコードは並列化されていないので小さなデータセットの実験にしか用いていない．実験では $\lambda_u = \lambda_v = \lambda_U = \lambda_V = \lambda$ として，$\lambda$ を 0，$10^{-6}$，$10^{-5}$，$10^{-4}$，$10^{-3}$ と変えて実験した．また学習率は $10^{-5}$，$10^{-4}$，$10^{-3}$，$10^{-2}$，$10^{-1}$ を試して良いものを選んだ．

素性ベクトルのみモデル，MCEM-VAR，MCEM-ARS，MCEM-ARSID では $g$，$h$，$G$，$H$ として線形の回帰関数を用いた．

### 8.5.1 MovieLens-1M データ

最初に MovieLens-1M データセットを使いバイナリ応答を扱う 3 つの手法 (MCEM-VAR，MCEM-ARS，SGD) を評価する．

**データ**：訓練-テスト分割をレイティングのタイムスタンプにもとづいて行った．最初の 75%のレイティングは訓練データとし，残りの 25%をテストデータとした．この分割によってテストデータには多くの新規ユーザが現れる（コールドスタート）．異なった肯定的なレイティングのスパースネスの度合いに対して，それぞれの手法がどのようにバイナリ応答を扱うかを調べるため，2 つの異なった方法でバイナリ応答データを作成する．

(1) オリジナルの 5 点満点のレイティングが 1 点のデータのみ応答の値を 1 とし，そうでないものは全て 0 とした偏ったデータセット．このデータセットの肯定的な応答の割合は約 5%である．
(2) オリジナルの値が 1 点，2 点，3 点のデータのみ値を 1 とし，それ以外のものを 0 として作成した偏りのないデータセット．このデータセットの肯定的応答の割合はおおよそ 44%である．

**表 8.2**　偏りあり／なしの MovieLens データセットでの異なった手法による AUC の違い.

| 手法 | 分割数[a] | AUC 偏りあり | AUC 偏りなし |
|---|---|---|---|
| SGD | 1 | 0.8090 | 0.7413 |
| MCEM-VAR | 1 | 0.8138 | 0.7576 |
| MCEM-ARS | 1 | 0.8195 | 0.7563 |
| | 2 | 0.7614 | 0.7599 |
| MCEM-VAR | 5 | 0.7191 | 0.7538 |
| | 15 | 0.6584 | 0.7421 |
| | 2 | 0.8194 | 0.7622 |
| MCEM-ARS | 5 | 0.7971 | 0.7597 |
| | 15 | 0.7775 | 0.7493 |

[a] 1 は単一のコンピュータで実行したことを表す.

表 8.2 では SGD，MCEM-VAR，MECM-ARS での ROC 曲線下の面積 (AUC) での予測性能を報告する.

**MCEM-ARS と MCEM-VAR の比較**：表 8.2 でわかるように MCEM-ARS と MCEM-VAR は似た性能をもつ，そして両方とも単一のコンピュータ（分割数 1）で実行するときは SGD と比較し，かなり良い性能である．2 から 15 の分割を行い複数のコンピュータで実行するとき，MCEM-ARS と MCEM-VAR は偏りのないデータセットでは似た性能である，しかし，偏りのあるデータセットでは分割数が増えるとき（このときデータスパースネスが増加する)，MCEM-VAR はかなり悪くなる．この分割数が増加するときの性能劣化は想定内である．なぜなら分割数がより多くなると，それぞれの分割されたデータの数が少なくなり，各分割におけるモデルの正確性が下がるからである.

**SGD との比較**：SGD で良い性能を得るために，大量のチューニングパラメータと学習率を試さなければならない．一方，EM アルゴリズムを通じてハイパーパラメータが得られるため，我々が紹介した手法ではそのようなチューニングは必要ない．異なったさまざまなチューニングパラメータで試すことは計算量的に大変であり，EMアルゴリズムと比較してパラメータ空間の探索が非効率である．テストデータを使い，可能な最善のチューニングを行った後，偏りのあるデータに対して，SGDは$\lambda = 10^{-3}$と学習率$10^{-2}$のときにベストの性能0.8090を得た．偏りのないデータに対しては$\lambda = 10^{-6}$と学習率$10^{-3}$のときに最良の性能0.7413を得た．SGDでテストデータに対してチューニングを行ったとしても，偏りあり／なし両方の場合の最良のAUCの値はMCEM-VARやMCEM-ARS（これらは学習時にチューニングのためにテストデータを使わない）と比較すると未だにかなり悪い．

### 8.5.2 小規模なYahoo!フロントページデータ

ここでは8.3節で議論したYahoo!フロントページデータセット(Y!FP)を使い，異なった手法を評価する．観測値はタイムスタンプで整列し，最初の75%を訓練データとして使用し，残りの25%をテストデータとして使う．オリジナルのユーザ素性ベクトルの次元が大きかったので，主成分分析を用いて次元削減を行った．そして最終的にだいたい100次元のユーザ素性ベクトルを得た．このデータセットでは肯定的な応答の割合は50%近くである．これは偏りのないデータである．

**単一のコンピュータでの結果**：単一のコンピュータ上で実行した（つまり分割数1の）素性ベクトルのみモデル，MCEM-VAR，MCEM-ARS，MCEM-ARSIDでのAUCの評価を表8.3に示した．MCEM-VAR，MCEM-ARS，MCEM-ARSID，SGDは全て素性ベクトルのみモデルを明確に上回った．なぜならこれらのモデルはウォームスタート設定で求めたユーザ因子（学習期間にデータがあるユーザの）を使い，純粋な素性ベクトルベースの予測からずらすことで，よりデータに適合する．逆にテストデータは大量の新規ユーザとアイテムからなるので，コールドスタートを扱うことはまた重要である．このデータセットに対してMCEM-VARは因子として0を事前分布として使う行列分解モデルより顕著に改善する．これは一般に多くの推薦システムの問題に適用される．例えばNetflixなどである．MCEM-VAR，MCEM-ARS，MCEM-ARSIDの性能は全て近い．これは偏りのないデータセットに対してはロジスティック

**表 8.3**　小規模な Y!FP に対する異なった手法による AUC の違い．

| 手法 | 分割数[a] | 分割手法 | AUC |
|---|---|---|---|
| 素性ベクトルのみモデル | 1 | ― | 0.6781 |
| SGD | 1 | ― | 0.7252 |
| MCEM-VAR | 1 | ― | 0.7374 |
| MCEM-ARS | 1 | ― | 0.7364 |
| MCEM-ARSID | 1 | ― | 0.7283 |
| MCEM-ARS | 2 | ユーザ | 0.7280 |
| | 5 | ユーザ | 0.7227 |
| | 15 | ユーザ | 0.7178 |
| MCEM-ARSID | 2 | ユーザ | 0.7294 |
| | 5 | ユーザ | 0.7172 |
| | 15 | ユーザ | 0.7133 |
| | 15 | イベント | 0.6924 |
| | 15 | アイテム | 0.6917 |

[a] 1 は単一のコンピュータで実行したことを表す．

モデルに対する異なる手法も類似するということを示唆する．MCEM-ARSID は MCEM-ARS よりかなり悪い，なぜならアイテム因子 $\boldsymbol{v}$ に追加した制約が MCEM-ASRID の柔軟さを減少させるからである．MCEM-ARSID が顕著に利点を与える場合を 8.5.3 項で議論する．

**SGD との比較**：8.5.1 項で見たことと同様に，SGD をテストデータで調整したとしても，最良の AUC が 0.7252 であり（$\lambda = 10^{-6}$，学習率 $10^{-3}$），単一のコンピュータでの MCEM-VAR，MCEM-ARS，MCEM-ARSID と比較してかなり悪い．

**分割数**：MCEM-ARS と MCEM-ARSID（両方ともに 10 アンサンブル数）で分割数を増やすとき，想定通り性能の悪化を観測した．なぜなら分割数が増えると，それぞれの分割はより少ないデータ数となり，通常その分割のモデルの正確性が失われるからである．しかしながら，このような小さなデータセットで 15 分割してさえ，MCEM-ARS と MCEM-ARSID（ユーザベースの分割）は素性ベクトルのみモデルに対して顕著に上回る．一般に分割数が増えることは計算の効率性を増すが，通常は性能の劣化を招く．大規模データセットに対し，2$N$ 分割したときの計算時間は大雑把に $N$ 分割の際の半分である．したがって，与えられた計算リソースに対してできるだけ少ない分割を使うのがよい．

**異なる分割手法**：表8.3で異なる分割数，さまざまな分割方法での並列MCEM-ARSID（10アンサンブル）の性能を示す．8.4.2項で示したようにユーザにもとづいた分割はイベントベースの分割やアイテムベースの分割より良い．なぜならここでの適用例ではデータの中でアイテムよりユーザのほうが一般的であるからである．それゆえユーザ分割はスパースにならない．

### 8.5.3　大規模な Yahoo! フロントページデータ

大規模な Yahoo! フロントページデータセットにおける期待クリックリフトを推定する不偏な評価手法を用いた並列アルゴリズムの性能評価を示す．

**データ**：訓練データは2011年6月に Yahoo! の Today モジュールから収集された．一方，テストデータは2011年7月に収集された．訓練データは Today モジュールにおいて少なくとも10クリックしたユーザの全てのページビューを含んでおり，800万人のユーザ，約4,300アイテム，10億個のバイナリの観測値からなる．評価において選択バイアスを取り除くため，テストデータは各ユーザの訪問に対して，ランダムに選ばれたアイテムが F1 ポジション[7) ]に表示された，ランダムに選択されたユーザの集合からデータを集めテストデータとした．この新規ユーザと同様に，訓練時に現れる過去のユーザの両方からなる**ランダムバケット**は約240万クリックからなる．

それぞれのユーザは Yahoo! ネットワークにおけるさまざまなユーザの行動を反映する124のふるまいに関する素性をもつ．それぞれのアイテムは43個の編集者によってつけられたカテゴリをもつ．F1 ポジションの記事のリンクのクリックは肯定的な観測であり，一方 F1 記事へのリンクを閲覧したが続いてクリックしなかった場合は否定的な観測とする．ここでの肯定的な応答の割合は小規模の Yahoo! データセットと比較して少ない．これはスパース性が増し，データの偏りがさらなる困難をもたらす．

---

7) 訳注：先頭の最も目にとまる位置．

**実験セットアップ**：Todayモジュールにおける記事の寿命は短い（6〜24時間）．テスト時の大半のアイテムは新規のものである．よって，アイテムに対しオンラインモデルを適用する．

**不偏評価**：この実験セットの目的は総クリック数を最大化することである．これ以降で簡単に評価指標を説明する．

5分間の区間 $t$ ごとに以下を行う．

1. 区間 $t$ に含まれるイベントの全ての記事に対してクリック率 (CTR) の予測を計算する．推定には $t$ 以前の全てのデータを使用できる．
2. 区間 $t$ に含まれる全てのイベントに対して，最も予測確率が高い記事 $j^*$ を選ぶ．もしこの記事が実際にログデータ中で提示されているものならば，この一致したイベントを記録する．そうでなければ無視する．

最後に記録されたイベントに従ってCTRの指標を計算する．これらの推定量は不偏推定量である (Li et al., 2011)．なぜならランダムバケットそれぞれの記事は等確率でユーザに表示されるので，どのモデルであっても一致した閲覧イベントの数は同じであると期待される．CTRに最適化したより良いモデルはクリックイベントにより一致できる．これらの一致したイベントから全てのCTRを計算でき，この指標を異なるモデル間の比較に使用できる．ここでのケースのように，大量のデータに対しては一致したイベントの総CTR指標の分散は小さい．報告したもの全てに関して小さな $p$ 値であり，統計的に有意である．

**2つのベースライン手法**：Yahoo! フロントページの記事を個別化するとき因子ベースユーザ素性ベクトルが現時点における最高水準性能を与える．フロントページにおけるユーザの過去の相互作用からユーザ素性ベクトルを生成するため2つのベースライン手法を実装した．

- **アイテムプロファイルモデル**：訓練データを使い，閲覧数の多い1,000アイテムを選択する．それから1,000次元のバイナリユーザプロファイルを作る．プロファイルの各次元は学習期間の間にユーザがそのアイテムをクリックしたか否かを示している（1はクリックした，0はクリックしていない）．コールドスタートの場合，訓練データに現れないユーザのバイナリプロファイルは全て0である．

- **カテゴリプロファイルモデル**：データセット中において，それぞれのアイテムは記事がそのカテゴリに属しているか否かを表す43次元のバイナリの素性をもっているので，以下のようなアプローチでユーザ-カテゴリ選好プロファイルを作成する．それぞれのユーザ$i$とカテゴリ$k$に対して観測された閲覧イベントの回数を$v_{ik}$とし，クリックイベント数を$c_{ik}$とする．訓練データから全体のカテゴリごとのCTRを得ることができる．これを$\gamma_k$とする．それから$c_{ik}$を$c_{ik} \sim \text{Poisson}(v_{ik}\gamma_k\lambda_{ik})$とモデル化する．ここで$\lambda_{ik}$は未知のユーザ-カテゴリ選好パラメータである．$\lambda_{ik}$の事前分布をガンマ分布$\text{Gamma}(a, a)$とする．よって事後分布は$(\lambda_{ik}|v_{ik}, c_{ik}) \sim \text{Gamma}(c_{ik} + a, v_{ik}\gamma_k + a)$となる．事後平均の対数を使う．つまり$\log\left(\frac{c_{ik}+a}{v_{ik}\gamma_k+a}\right)$をユーザ$i$のカテゴリ$k$に対するプロファイル素性の値とする．もしユーザ$i$，カテゴリ$k$に関してまったく観測できないならば，この素性の値は0となることを注意せよ．変数$a$は事前サンプルサイズをチューニングするパラメータであり，交差検証で得られる．$a = 1, 5, 10, 15, 20$を試して，このデータセットに対しては$a = 10$が最適であるとわかった．

**実験結果**：全ての手法を，ユーザのふるまいに関する素性ベクトル$\boldsymbol{x}_{it}$のみを使うオンラインロジスティックモデルを用いる不偏な評価手法を用いてクリックリフトを求めることで評価する．このようなモデルは各ユーザのアイテムに対する過去のふるまいを取り込むことができず，そのヘビーユーザのみによっている性能は大きな改善の余地がある．表8.4に総リフト，ウォームスタートでのリフト（訓練セットに現れたユーザ），コールドスタートでのリフト（新規ユーザ）をまとめた．全てのモデルで増加したが，コールドスタートではMCEM-ARSIDの性能が最もよく，コールドスタートではMCEM-ARSが最適である．コールドスタートでのユーザに対してMCEM-ARSのリフトがない理由は8.4.2項で説明した一意性の問題のためである．アイテム素性ベ

**表 8.4**　ユーザふるまい素性のみモデルでの総クリックフリフト．

| 手法 | アンサンブル数 | 全体 (%) | ウォーム スタート (%) | コールド スタート (%) |
|---|---|---|---|---|
| アイテムプロファイル モデル | — | 3.0 | 14.1 | −1.6 |
| カテゴリプロファイル モデル | — | 6.0 | 20.0 | 0.3 |
| MCEM-VAR | 10 | 5.6 | 18.7 | 0.2 |
| MCEM-ARS | 10 | 7.4 | 26.8 | −0.5 |
| MCEM-ARSID | 1 | 9.1 | 24.6 | 2.8 |
| MCEM-ARSID | 10 | 9.7 | 26.3 | 2.9 |

クトルに対して正の値の制約を課すことで，MCEM-ARSと比較してMCEM-ARSIDはかなりの性能の点で不利になるが，それによって一意性の問題を解消し，コールドスタートユーザに対して最適な性能を得ることができる．MCEM-VARは特にウォームスタートにカテゴリプロファイルモデルよりも悪い．MCEM-ARSIDの1アンサンブルと10アンサンブルの比較のように，アンサンブルを用いることで結果を改善できることもわかる．

学習期間中のTodayモジュールのユーザのアクティビティにもとづく異なった種類のウォームスタートでのアルゴリズムの性能のさらなる調査を行うため，Todayモジュールのユーザの活動レベルによるクリックリフトを図8.4に示す．訓練データ中のユーザをクリック数に応じていくつかのセグメントに分割した．期待通りに，より活動量が多いユーザほど以前のTodayモジュールにおける活動の情報を用いて適切に個別化される，単調なトレンドを確認した．図8.4からMCEM-ARSIDは，一様に全てのセグメントに対してカテゴリプロファイルモデルとアイテムプロファイルモデルより良い．MCEM-ARSID，MCEM-ARS，MCEM-VARの性能を比較し，MCEM-VARがMCEM-ARSとMCEM-ARSIDより非常に劣っていることがわかる．

**変分近似の潜在的な問題**：データがスパースな場合のMCEM-VARの問題を調べるために，推定された因子を調べた．図8.5はMCEM-VARとMCEM-ARS

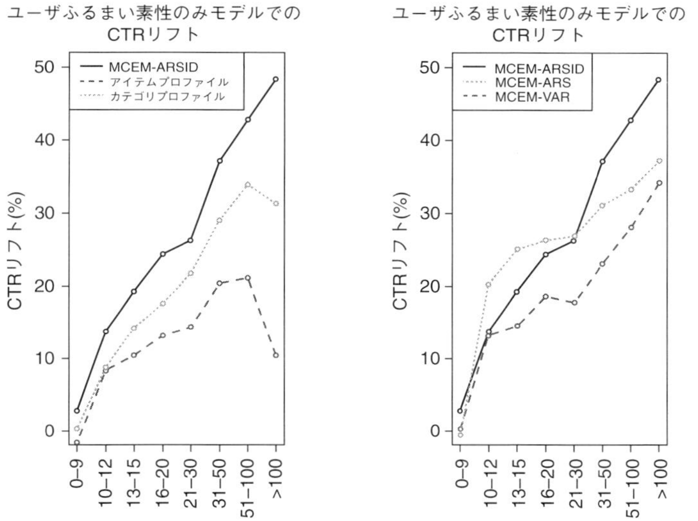


**図 8.4** 異なるユーザセグメントに対するユーザふるまい素性のみモデルのクリックリフト．訓練データでのクリック数からセグメントが作成される．

で 30 回 EM 反復を行った後の当てはめた $\boldsymbol{u}_i$ と $\boldsymbol{v}_j$ のヒストグラムを示している．両方とも 10 因子と 100 分割で実行した．MCEM-VAR と MCEM-ARS で当てはめたユーザ因子は両方とも似たスケールである一方，アイテム因子に関しては変分近似を用いたものが近似的には MCEM-ARS のものより 1 桁小さいスケールとなっている．この現象は実際驚くべきことであり，MCEM-VAR は稀な応答に当てはめようするときに極端に縮小する傾向にあることを示す．これは，なぜ MCEM-VAR の性能がバイナリ応答が稀なときに悪くなるかを説明している．変分近似では稀な応答のときに極端な縮小を起こすようである．

### 8.5.4 結果

実験はバイナリ応答に対する分解と，Hadoop フレームワークを用いてスケールさせるために分割統治戦略を使用することがいくつかの微妙な問題を含んでいることを明らかに示している．単一のコンピュータで学習できるときには全ての手法は偏りのないバイナリ応答のデータと同等によく動作する．この

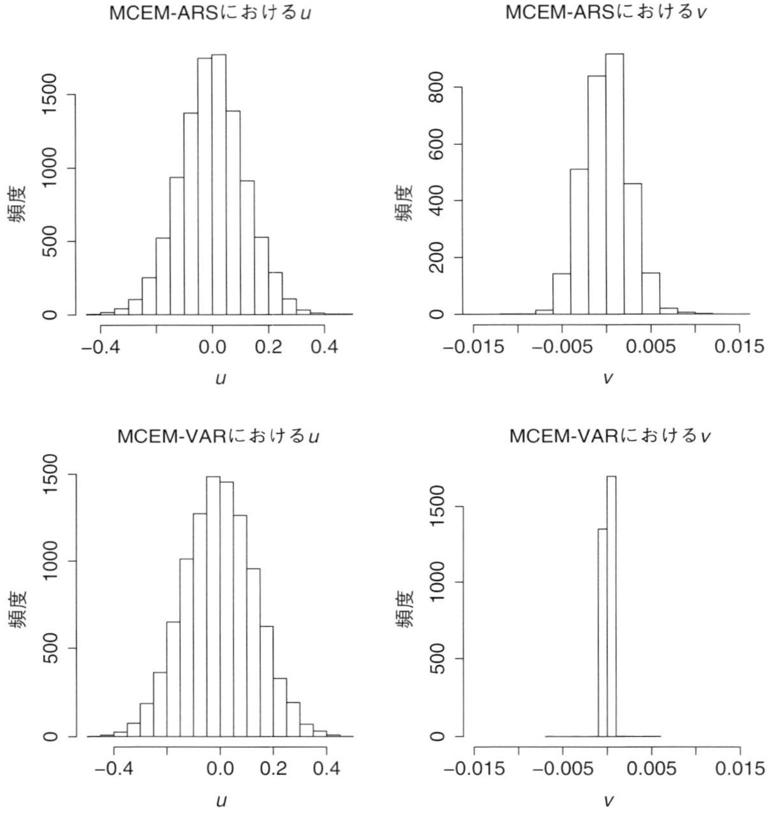


**図 8.5**　MCEM-VAR または MCEM-ARS で 30 回の MCEM ステップ後の $\boldsymbol{u}_i$ と $\boldsymbol{v}_j$ のヒストグラム．両方とも 10 因子および 400 分割で実行した．

ケースはこれまでよく議論されている．

強い偏りのあるデータに対し，MCEM-VAR は悪化する傾向にあり，そのようなシナリオでの使用は勧められない．慎重にチューニングされた正則化パラメータと学習率があれば SGD はうまく働くが，チューニングに注力しないようであれば使用は推奨しない．たとえチューニングしたとしても，MCEM よりも性能は劣るため，可能であれば MCEM を勧める．単一のコンピュータでのMCEMでは，追加的な制約を課すことになるため，MCEM-ARSIDの正の値を課す制約は性能を悪くする．代わりにMCEM-ARSを勧める．

このストーリーは，分割統治を用いてMapReduceで学習を行った場合は異なる．因子モデルでの学習は多峰の関数での最適化であるので，それぞれの分割はまったく異なった回帰の推定値に収束し，結果として性能は低くなるだろう．ここでMCEM-ARSIDを用いて一意性を課し，初期化の際に同期することを強く勧める．またEステップのみでしか使用されず，計算量はあまり増加しないので，アンサンブルを使用することを勧める．スパース性が強いときの性能が悪いのでMCEM-VARの使用は勧められない．

## 8.6 まとめ

ウェブアプリケーションにおけるコールドスタートとウォームスタートに対する実践的な解決策として過去の応答と素性ベクトルを両方使う手法を使用することは極めて典型的である．有望な成果をあげる双線形潜在因子モデルをベースとした柔軟な確率モデルにもとづくフレームワークを紹介した．この確率的なゆらぎは妥当な探索と活用の手続きに適しているが，Thompsonサンプリングなどの，ユーザとアイテムの因子推定における不確実性はさらなる研究が必要な課題である．

## 8.7 演習

8.1 式(8.18)の主張を示せ．$u_i$の周辺分散の閉じた式を得られるか？

# 第 III 部

# 高度な話題

第9章

# 潜在ディリクレ分配による因子分解

## 9.1 はじめに

第8章でユーザ-アイテム間の相互作用を$\boldsymbol{u}_i'\boldsymbol{v}_j$のような積で捉えた双線形潜在因子モデルRLFMを説明した．ここで$\boldsymbol{u}_i$と$\boldsymbol{v}_j$はそれぞれユーザ$i$とアイテム$j$に関連した（しばしば潜在因子と呼ばれる）未知のベクトルである．潜在因子はユークリッド空間上にあり，ユーザとアイテムの素性ベクトルをもとにした回帰関数によって決定される平均をもつ正規分布を事前分布として使うことで正則化する．これはコールドスタートとウォームスタートの側面両方を1つのモデリングフレームワークに組み込む．本章では新たな潜在ディリクレ分配因子分解 (fLDA: factorized latent Dirichlet allocation) モデルと呼ばれるモデルを紹介する．これは予測精度を向上するために情報量が豊かなアイテムのbag-of-wordsタイプの素性とユーザの応答の両方を取り入れることに適している．このようなシナリオはコンテンツ推薦，広告配信，検索などのウェブへの適用では一般的である．ここでは「ワード」は句や表現や他のものなどの要素を表現する一般的な単語であるとする．経験的には，このモデルはトピックのモデリングに従ったテキストのメタデータをもったアイテムに対する最先端の因子モデルと比較し，より良い精度を与える．しかしながら，モデルの当てはめは計算量的にRLFMより困難である．

fLDAの鍵となるアイデアは，ユーザ因子（またはプロファイル）がユークリッド空間上の値をとることである．これはRLFMと同様だが，潜在的ディリクレ分配法 (LDA: latent Dirichlet allocation; Blei et al., 2003) にもとづいたより豊かな事前分布からアイテム因子が割り当てられる．特にユーザ$i$とアイテム$j$の間の親和性を$u_i'\bar{z}_j$のようにモデル化する．ここで$\bar{z}_j$はアイテム$j$が$K$個の異なった潜在トピックへ属する割合であるスコアを表現する多次元の確率ベクトルである．$u_i$はユーザ$i$のトピックへの親和性を表している．LDAのメインアイデアは$K$個の異なった値（トピック）をとる**離散的**な潜在因子をそれぞれのアイテムのワードへ割り当て，アイテムトピックをワードごとのトピックの平均をとることで求めることである．この方法に従って，80%のワードが政治に，残りが教育のトピックに割り当てられている新規の記事は，政治と，おそらく教育に関連した話題であろうと考えることができる．fLDAの潜在因子の数は多いので正則化が鍵である．LDAでは，正則化はワード-トピック間の関係とアイテム-トピック間の関係をモデリングし，最後にそれぞれのアイテムのもつワードのトピックの平均をとることでなされる．fLDAではアイテムに対するユーザ応答を，アイテムトピックを決定するためのさらなる情報源として追加する．実際，アイテムに対する応答は**大局的**なワード-トピック関係行列に影響を与え，また同様に**局所的**なアイテムのもつワードに対するトピックの割り当てに影響を与える．例えば，もし多くのユーザが「Obama[1)]」という単語とともに政治の記事に肯定的な応答を返しているのならば，fLDAでは「Obama」を分割されたトピックとして構成するだろう．これは教師なしLDAでは起こらない．なぜならばLDAは単語頻度によってのみ決定するからである．大量の「Obama」に言及する記事に対する肯定的な応答は観測した応答に対する尤度を増加するため，それらの応答をクラスターとしてまとめる．実際に，応答をアイテムの異なった単語に重要度のスコアを付加するためのさらなる情報であると考えることができる．重要なことは，これらのスコアをfLDAはデータから自動的に学習できるということである．アイテムに対するユーザの潜在プロファイルがトピックなどを決定するうえで重要な役割を果たすことも留意してほしい．ユーザプロファイルとトピック属性を同時に推定することによって，sLDA (supervised LDA; Blei and McAuliffe, 2008) な

---

1) 訳注：第44代アメリカ合衆国大統領．

どの他の教師あり LDA と fLDA は区別される．他の教師あり LDA でも同様に LDA トピックを決定する際に応答の情報を取り込むが，しかし**大局的**な回帰を通じてである．逆に fLDA ではユーザごとの局所的な回帰を通じて行う．

fLDA のアイテムに対するトピック表現は解釈可能性を与え，ユーザへの推薦理由を説明することの助けになる．よく知られているトピックに対し，ユーザ因子は LDA トピックによるユーザ興味のプロファイルを与えると考えられる．9.2 節では fLDA モデルを定義する．さらに，モデル学習アルゴリズムを 9.3 節で説明し，9.4 節で実験結果を紹介する．最後に，9.5 節で簡単に関連研究を紹介し，9.6 節で本章のまとめを行う．

## 9.2 モデル

本節では，fLDA モデルを定義する．概説から始め，LDA を用いた他の研究との違いを示す．さらに，モンテカルロ EM (MCEM) にもとづいた学習の手続きを紹介する．

### 9.2.1 概要

前章と同じで，$(i, j)$ を（ユーザ，アイテム）対とし，$y_{ij}$ を応答とする．それぞれのアイテムが教師なしトピックモデルに適用できる自然な bag-of-words 表現をもつ場合に興味がある．いうまでもないが，これはウェブへ適用する場合の推薦問題では広く一般的な設定である．

予測手法としては，訓練データに対して 2 階層混合効果モデルを当てはめることにもとづいて行う．特にユーザ $i$ に潜在因子 $(\alpha_i, \boldsymbol{u}_i^{r\times 1})$ を，アイテム $j$ に潜在因子 $(\beta_j, \bar{z}_j^{r\times 1})$ を割り当てる．アイテム因子 $\bar{z}_j$ は $\{z_{jn}\}$ の平均をとることで得られる．

$$\bar{z}_j = \sum_{n=1}^{W_j} \frac{z_{jn}}{W_j}$$

ここで $z_{jn}$ は離散の潜在因子（$r$ 個のトピック）であり，アイテム $j$ の $n$ 番目の単語に割り当てられる．$W_j$ はアイテム $j$ の単語数である．これは fLDA と $r$ 次元の連続な潜在因子 $\boldsymbol{v}_j^{r\times 1}$ をそれぞれのアイテムに割り当てる因子モデルとの重要な違いの1つである．ここで $z_{jn}$ を，$r$ 個の値をとりうる離散変数と，1つの次元だけが1で他が0である $r$ 次元のベクトルとの両方を示すことに留意してほしい．

fLDA モデルは2段階で応答とワードの生成過程をモデル化する．第一段階では潜在因子によって条件付けられた応答 $y_{ij}$ 間の関係を表す．実際，応答 $y_{ij}$ の平均（または平均にある単調関数を作用させたもの）と潜在因子の平均は，簡単に解釈しやすい因子の双線形関数を通じて関連付けられる．

$$\alpha_i + \beta_j + \boldsymbol{u}_i' \bar{z}_j$$

ここで $\alpha_i$ はユーザ $i$ のバイアス，$\beta_j$ はアイテム $j$ の大局的人気度のバイアス，$\bar{z}_j$ は $r$ トピックのアイテム $j$ に対する（経験的な）確率分布，ベクトル $\boldsymbol{u}_i$ はユーザ $i$ の $r$ 個のトピックのそれぞれに対する親和性を定量化するものである．

ユーザのアイテムに対する相互作用を捉える積の形で与えられる項 $\boldsymbol{u}_i'\bar{z}_j$ の推定は主要なモデリングの対象である．実際の適用例においては与えられるデータの不完全性（典型的に可能な対の1〜5%の応答しか得られない）から，少ないトピック数 $r$ に対してであっても潜在因子に対して信頼のおける推定を行うことができないことは明らかである．事前分布を用いて因子の制限を課す第二段階によって実効的な自由度を削減することでより良い性能を得る．

問題の要点は事前分布を決定することである．第一段階のモデルのみでは柔軟すぎてデータに過適合してしまう．ユーザとアイテムの因子が $r$ 次元ユークリッド空間中の値をもつことを仮定する因子モデルは，$L_2$ ノルムによる制限または同等の平均0の正規分布を事前分布として用いて因子の値をやわらげる．第8章で説明したRLFMでは事前分布を，ユーザ（アイテム）素性ベクトルを回帰して得られる因子による柔軟な平均値をもつ事前分布へと緩和した．Yu et al. (2009) では，より進めて，素性の非線形カーネル関数を用いて因子を正則化した．より良い正則化を行う以外には，そのような戦略がコールドスタートシナリオではより良い予測を助ける．

fLDA モデルも同様だが，ユーザ因子はユークリッド空間の値であるものの，アイテム因子は $r$ 個の離散の値（トピック）である．さらにいえば，潜在トピックをアイテムのそれぞれのワードに割り当て，ワードあたりのトピックの平均がユーザ–アイテム相互作用を捉えるアイテムのトピックであると考える．このワード単位の粗い粒度のトピックはユーザ応答とアイテムのLDAによる事前分布によって正則化される．

### 9.2.2 モデルの詳細

本項ではfLDAの詳細を説明する．まずは記法の設定から始める．

**記法**：以前と同様，$i$をユーザを表す添え字，$j$をアイテムを表す添え字とする．添え字$k$をアイテムトピック，$n$を各アイテムのワードの添え字であるとする．$M$，$N$，$r$，$W$をそれぞれユーザ，アイテム，トピック，ユニークなワードの数であるとする．$W_j$をアイテムの長さ，すなわちアイテム$j$のワードの数であるとする．前章と同じく，$\boldsymbol{x}_i$，$\boldsymbol{x}_j$，$\boldsymbol{x}_{ij}$をそれぞれユーザ$i$，アイテム$j$，（ユーザ，アイテム）対$(i, j)$の素性ベクトルである．$\boldsymbol{x}_j$に加えて，アイテムのbag-of-wordsベクトル$\boldsymbol{w}_j$をもつとする．ここで$w_{jn}$はアイテム$j$の$n$番目のワード$(n = 1, \ldots, W_j)$を表す．

**第一段階 観測モデル**：第一段階の観測モデルは潜在因子とトピックによって条件付けられた応答の分布を決定する．それは以下のようなものである．

- ガウシアンモデルの場合，連続値の応答$y_{ij} \sim N(\mu_{ij}, \sigma^2)$. ここで

$$\mu_{ij} = \boldsymbol{x}'_{ij}\boldsymbol{b} + \alpha_i + \beta_j + \boldsymbol{u}'_i\bar{\boldsymbol{z}}_j$$

- ロジスティックモデルの場合，バイナリの応答$y_{ij} \sim \text{Bernoulli}(\mu_{ij})$. ここで

$$\log\left(\frac{\mu_{ij}}{1-\mu_{ij}}\right) = \boldsymbol{x}'_{ij}\boldsymbol{b} + \alpha_i + \beta_j + \boldsymbol{u}'_i\bar{\boldsymbol{z}}_j$$

$\boldsymbol{b}$は素性ベクトル$\boldsymbol{x}_{ij}$の回帰の重みベクトルで$\alpha_i$，$\beta_j$，$\boldsymbol{u}_i$，$\boldsymbol{z}_{jn}$は未知の潜在因子である．アイテム$j$のそれぞれのワード$w_{jn}$は隠れた潜在トピック$\boldsymbol{z}_{jn}$をもち，$\bar{\boldsymbol{z}}_j = \sum_{n=1}^{W_j} \frac{\boldsymbol{z}_{jn}}{W_j}$はアイテム$j$に含まれるワードのトピック分布に対し，平均をとって得られるアイテム$j$におけるトピックの経験分布を表す（$\boldsymbol{z}_{jn}$はトピック$k$のとき，$k$次元目のみが1でそれ以外が0である長さ$K$のベクトル）．

典型的な適用例では，$\boldsymbol{b}$ は次元の小さい大局的なパラメータであり，したがってさらなる正則化を必要としない．

**第二段階 状態モデル**：素性ベクトル $[\{\boldsymbol{x}_i\}, \{\boldsymbol{x}_j\}, \{w_{jn}\}]$ によって条件付けられた潜在因子 $[\{\alpha_i\}, \{\beta_j\}, \{\boldsymbol{u}_i\}, \{\boldsymbol{z}_{jn}\}]$ の事前分布を決定する．各因子の分布は統計的に独立であると仮定すると以下のように書ける．

$$[\{\alpha_i\}, \{\beta_j\}, \{\boldsymbol{u}_i\}, \{\boldsymbol{z}_{jn}\}] = \left(\prod_i [\alpha_i] \prod_j [\beta_j] \prod_i [\boldsymbol{u}_i]\right) \cdot [\{\boldsymbol{z}_{jn}\}]$$

事前分布は以下のように与えられる．

1. ユーザバイアス $\alpha_i = \boldsymbol{g}_0' \boldsymbol{x}_i + \epsilon_i^{\alpha}$ であり，ここで $\epsilon_i^{\alpha} \sim N(0, a_{\alpha})$ であり，$\boldsymbol{g}_0$ はユーザ素性ベクトル $\boldsymbol{x}_i$ の回帰重みベクトルである．
2. ユーザ因子 $\boldsymbol{u}_i = \boldsymbol{H}\boldsymbol{x}_i + \epsilon_i^{u}$ はトピック親和性スコアをあらわす $r \times 1$ 次元ベクトルであり，$\epsilon_i^{u} \sim N(\boldsymbol{0}, \boldsymbol{A}_u)$ であり，$\boldsymbol{H}$ はユーザ素性ベクトル $\boldsymbol{x}_i$ の回帰重み行列である．
3. アイテム人気度 $\beta_j = \boldsymbol{d}_0' \boldsymbol{x}_j + \epsilon_j^{\beta}$ であり，ここで $\epsilon_j^{\beta} \sim N(0, a_{\beta})$ で $\boldsymbol{d}_0$ はアイテム素性ベクトル $\boldsymbol{x}_j$ の回帰重みベクトルである．

$\{\boldsymbol{z}_{jn}\}$ の事前分布は LDA モデル (Griffiths and Steyvers, 2004; Blei et al., 2003) により与えられる．

**LDA 事前分布**：LDA モデルはクラスターを作る各要素が bag-of-words 表現をもつ場合に動作する教師なしクラスタリング手法である．LDA はカテゴリカルで，高次元ではあるがスパースなデータをクラスターに分類する．それぞれの文書を典型的に解釈しやすいトピックへソフトクラスタリングすることができるため，テキストマイニングへの適用で幅広く利用されている．

LDA モデルは，（ワード，トピック）と（アイテム，トピック）の相互作用の観点から（ワード，アイテム，トピック）の分割表にあらわれる出現確率がモデル化できる，という仮定のもとで動作する．これはあるアイテムのワードベクトルが以下のように生成されることを仮定している．それぞれのトピック $k$ をコーパス全体のワードに対する多項分布 $\boldsymbol{\Phi}_k^{1 \times W}$ に関連付ける．すなわち

$\Phi_{k\ell} = \Pr$（観測したワード $\ell$| トピック $k$）と表現される．またアイテム $j$ に対して $r$ 個のトピックの分布を多項分布 $\boldsymbol{\theta}_j^{r\times 1}$ と仮定する．すなわち $\theta_{jk} = \Pr$（ワードの潜在トピック $= k$| アイテム $j$）となる．ここで，このコーパスに対する生成モデルは $[\{w_{jn}\}, \{\boldsymbol{z}_{jn}\}|\{\boldsymbol{\Phi}_k\}, \{\boldsymbol{\theta}_j\}] \propto [\{w_{jn}\}|\{\boldsymbol{z}_{jn}\}, \{\boldsymbol{\Phi}_k\}] \cdot [\{\boldsymbol{z}_{jn}\}|\{\boldsymbol{\theta}_j\}]$ のようにモデル化され，それぞれ以下のように生成される．

1. $\boldsymbol{z}_{jn}|\boldsymbol{\theta}_j \sim \mathrm{Multinom}(\boldsymbol{\theta}_j)$ であり，これはアイテム $j$ のそれぞれのワードに対する潜在トピックはドキュメント固有の多項分布によって生成されることを示す．
2. $w_{jn}|\boldsymbol{z}_{jn} \sim \mathrm{Multinom}(\boldsymbol{\Phi}_{z_{jn}})$ であり，これはアイテムのそれぞれのワードに対する潜在トピックを生成した後，そのワードはトピックを $\boldsymbol{z}_{jn}$ としトピック固有（ドキュメントとは独立に）の多項分布によって生成されることを表す．

高次元シンプレックスに関係した多項分布を正規化するため，$\theta_j \sim$ Dirichlet $(\lambda)$ と $\boldsymbol{\Phi}_k \sim \mathrm{Dirichlet}(\eta)$ を仮定する．ここで $\lambda$ と $\eta$ は，間接的に事後分布 $[\bar{\boldsymbol{z}}_j|\{w_{jn}\}]$ によるエントロピーを制御する対称ディリクレ事前分布のハイパーパラメータである．大きなハイパーパラメータの値のとき，分布はあまり集中せず，エントロピーは大きくなる．ディリクレ多項分布の共役性は $\{\boldsymbol{\Phi}_k\}$ と $\{\boldsymbol{\theta}_j\}$ 上で周辺化を行うことを可能にし，直接 $[\{w_{jn}\}, \{\boldsymbol{z}_{jn}\}|\eta, \lambda]$ を考え，Griffiths and Steyvers(2004) で提案されたように，崩壊型ギブスサンプラーを通じて効率的に潜在トピック事後分布からサンプルを生成する．fLDA では周辺化した事後分布も使う．なぜならアイテム因子は多項分布 $\{\boldsymbol{\Phi}_k\}$ または $\{\boldsymbol{\theta}_j\}$ に依存しない潜在トピック変数 $\{\boldsymbol{z}_{jn}\}$ の関数だからである．しかしながら，fLDA の崩壊型ギブスサンプラーの関数形は，応答に依存する第一段階のモデル（9.3 節参照）の対数尤度の項からの寄与を掛けあわされる形で修正される．参照のために，2 段階モデルを簡潔に表 9.1 にまとめた．そして，図 9.1 にグラフィカルモデルを示した．

最後に，なぜ第一段階で相互作用を捉えるためにアイテムの多項トピック確率ベクトル $\boldsymbol{\theta}_j$ の代わりに $\bar{\boldsymbol{z}}_j$ を選ぶかについて簡単に説明する．直感的にはア

**表 9.1**　LDA ベース因子モデル．

| | |
|---|---|
| レイティング | $y_{ij} \sim N(\mu_{ij}, \sigma^2)$ （ガウシアンモデル）または |
| | $y_{ij} \sim \text{Bernoulli}(\mu_{ij})$ （ロジスティックモデル） |
| | $\ell(\mu_{ij}) = \boldsymbol{x}'_{ij}\boldsymbol{b} + \alpha_i + \beta_j + \boldsymbol{u}'_t\bar{\boldsymbol{z}}_j$ |
| ユーザ因子 | $\alpha_i = \boldsymbol{g}'_0\boldsymbol{x}_i + \epsilon^{\alpha}_i,\quad \epsilon^{\alpha}_i \sim N(0, a_{\alpha})$ |
| | $\boldsymbol{u}_i = \boldsymbol{H}\boldsymbol{x}_i + \epsilon^{u}_i,\quad \epsilon^{u}_i \sim N(\boldsymbol{0}, \boldsymbol{A}_u)$ |
| アイテム因子 | $\beta_j = \boldsymbol{d}'_0\boldsymbol{x}_j + \epsilon^{\beta}_j,\quad \epsilon^{\beta}_j \sim N(0, \alpha_{\beta})$ |
| | $\bar{\boldsymbol{z}}_j = \sum_n \boldsymbol{z}_{jn} / W_j$ |
| トピックモデル | $\boldsymbol{\theta}_j \sim \text{Dirichlet}(\lambda)$ |
| | $\boldsymbol{\Phi}_k \sim \text{Dirichlet}(\eta)$ |
| | $\boldsymbol{z}_{jn} \sim \text{Multinom}(\boldsymbol{\theta}_j)$ |
| | $w_{jn} \sim \text{Multinom}(\boldsymbol{\Phi}_{z_{jn}})$ |

注：ガウシアンモデルに対しては $\ell(\mu_{ij}) = \mu_{ij}$，ロジスティックモデルに対しては $\ell(\mu_{ij}) = \log \frac{\mu_{ij}}{1-\mu_{ij}}$．

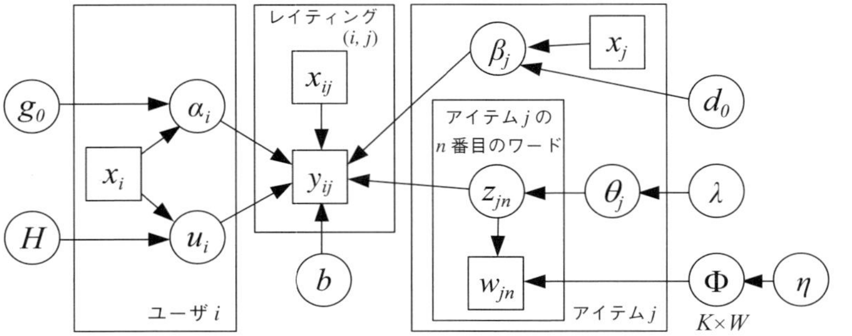


**図 9.1**　fLDA のグラフィカルモデル．分散を表す変数 $(\sigma^2, a_{\alpha}, a_{\beta}, A_s)$ は簡単のため省略する．

イテムのもつワードの潜在因子の経験分布 $\bar{\boldsymbol{z}}_j$ は $\boldsymbol{\theta}_j$ より変動しやすい．これは，ユーザレベルの回帰がよりよくふるまい，より早い収束を助けるからである．

## 9.3 学習と予測

本節では最初にMCEMアルゴリズムにもとづくモデル学習の詳細を説明する．それから予測の手続きを説明する．モデル学習の最適化問題の正確な定式化から始め，次にEMアルゴリズムの説明をする．簡単のため，ガウシアンモデルにおける第一段階のモデルに焦点をあわせ，ロジスティックモデルは9.3.1項で説明する．

$\boldsymbol{X}_{ij} = [\boldsymbol{x}_i, \boldsymbol{x}_j, \boldsymbol{x}_{ij}]$ が素性ベクトルを，$\boldsymbol{\Delta}_{ij} = [\alpha_i, \beta_j, \boldsymbol{u}_i]$ が連続値の潜在因子，$\boldsymbol{\Theta} = [\boldsymbol{b}, \boldsymbol{g}_0, \boldsymbol{d}_0, \boldsymbol{H}, \sigma^2, a_\alpha, a_\beta, \boldsymbol{A}_u, \lambda, \eta]$ がモデルパラメータを表すとする．また $\boldsymbol{y} = \{y_{ij}\}$，$\boldsymbol{X} = \{\boldsymbol{X}_{ij}\}$，$\boldsymbol{\Delta} = \{\boldsymbol{\Delta}_{ij}\}$，$\boldsymbol{z} = \{\boldsymbol{z}_{jn}\}$，$\boldsymbol{w} = \{w_{jn}\}$ という記法を用いる．

経験ベイズのアプローチに従い，与えられる観測された応答 $\boldsymbol{y}$ とワード $\boldsymbol{w}$ に対し，不完全データ対数尤度 (incomplete data likelihood)（潜在因子 $\boldsymbol{\Delta}$ と $\{\boldsymbol{z}_{jn}\}$ に対し周辺化する）を最大化するパラメータ $\hat{\boldsymbol{\Theta}}$ を探すことが学習の目的である．

$$\hat{\boldsymbol{\Theta}} = \arg\max_{\boldsymbol{\Theta}} \Pr(\boldsymbol{y}, \boldsymbol{w} | \boldsymbol{\Theta}, \boldsymbol{X})$$

これは不完全データ尤度を最適化して得られた $\boldsymbol{\Theta}$ の最適な値で，推定と予測は事後分布 $[\boldsymbol{\Delta}, \{\boldsymbol{z}_{jn}\} | \boldsymbol{y}, \boldsymbol{w}, \hat{\boldsymbol{\Theta}}, \boldsymbol{X}]$ を通じて行うことができる．

### 9.3.1 モデルの当てはめ

EMアルゴリズム (Dempster et al., 1977) は因子モデルの学習に適している．欠損値を含んだケースでの因子は観測データによって補われる．完全データ対数尤度は観測（第一段階）と状態（第二段階）の尤度の積として得られる．EMアルゴリズムは，観測データと現在の $\boldsymbol{\Theta}$ の値によって条件付けられた欠損値 $(\boldsymbol{\Delta}, \{\boldsymbol{z}_{jn}\})$ の事後分布のもとでの完全データ尤度の期待値を計算するEステップと，Eステップで得られた完全データ尤度の期待値を最大化して $\boldsymbol{\Theta}$ の値を更新するMステップを繰り返す．それぞれの反復において，EMアルゴリズムは不完全データ対数尤度が下がることを保証しない．主要な計算上のボトルネックはEステップである．なぜなら因子の事後分布が閉じた式で得られないからである．そのためMCEMアルゴリズムを頼りにする．MCEMを使い事後分布からサンプルを生成して，モンテカルロ平均をとることでEステップでの期待値を近似する．これがMCEMアルゴリズムと呼ばれる手法である．別の方法として，期待値の閉じた式を得るために変分近似を適用したり，期待値の計算を条件付き分布のモードで置き換えるICM (iterative conditional mode) アルゴリズムを適用することも可能である．しかしながら，経験的な事実として，他の研究 (Salakhutdinov and Mnih, 2008) で言及されるように，サンプリングは通常スケーラブルでありながら，予測精度の点で優れる．この性質は事後分布の多峰性に強く依存している．経験的には，サンプリングで浅い極小値に陥ることはない．実際に，サンプリングは因子の数が増えていくときに起こる過学習の対策になっていることがわかっている．これは過学習を起こしうるモード探索アプローチなどとは異なる（Agarwal and Chen, 2009 などを参照）．よって，本章ではMCEMアルゴリズムに着目する．

$LL(\boldsymbol{\Theta}; \boldsymbol{\Delta}, \boldsymbol{z}, \boldsymbol{y}, \boldsymbol{w}, \boldsymbol{X}) = \log(\Pr(\boldsymbol{\Delta}, \boldsymbol{z}, \boldsymbol{y}, \boldsymbol{w} | \hat{\boldsymbol{\Theta}}, \boldsymbol{X}))$ を完全データ対数尤度とする．$\hat{\boldsymbol{\Theta}}^{(t)}$ を $\boldsymbol{\Theta}$ の $t$ 回目の反復における現在の推定値とする．EMアルゴリズムは以下の2ステップを収束するまで繰り返す．

1. **E ステップ**：$E_{\boldsymbol{\Delta},\boldsymbol{z}}[LL(\boldsymbol{\Theta}; \boldsymbol{\Delta}, \boldsymbol{z}, \boldsymbol{y}, \boldsymbol{w}, \boldsymbol{X}) | \hat{\boldsymbol{\Theta}}^{(t)}]$ を $\boldsymbol{\Theta}$ の関数として計算する．ここで期待値は事後分布 $(\boldsymbol{\Delta}, \boldsymbol{z} | \hat{\boldsymbol{\Theta}}^{(t)}, \boldsymbol{y}, \boldsymbol{w}, \boldsymbol{X})$ に対して平均をとることで求める．
2. **M ステップ**：E ステップで計算した期待値を最大化する $\boldsymbol{\Theta}$ を求める．

$$\hat{\boldsymbol{\Theta}}^{(t+1)} = \arg\max_{\boldsymbol{\Theta}} E_{\boldsymbol{\Delta},\boldsymbol{z}}[LL(\boldsymbol{\Theta}; \boldsymbol{\Delta}, \boldsymbol{z}, \boldsymbol{y}, \boldsymbol{w}, \boldsymbol{X}) | \hat{\boldsymbol{\Theta}}^{(t)}]$$

#### 9.3.1.1　モンテカルロ E ステップ

$E_{\boldsymbol{\Delta},\boldsymbol{z}}[LL(\boldsymbol{\Theta}; \boldsymbol{\Delta}, \boldsymbol{z}, \boldsymbol{y}, \boldsymbol{w}, \boldsymbol{X}) | \hat{\boldsymbol{\Theta}}^{(t)}]$ の閉じた式は得られないため $L$ 個のサンプルをギブスサンプラーで生成し，モンテカルロ法で期待値を計算する (Gelfand, 1995)．ギブスサンプラーは以下の手順を $L$ 回繰り返す．以下では他の全てが与えられた際の $\delta$ の条件付き分布を表すため $(\delta|\text{Rest})$ を使う．ここで $\delta$ は $\alpha_i$, $\beta_j$, $\boldsymbol{u}_i$, $\boldsymbol{z}_{jn}$ のうち1つであるとする．$\mathcal{I}_j$ をアイテム $j$ に応答したユーザの集合とする．また $\mathcal{J}_i$ をユーザ $i$ に応答されたアイテムの集合とする．

1. 全てのユーザ $i$ に対して，$\alpha_i$ 以外が与えられた条件の下で，以下のような平均と分散をもつ正規分布に従う $\alpha_i$ をサンプリングする．

$$
\begin{aligned}
o_{ij} &= y_{ij} - \boldsymbol{x}'_{ij}\boldsymbol{b} - \beta_j - \boldsymbol{u}'_i\bar{\boldsymbol{z}}_j \text{ として} \\
\mathrm{Var}[\alpha_i|\mathrm{Rest}] &= \left(\frac{1}{a_\alpha} + \sum_{j\in\mathcal{J}_i}\frac{1}{\sigma^2}\right)^{-1} \\
E[\alpha_i|\mathrm{Rest}] &= \mathrm{Var}[\alpha_i|\mathrm{Rest}]\left(\frac{\boldsymbol{g}'_0\boldsymbol{x}_i}{a_\alpha} + \sum_{j\in\mathcal{J}_i}\frac{o_{ij}}{\sigma^2}\right)
\end{aligned}
$$

2. 全てのアイテム $j$ に対して，$\beta_j$ 以外が与えられた条件の下で，以下のような平均と分散をもつ正規分布に従う $\beta_j$ をサンプリングする．

$$
\begin{aligned}
o_{ij} &= y_{ij} - \boldsymbol{x}'_{ij}\boldsymbol{b} - \alpha_i - \boldsymbol{u}'_i\bar{\boldsymbol{z}}_j \text{ として} \\
\mathrm{Var}[\beta_j|\mathrm{Rest}] &= \left(\frac{1}{a_\beta} + \sum_{i\in\mathcal{I}_j}\frac{1}{\sigma^2}\right)^{-1} \\
E[\beta_j|\mathrm{Rest}] &= \mathrm{Var}[\beta_j|\mathrm{Rest}]\left(\frac{\boldsymbol{d}'_0\boldsymbol{x}_j}{a_\beta} + \sum_{i\in\mathcal{I}_j}\frac{o_{ij}}{\sigma^2}\right)
\end{aligned}
$$

3. 全てのユーザ $i$ に対して，$\boldsymbol{u}_i$ 以外が与えられた条件の下で，以下のような平均と分散をもつ正規分布に従う $\boldsymbol{u}_i$ をサンプリングする．

$$
\begin{aligned}
o_{ij} &= y_{ij} - \boldsymbol{x}'_{ij}\boldsymbol{b} - \alpha_i - \beta_j \text{ として} \\
\mathrm{Var}[\boldsymbol{u}_i|\mathrm{Rest}] &= \left(\boldsymbol{A}_u^{-1} + \sum_{j\in\mathcal{J}_i}\frac{\bar{\boldsymbol{z}}_j\bar{\boldsymbol{z}}'_j}{\sigma^2}\right)^{-1} \\
E[\boldsymbol{u}_i|\mathrm{Rest}] &= \mathrm{Var}[\boldsymbol{u}_i|\mathrm{Rest}]\left(\boldsymbol{A}_u^{-1}\boldsymbol{H}\boldsymbol{x}_i + \sum_{j\in\mathcal{J}_i}\frac{o_{ij}\bar{\boldsymbol{z}}_j}{\sigma^2}\right)
\end{aligned}
$$

4. アイテム $j$ とアイテム $j$ に含まれるワード $n$ に対して，$z_{jn}$ 以外が与えられた条件の下で，多項分布に従い $z_{jn}$ をサンプリングする．$z_{jn}$ に対応するワードは $w_{jn} = \ell$ であると仮定する．$Z^{\neg jn}_{j'k\ell}$ を $z_{jn}$ を除いたアイテム $j'$ のト

ピック $k$ に属するワード $\ell$ の回数とする．

$$Z_{jk\ell}^{\neg jn} = \sum_{n' \neq n} \mathbf{1}\{z_{jn'} = k \text{ かつ } w_{jn'} = \ell\} \text{ かつ}$$
$$Z_{j'k\ell}^{\neg jn} = \sum_{n'} \mathbf{1}\{z_{j'n'} = k \text{ かつ } w_{j'n'} = \ell\} \quad (j' \neq j)$$

そして多項確率分布は以下のように与えられる．

$$\Pr(z_{jn} = k|\text{Rest}) \propto \frac{Z_{k\ell}^{\neg jn} + \eta}{Z_k^{\neg jn} + W\eta}(Z_{jk}^{\neg jn} + \lambda_k)g(y)$$

ここで $Z_{k\ell}^{\neg jn} = \sum_{j'} Z_{j'k\ell}^{\neg jn}$，$Z_k^{\neg jn} = \sum_\ell Z_{k\ell}^{\neg jn}$，$Z_{jk}^{\neg jn} = \sum_\ell Z_{jk\ell}^{\neg jn}$ である．$o_{ij} = y_{ij} - \boldsymbol{x}_{ij}'\boldsymbol{b} - \alpha_i - \beta_j$ として

$$g(y) = \exp\left\{\bar{\boldsymbol{z}}_j'\boldsymbol{B}_j - \frac{1}{2}\bar{\boldsymbol{z}}_j'\boldsymbol{C}_j\bar{\boldsymbol{z}}_j\right\}$$
$$\boldsymbol{B}_j = \sum_{i \in \mathcal{I}_j} \frac{o_{ij}\boldsymbol{u}_i}{\sigma^2} \text{ かつ } \boldsymbol{C}_j = \sum_{i \in \mathcal{I}_j} \frac{\boldsymbol{u}_i\boldsymbol{u}_i'}{\sigma^2}$$

ここで $\bar{\boldsymbol{z}}_j = \sum_{n'} \boldsymbol{z}_{jn'}/W_j$ はトピック $k$ として $z_{jn}$ を設定したアイテム $j$ の経験トピック分布であることに注意してほしい．

以下では $\Pr(z_{jn} = k|\text{Rest})$ の式を導く．$\boldsymbol{z}_{\neg jn}$ を $z_{jn}$ が除かれ，$w_{jn} = \ell$ としたときの $\boldsymbol{z}$ とする．以下のように計算される．

$$\Pr(z_{jn} = k|\text{Rest}) \propto \Pr(z_{jn} = k, \boldsymbol{y}|\boldsymbol{z}_{\neg jn}, \boldsymbol{\Delta}, \hat{\boldsymbol{\Theta}}^{(t)}, \boldsymbol{w}, \boldsymbol{X})$$
$$\propto \Pr(z_{jn} = k|\boldsymbol{w}, \boldsymbol{z}_{\neg jn}, \hat{\boldsymbol{\Theta}}^{(t)}) \prod_{i \in \mathcal{I}_j} \Pr(y_{ij}|z_{jn} = k, \boldsymbol{z}_{\neg jn}, \boldsymbol{\Delta}, \hat{\boldsymbol{\Theta}}^{(t)}, \boldsymbol{X})$$

$$\begin{aligned}
&\Pr(z_{jn} = k|\boldsymbol{w}, \boldsymbol{z}_{\neg jn}, \hat{\boldsymbol{\Theta}}^{(t)}) \\
&\propto \Pr(z_{jn} = k, w_{jn} = \ell|\boldsymbol{w}_{\neg jn}, \boldsymbol{z}_{\neg jn}, \hat{\boldsymbol{\Theta}}^{(t)}) \\
&= \Pr(w_{jn} = \ell|\boldsymbol{w}_{\neg jn}, z_{jn} = k, \boldsymbol{z}_{\neg jn}, \eta)\Pr(z_{jn} = k|\boldsymbol{z}_{\neg jn}, \lambda) \\
&= E[\Phi_{k\ell}|\boldsymbol{w}_{\neg jn}, \boldsymbol{z}_{\neg jn}, \eta]E[\theta_{jk}|\boldsymbol{z}_{\neg jn}, \lambda] \\
&= \frac{Z_{k\ell}^{\neg jn} + \eta}{Z_k^{\neg jn} + W\eta} \frac{Z_{jk}^{\neg jn} + \lambda_k}{Z_j^{\neg jn} + \sum_k \lambda_k}
\end{aligned}$$

第 2 項の分母 $Z_j^{\neg jn} + \sum_k \lambda_k$ が $k$ に依存しないことに注意してほしい．よって以下を得る．

$$\Pr(z_{jn} = k|\text{Rest}) \propto \frac{Z_{k\ell}^{\neg jn} + \eta}{Z_k^{\neg jn} + W\eta}(Z_{jk}^{\neg jn} + \lambda_k) \prod_{i \in \mathcal{I}_j} f_{ij}(y_{ij})$$

ここで $f_{ij}(y_{ij})$ は，平均が $\boldsymbol{x}'_{ij}\boldsymbol{b} + \alpha_i + \beta_j + \boldsymbol{u}'_i\bar{\boldsymbol{z}}_j$，分散が $\sigma^2$ の $y_{ij}$ の正規分布であり，$\bar{\boldsymbol{z}}_j$ は $z_{jn} = k$ とおくことで計算される．$o_{ij} = y_{ij} - \boldsymbol{x}'_{ij}\boldsymbol{b} - \alpha_i - \beta_j$ として

$$\begin{aligned}
\prod_{i \in \mathcal{I}_j} f_{ij}(y_{ij}) &\propto \exp\left\{-\frac{1}{2}\sum_{i \in \mathcal{I}_j}\frac{(o_{ij} - \boldsymbol{u}'_i\bar{\boldsymbol{z}}_j)^2}{\sigma^2}\right\} \\
&\propto \exp\left\{\bar{\boldsymbol{z}}'_j\boldsymbol{B}_j - \frac{1}{2}\bar{\boldsymbol{z}}'_j\boldsymbol{C}_j\bar{\boldsymbol{z}}_j\right\}
\end{aligned}$$

$$\text{ここで } \boldsymbol{B}_j = \sum_{i \in \mathcal{I}_j}\frac{o_{ij}\boldsymbol{u}_i}{\sigma^2} \text{ かつ } \boldsymbol{C}_j = \sum_{i \in \mathcal{I}_j}\frac{\boldsymbol{u}_i\boldsymbol{u}'_i}{\sigma^2}$$

#### 9.3.1.2 M ステップ

M ステップでは，E ステップで計算した完全データ尤度の期待値を最大化するパラメータ $\boldsymbol{\Theta} = [\boldsymbol{b}, \boldsymbol{g}_0, \boldsymbol{d}_0, \boldsymbol{H}, \sigma^2, a_\alpha, a_\beta, \boldsymbol{A}_u, \lambda, \eta]$ を求める．

$$\hat{\boldsymbol{\Theta}}^{(t+1)} = \arg\max_{\boldsymbol{\Theta}} E_{\boldsymbol{\Delta},\boldsymbol{z}}[LL(\boldsymbol{\Theta}; \boldsymbol{\Delta}, \boldsymbol{z}, \boldsymbol{y}, \boldsymbol{w}, \boldsymbol{X})|\hat{\boldsymbol{\Theta}}^{(t)}]$$

ここで

$$\begin{aligned}
&-LL(\boldsymbol{\Theta}; \boldsymbol{\Delta}, \boldsymbol{z}, \boldsymbol{y}, \boldsymbol{w}, \boldsymbol{X}) = \text{constant} \\
&\quad + \frac{1}{2}\sum_{ij}\left(\frac{1}{\sigma^2}(y_{ij} - \alpha_i - \beta_j - \boldsymbol{x}'_{ij}\boldsymbol{b} - \boldsymbol{u}'_i\bar{\boldsymbol{z}}_j)^2 + \log\sigma^2\right) \\
&\quad + \frac{1}{2a_\alpha}\sum_i(\alpha_i - \boldsymbol{g}'_0\boldsymbol{x}_i)^2 + \frac{M}{2}\log a_\alpha \\
&\quad + \frac{1}{2}\sum_i(\boldsymbol{u}_i - \boldsymbol{H}\boldsymbol{x}_i)'\boldsymbol{A}_u^{-1}(\boldsymbol{u}_i - \boldsymbol{H}\boldsymbol{x}_i) + \frac{M}{2}\log(\det\boldsymbol{A}_u)
\end{aligned}$$

$$
\begin{aligned}
&+\frac{1}{2a_\beta}\sum_j(\beta_j - \boldsymbol{d}_0'\boldsymbol{x}_j)^2 + \frac{N}{2}\log a_\beta \\
&+N(r\log\Gamma(\lambda) - \log\Gamma(r\lambda)) \\
&+\sum_j\left(\log\Gamma(Z_j + r\lambda) - \sum_k\log\Gamma(Z_{jk} + \lambda)\right) \\
&+r(W\log\Gamma(\eta) - \log\Gamma(W\eta)) \\
&+\sum_k\left(\log\Gamma(Z_k + W\eta) - \sum_\ell\log\Gamma(Z_{k\ell} + \eta)\right)
\end{aligned}
$$

前の方程式で $(\boldsymbol{b},\sigma^2)$，$(\boldsymbol{g}_0,a_\alpha)$，$(\boldsymbol{d}_0,a_\beta)$，$(\boldsymbol{H},\boldsymbol{A}_u)$，$\lambda$，$\eta$ はそれぞれ別々に最適化できる．特に最初の4つは回帰問題を解くことによって最適化できる．最後の2つは1次元で，グリッドサーチで簡単に解ける．本項の残りで詳細を述べる．$\tilde{E}[\cdot]$ と $\tilde{\mathrm{Var}}[\cdot]$ をモンテカルロ平均と分散とする．

**$(\boldsymbol{b},\sigma^2)$ の回帰**：$o_{ij} = \alpha_i + \beta_j + \boldsymbol{u}_i'\bar{\boldsymbol{z}}_j$ とする．ここで以下を最小化したい．

$$
\frac{1}{\sigma^2}\sum_{ij}\tilde{E}[(y_{ij} - \boldsymbol{x}_{ij}'\boldsymbol{b} - o_{ij})^2] + D\log(\sigma^2)
$$

ここで $D$ は観測したレイティングの数である．$b$ に関する最適解は，$\boldsymbol{x}_{ij}$ を素性ベクトルとして $(y_{ij} - \tilde{E}[o_{ij}])$ を目的変数とした最小二乗回帰によって得られる．RSS をこの回帰の残差二乗和とすると，最適な $\sigma^2$ は $(\sum_{ij}\tilde{\mathrm{Var}}[o_{ij}] + \mathrm{RSS})/D$ で与えられる．

**$(\boldsymbol{g}_0,a_\alpha)$ の回帰**：$(\boldsymbol{b},\sigma^2)$ の回帰と同様に，最適な $\boldsymbol{g}_0$ は $\boldsymbol{x}_i$ を素性ベクトルとして $\tilde{E}[\alpha_i]$ を目的変数とした回帰問題を解くことで求められる．最適な $a_\alpha$ は $(\sum_i\tilde{\mathrm{Var}}[\alpha_i] + \mathrm{RSS})/M$ で与えられる．

**$(\boldsymbol{d}_0,a_\beta)$ の回帰**：最適な $\boldsymbol{d}_0$ は $\boldsymbol{x}_j$ を素性ベクトルとして $\tilde{E}[\beta_j]$ を目的変数とした回帰問題を解くことで求められる．最適な $a_\beta$ は $(\sum_j\tilde{\mathrm{Var}}[\beta_j] + \mathrm{RSS})/N$ で与えられる．

**$(\boldsymbol{H}, \boldsymbol{A}_u)$ の回帰**：簡単のため，分散共分散行列は対角行列とする．つまり $\boldsymbol{A}_u = a_u\boldsymbol{I}$ である．$\boldsymbol{H}_k$ を $\boldsymbol{H}$ の $k$ 番目の行とし，$u_{ik}$ を $\boldsymbol{u}_i$ の $k$ 番目の要素とする．最適な $\boldsymbol{H}_k$ は $\boldsymbol{x}_i$ を素性ベクトルとし，$\tilde{E}[u_{ik}]$ を目的変数とした回帰問題をそれぞれのトピック $k$ について解くことで得られる．$\mathrm{RSS}_k$ を $k$ 番目の回帰の残差二乗和とすると，$a_u = (\sum_{ik} \tilde{\mathrm{Var}}[u_{ik}] + \sum_k \mathrm{RSS}_k)/rM$ と求められる．

**$\eta$ の最適化**：以下を最小化する $\eta$ を求める．

$$
\begin{aligned}
&r(W \log\Gamma(\eta) - \log\Gamma(W\eta)) \\
&+ \sum_k (\tilde{E}[\log\Gamma(Z_k + W\eta)] - \sum_\ell \tilde{E}[\log\Gamma(Z_{k\ell} + \eta)])
\end{aligned}
$$

この最適化問題は1次元で，$\eta$ は局外母数 (nuisance parameter)[2) ]であるので，単にあらかじめ固定したいくつかの $\eta$ の値を試すのみである．

**$\lambda$ の最適化**：以下を最小化する $\lambda$ を求める．

$$
\begin{aligned}
&N(r \log\Gamma(\lambda) - \log\Gamma(r\lambda)) \\
&+ \sum_j (\tilde{E}[\log\Gamma(Z_j + r\lambda)] - \sum_k \tilde{E}[\log\Gamma(Z_{jk} + \lambda)])
\end{aligned}
$$

再び，この最適化問題は1次元である．固定したいくつかの $\lambda$ の値を試み，最適な $\lambda$ の値を得る．

#### 9.3.1.3 議論

**回帰の正則化**：M ステップではそれぞれの回帰は係数の過学習を避けるために $t$ 分布を事前分布として実行される．

**トピック数**：過去の経験やシミュレーションによるいくつかの実験から，MCEM アルゴリズムは因子の数を誤って大きく設定した場合でさえ過学習に耐性があることがわかった．意図しない過学習を招き，実験の価値を損なうという理由から，テストデータに対しては複数の $r$ の値は試していない．それゆえに大きな因子の数（20～25）で fLDA を実行した．実際には，最適な因子の数を見つけるために訓練データを用いて交差検証を実行することもできる．

2) 訳注：モデルに含まれるパラメータのうち，求めたい対象ではないもの．

**スケーラビリティ**：トピック数，EM反復の回数，1回反復におけるギブスサンプルの数を固定したもとでは，MCEMアルゴリズムは本質的には観測数（応答の数＋ワードの数）に対して**線形**の計算量である．実験を行った際にはMCEMアルゴリズムはかなり小さなEM反復の回数（通常10程度）で高速に収束した．このアルゴリズムは，また，高度に並列化されうる．特にユーザ（アイテム）因子のサンプリングするときに，ユーザ（アイテム）を分割して，それぞれの分割に対して独立にサンプリングすることができる．LDAのサンプリングを並列化する例としては，Wang et al. (2009) や Smola and Narayanamurthy(2010) などがある．

**ロジスティック回帰の当てはめ**：それぞれのEM反復の後，重み付きガウス過程回帰を伴う変分近似によって行う（詳細はAgarwal and Chen, 2009を参照）．

### 9.3.2　予測

与えられた訓練データ中のレイティング $y$ とワード $w$ に対し，目的はユーザ $i$，アイテム $j$ の応答 $y_{ij}^{\text{new}}$ を予測することである．事後平均 $E[y_{ij}^{\text{new}}|\boldsymbol{y},\boldsymbol{w},\hat{\boldsymbol{\Theta}},\boldsymbol{X}]$ で応答を予測できる．計算の効率のため，事後平均を以下で近似する．

$$
\begin{aligned}
E[y_{ij}^{\text{new}}|\boldsymbol{y},\boldsymbol{w},\hat{\boldsymbol{\Theta}},\boldsymbol{X}] &= \boldsymbol{x}_{ij}'\hat{\boldsymbol{b}} + \hat{\alpha}_i + \hat{\beta}_j + E[\boldsymbol{u}_i'\bar{\boldsymbol{z}}_j] \\
&\approx \boldsymbol{x}_{ij}'\hat{\boldsymbol{b}} + \hat{\alpha}_i + \hat{\beta}_j + \hat{\boldsymbol{u}}_i'\hat{\bar{\boldsymbol{z}}}_j
\end{aligned}
$$

ここで $\hat{\delta} = E[\delta|\boldsymbol{y},\boldsymbol{w},\hat{\boldsymbol{\Theta}},\boldsymbol{X}]$（$\delta$ は $\{\alpha_i\}$，$\{\beta_j\}$，$\{\boldsymbol{u}_i\}$ のいずれか）は学習フェーズで推定される．コールドスタートシナリオにおける新規アイテム $j$ の $\hat{\bar{\boldsymbol{z}}}_j$ を推定するために，教師なしLDAのサンプリング公式を用いてアイテム $j$ のワード $w_j$ のトピック分布を得るためにギブスサンプリングを使う．しかしながら，サンプリング時に使われるトピック × ワード行列 $\boldsymbol{\Phi}$ はfLDAから得られる．よって，新規アイテムであっても予測は応答に影響を受けない．

## 9.4　実験

3つの現実のデータセットを用いてfLDAの有用性を示す．よく研究の題材とされるMovieLens（映画レイティング）データセットを使い，6つの有名な協調フィルタリング手法と比較し，fLDAの予測精度が最も良いことを示す．ここで，テストセットのそれぞれの映画は，訓練セット内に映画の因子を推定するのに十分な量のレイティングが存在するため，fLDAは精度を向上させることはない．次に，Yahoo!Buzzデータセットを用いて，いかにfLDAを用いて解釈を導き，ソーシャルニュースサービスサイトでの個別化推薦を行うかの事例を報告する．訓練データにない多くの新規アイテムが存在するときに，fLDAが明確に最先端の手法を上回ることを示し，またニュース記事から高品質なトピックの同定もまた可能にすることを示す．最後に，書籍のレイティングデータを使った事例研究も示す．これは再びfLDAが最先端の手法より良い予測性能を示す．

### 9.4.1 MovieLensデータ

本項ではよく研究されている映画推薦問題をもとにfLDAの有用性を例示する．ユーザとアイテム素性の両方が手法の中心となるので，実験用Netflixデータ（Netflixデータではユーザ素性がないため）は考えない．代わりに，100万レイティング，6,040ユーザ，3,706映画のMovieLensデータを調べる．ユーザ素性は年齢，性別，ZIPコード（先頭数字のみ），職業からなる．アイテム素性は映画ジャンル（RLFMのみで使用される）を含む．bag-of-wordsを構築するため，男優，女優，ディレクターの名前，タイトルとプロットに含まれるワードを追加して使う．さらにデータを時刻に応じて訓練セットとテストセットに分割する．時系列順で最初の75%のレイティングを訓練用とし，一方，残りをテストに使う．これらのデータはAgarwal and Chen (2009) で分析され，さまざまなベンチマーク手法で比較されている．表9.2でfLDAによって得られた二乗平均平方根誤差 (RMSE) を報告する．

**手法**：コンスタントモデルは，全てのテストケースに対してレイティングを訓練データの平均であると予測する．素性ベクトルのみモデルは，ユーザとアイテム素性（ジャンル）のみによる回帰モデルである．因子のみモデルは，通常の平均が0の事前分布を用いた行列分解モデルである．Most-Popularは，素

表 9.2　MovieLens におけるテストセット RMSE.

| モデル | テストセット RMSE |
|---|---|
| fLDA | 0.9381 |
| RLFM | 0.9363 |
| unsup-LDA | 0.9520 |
| 因子のみモデル | 0.9422 |
| 素性ベクトルのみモデル | 1.0906 |
| フィルタボット | 0.9517 |
| Most-Popular | 0.9726 |
| コンスタントモデル | 1.1190 |

性ベクトルを使って正則化されたユーザとアイテムのバイアスのみによる手法である．フィルタボットは，第8章で議論したウォームスタートとコールドスタート問題を同時に扱うために使われる協調フィルタリング手法である（フィルタボットより性能が悪いため，アイテム-アイテム類似度などの他の協調フィルタリング手法は説明しない）．RLFM は，第8章で示した回帰ベース潜在因子モデルである．unsup-LDA は，教師なし LDA (unsupervised LDA) を使った fLDA と別のもので，アイテムそれぞれのワードのトピックを識別するために，教師なし LDA を適用した最初の手法でトピックとして $\bar{z}_j$ を固定して fLDA を学習する．

このデータセットに対して，テストセットのレイティングの大半（およそ 56 %程度）は新規ユーザによるものである．しかし，それらの多くは訓練データ中にレイティングのある旧来のアイテムに対するものである．良い精度を得る鍵は，モデルがユーザに関するコールドスタートに対処できるかどうかであり，これは fLDA のターゲットとなる適用例ではない．よって fLDA が RLFM に対してかなり性能向上することは期待できない．この分析の主要な目的はテストセットにおいて大半のアイテムのレイティングが得られるウォームスタートシナリオにおいて fLDA が同程度の性能であると示すことであった．

### 9.4.2　Yahoo! Buzz への適用

Yahoo! Buzz (`http://buzz.yahoo.com/`) は「バズった」ニュースをユーザ

に推薦するソーシャルニュースサイトである．記事への投票される（“buzz up” または “buzz down”）は推薦を決定するにあたって重要な情報である．サイトはすでに閉鎖しているため，本項ではサイトが稼動していたときに収集したデータを使ったオフラインでの分析の結果を記述する．

3か月の期間に4,026人のユーザが10,468個の記事に行った620,883回の投票を収集した．スパム投票の影響を最小化するために，信頼できるソースからの記事と妥当な回数の投票（1,000回以下）を行ったユーザのみを選んだ．「buzz up」投票をレイティング1，「buzz down」をレイティング −1として扱う．ユーザは通常嫌いな記事にのみ「buzz down」するので投票の多数派は「buzz up」である．これは，ユーザが興味をもっていない記事に対する明確なフィードバックを得るのが難しい，ということである．よって $N$ 回投票したユーザに対して，そのユーザが投票しなかった $N$ 個の記事をランダムに選択し，そのアイテムのレイティングを0にする．ユーザは通常少数の記事を好むので，ランダムに選択された記事がユーザの興味を引かないことは妥当である．それぞれのユーザは年齢と性別で結び付けられる．年齢を10の年齢グループに（それぞれユーザ数が同数になるように）分割する．それぞれの記事はYahoo!Buzzによってつけられたタイトル，説明と複数のカテゴリによって結び付いている．ストップワード[3)]を取り除き，固有表現抽出[4)]を行い，Porter stemmer[5)]でステミング処理[6)]を行った．そして，最初の2か月のデータから訓練データを，最後の1か月分からテストデータを作成した．ニュース記事であるため，テストデータの多くの記事は訓練データにない新規記事である．

3つのモデルを比較した．25トピックで教師ありのfLDA，因子数25のRLFM（最先端の手法），25トピックの教師なしunsup-LDAである．受信者操作特性曲線（ROC曲線，4.1.3項で紹介した）を図9.2(a)で示す．レイティ

---

3) 訳注：頻度が高いが単体では意味をなさない単語，前置詞など．

4) 訳注：人名，地名などの固有名や日付，数値など特定の表現を表す文字列を抽出する処理．

5) 訳注：英語を対象としたステミングアルゴリズム．`https://tartarus.org/martin/PorterStemmer/` を参照．

6) 訳注：動詞などの語形が変化する語を同一の表現にする処理．

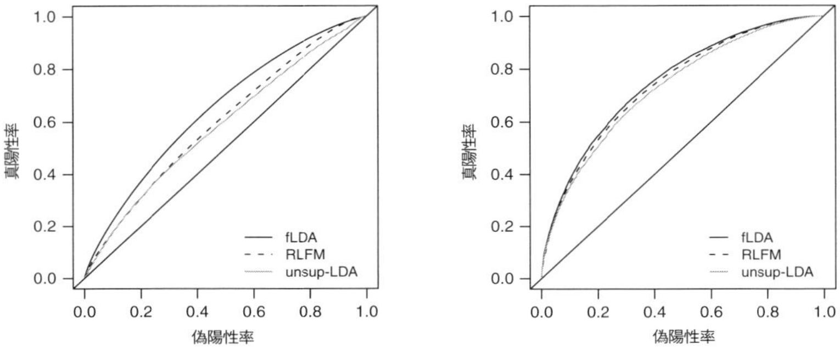


**(a)** Yahoo! Buzz データ　　**(b)** BookCrossing データ

図 **9.2**　異なった手法での ROC 曲線.

ング1を肯定的である，レイティングが0または −1を否定的であるとみなす．fLDA は RLFM と unsup-LDA を上回り，RLFM はわずかに unsup-LDA より良いことがわかる．

表9.3で fLDA によって得られた興味深いトピックを列挙する．表からわかるように，fLDA では，Yahoo!Buzz の重要なニューストピックを得ることを可能にした．例えば，ブッシュ政権における CIA の厳しい取り調べの技術（トピック 1），豚インフルエンザ（トピック 2），同性愛者の結婚問題（トピック 4），経済の減衰（トピック 13），北朝鮮問題（トピック 14），アメリカン・インターナショナル・グループとゼネラルモーターズの問題（トピック 25）など．大半のトピックはとても簡単に解釈できるが，25のトピックのうち6つは非常に一般的で役に立つ．教師なし LDA もまた解釈しやすいトピックを与える．大雑把にいって，トピックの半分は fLDA によって得られたトピックと似ている．しかしながら，unsup-LDA の予測パフォーマンスは fLDA よりかなり悪い．

### 9.4.3　BookCrossing データセット

BookCrossing (`http://www.bookcrossing.com`) はオンラインのブッククラブである．ユーザは書籍に 0〜10 の評価ができる．先行研究である Ziegler

表 **9.3** Yahoo!Buzz データセットにおいて fLDA によって得られたトピック．

| トピック | 単語（ステミング後） |
|---|---|
| 1 | bush, tortur, interrog, terror, administr, cia, offici, suspect, releas, investig, georg, memo, al, prison, george w. bush, guantanamo, us, secret, harsh, depart, attornei, detaine, justic, iraq, alleg, probe, case, said, secur, waterboard |
| 3 | mexico, flu, pirat, swine, drug, ship, somali, border, mexican, hostag, offici, somalia, captain, navi, health, us, attack, cartel, outbreak, coast, case, piraci, violenc, u.s., held, spread, pandem, kill |
| 4 | nfl, player, team, suleman, game, nadya, star, high, octuplet, nadya_suleman, michael, week, school, sport, fan, get, vick, leagu, coach, season, mother, run, footbal, end, dai, bowl, draft, basebal |
| 6 | court, gai, marriag, suprem, right, judg, rule, sex, pope, supreme court, appeal, ban, legal, allow, state, stem, case, church, california, immigr, law, fridai, cell, decis, feder, hear, cathol, justic |
| 8 | palin, republican, parti, obama, limbaugh, sarah, rush, gop, presid, sarah palin, sai, gov, alaska, steel, right, conserv, host, fox, democrat, rush limbaugh, new, bristol, tea, senat, levi, stewart, polit, said |
| 9 | brown, chri, rihanna, chris brown, onlin, star, richardson, natasha, actor, actress, natasha richardson, sai, madonna, milei, singer, divorc, hospit, cyru, angel, wife, charg, adopt, lo, assault, di, ski, accid, year, famili, music |
| 10 | idol, american, night, star, look, michel, win, dress, susan, danc, judg, boyl, michelle obama, susan boyl, perform, ladi, fashion, hot, miss, leno, got, contest, photo, tv, talent, sing, wear, week, bachelor |
| 11 | nation, scienc, christian, monitor, new, obama, christian sciencemonitor, com, time, american, us, world, america, climat, peopl, week, dai, michel, just, warm, ann, coulter, chang, state, public, hous, global |
| 12 | obama, presid, hous, budget, republican, tax, barack, democrat, barack obama, parti, sai, senat, congress, tea, administr, palin, group, spend, white, lawmak, politico, offic, gop, right, american, stimulu, feder, anti, health |
| 13 | economi, recess, job, percent, econom, bank, expect, rate, jobless, year, unem-ploy, month, record, market, stock, financi, week, wall, street, new, number, sale, rise, fall, march, billion, februari, crisi, reserv, quarter |
| 14 | north, korea, china, north korea, launch, nuclear, rocket, missil, south, said, russia, chines, iran, militari, weapon, countri, chavez, korean, defens, journalist, japan, secur, nkorea, us, council, u.n., leader, talk, summit, warn |
| 20 | com, studi, space, livesci, research, earth, scientist, new, like, year, ic, station, nasa, water, univers, diseas, planet, human, discov, ancient, rare, intern, risk, live, find, expert, red, size, centuri, million |
| 22 | israel, iran, said, isra, pakistan, kill, palestinian, presid, iraq, war, gaza, taliban, soldier, leader, attack, troop, milit, govern, afghanistan, countri, offici, peac, group, us, minist, mondai, bomb, militari, polic, iraqi |
| 23 | plane, citi, air, high, resid, volcano, mondai, peopl, crash, jet, flight, erupt, south, itali, forc, flood, mile, alaska, small, hit, near, pilot, dai, mount, island, storm, river, travel, crew, earthquak |
| 25 | bonus, american international group, bank, billion, gener, compani, million, madoff, motor, financi, insur, treasuri, govern, bailout, bankruptci, execut, chrysler, gm, corp, general motor, monei, pai, auto, ceo, giant, group, automak |

**表 9.4**　BookCrossing におけるテストセット RMSE.

| モデル | RMSE | MAE |
|---|---|---|
| fLDA | 1.3088 | 1.0317 |
| RLFM | 1.3278 | 1.0553 |
| unsup-LDA | 1.3539 | 1.0835 |

et al. (2005) ではこのサイトから書籍のレイティングを収集している†．このデータは非常にノイズが多い．有効でない ISBN が付与されていたり，レイティングが記されているファイルにあるいくつかの ISBN が書籍の説明ファイルには存在しなかったりする．少なくとも 3 つのレイティングがなされ，Amazon.com の商品説明にレビューがついている書籍のみを対象とし，残りを取り除いた．それから Amazon.com のレビューを，書籍のテキストによる記述として使用するために取得した．それぞれの書籍に対し，レビューの中から単語頻度-逆文書頻度 (TF-IDF) スコアの上位 17 位の単語を選んだ．少なくとも 6 つのレイティングを行ったユーザを選んだ．データセット中のそれぞれのユーザ情報は年齢と位置情報をもっている．年齢の値を 10 の年齢グループに分け，位置情報に関しては少なくとも 50 ユーザが存在する国のみを選んだ．全ての暗黙的に示されているレイティングを取り除いた．なぜならそれらは真のレイティングではなく，意味が不明瞭であるからである．わずかな数の外れ値によってテストセットの誤差が決定されることを防ぐために 1 から 4 までのレイティング（それらはレイティングの 5% 以下）を取り除き，5 から 10 までのレイティングの値を $-2.5$ から 2.5 にスケールしなおした．最終的に，6,981 ユーザによる 25,137 冊の書籍に対する 149,879 レイティングを得た．それから 3 フォールド交差検証のための訓練-テスト分割を行った．それぞれのユーザに対し，そのユーザがレイティングした書籍をランダムに 3 つの分割に割り当てる．$n$ 番目の分割の交差検証では，$n$ 番目分割レイティングはテストデータとして使用し，他の分割のデータで学習を行う．

† 以下の URL からダウンロードできる．`http://www.informatik.uni-freiburg.de/~cziegler/BX/`

25トピックについて教師ありのfLDA，因子数25のRLFM，25トピックの教師なしunsup-LDAで評価したテストセットRMSEとMAEの結果を表9.4に示す．ROC曲線（0以上のレイティングを肯定的，0以下のレイティングを否定的であるとみなしている）は図9.2(b)で示す．このデータセットでは，unsup-LDAはRLFMを上回り，fLDAはRLFMを上回った．しかしながら違いは小さい．

## 9.5 関連研究

推薦システムに関してはたくさんの文献があり，Netflixのコンペティションにより，ここ数年で急速な発展を遂げた．いくつかの新しい手法が提案されているなか，行列分解をベースにした手法(Mnih and Salakhutdinov, 2007; Salakhutdinov and Mnih, 2008; Bell et al., 2007; Koren et al., 2009)と，近傍法をベースにした手法(Koren, 2008; Bell and Koren, 2007)が一般的になり，広く利用されている．近傍法ベースの手法は解釈性の点から一般的である．ユーザは，もし似たユーザがそのアイテムを好むならば，そのアイテムの推薦を受ける．行列分解ベースの手法は一般により正確であるが，因子の解釈は難しい．Netflixデータの RMSE を改善するタスクに触発され，最近，いくつかの論文では潜在因子に対するより良い正則化手法の探索が行われている(Lawrence and Urtasun, 2009)．推薦システムにおいて，教師なしLDAのトピックを素性として使うことはJin et al. (2005)で試みられている．9.4節では，fLDAが教師なしLDAを顕著に上回ることを示した．

協調フィルタリングの研究におけるコールドスタートとウォームスタートの両方に対処するモデルはfLDAとも関係している．これは熱心に研究されている(Balabanović and Shoham, 1997; Claypool et al., 1999; Good et al.,1999; Park et al., 2006; Schein et al., 2002)が，最近のこの方面の研究は行列分解のフレームワークにのみ着目し始めている(Yu et al., 2009; Agarwal and Chen, 2009; Stern et al., 2009)．我々のfLDAモデルではこの研究にさらなる要素を加え，LDAを事前分布としたアイテムの離散の因子を使った．良い予測性能に加えて，アプリケーションにおいて有用な解釈性を与えた．

我々の研究は教師あり LDA(Blei and McAuliffe, 2008) と関係している．これはトピックの推定時に回帰を利用する LDA のバリエーションである．しかしながら，sLDA は 1 つの大局的なアイテム因子の回帰のみを学習するが，我々のモデルではユーザごとにアイテム因子を学習する．この研究はマーケティングでしばしば使用されるコンジョイント分析 (Rossi et al., 2005) にも触発されている．その目的はアイテムに対する部分効用（ユーザ因子）を推定することである．しかしながら，この分析のアイテムの特徴は既知の素性である．そして fLDA は bag-of-words 表現で与えられるアイテムのメタデータを簡潔なトピックベクトルに変換することによってアイテム因子を得る．

関係データ学習 (Getoor and Taskar, 2007) もまた関連している．非常に一般化すれば，fLDA は関係モデルといえる．しかしながら，ユーザからアイテムへのレイティングとアイテムのワードとをジョイントしたモデルは研究されていない．関係する研究では，Porteous et al.(2008) はユーザとアイテムをいくつかのグループにクラスタリングし，グループのメンバーからレイティングを説明するモデル化を行うために LDA を適用した．また Singh and Gordon(2008) はユーザとアイテムへのレイティングの関係，ユーザと素性の関係，アイテムと素性の関係を複数の行列分解を同時に行うことで結合したモデル化することを提案した

## 9.6　まとめ

新たな fLDA という分解モデルを紹介した．これはアイテムが bag-of-words 表現をもつという，多くのウェブへの適用例で一般的な場合において顕著に良好な性能を示す．この分野の他の研究との重要な違いはアイテム因子の正則化として LDA を用いたことである．さらなる利点として，fLDA は解釈しやすいユーザの潜在アイテムトピックへの親和性を与えることであろう．実際に Yahoo!Buzz のコンテンツに関連した実世界の例で予測精度と解釈性を示した．

将来の研究の方向性として複数の方向がある．9.1 節では，**メディアスケジューリング問題**に役立つコンテンツのプログラムやディスプレイ広告におけ

るユーザーターゲッティングなどへ適用する際にfLDAの出力を利用することの潜在的な利点を議論した．これにはさらなる追加の研究が必要である．アルゴリズム的な面では，$\boldsymbol{u}_i$ の事後分布を更新することは $K \times K$ 行列の逆行列を計算する必要があり，このことから大きな $K$ に対しては非常に計算量を要する．1つの解決策としては $\boldsymbol{u}_i'\bar{z}_j$ を $\boldsymbol{U}_i'\boldsymbol{Q}\bar{z}_j$ とすることである．ここで $\boldsymbol{Q}_{K_s \times K}$ はデータから推定される大局的な行列で，$K_s < K$ である．最後にfLDAの実世界への適用を例示し，ベンチマークを測定したが，現在では，広告やコンテンツ推薦など，他のいくつかの適用例においてより大量のデータセットを用いて実行するために，MapReduceで計算をスケールアップしている．

# 第10章

# コンテキスト依存推薦

追加のコンテキスト情報の利用は推薦において明確なインパクトをもつ．本章ではコンテキスト依存のユーザへの推薦を行うアルゴリズムについて議論する．以下のようなシナリオの例を示す．

- **関連アイテム推薦**：ユーザが反応したアイテムと関連するアイテム（ニュース記事など）を推薦することは多くの適用例において有用である．この場合反応したアイテムはコンテキストとみなされる．例えば，ユーザがニュース記事を閲覧している，またはECサイトで商品を見ているときに，そのユーザが現在閲覧している記事，または見ている商品とは他の関連しているニュース記事，または商品を推薦することは有用である．
- **マルチカテゴリ推薦**：多くのウェブサイトでは人間が理解可能なカテゴリによってアイテムが分類されており，それぞれのカテゴリに対して最も適切なアイテムが推薦される．ここでカテゴリはコンテキストとみなすことができる．アイテムは複数カテゴリに分類されるかもしれないため，カテゴリ内での推薦は意味を考慮し，適切であることと個別化することの両方が望まれる．
- **位置依存推薦**：いくつかの適用例では位置情報は重要なコンテキストとなり，ユーザの現在位置に応じた適切な推薦が望まれる．
- **マルチアプリケーション推薦**：推薦システムは複数のアプリケーションへ推薦を行うこともある．例えばウェブサイト上のモジュールや異なるデバイスのアプリなどである．異なるアプリケーションは画面サイズ，レイアウトやアイテムの提示方法も違うため，アプリケーション特有のユーザの行動を取り入れるため調整が重要である．ここでそれぞれのアプリケーションはコンテキストとなる情報を与える．

もし与えられたコンテキストに対して個別化された推薦が必要とされないなら，第7章と第8章で提示したモデルを改造することで簡単にコンテキスト依存推薦を実現できる．例えば第8章で紹介した回帰ベース潜在因子モデル (RLFM) は以下のように関係アイテム推薦に修正できる．$y_{jk}$ をユーザがコンテキスト $k$（例えば，関係ニュース推薦において，この状況における文脈とみなされる記事 $k$ を読んでいるとき）のもとでアイテム $j$ へ行うであろう応答とする．そして $y_{jk}$ を以下で予測する．

$$b(\boldsymbol{x}_{jk}) + \alpha_k + \beta_j + \boldsymbol{u}_k'\boldsymbol{v}_j \tag{10.1}$$

ここで

- $b$ は対（アイテム $j$ とコンテキスト $k$．例えば関係ニュース推薦における記事 $j$ と $k$ の bag-of-words の類似度）を特徴付ける素性ベクトル $\boldsymbol{x}_{jk}$ をもとにした回帰関数である．
- $\alpha_k$ はコンテキスト $k$ のバイアス．
- $\beta_j$ はアイテム $j$ の人気度．
- $\boldsymbol{u}_k$ と $\boldsymbol{v}_j$ はコンテキスト $k$ とアイテム $j$ の潜在因子ベクトル．

第8章では，添え字 $i$ をユーザを，$\alpha_i$ と $\boldsymbol{u}_i$ をユーザのバイアスとベクトルを表すとしていたことに留意してほしい．ユーザを表す添え字 $i$ をコンテキストを表す添え字 $k$ に置き換えてもモデル学習アルゴリズムは変わらない．

それぞれのコンテキストにおいて個別化が求められるとき，ユーザ $i$，アイテム $j$，コンテキスト $k$ の間の3方向の相互作用 (three-way interaction) を捉えるモデルが求められる．本章の残りでは，まず10.1節でテンソル分解モデルを紹介する．テンソルとは $n > 2$ なる $n$ 次元配列であり，そしてここではいくつかの低ランク行列によって近似される3次元テンソルを求める（テンソルのサイズ = ユーザ数 × アイテム数 × コンテキスト数，ユーザのそれぞれのコンテキストでの応答を表す）．それから10.2節でテンソル分解を階層的縮小を通じていかに展開するかを議論する．それから10.3節で多面的な記事における推薦問題への例示をする．10.4節では関係アイテム推薦に関する特記事項を示す．

## 10.1　テンソル分解モデル

コンテキスト依存の推薦で個別化を行うとき，ユーザ $i$，アイテム $j$，コンテキスト $k$ の間の3方向の相互作用を捉えるモデルが求められる．テンソルモデルはこの3方向の相互作用をテンソル分解を使い，捉える．以下の記法を利用する．

- $\langle \boldsymbol{u}_i, \boldsymbol{v}_j \rangle = \boldsymbol{u}_i' \boldsymbol{v}_j$ を2つのベクトル $\boldsymbol{u}_i$ と $\boldsymbol{v}_j$ の内積とする．
- $\langle \boldsymbol{u}_i, \boldsymbol{v}_j, \boldsymbol{w}_k \rangle = \sum_\ell u_{i\ell} v_{j\ell} w_{k\ell}$ を用いてテンソル積をシンプルに表現することにする．$u_{i\ell}$，$v_{j\ell}$，$w_{k\ell}$ はベクトル $\boldsymbol{u}_i$，$\boldsymbol{v}_j$，$\boldsymbol{w}_k$ の $\ell$ 番目の要素である．

### 10.1.1　モデル

ユーザ $i$ の与えられたアイテム $j$ に対するコンテキスト $k$ における応答 $y_{ijk}$ を以下のようにモデル化する．

$$
\begin{aligned}
y_{ijk} \sim\ & b(\boldsymbol{x}_{ijk}) + \alpha_i + \beta_j + \gamma_k \\
& + \langle \boldsymbol{u}_i^{(1)}, \boldsymbol{v}_j^{(1)} \rangle + \langle \boldsymbol{u}_i^{(2)}, \boldsymbol{w}_k^{(1)} \rangle + \langle \boldsymbol{v}_j^{(2)}, \boldsymbol{w}_k^{(2)} \rangle \\
& + \langle \boldsymbol{u}_i^{(3)}, \boldsymbol{v}_j^{(3)}, \boldsymbol{w}_k^{(3)} \rangle
\end{aligned}
\tag{10.2}
$$

ここで "$y_{ijk} \sim ...$" はガウシアンモデルやロジスティックモデルなど，任意の応答モデルを表現する．直感的には $y_{ijk}$ はいつくかの分布と，ここでは簡単のため明示的にされていないリンク関数をベースとして予測される．

**素性ベクトルベース回帰**：応答 $y_{ijk}$ はまず，素性ベクトル $\boldsymbol{x}_{ijk}$ をもとにした回帰関数 $b$ によって予測される．この素性ベクトルはユーザ素性ベクトル $\boldsymbol{x}_i$，アイテム素性ベクトル $\boldsymbol{x}_j$，コンテキスト素性ベクトル $\boldsymbol{x}_k$ とそれらのあらゆる相互作用を含む．ウェブへの適用でうまくいく回帰関数の1つの選択肢として以下がある．

$$b(\boldsymbol{x}_{ijk}) = \boldsymbol{x}_i'\boldsymbol{A}\boldsymbol{x}_j + \boldsymbol{x}_i'\boldsymbol{B}\boldsymbol{x}_k + \boldsymbol{x}_j'\boldsymbol{C}\boldsymbol{x}_k \tag{10.3}$$

ここで $\boldsymbol{A}$，$\boldsymbol{B}$，$\boldsymbol{C}$ はユーザとアイテム，ユーザとコンテキスト，アイテムとコンテキストの間の双方向の相互作用 (two-way interaction) を表す回帰係数行列である．この場合，回帰関数 $b$ を推定することは，通常，高次元である $\boldsymbol{A}$，$\boldsymbol{B}$，$\boldsymbol{C}$ を推定することである．他の選択肢は次元を下げるために，あらかじめ決定しておいた「類似度」関数のセットを使うことである．$s_1(\boldsymbol{x}_i, \boldsymbol{x}_j)$，$s_2(\boldsymbol{x}_i, \boldsymbol{x}_k)$，$s_3(\boldsymbol{x}_j, \boldsymbol{x}_k)$ を類似度関数とする．それぞれ2つの要素の間で測られる類似度（親和性）のベクトルを返す．例えば $s_1(\boldsymbol{x}_i, \boldsymbol{x}_j)$ は類似度のベクトルを返し，類似度ベクトルの要素はそれぞれ異なった視点からのユーザ $i$ とアイテム $j$ の類似度を測っている．ユーザとアイテム間の類似度としてユーザプロファイルの bag-of-words とアイテムの bag-of-words のコサイン類似度を使うことができる．この類似度の回帰関数は以下のように書ける．

$$b(\boldsymbol{x}_{ijk}) = \boldsymbol{c}_1's_1(\boldsymbol{x}_i, \boldsymbol{x}_j) + \boldsymbol{c}_2's_2(\boldsymbol{x}_i, \boldsymbol{x}_k) + \boldsymbol{c}_3's_3(\boldsymbol{x}_j, \boldsymbol{x}_k) \tag{10.4}$$

ここで $\boldsymbol{c}_1$，$\boldsymbol{c}_2$，$\boldsymbol{c}_3$ は回帰係数ベクトルである．

**バイアスと人気度**：素性ベクトルベースの回帰に加えて，それぞれの要素（ユーザ，アイテム，コンテキスト）のバイアス項を加える．直感的にはユーザバイアス $\alpha_i$ はランダムなアイテムとコンテキストに対するユーザ $i$ の平均応答を表している．$\beta_j$ はアイテム $j$ の大局的な（コンテキストへの依存性を除いた）人気度を表し，コンテキストバイアス $\gamma_k$ はコンテキスト $k$ におけるランダムなユーザのランダムなアイテムに対する平均応答を表す．

**双方向の相互作用に関する因子**：RLFM に似て $\langle \boldsymbol{u}_i^{(1)}, \boldsymbol{v}_j^{(1)} \rangle$ はユーザ $i$ とアイテム $j$ の親和性を表している．ここで $\boldsymbol{u}_i^{(1)}$ と $\boldsymbol{v}_j^{(1)}$ は潜在因子を示す未知のベクトルである．同様に $\langle \boldsymbol{u}_i^{(2)}, \boldsymbol{w}_k^{(1)} \rangle$ と $\langle \boldsymbol{v}_j^{(2)}, \boldsymbol{w}_k^{(2)} \rangle$ は，ユーザ $i$ とコンテキスト $k$ の親和性と，アイテム $j$ とコンテキスト $k$ の親和性を表す．RLFM と違い，ここではそれぞれのユーザは2つの因子，（ユーザ，アイテム）相互作用を表す $\boldsymbol{u}_i^{(1)}$ と（ユーザ，コンテキスト）相互作用を表す $\boldsymbol{u}_i^{(2)}$ をもつ．$\boldsymbol{u}_i^{(1)} = \boldsymbol{u}_i^{(2)} = \boldsymbol{u}_i$，$\boldsymbol{v}_j^{(1)} = \boldsymbol{v}_j^{(2)} = \boldsymbol{v}_j$ と $\boldsymbol{w}_k^{(1)} = \boldsymbol{w}_k^{(2)} = \boldsymbol{w}_k$ の全てまたはいずれかの制約を加える

ことができる．例えば，もしこれらの3つの制約を課すならば，双方向の相互作用の因子は以下のようになる．

$$\langle \boldsymbol{u}_i, \boldsymbol{v}_j \rangle + \langle \boldsymbol{u}_i, \boldsymbol{w}_k \rangle + \langle \boldsymbol{v}_j, \boldsymbol{w}_k \rangle \tag{10.5}$$

**3方向の相互作用に関する因子**：双方向の相互作用のみによって捉えることができないふるまいを捉えるため，3方向の相互作用 $\langle \boldsymbol{u}_i^{(3)}, \boldsymbol{v}_j^{(3)}, \boldsymbol{w}_k^{(3)} \rangle$ を利用できる．ここで $\boldsymbol{u}_i^{(3)}$，$\boldsymbol{v}_j^{(3)}$ と $\boldsymbol{w}_k^{(3)}$ はデータから学習される．コンテキスト $k$ におけるユーザ $i$ とアイテム $j$ の親和性であるテンソル積 $\langle \boldsymbol{u}_i, \boldsymbol{v}_j, \boldsymbol{w}_k \rangle = \sum_\ell u_{i\ell} v_{j\ell} w_{k\ell}$ の1つの解釈として重み付けられたユーザ因子 $\boldsymbol{u}_i$ とアイテム因子 $\boldsymbol{v}_j$ の内積と考えることができる．ここで $\ell$ 次元目の重み $w_{k\ell}$ はコンテキスト $k$ に依存すると考える．双方向の相互作用の議論と同様に $\boldsymbol{u}_i^{(1)} = \boldsymbol{u}_i^{(2)} = \boldsymbol{u}_i^{(3)} = \boldsymbol{u}_i$，$\boldsymbol{v}_j^{(1)} = \boldsymbol{v}_j^{(2)} = \boldsymbol{v}_j^{(3)} = \boldsymbol{v}_j$ と $\boldsymbol{w}_k^{(1)} = \boldsymbol{w}_k^{(2)} = \boldsymbol{w}_k^{(3)} = \boldsymbol{w}_k$ の全てまたはいずれかの制約を加えることができる．

**回帰の事前分布**：RLFMと同様に，コールドスタートを扱うためにそれぞれの因子に回帰の事前分布を設定できる．例えば

$$\boldsymbol{w}_k^{(3)} \sim N(F^{(3)}(\boldsymbol{x}_k), \sigma_w^2 I) \tag{10.6}$$

ここで $F^{(3)}(\boldsymbol{x}_k)$ はコンテキスト $k$ の特徴を捉える回帰関数で，$\boldsymbol{w}_k^{(3)}$ と同じ次元をもつベクトルを返す．これは対応する要素が学習データにないときの因子の推定を助ける役割を果たす．詳細は8.1節を参照してほしい．

### 10.1.2　モデルの当てはめ

8.2節で紹介されたモンテカルロEM (MCEM) アルゴリズムもテンソル分解モデルを学習するために拡張できる．バイアスと人気度因子 $(\alpha_i, \beta_j, \gamma_k)$ を求めるEステップの計算と双方向の相互作用因子 $(\boldsymbol{u}_i^{(1)}, \boldsymbol{u}_i^{(2)}, \boldsymbol{v}_j^{(1)}, \boldsymbol{v}_j^{(2)}, \boldsymbol{w}_k^{(1)}, \boldsymbol{w}_k^{(2)})$ を求める計算は似ている．Mステップの計算もまた同様である．3方向の相互作用因子 $(\boldsymbol{u}_i^{(3)}, \boldsymbol{v}_j^{(3)}, \boldsymbol{w}_k^{(3)})$ のみが新たな種類の計算である．例として $\boldsymbol{w}_k^{(3)}$ をサンプリングするステップを説明する．他の3方向の相互作用因子は同じように行える．

MCEM の E ステップで因子の事後分布からサンプルを得るためにギブスサンプラーを使う．$\boldsymbol{w}_k^{(3)}$ をサンプリングするとき，現在のサンプリングされた値である残りの因子を固定する．ガウシアンモデルの場合，$(\boldsymbol{w}|\text{Rest})$ も正規分布であることは簡単にわかる．

$$
\begin{aligned}
o_{ijk} &= y_{ijk} - b(x_{ijk}) - \alpha_i - \beta_j - \gamma_k \\
&\quad - \langle \boldsymbol{u}_i^{(1)}, \boldsymbol{v}_j^{(1)} \rangle - \langle \boldsymbol{u}_i^{(2)}, \boldsymbol{w}_k^{(1)} \rangle - \langle \boldsymbol{v}_j^{(2)}, \boldsymbol{w}_k^{(2)} \rangle \quad \text{として} \\
\boldsymbol{z}_{ij} &= (u_{i1}v_{j1}, \ldots, u_{id}v_{jd})
\end{aligned}
\tag{10.7}
$$

ここで $\boldsymbol{z}_{ij}$ は $\boldsymbol{u}_i$ と $\boldsymbol{v}_j$ の要素ごとの積である．そして

$$
\begin{aligned}
\text{Var}[\boldsymbol{w}_k^{(3)}|\text{Rest}] &= \left( \frac{1}{\sigma_w^2} \boldsymbol{I} + \sum_{ij \in \mathcal{I}\mathcal{J}_k} \frac{\boldsymbol{z}_{ij}\boldsymbol{z}'_{ij}}{\sigma^2} \right)^{-1} \\
E[\boldsymbol{w}_k^{(3)}|\text{Rest}] &= \text{Var}[\boldsymbol{w}_k|\text{Rest}] \left( \frac{1}{\sigma_w^2} F^{(3)}(x_k) + \sum_{ij \in \mathcal{I}\mathcal{J}_k} \frac{o_{ijk}\boldsymbol{z}_{ij}}{\sigma^2} \right)
\end{aligned}
\tag{10.8}
$$

### 10.1.3　考察

式 (10.2) のテンソル分解は柔軟なモデルである．適用例に依存してモデルの式から項を取り除いたり，それとともにまたは $\boldsymbol{u}_i^{(1)} = \boldsymbol{u}_i^{(2)}$ のような制約を課すことができる．例えば，Agarwal et al. (2011b) はコメントに評価を付けることができるアプリケーションにおいてコメントの推薦を検討している．ユーザ $i$ がユーザ $k$（投稿者と呼ばれる）によってなされたコメント $j$ に対して行うレイティング $y_{ijk}$ は以下のようにモデル化される．

$$
y_{ijk} \sim \alpha_i + \beta_j + \gamma_k + \langle \boldsymbol{u}_i^{(1)}, \boldsymbol{v}_j^{(1)} \rangle + \langle \boldsymbol{u}_i^{(2)}, \boldsymbol{u}_k^{(2)} \rangle \tag{10.9}
$$

ここで $\langle \boldsymbol{u}_i^{(1)}, \boldsymbol{v}_j^{(1)} \rangle$ はユーザ $i$ とコメント $j$ の親和性を表し $\langle \boldsymbol{u}_i^{(2)}, \boldsymbol{u}_k^{(2)} \rangle$ はユーザ $i$ とユーザ $k$ の間での意見が合う度合いを表す．ここでそれぞれのユーザ $i$ は 2 つの因子，アイテム選好度を表す $\boldsymbol{u}_i^{(1)}$ と意見に対する選好度を表す $\boldsymbol{u}_i^{(2)}$ をもつ．式 (10.2) と比較すると，テンソル積とコメント-投稿者相互作用を取り除いた後に，$\boldsymbol{w}_k^{(1)} = \boldsymbol{u}_k^{(2)}$ という制約を課したものである．

また，さらに一般的な以下のテンソル積の表式を使うことができる．

$$\langle \boldsymbol{u}_i, \boldsymbol{v}_j, \boldsymbol{w}_k, \boldsymbol{T} \rangle = \sum_{\ell} \sum_{m} \sum_{n} u_{i\ell} v_{jm} w_{kn} T_{\ell mn} \tag{10.10}$$

ここで $\boldsymbol{T}$ はまたデータから学習されるテンソル（または3次元配列）であり $T_{\ell mn}$ は $(\ell, m, n)$ 番目のテンソルの要素である．対角成分のみからなる因子の3方向の相互作用の項（すなわち，$\langle \boldsymbol{u}_i, \boldsymbol{v}_j, \boldsymbol{w}_k \rangle = \langle \boldsymbol{u}_i, \boldsymbol{v}_j, \boldsymbol{w}_k, \boldsymbol{I} \rangle$．$\boldsymbol{I}$ は対角行列）であるテンソル積 $\langle \boldsymbol{u}_i, \boldsymbol{v}_j, \boldsymbol{w}_k \rangle$ とは違い，ユーザ因子とアイテム因子とコンテキスト因子の間の3方向の相互作用項の全てを含むテンソル積からなる，より一般的な式である．これらの2つのテンソル積の形式を比較した研究として Rendle and Schmidt-Thieme (2010) がある．

## 10.2　階層的縮小

ユーザ × アイテム × コンテキストの3次元テンソルで指定される応答データはスパースである．テンソルの要素のうち，ほんのわずかな割合のみを観測する．テンソル分解モデルはこのスパース性の問題を低ランク近似を用いて対応する．スパース性の問題を解決する他の方法は階層的縮小 (hierarchical shrinkage) を使うことである．単純な例としてはコンテキスト $k$ のもとでユーザ $i$ がアイテム $j$ に対して行う応答 $y_{ijk}$ を以下のように予測するということである．

$$y_{ijk} \sim \alpha_{ik} + \beta_{jk} \tag{10.11}$$

ここで $\alpha_{ik}$ はコンテキスト $k$ におけるユーザ $i$ のバイアスであり，$\beta_{jk}$ はコンテキスト $k$ におけるアイテム $j$ の人気度である．因子 $\alpha_{ik}$ と因子 $\beta_{jk}$ は両方ともコンテキスト依存し，データから学習される．もし全ての因子を正確に推定できるくらい，それぞれのコンテキストごとに十分な数のデータをもっているならば，パラメータを推定するのは簡単である．しかしながら実際にはこのようなことは滅多にない．しばしば，あるコンテキストのデータを他のコンテキストの因子を推定するために利用する必要がある．階層モデルではコンテキストに依存しない大局的な因子のセットを考え，コンテキスト依存因子は大局的な因子を中心とした分布から生成されると仮定することで他のコンテキストの利用を実現する．例えばユーザ $i$ の大局的なユーザバイアス因子 $\alpha_i$ を考え，コンテキスト依存のユーザバイアス因子 $\alpha_{ik}$ は $\alpha_i$ から生成されると考える．

$$\alpha_{ik} \sim N(\alpha_i, \sigma^2) \tag{10.12}$$

これは $\alpha_{ik}$ の事前分布を定めていることになる．大局的な因子 $\alpha_i$ は全てのコンテキストのデータを用いて推定される．一方コンテキスト依存因子 $\alpha_{ik}$ はコンテキスト $k$ のデータから学習される．$\alpha_i$ は $\alpha_{ik}$ の事前平均なので，もしコンテキスト $k$ のデータが欠けていれば，推定される $\alpha_{ik}$ は事前平均 $\alpha_i$ に近い値であろう．他の言葉でいえば $\alpha_{ik}$ を $\alpha_i$ に向って縮小させていることになる．ここで $\alpha_i$ と $\alpha_{ik}$ は2レベルの階層を成している．もしコンテキスト $k$ におけるユーザ $i$ のデータを大量にもっているならば，推定される $\alpha_{ik}$ はコンテキスト $k$ 固有のユーザ $i$ のふるまいに適合し，明らかに $\alpha_i$ とは違う値をとるだろう．

### 10.2.1 モデル

本項で式 (10.11) と式 (10.12) で示した単純な階層モデルをテンソル分解と素性ベクトルベースの回帰の事前分布を含むように拡張する．10.1.3 項で議論したように，式 (10.2) では適用先に応じて異なるテンソルモデルを作るために使用する項を選ぶことができる．簡単のために3方向の相互作用の項 $\langle \boldsymbol{u}_i^{(3)}, \boldsymbol{v}_j^{(3)}, \boldsymbol{w}_k^{(3)} \rangle$ のみを含むように選び，添え字 $*^{(3)}$ を取り除く．他の項も含むようにすることは簡単である．

**バイアス平滑化テンソルモデル (BST: bias smoothed tensor)**：ユーザ $i$ のアイテム $j$ へのコンテキスト $k$ における応答 $y_{ijk}$ は以下のようにモデル化する．

$$y_{ijk} \sim b(\boldsymbol{x}_{ijk}) + \alpha_{ik} + \beta_{jk} + \langle \boldsymbol{u}_i, \boldsymbol{v}_j, \boldsymbol{w}_k \rangle \tag{10.13}$$

$$\alpha_{ik} \sim N(\boldsymbol{g}_k' \boldsymbol{x}_{ik} + q_k \alpha_i, \sigma_{\alpha,k}^2), \quad \alpha_i \sim N(0,1) \tag{10.14}$$

$$\beta_{jk} \sim N(\boldsymbol{d}_k' \boldsymbol{x}_{jk} + r_k \beta_j, \sigma_{\beta,k}^2), \quad \beta_j \sim N(0,1) \tag{10.15}$$

$$\boldsymbol{u}_i \sim N(\boldsymbol{G}(\boldsymbol{x}_i), \sigma_u^2 \boldsymbol{I}) \tag{10.16}$$

$$\boldsymbol{v}_j \sim N(\boldsymbol{D}(\boldsymbol{x}_j), \sigma_v^2 \boldsymbol{I}) \tag{10.17}$$

$$\boldsymbol{w}_k \sim N(\boldsymbol{F}(\boldsymbol{x}_k), \sigma_w^2 \boldsymbol{I}) \tag{10.18}$$

このモデルの主要な部分は以下で構成される．

**素性ベクトル**：$\boldsymbol{x}_{ijk}$ はユーザ $i$ がコンテキスト $k$ においてアイテム $j$ を見たときの素性ベクトルである．$\boldsymbol{x}_i$ はユーザ $i$ の素性ベクトルである．$\boldsymbol{x}_j$ はアイテム $j$ の素性ベクトルであり，$\boldsymbol{x}_k$ はコンテキスト $k$ の素性ベクトルである．

**ユーザバイアス**：$\alpha_i$ の項はユーザ $i$ のコンテキストに依存しないふるまいを表す**大局的**なユーザのバイアスの項である．$\alpha_{ik}$ の項はユーザ $i$ がコンテキスト $k$ にあるときのふるまいを示す**コンテキスト依存**のバイアス項である．もしユーザ $i$ のコンテキスト $k$ における大量の過去の観測値をもっているならば，$\alpha_{ik}$ を階層的な事前分布なしに正確に推定できる．つまり階層的事前分布は単純な平均0の分布（例えば $\alpha_{ik} \sim N(0, \sigma^2_{\alpha,k})$）で十分である．しかし多くの場合，いくつかのユーザの過去データはなく，ユーザバイアスを予測するためにユーザ素性ベクトル $\boldsymbol{x}_i$ を使うことは有用である．またいくつかのコンテキストで多くの観測データがあり，他のコンテキストでは観測データがないようなユーザに対して，大局的なバイアスを利用することも有用である（大局的なバイアス $\alpha_i$ はそのユーザの全てのコンテキストのデータから学習され，観測データのないコンテキストに対するユーザバイアスの推定に利用される）．

**階層的な回帰の事前分布 (hierarchical regression prior)**：$\boldsymbol{g}_k$ はユーザ素性ベクトル $\boldsymbol{x}_{ik}$ に対するコンテキスト依存の回帰係数ベクトルであり，スカラー $q_k$ は大局的なユーザバイアス $\alpha_i$ に対する回帰係数である．コンテキスト依存のユーザバイアス $\alpha_{ik}$ を推定するための十分な量のデータがない場合，ユーザの素性ベクトルと大局的なユーザバイアスにもとづいて，$\alpha_{ik}$ の事前平均を $\boldsymbol{g}_k'\boldsymbol{x}_{ik} + q_k\alpha_i$ とした線形回帰から予測することができる．いくつかのデータがある場合は，線形回帰では捉えることのできないコンテキスト $k$ におけるユーザ固有のふるまいを捉えるために，モデルはまた $\alpha_{ik}$ の事後分布として，その事前平均から逸脱させることができる．

**アイテムバイアス**：$\beta_{jk}$ の項はアイテム $j$ のコンテキスト $k$ におけるコンテキスト依存のバイアス（すなわち人気度）である．これは大局的なアイテムバイアス $\beta_j$ と回帰係数 $\boldsymbol{d}_k$ と $r_k$ にもとづく階層的な回帰の事前分布をもつ．

**テンソル分解**：テンソル分解項 $\langle \boldsymbol{u}_i, \boldsymbol{v}_j, \boldsymbol{w}_k \rangle$ と $\boldsymbol{u}_i, \boldsymbol{v}_j, \boldsymbol{w}_k$ の事前分布は10.1節と同じである．

### 10.2.2 モデルの当てはめ

8.2 節で紹介された MCEM アルゴリズムをここでも用いる.

$\boldsymbol{\eta}$ を潜在因子のセット $(\alpha_i, \alpha_{ik}, \beta_j, \beta_{jk}, \boldsymbol{u}_i, \boldsymbol{v}_j, \boldsymbol{w}_k)$ とする. また $\boldsymbol{\Theta}$ は事前分布のパラメータ $(\boldsymbol{g}_k, q_k, \boldsymbol{d}_k, r_k, \boldsymbol{G}, \boldsymbol{D}, \boldsymbol{F})$ とする. $R$ を観測数, $N_k$ をコンテキスト $k$ でのユーザ数, $M_k$ をコンテキスト $k$ でのアイテム数, $H$ を潜在変数の次元とする（すなわちベクトル $\boldsymbol{u}_i$ の要素数であり, $\boldsymbol{v}_j$ と $\boldsymbol{w}_k$ も同じ要素数である）. $\hat{a}$ と $\hat{V}[a]$ を事後平均と因子 $a$ の分散とし, そして $\hat{V}[a,b]$ を因子 $a$ と $b$ の共分散とし, これらは E ステップで得られるモンテカルロサンプリングのサンプル平均, 分散, 共分散として計算される. $\mu_{ijk} = b(\boldsymbol{x}_{ijk}) + \alpha_{ik} + \beta_{jk} + \langle \boldsymbol{u}_i, \boldsymbol{v}_j, \boldsymbol{w}_k \rangle$ とする. ガウシアンモデルにおけるバイアス平滑化テンソルモデルの完全データ対数尤度は以下である.

$$
\begin{aligned}
2\log \Pr(\boldsymbol{y}, \boldsymbol{\eta} | \boldsymbol{\Theta}) &= \text{some constant} \\
&- R \log \sigma_y^2 - \sum_{ijk} (y_{ijk} - \mu_{ijk})^2 / \sigma_y^2 \\
&- \sum_i \alpha_i^2 - \sum_k N_k \log \sigma_{\alpha,k}^2 - \sum_k \sum_i (\alpha_{ik} - \boldsymbol{g}_k' \boldsymbol{x}_{ik} - q_k \alpha_i)^2 / \sigma_{\alpha,k}^2 \\
&- \sum_j \beta_j^2 - \sum_k M_k \log \sigma_{\beta,k}^2 - \sum_k \sum_j (\beta_{jk} - \boldsymbol{d}_k' \boldsymbol{x}_{jk} - r_k \beta_j)^2 / \sigma_{\beta,k}^2 \\
&- \sum_i (H \log \sigma_u^2 + ||\boldsymbol{u}_i - \boldsymbol{G}(\boldsymbol{x}_i)||^2 / \sigma_u^2) \\
&- \sum_j (H \log \sigma_v^2 + ||\boldsymbol{v}_j - \boldsymbol{D}(\boldsymbol{x}_j)||^2 / \sigma_v^2) \\
&- \sum_k (H \log \sigma_w^2 + ||\boldsymbol{w}_k - \boldsymbol{F}(\boldsymbol{x}_k)||^2 / \sigma_w^2)
\end{aligned}
\tag{10.19}
$$

$\boldsymbol{\eta}$ における期待対数尤度は

$$
\begin{aligned}
2E_\eta \left[\log \Pr(\boldsymbol{y}, \boldsymbol{\eta} | \boldsymbol{\Theta})\right] &= \text{some constant} \\
&- R \log \sigma_y^2 - \sum_{ijk} \left( (y_{ijk} - \hat{\mu}_{ijk})^2 + \hat{V}[\mu_{ijk}] \right) \Big/ \sigma_y^2 \\
&- \sum_i E[\alpha_i^2] - \sum_k N_k \log \sigma_{\alpha,k}^2
\end{aligned}
$$

$$
\begin{aligned}
&-\sum_k \sum_i \frac{(\hat{\alpha}_{ik} - g'_k x_{ik} - q_k \hat{\alpha}_i)^2 + \hat{V}[\alpha_{ik}] - 2q_k \hat{V}[\alpha_{ik}, \alpha_i] + q_k^2 \hat{V}[\alpha_i]}{\sigma^2_{\alpha,k}} \\
&- \sum_i E[\beta_j^2] - \sum_k M_k \log \sigma^2_{\beta,k} \\
&-\sum_k \sum_j \frac{(\hat{\beta}_{jk} - d'_k x_{jk} - r_k \hat{\beta}_j)^2 + \hat{V}[\beta_{jk}] - 2r_k \hat{V}[\beta_{jk}, \beta_j] + r_k^2 \hat{V}[\beta_j]}{\sigma^2_{\beta,k}} \\
&- \sum_i \left( H \log \sigma_u^2 + (||\hat{\boldsymbol{u}}_i - \boldsymbol{G}(\boldsymbol{x}_i)||^2 + \mathrm{trace}(\hat{V}[\boldsymbol{u}_i]))/\sigma_u^2 \right) \\
&- \sum_j \left( H \log \sigma_v^2 + (||\hat{\boldsymbol{v}}_j - \boldsymbol{D}(\boldsymbol{x}_j)||^2 + \mathrm{trace}(\hat{V}[\boldsymbol{v}_j]))/\sigma_v^2 \right) \\
&- \sum_k \left( H \log \sigma_w^2 + (||\hat{\boldsymbol{w}}_k - \boldsymbol{F}(\boldsymbol{x}_k)||^2 + \mathrm{trace}(\hat{V}[\boldsymbol{w}_k]))/\sigma_w^2 \right) \qquad (10.20)
\end{aligned}
$$

#### 10.2.2.1　E ステップ

E ステップでは $\boldsymbol{\eta}$ の全ての潜在因子に対し $L$ 個のギブスサンプルを生成し，それからそれらのサンプルを式 (10.20) の平均と分散を計算するのに使用する．それぞれのサンプルは以下の方法で生成する．

**$\alpha_i$ と $\alpha_{ik}$ の生成**：全ての他の因子は与えられているとする．$o_{ijk} = y_{ijk} - \beta_{jk} - \langle \boldsymbol{u}_i, \boldsymbol{v}_j, \boldsymbol{w}_k \rangle - \boldsymbol{g}'_k \boldsymbol{x}_{ik}$，$\alpha^*_{ik} = \alpha_{ik} - \boldsymbol{g}'_k \boldsymbol{x}_{ik}$ とする．それから以下のように乱数を生成する．

$$
\begin{aligned}
o_{ijk} &\sim N(\alpha^*_{ik}, \sigma_y^2) \\
\alpha^*_{ik} &\sim N(q_k \alpha_i, \sigma^2_{\alpha,k}) \qquad (10.21) \\
\alpha_i &\sim N(0, 1)
\end{aligned}
$$

$\mathcal{J}_{ik}$ をユーザ $i$ がコンテキスト $k$ において反応したアイテムの集合であるとする．$\boldsymbol{o}_{ik} = \{o_{ijk}\}_{\forall j \in \mathcal{J}_{ik}}$ とする．全ての分布は正規分布であるので，$(\alpha_i | \boldsymbol{o}_{ik})$ もまた正規分布であり，$\int p(\alpha_i, \alpha^*_{ik} | \boldsymbol{o}_{ik}) d\alpha^*_{ik}$ によって得られる．$\rho_{ik} = (1 + |\mathcal{J}_{ik}| \sigma^2_{\alpha,k} / \sigma_y^2)^{-1}$ とおくことで以下を得る．

$$
\begin{aligned}
E[\alpha_i|\boldsymbol{o}_{ik}] &= \mathrm{Var}[\alpha_i|\boldsymbol{o}_{ik}]\left(\rho_{ik}q_k\sum_{j\in\mathcal{J}_{ik}}\frac{o_{ijk}}{\sigma_y^2}\right) \\
\mathrm{Var}[\alpha_i|\boldsymbol{o}_{ik}] &= \left(1+\frac{q_k^2}{\sigma_{\alpha,k}^2}(1-\rho_{ik})\right)^{-1}
\end{aligned}
\tag{10.22}
$$

そして $\boldsymbol{o}_i = \{\boldsymbol{o}_{ik}\}_{\forall k}$ として，$(\alpha_i|\boldsymbol{o}_i)$ の分布を得る．この分布は正規分布で，

$$
\begin{aligned}
E[\alpha_i|\boldsymbol{o}_i] &= \mathrm{Var}[\alpha_i|\boldsymbol{o}_i]\left(\sum_k\frac{E[\alpha_i|\boldsymbol{o}_{ik}]}{\mathrm{Var}[\alpha_i|\boldsymbol{o}_{ik}]}\right) \\
\mathrm{Var}[\alpha_i|\boldsymbol{o}_i] &= \left(1+\sum_k\left(\frac{1}{\mathrm{Var}[\alpha_i|\boldsymbol{o}_{ik}]}-1\right)\right)^{-1}
\end{aligned}
\tag{10.23}
$$

ここでこの分布から $\alpha_i$ を生成する．そしてそれぞれの $k$ に対して $\alpha_{ik}$ を $(\alpha_{ik}|\alpha_i,\boldsymbol{o}_i)$ の分布から生成する．この分布は正規分布であり，以下のようになる．

$$
\begin{aligned}
E[\alpha_{ik}|\alpha_i,\boldsymbol{o}_i] &= V_{ik}^{(\alpha)}\left(\frac{q_k\alpha_i}{\sigma_{\alpha,k}^2}+\sum_{j\in\mathcal{J}_{ik}}\frac{o_{ijk}}{\sigma_y^2}\right)+\boldsymbol{g}_k'\boldsymbol{x}_{ik} \\
\mathrm{Var}[\alpha_{ik}|\alpha_i,\boldsymbol{o}_i] &= V_{ik}^{(\alpha)} = \left(\frac{1}{\sigma_{\alpha,k}^2}+\frac{1}{\sigma_y^2}|\mathcal{J}_{ik}|\right)^{-1}
\end{aligned}
\tag{10.24}
$$

**$\beta_j$ と $\beta_{jk}$ の生成**：$\alpha_i$ と $\alpha_{ik}$ と同様に行う．

**$\boldsymbol{u}_i$，$\boldsymbol{v}_j$，$\boldsymbol{w}_k$ の生成**：10.1.2 項で議論したギブスサンプリングと同じ方法で生成できる．

#### 10.2.2.2 M ステップ

M ステップでは式 (10.20) を最大化する $\boldsymbol{\Theta}$ の事前パラメータを求める．

**$(g_k, q_k, \sigma_{\alpha,k}^2)$ の推定**：$\boldsymbol{\theta}_k = (q_k, \boldsymbol{g}_k)$，$\boldsymbol{z}_{ik} = (\hat{\alpha}_i, \boldsymbol{x}_{ik})$，$\Delta_i = \mathrm{diag}(\hat{V}[\alpha_i], \boldsymbol{0})$，$\boldsymbol{c}_{ik} = (\hat{V}[\alpha_{ik}, \alpha_i], \boldsymbol{0})$ とおく．以下を最小化する $\boldsymbol{\theta}_k$ と $\sigma_{\alpha,k}$ を求める．

$$
\frac{1}{\sigma_{\alpha,k}^2}\sum_i((\hat{\alpha}_{ik}-\boldsymbol{\theta}_k'\boldsymbol{z}_{ik})^2+\boldsymbol{\theta}_k'\Delta_i\boldsymbol{\theta}_k-2\boldsymbol{\theta}_k'\boldsymbol{c}_{ik}+\hat{V}[\alpha_{ik}])+N_k\log\sigma_{\alpha,k}^2 \tag{10.25}
$$

上式の微分を0とすることで以下を得る．

$$
\begin{aligned}
\hat{\boldsymbol{\theta}}_k &= \left(\sum_i (\Delta_i + \boldsymbol{z}_{ik}\boldsymbol{z}'_{ik})\right)^{-1} \left(\sum_i (\boldsymbol{z}_{ik}\hat{\alpha}_{ik} + \boldsymbol{c}_{ik})\right) \\
\hat{\sigma}^2_{\alpha,k} &= ((\hat{\alpha}_{ik} - \hat{\boldsymbol{\theta}}'_k \boldsymbol{z}_{ik})^2 + \hat{\boldsymbol{\theta}}'_k \Delta_i \hat{\boldsymbol{\theta}}_k - 2\hat{\boldsymbol{\theta}}'_k \boldsymbol{c}_{ik} + \hat{V}[\alpha_{ik}])/N_k
\end{aligned}
\tag{10.26}
$$

$(d_k, r_k, \sigma^2_{\beta,k})$ **の推定**：$(\boldsymbol{g}_k, q_k, \sigma^2_{\alpha,k})$ と同様に推定できる．

$(\boldsymbol{G}, \sigma^2_u)$，$(\boldsymbol{D}, \sigma^2_v)$，$(\boldsymbol{F}, \sigma^2_w)$ **の推定**：8.2節のMステップと同様に推定できる．

### 10.2.3　局所拡張テンソルモデル

本項では，10.2.1項で定義したBSTモデルへの拡張を説明する．2つのシンプルなベースラインとなるコンテキスト依存の推薦を行う行列分解モデルから始める．

- セパレート行列分解 (SMF: separate matrix factorization) は，$K$ 個の異なるコンテキストを $K$ 個の分離した行列として扱う，それらを独立に用いて分解を行う．これは
$$y_{ijk} \sim \alpha_{ik} + \beta_{jk} + \boldsymbol{u}'_{ik}\boldsymbol{v}_{jk}$$
- 崩壊型行列分解 (CMF: collapsed matrix factorization) は，全てのコンテキストの観測値を1つの行列に潰し，分解を行う．これは
$$y_{ijk} \sim \alpha_i + \beta_j + \boldsymbol{u}'_i \boldsymbol{v}_j$$
となる．ここで右辺は $k$ によらない．

SMFは，それぞれのコンテキストに対して大量の学習サンプルがあればユーザとアイテムのコンテキスト依存因子は正確に推定できるため，強力なベースラインである．多くの学習データがないユーザとアイテムに対しては，それらの因子は素性ベクトルから推定される．CMFと比較し，SMFは $K$ 倍多くのデータから推定されるべき因子をもち，スパース性に影響を受けやすい．CMFはデータスパースネスに影響を受けにくいが，異なるコンテキスト間のふるまいの違いを無視する．これはバイアスを生み，性能を悪くする．BSTはCMFの

バイアス問題にテンソル分解と階層的事前分布を用いて対処する．しかしながらSMFと比較して，BSTは特にそれぞれのコンテキストに対して大量のデータを利用できる場合に，それぞれのコンテキスト間の違いを捉える能力としては劣っているかもしれない．

**モデリング**：局所拡張テンソル (LAT: locally augmented tensor) モデルはBSTとSMFのギャップをそれぞれのコンテキストの局所的なBSTの残差を分解することで橋渡しする．コンテキスト$k$においてユーザ$i$がアイテム$j$に対してなす応答$y_{ijk}$は以下のようにモデル化される．

$$y_{ijk} \sim \alpha_{ik} + \beta_{jk} + \langle \boldsymbol{u}_i, \boldsymbol{v}_j, \boldsymbol{w}_k \rangle + \boldsymbol{u}'_{ik}\boldsymbol{v}_{jk} \tag{10.27}$$

因子の直感的な意味は

- $\alpha_{ik}$はユーザ$i$のコンテキスト依存バイアス．
- $\beta_{jk}$はアイテム$j$のコンテキスト依存人気度．
- $\langle \boldsymbol{u}_i, \boldsymbol{v}_j, \boldsymbol{w}_k \rangle$はユーザ$i$の大局的なプロファイル$\boldsymbol{u}_i$とアイテム$j$の大局的なプロファイル$\boldsymbol{v}_j$との間のコンテキスト依存の重みベクトル$\boldsymbol{w}_k$によって重み付けられた類似度を測っている．これらのプロファイルはコンテキストに依存しないため大局的であると呼ばれる．この重み付き内積（テンソル積）は観測値$y_{ijk}$を近似する際の制約を課す．特にコンテキスト間のふるまいに大きな違いがある場合，ユーザ応答を正確にモデル化するために必要な柔軟性を欠くかもしれないが，この制約はデータがスパースな場合の過学習を防ぐ．
- $\boldsymbol{u}'_{ik}\boldsymbol{v}_{jk}$もまたコンテキスト$k$におけるユーザ$i$とアイテム$j$の類似度を測り，テンソル積より柔軟である．よってテンソル積では捉えきれなかった残差もこのコンテキスト依存のユーザ因子$\boldsymbol{u}'_{ik}$とアイテム因子$\boldsymbol{v}_{jk}$の内積によって捉えることができる．

大局的因子$\boldsymbol{u}_i$と$\boldsymbol{v}_j$と対照的にコンテキスト依存の因子$\boldsymbol{u}_{ik}$と$\boldsymbol{v}_{jk}$を**局所的因子**と呼ぶ．局所的因子の内積によってテンソル積を増やし補強するので，結果として得られるモデルを局所拡張テンソルモデルと呼ぶ．因子の事前分布は以下のように指定される．

$$\alpha_{ik} \sim N(\boldsymbol{g}_k'\boldsymbol{x}_{ik} + q_k\alpha_i, \sigma_{\alpha,k}^2), \quad \alpha_i \sim N(0,1) \tag{10.28}$$

$$\beta_{jk} \sim N(\boldsymbol{d}_k'\boldsymbol{x}_{jk} + r_k\beta_j, \sigma_{\beta,k}^2), \quad \beta_j \sim N(0,1) \tag{10.29}$$

$$\boldsymbol{u}_{ik} \sim N(\boldsymbol{G}_k(\boldsymbol{x}_i), \sigma_{uk}^2\boldsymbol{I}), \quad \boldsymbol{v}_{jk} \sim N(\boldsymbol{D}_k(\boldsymbol{x}_j), \sigma_{vk}^2\boldsymbol{I}) \tag{10.30}$$

$$\boldsymbol{u}_i \sim N(\boldsymbol{0}, \sigma_{u0}^2\boldsymbol{I}), \quad \boldsymbol{v}_j \sim N(\boldsymbol{0}, \sigma_{v0}^2\boldsymbol{I}), \quad \boldsymbol{w}_k \sim N(\boldsymbol{0}, \boldsymbol{I}) \tag{10.31}$$

ここで $\boldsymbol{g}_k$，$q_k$，$\boldsymbol{d}_k$，$r_k$，$\boldsymbol{G}_k$，$\boldsymbol{D}_k$ は回帰係数ベクトルと回帰関数である．これらの回帰係数と関数はデータから学習され，学習データにないユーザまたはアイテムの予測を行う能力を与える．これらの新規のユーザまたはアイテムの因子はそれらの素性ベクトルを使い回帰することで予測される．

**モデルの当てはめ**：LAT モデルの当てはめに MCEM アルゴリズムを容易に適用できる．必要な全て式は 8.2 節，10.1.2 項と 10.2.2 項で示した．

## 10.3　多面的なニュース記事推薦

ニュース記事へのリンクを推薦することはウェブでの情報探索を促進するうえで重要になった．そのような最も広く使われる推薦システムのユーザエンゲージメントの指標の 1 つは観測されたクリック率 (CTR) である．これは推薦された記事をユーザがクリックする確率である．CTR を最適化するために記事に順位付けすることは通例である (Das et al., 2007; Agarwal et al., 2008; Li et al., 2010)．しかしながら，ユーザのオンライン記事への接触は多面的なので，単なる CTR を使った記事の順位付けでは十分ではないかもしれない．ユーザは単に記事をクリックして読むだけではなく，図 10.1 で示されるように，友人とシェアしたり，ツイートしたり，コメントの読み書きや，他のユーザのコメントにレイティングを付けたり，リンクを友人にメールしたり，オフラインで細心の注意を払って読むために印刷したりできる．これらの異なるタイプの「読んだ後の」行動はより深いユーザエンゲージメントを示すものであり，さらなる個人にあつらえた推薦のためのシグナルとなる．ここで**ファセット** (facet)[1] と**読後アクション**タイプは互換性があるものとして使用する．例え

[1] 訳注：物事の側面を示す単語．原著において読後アクションなどのユーザの「多面的」な相互作用一般を表す単語として使用されている．本書においては今後「ファセッ

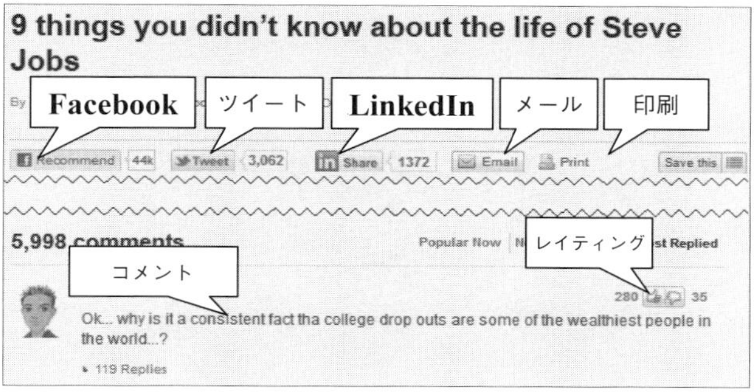


図 **10.1** 読後アクションの例.

ば予測される行動の確率をもとにした個人のファセットを対象としてニュース記事は順位付けされうる. またランキングが潜在的にユーザにとってクリックすることだけでなく, 記事を読んだ後, シェアしたりコメントを付けることが有用であるように記事を混ぜるためにCTRと読後のアクション率の組み合わせを使うことも検討できる.

本節ではそれぞれのファセット (例えば読後のアクションタイプ) をコンテキストとして扱い, コンテキスト依存モデルをこの問題に適用する.

この問題に対し, 探索的分析から始めて, そしてそれぞれのモデルの実証的な比較を報告する.

### 10.3.1 探索的データ分析

ページを読む前のふるまいを米Yahoo!ニュースの2012年初期の月あたり数百万ユーザからなるデータをもとに調べた. これはニュースを読む人全てではないが, 米国におけるオンラインニュースの利用に関するふるまいを研究するためには十分な量の市場のシェアをもっている. このサイトは記事を読んだ後にユーザの反応を起こすさまざまな機能を備えている. 図10.1は典型的なニュースページの一部分を示している. トップまたはボトムにはユーザが記事をFacebook, Twitter, LinkedInなどのソーシャルメディアを通じてシェア

---

ト」と訳していることを注意されたい.

することができるリンクがある．このユーザはまた記事をメールまたは印刷を行うことで，他の人や自分自身とシェアできる．ページの下部でユーザは記事に関してコメントを残したり，ユーザやコメントをサムアップまたはサムダウンでレイティングを表すことができる．

読後の行動を促進させるリンクやボタンに加えて，このサイトの大半の記事のページはユーザにとって興味深い記事へのリンクを推薦するモジュールを備える．このモジュールはこのサイトにおいてページビューを生み出す重要な要素であり，それゆえ全体のCTRを最大化する記事のリンクを推薦しようとする．ごく一部のユーザ訪問に対してランダムな記事のリストを見せる．そしてこのごく一部のトラフィックによって推定されるCTRを分析に使用する．

**データソース**：2つの種類のデータを収集した．(1) 読後の行動を調べるためニュースサイトの全てページビュー（これらのページビューはニュース記事のリンクをクリックしたときに記録される）と，(2) モジュールでのクリックログである．モジュール内のリンクからのビューと，記事のリンクをクリックした後でのニュース記事へのビューを区別するために，前者を**リンクビュー**，後者を**ページビュー**と呼ぶこととする．このあらかじめ読んだ記事のCTRはクリック数をモジュールのリンクビューで割ることで計算される．そして読んだ後にFacebookのシェアを行う率(FSR)はシェアした回数をページビューの数で割ったものである．他のタイプの読後アクション率は同様にして計算できる．ここでは以下のアクションに着目する．Facebookのシェア，メール，印刷，コメント，レイティングである．

**データの多様性**：ここでの分析で利用されるデータは2011年の数か月間で収集された．モジュールに掲載されてかつ最低1回クリックされ，最低1つのコメントがなされており，Facebookのシェア，メール，印刷のいずれかの読後のアクションがあった記事を選んだ．これによって約8,000記事が得られた．これらはすでに編集者によって階層的なカテゴリに分類されている．上から3階層を分析に利用した．最初の階層は70カテゴリが含まれ，これらのカテゴリの記事の頻度分布を図10.2に示した．この図から示されるように，このサイトのニュース記事は多様でユーザのオンラインニュースへの反応を調べるた

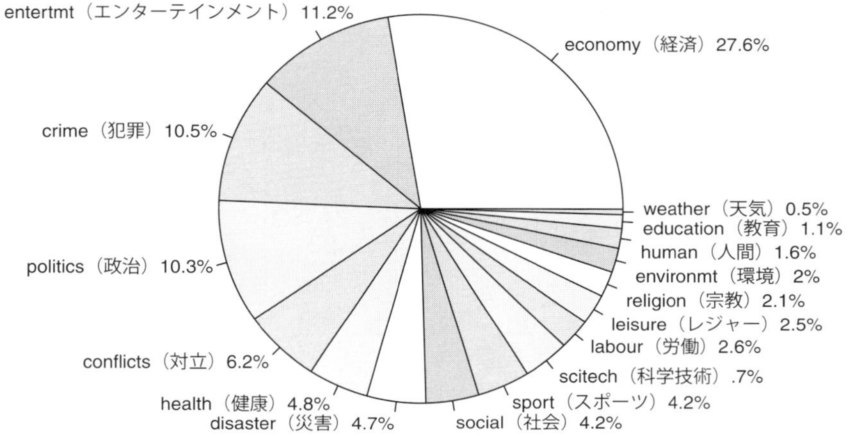


| 略称 | フルネーム |
|---|---|
| economy（経済） | economy（経済），business and finance（ビジネスと金融） |
| entertmt（エンターテインメント） | arts（芸術），culture and entertainment（文化とエンターテインメント） |
| crime（犯罪） | crime（犯罪），law and justice（法律と正義） |
| conflicts（対立） | unrest（社会不安），conflicts and war（対立と戦争） |
| disaster（災害） | disaster and accident（災害と事故） |
| social（社会） | social issue（社会問題） |
| scitech（科学技術） | science and technology（科学技術） |
| leisure（レジャー） | lifestyle and leisure（ライフスタイルとレジャー） |
| religion（宗教） | religion and belief（宗教と信仰） |
| environmt（環境） | environmental issue（環境問題） |
| human（人間） | human interest（人間的興味） |

**図 10.2** カテゴリごとのニュース記事の分布．

めの良い情報源となっている．またユーザの人口統計情報も得た．これは年齢，性別，居住地（IP アドレスから判断される）を含む．全てのユーザ ID は匿名化されている．読後のアクション率を推定するために十分な数億のページビューイベントがこのデータに含まれている．

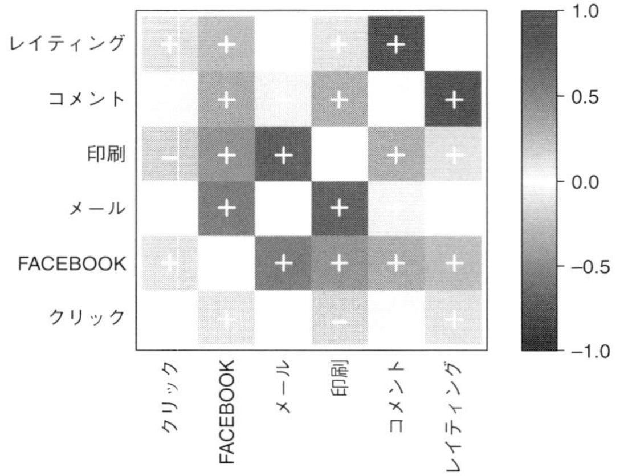


**図 10.3**　異なる行動間の相関（対角セルは対象外）.

**読む前と読んだ後**：読む前にクリックする率と読んだ後のアクションとの関係を調べる．例えば頻繁にクリックされる記事は，また頻繁にシェアされたりコメントが付いたりするか？ それぞれの記事に対してモジュールにおける記事の全体のCTRと読後のアクション率を計算する．図10.3ではピアソンの相関係数（最初の行または列）を用いてクリックと他のアクションの間の相関を示した．CTRと他の読後のアクション率の間の非常に低い相関を観測した．またカテゴリで層別化した記事間の相関も計算し，相関が非常に低いことがわかった．おそらく，この相関のなさは不思議なことではない．クリックはユーザのある記事がもつトピックと他の記事のトピックに対する興味からくるもので，一方クリック後のふるまいは潜在的にクリックとトピックへの興味によって条件付けられている．CTRと他のクリック後の行動の指標を使って記事を順位付けすることはおそらく異なるランキングになるだろう．例えば，もしニュースサイトの目的がCTRを最大化することと，それに加えて最低数のツイートの数とツイートされやすい記事を予測できることを担保することが目的であるならば，このような目的を達成するためのCTRとツイート率ベースのランキングとは異なるものとなるだろう．

**読後アクション間の相関**：図 10.3 では記事単位でアクション率をもとに計算した読後アクションタイプ間のピアソン相関係数を示す．さまざまな読後アクションタイプ間において正の相関を観測できる．メールは Facebook と印刷との間に強い相関をもつが，しかしコメントとレイティングに対しては相関が強くない．Facebook，メールと印刷間には強い相関がある．驚くべきことではないが，コメントとレイティングは強く相関している．これらは読後のアクションタイプ間の相関を推定の精度向上に利用することができるという証拠である．

注意点として，データを（ユーザ，アイテム）単位に分けるときには相関関係が必ずしも維持されるわけではないということである．なぜならこのデータは観測によって得られ，さまざまなバイアスによって条件付けられている．繰り返しの観測ができないため，探索的データ分析では（ユーザ，アイテム）単位の相関を調べることは不可能である．探索的データ分析はデータにさらなる知見をもたらし，まとまったデータでの知識の価値を高めるものである．

**閲読と読後，プライベートとパブリック**：ユーザの読後のふるまいと読む行動を比較する．特に読後のふるまいは記事のタイプやユーザのタイプによって均一だろうか？ 典型的なカリフォルニア出身の若い男性は読む記事の大半にコメントを付け，シェアするだろうか？

このことを理解するために，読む傾向のふるまいを表現する，異なる記事カテゴリにおけるページビューの割合のベクトルを使う．このベクトルはカテゴリに対する多項確率分布と考えることができ，これは与えられたカテゴリにおけるランダムなページビューの確率である．同様にあるカテゴリでの周辺化したあるタイプの読後アクションはそのカテゴリでのその読後アクションの割合のベクトルで表現される．読む傾向ベクトルから読後アクションのふるまいベクトルを計算するために，2 つのベクトルの要素ごとの比を計算する．図 10.4(a) はよく閲覧されているトップ 10 のカテゴリに関するこれらの比を対数スケールで示す．ここでカテゴリはページビューの数に従って（最も左のカテゴリが最大と）並べられている．全てのサンプルサイズは統計的に有意であるくらい十分に大きい（少なくとも何万もの読後アクションがある）．このプ

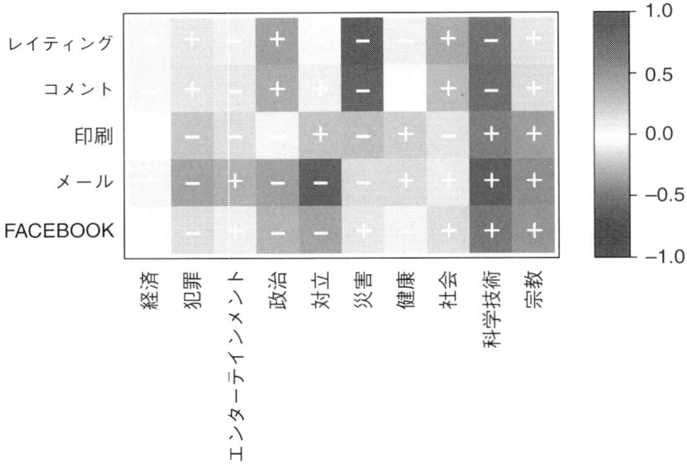


**(a)** トップレベルカテゴリ

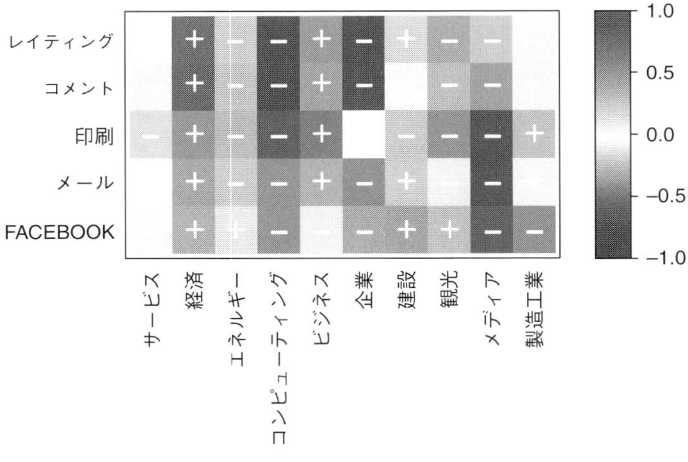


**(b)** 経済のサブカテゴリ

**図 10.4**　ページビューと読後アクションの違い．これは記事カテゴリによる読後アクション率の違いも示している．

ロットを理解するために，（メール，対立）セルの負の値を考えてみよう．これは典型的なユーザは対立の記事をメールするよりは読む傾向にあるということを示す．一般に，もしユーザの読後アクションが読書のアクションと同じ，またはニュースのタイプにわたって一様であるならば，その比（対数スケールの）は0付近にかたまるだろう[2)]．プロット内に正と負の両方のセルがあることから，明らかに全てのアクションタイプに関してそうはなっていない．

ユーザは犯罪，政治，対立の記事は，読むよりもメールやFacebookを通じて友人とシェアしやすい．しかし，彼らは災害と科学技術にコメントすることに対して消極的である．科学技術と宗教の記事を，より熱心にシェアする．政治の話題に関するパブリックなフォーラムではコメントを残し，議論に参加することを受け入れやすい．

ニュース記事の購読に関して興味深いパターンが観測された．ニュース記事を見ることはプライベートな活動である，一方，記事をシェアすること（Facebookとメール）または記事の意見を表明すること（コメントとレイティング）はパブリックな活動であり，典型的なパブリックの活動とプライベートの活動には違いがある．ユーザはソーシャルな名声や信頼を得ることができる記事をシェアしがちだが，プライベートでわいせつなニュースをクリックしたり読むことには気にしない．

**異なる粒度での読後アクション率の変化**：異なる粒度で時刻を切り取ったり細切れにすることによる読後アクション率の変化を調べる．ランダム化しないデザインによって得られたデータでの粗い粒度の分析は全体の描像を明らかにはできない．理想的にはこの推論は（ユーザ，アイテム）単位で詳細に時刻の不均一性を修正した後に行われるべきである．繰り返し実験ができないので，探索的データ分析を通じて細粒度の変化を調べることは不可能である．本項での目的は十分な数の繰り返しが起こる粒度での変化を調べることである．このような分析はアクション率を予測することの難しさと細粒度におけるさらなる洗練されたモデリングが必要か否かについての洞察も与えてくれる．例えば，もし全ての科学記事が同じようにふるまうのならば，科学カテゴリ内の記事に関

---

[2)] 訳注：つまり比は1.

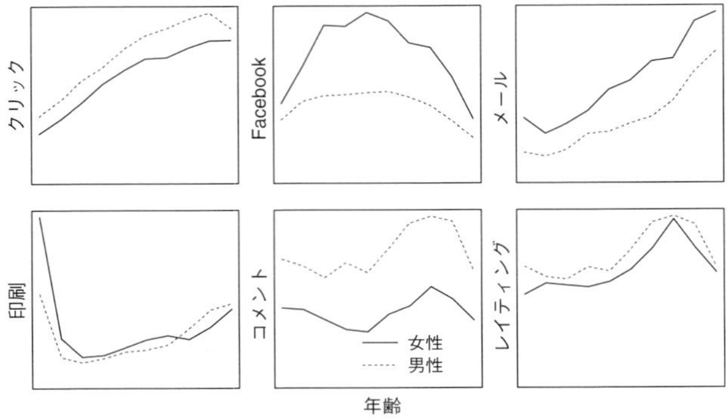


**図 10.5**　年齢-性別セグメントごとの読後アクション率の違い.

して記事単位のデータをモデル化する必要はない.

**記事カテゴリ間の違い**：記事カテゴリ間での読後アクション率の違いを調べるために，それぞれのアクションタイプに対して最も読まれているトップ 10 カテゴリを用いてカテゴリ依存の読後アクション率（そのカテゴリでのアクションの回数をそのカテゴリでのページビューで割ったもの）と全体のアクション率（全体のアクションの回数を全体のページビューで割ったもの）の比を調べた．これは図 10.4 で示す．前に説明したように，正の値をとるセルと負の値をとるセルがあることから，この粒度でのアクション率の違いは存在する.

**ユーザセグメント間での違い**：図 10.5 では，ユーザを年齢と性別で分類し，2 つの性別といくつかの異なる年齢グループ間における読後のアクション率の違いを示した．もう一度違いを見てみよう．Facebook でシェアする率は若者と中年のユーザで最も高い．最も年齢の高いグループのユーザはメールをよく使う傾向にあるが，若者のユーザはより Facebook でシェアし，また印刷もよく使用する．女性は驚くべきことに高いシェア率をもち，男性ユーザは記事に関してよりコメントを寄せる傾向にある．またこの図には読む前のクリックアクションについても含んでおり，高齢のユーザグループはよりクリックしやすい傾向にある．男性は全ての年齢で女性よりクリックしやすい.

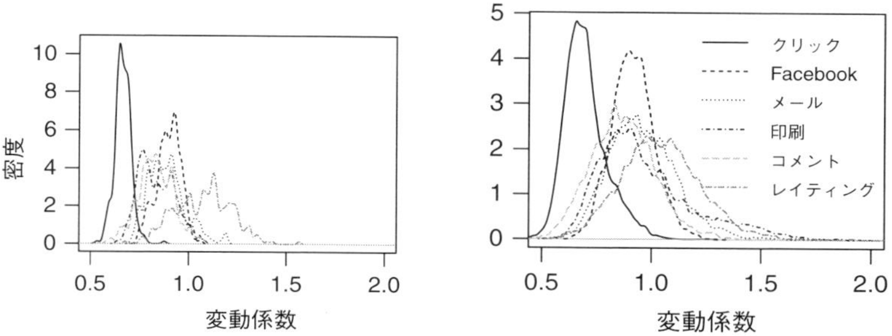


**(a)** 記事カテゴリ　**(b)** 記事カテゴリ × 年齢-性別

図 **10.6**　変化の係数の密度.

**カテゴリとセグメント内の違い**：ここでは，記事のカテゴリとユーザセグメントでデータを層化したうえで記事レベルの粒度での変動を深く分析する．記事レベルの高いカテゴリ内またはセグメント内の変動は，カテゴリとセグメントに関する過大な非一様性を示唆し，より細かい粒度でのモデル化の必要性を示す．この変動を調べるため，変動係数 $\sigma/\mu$ を利用する．$\sigma$ は与えられたカテゴリ（またはカテゴリ × ユーザセグメント）における記事アクション率の標準偏差，$\mu$ は与えられたカテゴリ（またはカテゴリ × ユーザセグメント）における平均記事アクション率である．$\sigma/\mu$ は正数で，小さな値は変動が少ないことを示す．一般に 0.2 より高い値は高い変動を示す．

図 10.6 では記事カテゴリに関する変化の係数の分布，カテゴリとユーザの年齢-性別の全ての組み合わせに関する変化の係数の分布を示す．これら 2 つの図から，全ての読後アクションはクリックに対して，とても大きな変動係数をもつことがわかる．これはカテゴリとユーザセグメント間で，平均の読後アクション率は変化するものの，ある層における記事単位の粒度での変化が大きく，記事の読後アクション率を予測することをカテゴリ情報から記事の CTR を予測するよりも難しくしているということを意味する．2 つの図を比較し，ユーザ素性を追加することがわずかに変動係数を削減するだけであることがわかる．これはユーザセグメントによる層化が，それぞれのカテゴリ内での記事

レベルの変化を説明する助けにはならないことを示唆する．おそらく与えられた（年齢，性別）セグメントのユーザは記事レベルでは異なる利用の仕方をしているのだろう．

ここでの探索的分析はどのような種類の読後のアクションの予測であれ，CTR の推定より難しいことを示唆する．カテゴリなどの記事の素性とユーザの人口統計情報の使用は有用ではあるが，記事とユーザの粒度には非一様性があり，それはモデル化されなければならない．また読後アクション間の正の相関も読みとれる．10.2.3 項で定義された LAT モデルは予測性能を向上するためにそのような相関関係を使うことができる．

### 10.3.2　実証的評価

10.2.1 項と 10.2.3 項で紹介した以下のモデルを米国の Yahoo! ニュースの読後データを使い評価する．

- **LAT**：局所拡張テンソルモデル（10.2.3 項で定義），ここでコンテキスト $k$ はファセット（読後アクションタイプ）$k$.
- **BST**：バイアス平滑化テンソルモデル（10.2.1 項で定義），これは LAT の特殊ケースである．
- **SMF**：セパレート行列分解（10.2.3 項で定義）．
- **CMF**：崩壊型行列分解（10.2.3 項で定義）．
- **双線形モデル**：このモデルはユーザ素性ベクトル $\boldsymbol{x}_i$ とアイテム素性ベクトル $\boldsymbol{x}_j$ をユーザがアイテムに対しアクションを行うか否かを予測するために使用する．厳密にいえば

  $$y_{ijk} \sim \boldsymbol{x}_i' \boldsymbol{W}_k \boldsymbol{x}_j$$

  ここで $\boldsymbol{W}_k$ はファセット $k$ に対する回帰係数行列である．このモデルは全てのユーザ個人の素性ベクトルとアイテムそれぞれの素性ベクトルの対に対する回帰係数をもつ．この回帰係数は Liblinear (Fan et al., 2008) を使い $L_2$ 正則化のもとで 5 フォールド交差検証を行い，重みを決定した．

これらのモデルとベースラインの情報検索 (IR) モデルと比較する．以下の IR モデルの全てに対して，全てのユーザが肯定的なアクションをとったアイテム

のテキスト情報をまとめて作った学習データをもとにしてユーザプロファイルを構築した．そのようなユーザプロファイルをクエリとして扱い，アイテムを順位付けるために異なる検索関数を使う．このIRモデルは以下を含む．

- **COS**：コサイン類似度を用いたベクトル空間モデル．
- **LM**：ディリクレスムージング言語モデル (Zhai and Lafferty, 2001).
- **BM25**：Okapi 検索手法のうち最良の手法 (Robertson et al., 1995).

因子モデルに対し，ガウシアンモデルの場合は，チューニングセットに対してロジスティック関数の場合より良い性能であるので，ガウシアンモデルの場合を報告する．

**データ**：読後アクションのデータを，それぞれ，少なくとも1つのファセットに，少なくとも5回のアクションを行った13,739ユーザから収集した．アイテム数は8,069個でそれぞれのアクションの種類に対して少なくとも1回のアクションを受けている．結果として2,548,111回の読後アクションイベントを得た．ここで**イベント**は（ユーザ，ファセット，アイテム）によって指定される．もしあるユーザが，あるファセットにおいて，あるアイテムに対し，あるアクションをとるならば，そのイベントは肯定的または**適切**（そのアイテムはそのユーザに対してそのファセットで適切であるという意味）であるという．もしそのユーザがそのアイテムを見たが，そのファセットでアクションをとらなかったとき，そのイベントを否定的または**不適切**と呼ぶ．この設定では，それぞれの（ユーザ，ファセット）対を**クエリ**として扱うのが自然であり，この対によって関連付けられたイベントの集合はユーザ行動によって適切であると判断され，順位付けられるアイテムの集合となる．ニュースの閲覧においてユーザの好みはさまざまなので，編集による判断を使用するのは難しい．

**評価指標**：順位 $k$ での適応率 (P@$k$) と平均適合率の平均 (MAP) を評価指標として使用する．平均操作はテスト（ユーザ，ファセット）対に対して行われる．モデルの P@$k$ は以下のように計算される．それぞれのテスト（ユーザ，ファセット）対に対して，モデルの予測を用いてそのファセットでユーザによってアイテムが閲覧されるランクを付け，順位 $k$ の適合率を計算する．そして全てのテスト対の精度の平均をとる．MAPは似た方法で計算される．異なるモデル間での比較を助けるため，SMFに対するモデルの**P@*k*リフト**と**MAPリフト**を定義する．SMFモデルは強いベースラインである．例えば，もしモデルのP@$k$が$A$でありSMFのP@$k$が$B$であるとき，増加率は$\frac{A-B}{B}$である．

**実験のセットアップ**：以下のように訓練セット，チューニングセットとテストセットを作成する．それぞれのユーザに対しランダムにそのユーザがいくかのアクションをとった1つのファセットを選び，その（ユーザ，ファセット）対に関連するイベントを集合$\mathcal{A}$に加える．残りの（ユーザ，ファセット）対は**訓練セット**にする．集合$\mathcal{A}$の1/3を**チューニングセット**として，残りの2/3を**テストセット**にする．チューニングセットは因子モデルの潜在次元の数（例えば$\boldsymbol{u}_i$，$\boldsymbol{v}_j$，$\boldsymbol{w}_k$，$\boldsymbol{u}_{ik}$，$\boldsymbol{v}_{jk}$の次元数）を選ぶために使われる．EMアルゴリズムは潜在次元の数を除いて自動的に全てのモデルのパラメータを決定する．それぞれのモデルに対して，チューニングセットを用いて決定した最適な次元数でのテストセットの性能のみを報告する．

ユーザ素性として年齢，性別とユーザのIPアドレスから得られた位置情報を使った．ログインしたユーザのみを考える．ユーザIDは匿名化され，他の目的には使用されない．アイテム素性は出版者によって付けられた記事カテゴリと記事タイトルと概要のbag-of-wordsを使う．

**IRモデルの性能**：図10.7でベースラインIRモデルを比較する．この図ではLMのパラメータ$\mu$とBM25のパラメータ$k_1$を変化させている．全ての実験において他の2つのパラメータは推奨されているデフォルトの値$k_3 = 1000$と$b = 0.75$にセットした．LMとBM25の両方ともCOSを上回ったが，違いは大きくない．本項の残りでは，$k_1 = 1$のBM25をベースラインIRモデルとして他の学習ベースの手法と比較する．

**全体の性能**：テストデータに対する異なるモデルでの全ての（ユーザ，ファセット）対で平均をとった適合率-再現率曲線を図10.8(a)で，P@1，P@3，P@5とMAPを表10.1で報告する．$k$が増加するにつれ，読後アクションは稀なイベントであるので，多くのユーザはテストセット内で3回または5回もの読後

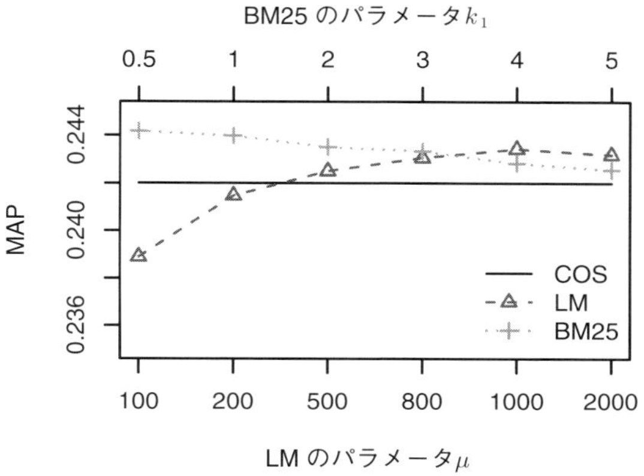


**図 10.7**　異なる IR モデルの性能.

**表 10.1**　異なるモデルでの性能.

| | 適合率 | | | |
|---|---|---|---|---|
| モデル | P@1 | P@3 | P@5 | MAP |
| LAT | **0.3180** | **0.2853** | **0.2648** | **0.3048** |
| BST | 0.2962 | 0.2654 | 0.2486 | 0.2873 |
| SMF | 0.2827 | 0.2639 | 0.2469 | 0.2910 |
| 双線形 | 0.2609 | 0.2472 | 0.2350 | 0.2755 |
| CMF | 0.2301 | 0.2101 | 0.2005 | 0.2439 |
| BM25 | 0.2256 | 0.2247 | 0.2207 | 0.2440 |

アクションがなく，適合率は落ちる．例えば，もしユーザがテストセット中で1回のアクションしか起こさず，少なくとも5個のアイテムを見たならば，そのユーザのP@5は最大で1/5である．2つのモデルの性能差が有意であるかをテストするため，それぞれの（ユーザ，ファセット）対に対してP@$k$とMAPに注目し，全ての（ユーザ，ファセット）対で2つのモデル間の比較$t$検定を実行した．テストの結果は表10.2で示した．特にLATは有意に他のモデルを上回る．BSTとSMF間の差とCMFとBM25間の差は有意でないことがわかる．

CMFは完全にアクションタイプ間のふるまいの違いを無視するので，双線

**表 10.2**　比較 $t$ 検定の結果.

| 比較 | 有意水準 |
|---|---|
| LAT > BST | 0.05 (P@1), $10^{-4}$ (P@3, P@5, MAP) |
| LAT > BST | $10^{-4}$ （全ての指標に対して） |
| BST ≈ SMF | 有意でない |
| BST > 双線形モデル | $10^{-3}$ （全ての指標に対して） |
| SMF > 双線形モデル | 0.05 (P@1), $10^{-3}$ (P@3, P@5, MAP) |
| BST > CMF | $10^{-4}$ （全ての指標に対して） |
| SMF > BM25 | $10^{-4}$ （全ての指標に対して） |
| 双線形モデル > CMF | $10^{-3}$ （全ての指標に対して） |
| 双線形モデル > BM25 | $10^{-3}$ （全ての指標に対して） |
| CMF≈ BM25 | 有意でない |

注：有意水準が小さなものは強い有意性を示す

**表 10.3**　P@1 ファセットによる分類.

| | ファセット | | | | |
|---|---|---|---|---|---|
| モデル | コメント | サムアップ | Facebook | メール | 印刷 |
| LAT | **0.3477** | **0.3966** | **0.2565** | 0.2069 | 0.2722 |
| BST | 0.3310 | 0.3743 | 0.2457 | 0.1936 | 0.1772 |
| SMF | 0.2949 | 0.3408 | 0.2306 | **0.2255** | 0.2532 |
| 双線形モデル | 0.2837 | 0.2947 | 0.2328 | **0.2255** | 0.1709 |
| CMF | 0.2990 | 0.2905 | 0.1638 | 0.1114 | 0.1203 |
| BM25 | 0.2726 | 0.3198 | 0.1509 | 0.1061 | 0.0886 |

注：太字はそれぞれのファセットでの全モデル中で最良の性能を示す.

形モデルはCMFを上回る．双線形モデルがCMFを上回るということは，ユーザとアイテム素性はいくらかの予測力をもつということである．しかしSMFとの比較から，これらの素性はそれぞれのユーザとアイテムのふるまいを捉えるには十分なものではないことが示される．BM25は教師あり学習を使わない唯一のモデルであるため，最悪の性能のモデルである．

**ファセットによる分類**：表10.3でテストデータをファセットで分類し，それ

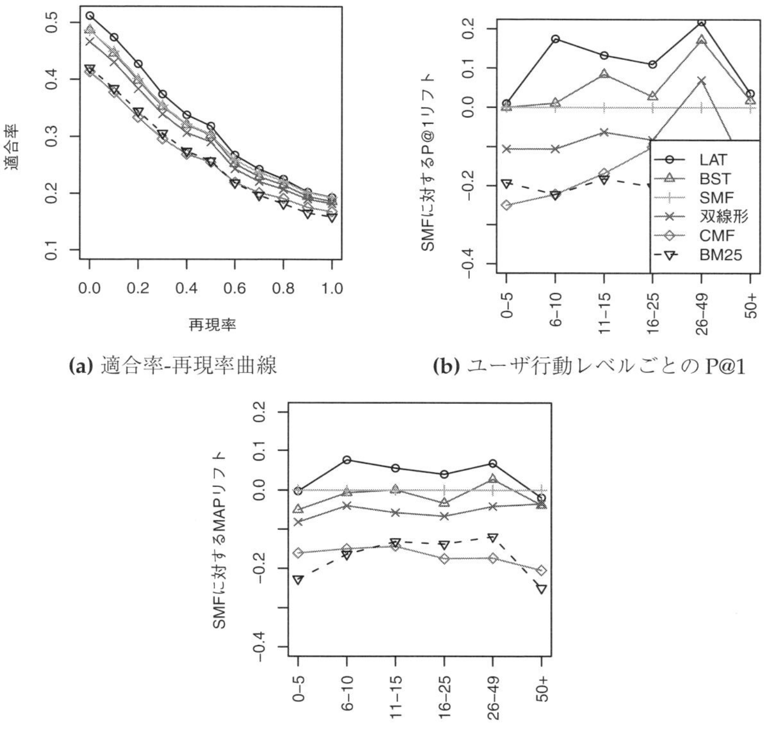


**(a)** 適合率-再現率曲線

**(b)** ユーザ行動レベルごとの P@1

**(c)** ユーザ行動レベルごとの MAP

**図 10.8**　異なるモデルの性能.

ぞれのモデルでの得られた P@1 を報告する．他の指標に対してこの結果は類似している．ここで LAT，BST と SMF の比較に集中する．最初の 3 つのファセットにおいて BST は SMF を上回るが，最後の 2 つのファセットでは下回ることがわかる．この最初の 3 つのファセットは最後の 2 つと比較してデータセット内にたくさんのイベントがある．BST の SMF に対する利点は大局的な因子をもつことで，そのことで 1 つのファセットにおけるアクションの学習がテストの予測時にはファセット間の相関を通じて他のファセットのアクションを予測することに利用される．しかしながら BST は SMF よりは柔軟ではない．特にファセット間の違いを捉えるのに十分なほど柔軟ではない．そのようにして，いくつかのファセットは他よりよく当てはまるように強制される．期待通り，これは少ないデータよりもより多いデータをもつファセットに対してよく当てはまる．LATはこの問題に対し，BSTの残差をモデル化するためにファセット依存の因子$(\boldsymbol{u}_{ik}, \boldsymbol{v}_{jk})$を加えることで対処する．表からわかるようにLATは一様にBSTを上回る．これはまたメールを除いてSMFを上回る．SMFと双線形モデルがメールに対して同等の性能をもつという事実は，正確さを向上するために潜在因子を用いることの困難さを示唆している．LATはSMFより多くの因子をもつので，過学習しやすい．

**ユーザの活動レベルによる分類**：図10.8で，テストセットのユーザを学習データ中での読後アクションの回数に関する活動レベルで分類している．ここではまたLAT，BSTとSMFの比較に着目している．それぞれの曲線は，それぞれのモデルでのSMFモデルに対するP@1のリフトまたはMAPのリフトを，ユーザの活動レベルを$x$軸としてプロットしている．LATはほとんど一様に他のモデルを上回る．活動レベルが低い(0〜5)ユーザに対しては，LAT，BSTとSMFではほとんど違いはない．なぜならそれらは全てデータが欠けていて予測はほとんど素性にもとづくからである．5〜50回の読後アクションのユーザに対してはLATを使用することが最も有利であることがわかる．

**ファセット間での結果の違い**：表10.4で多面的なニュースランキングにおける結果の例をいくつか示す．表の上半分では平均的なユーザに対するランクがトップである記事を示した．下半分では年齢が41才〜45才の男性に対するランクがトップである記事を示した．ランキングの結果は異なるファセットに対して非常に違うということがわかる．例えばFacebookとメールファセットでは，健康に関連する記事の多くのランクが高い．しかしコメントファセットでは，政治の記事が好まれる．さらにいえば，もし40代前半の男性と全体を比較するならば，また顕著な違いを見出すだろう．例えば両方の集団がメールファセットに健康関連の記事があるとしても，40代前半の男性は癌に関連する記事をよりメールする傾向にある．これらの違いから個別化された多面的なランキングが必要となる．

表 **10.4**　多面的なニュースランキングの例.

| Facebook | メール | コメント |
|---|---|---|
| | 全体 | |
| US weather tornado Japan disaster aid | Teething remedies pose fatal risk to infants | US books Michelle Obama |
| Eight ways monsanto is destroying our health | US med car seats children | US Obama immigration |
| Teething remedies pose fatal risk to infants | Super women mom soft wins may live longer | US exxon oil prices |
| New zombie ant fungi found | Tips for a successful open house | Harry Reid: republicans fear tea party |
| Indy voters would rather have Charlie Sheen . . . | Painless diabetes monitor talks to smartphone | Obama to kick off campaign this week |
| | **41** 才から **45** 才の男性 | |
| Oxford English dictionary added new words | Richer white women more prone to melanoma | Israel troubling tourism |
| US exxon oil prices | Obesity boost aggressive breast cancer in older women | Israel palestinians |
| Children make parents happy eventually | US med car seats children | USA election Obama |
| Qatar Saudi politics Internet | Are coffee drinkers less prone to breast cancer | US books Michelle Obama |
| Lawmakers seek to outlaw prank calls | Short course of hormone therapy boosts prostate cancer | Levi Johnston to write memoir |

注：ニュース記事のタイトルのみを表示

## 10.4　関連アイテム推薦

ウェブページのメインの部分にアイテム $k$ が表示される場合の一般的なタイプの推薦は，アイテム $k$ に関連する他のアイテムを推薦することである．例えばニュースサイトで，ユーザは記事 $k$ を読んでいるときに，記事 $k$ に関連（または類似）した他の記事を推薦することは有用である．e コマースのサイトで，ユーザは商品 $k$ を閲覧しているとき，商品 $k$ に関連した他の商品を推薦することは有用である．これらの例の記事 $k$ と商品 $k$ は提示される推薦がこれらに依存する（コンテキストである）ために，**コンテキストアイテム**と呼ぶ．

関連アイテム推薦では，与えられたユーザ $i$ とコンテキストアイテム $k$ に対し，以下の基準を両方とも満たす他のアイテム $j$ を探すことである．

- **意味的な関連性 (semantic relatedness)**：推薦されるアイテムはいくつかの適用先依存の関連性の定義に従ってコンテキストアイテムに関連する必要がある．
- **高い応答率**：ユーザが推薦されたアイテムに対して肯定的に応答するであろうことを保証すること．

本節ではまずアイテム間の関係をいかに測るかを説明する．そしてどのようにして応答を予測するかを説明し，最終的な推薦において2つの指標をどのように統合するかを議論する．

### 10.4.1　意味的な関連性

通常，関係性の定義は適用例に依存する．例えば関係する記事や商品は「似ている」記事や商品であろう．ここで類似性はbag-of-words表現（2.1.2項を参照）のコサイン類似度によって測られる（2.3.1項を参照）．同様のケースで，コンテキストアイテムとして提示される商品と非常に似ている関連商品は推薦したくない．非常に似ているアイテムは追加される情報がほとんどないからだ．関連記事は同じトピックであるが，コンテキスト記事にそれほど似ているわけではない記事と定義される．記事をトピックに分類し，類似性を測るさまざまな方法がある．トピックはLDAモデル（2.1.3項を参照）を用いて見つけることができる．そして類似性は2つの記事のbag-of-words間のコサイン類似度を用いて測られる．

一般に関連性関数 (relatedness functions) を，おそらく適用先に依存するアイテムの例なしに定義することは難しい．適用先における関連アイテムと関連していないアイテムの例が与えられれば，関連性関数を学習するために任意の教師あり学習手法でも適用できる．$\boldsymbol{x}_j$ と $\boldsymbol{x}_k$ をアイテム $j$ とアイテム $k$ の素性ベクトルとし，$\boldsymbol{x}_{jk}$ をアイテム $j$ とアイテム $k$ 間の関連性とは異なった尺度（例えば類似度）とする．1つのモデルとしては $\boldsymbol{x}_j'\boldsymbol{A}\boldsymbol{x}_k + \boldsymbol{x}_{jk}'\boldsymbol{b}$ を引数とするロジスティック関数を使いアイテム $j$ がアイテム $k$ と関連する確率を予測するというものである．ここで $\boldsymbol{A}$ は回帰係数行列であり $\boldsymbol{b}$ は回帰係数ベクトルである（このようなモデルをいかに当てはめるかは2.3.2項を参照してほしい）．アイテム $j$ がアイテム $k$ に関連する傾向を定量化するモデルの出力を，$j$ から $k$ への**関連性スコア**と呼ぶ．関連性スコアは対称かもしれないし，非対称かもしれず，適用先の要求に依存する．

### 10.4.2　応答予測

関連するアイテムを推薦するとき，ユーザがそのアイテムに対してクリック，シェア，「いいね」，高い評価を与えるなど肯定的に応答するであろうことを確かめることは重要である．いくつかの適用例では関連アイテムは単に応答を予測するだけで意味的な関連性にもとづくスコアを使わずに推薦される．オンラインショッピングサイトで一般的に見られる1つの例は以下のようなものである．アイテム $k$ を買う人はアイテム $j$ もまた買うだろう．この種の推薦は通常，ユーザが $k$ をまさに購入したときに $j$ を買うであろう確率にもとづいて行われる．これは Pr(ユーザが $j$ を買う | ユーザが $k$ を買った) と書ける．ここでアイテム $k$ はコンテキストアイテムである．この確率はアイテム $j$ とアイテム $k$ を買ったユーザ数を，アイテム $k$ を買ったユーザ数で割ることで推定できる．もし分母が大きければ，この条件付き確率は正確に推定される．しかしながら，購入された回数がそれほど多くないアイテムでは，正確な確率の推定は難しい．さらにいえば，もし関連アイテム推薦を個別化したいならば，ユーザ $i$ を条件に加えて Pr(アイテム $j$ を購入 | アイテム $k$ の購入，ユーザ $i$) を推定する必要がある．このデータはスパースになり，カウントベースの推定は動作しない．

ユーザ $i$ が与えられたコンテキストアイテム $k$ に対し，アイテム $j$ に対して行うであろう応答 $y_{ijk}$ を予測するために，10.1節で紹介したテンソル分解モデルと10.2節で紹介した階層的縮小モデルが使用できる．コンテキストアイテムの総数が大きいため，テンソル分解モデルは通常，関連アイテム推薦により適している．階層的縮小モデル（例えばBSTモデル）は通常相対的にコンテキストの数が小さいときの推薦問題により適している．なぜなら $\alpha_{ik}$ と $\beta_{jk}$ を保持するために必要なメモリサイズが $MK + NK$ であるからである．ここで $M$ はユーザ数，$N$ はアイテム数，$K$ はコンテキスト数である．コンテキスト数は

アイテム数と同じ $(K = N)$ であるために，$MK + NK$ は通常，関連アイテム推薦を行うには大きすぎる．

### 10.4.3　予測応答と関係性の統合

与えられたコンテキストアイテム $k$ に対して，ユーザ $i$ がアイテム $j$ に対してどのように応答するのかを予測するモデルとアイテム $j$ とアイテム $k$ 間の関連性スコアを予測するモデルを構築した後，以下のような戦略を用いて最終的な推薦を行う．

1. 予測応答の重み付き和と関連性スコアをもとにアイテムの順位を付ける
2. 予測応答が閾値より高いアイテムの関連性スコアをもとに順位を付ける
3. 関連性スコアが閾値より高いアイテムの予測応答をもとに順位を付ける

通常は戦略3が好ましい，なぜなら多くの関連アイテム推薦の適用において，一般に意味的にはコンテキストアイテムに関連していないアイテムを推薦することが許されないからである．これは推薦されるアイテムの関連スコアがある閾値より高くなければならないということである．それから，ユーザの肯定的な応答を最大化するため，予測された応答に従って関連アイテムの順位付けをすることは自然である．

## 10.5　まとめ

本章では，与えられたコンテキストのもとでユーザにいかに推薦するかを議論した．ユーザの応答を予測するためのテンソル分解モデルと階層モデルの2つのクラスのモデルを紹介した．これらの予測力をさらに高めるために組み合わせることができる．テンソル分解ではユーザ，アイテム，コンテキストからなる3次元空間におけるデータスパースネスの問題を，ユーザ潜在因子とアイテム潜在因子とコンテキスト潜在因子を表す低ランク行列で3次元テンソルを近似する低ランク分解を用いて対処する．一方，階層的縮小ではコンテキスト固有のユーザとアイテム因子（例えば式(10.11)の $\alpha_{ik}$ と $\beta_{jk}$）を大局的なユーザやアイテム因子（例えばコンテキスト $k$ に依存しない $\alpha_i$ と $\beta_j$）に縮小する階層的な事前分布を通じてデータスパースネスの問題に対処する．ここでのコンテキスト依存因子（例えば $\alpha_{ik}$）は低ランク分解（例えば $\langle \boldsymbol{u}_i, \boldsymbol{w}_k \rangle$，ここで $\boldsymbol{u}_i$ と $\boldsymbol{w}_k$ の次元はコンテキスト数に比べてかなり小さい）よりも正確にコンテキスト依存のふるまいをモデル化する能力を与える．しかしながらテンソル分解アルゴリズムと比較すると，コンテキストの数が多いときに大量の数のパラメータ（例えば，$\alpha_{ik}$ の数はユーザ数 × コンテキスト数）を必要とする．よってコンテキストの数が多い場合（例えば関連アイテム推薦）ではテンソル分解が通常用いられる．

関連アイテム推薦は通常2つの基準をもつ．推薦されたアイテムは意味的にコンテキストアイテムと関連する必要があることと，応答する確率が高いことである．もし2つの基準が強く相関している場合は，いずれか一方の基準に集中でき，他方の基準は自動的に満たされる．そうでなければ妥協する必要がある．なぜならば関係性を最大化することと応答を最大化することを同時に実現することができないからである．この関係性と応答間のトレードオフは多目的トレードオフの例である．多目的最適化をいかに行うかは第11章で議論する．

# 第11章

# 多目的最適化

以前の章で議論したアプローチは典型的には，通常推薦するアイテムのクリック数を1つの目的として最適化する推薦を行うことである．しかしながら，クリックはユーザの行動としては単なる出発点であり，それに続くクリックの後にユーザが消費する時間や広告によって発生する収入などが有益であり重要である．ここでクリック，消費時間，収入は，ウェブサイトが最適化したいであろう3つの異なる目的である．異なる目的に強い正の相関があれば，1つの目的を最大化することで自動的に他も最大化される．これは典型的なシナリオではない．例えば不動産の記事における広告はエンターテインメントの記事より高い収入を生む傾向にある．しかしユーザは通常エンターテインメントの記事をたくさんクリックし，長い時間滞在する．このような状況では全ての目的に対して最適値に到達することはありえない．代わりに，最終目的は競合する目的間で良いトレードオフを見つけることである．例えば，基準を与える戦略（例えばクリック率(CTR)最大化）による達成可能なクリック数の95%をなお維持し，消費時間が達成可能な時間の90%を維持したもとで収入を最大化する．どのように制約（この例における95%と90%の閾値）を決定するかはビジネスの目的とウェブサイトの戦略に依存し，アプリケーションによる．本章では与えられた制約に対して推薦システムを最適化するための多目的計画法(multi-objective programming)にもとづく方法論を提供する．このような定式化は容易にさまざまなアプリケーションにおける要求を取り込むことができる.

2つの多目的最適化へのアプローチを紹介する. 11.2節では**セグメントアプローチ (segment approach)**（オリジナルは Agarwal et al., 2011a) を説明する. この手法では（3.3.2項と6.5.3項で議論した）セグメントポストポピュラー推薦と同じようにユーザをユーザセグメントに分類し, 最適化はセグメント単位で行う. 有用ではあるが, このセグメントアプローチはユーザがいくつかの粗い, 重複のないセグメントに分割されることを仮定する. 多くのアプリケーションにおいて, ユーザは高次元の素性ベクトル（大量の組み合わせがある数千次元）によって特徴付けられ, セグメントアプローチはそのような細粒度では推薦に失敗する. なぜなら粗い粒度のユーザセグメントにおいて推薦が決定されているからである. 11.3節では**個別化アプローチ (personalize approach)**（オリジナルは Agarwal et al., 2012) を紹介する. これはセグメントアプローチをユーザ個人レベルで目的を最適化することで改善するものである. 個別化アプローチの困難な点は11.3節で示すラグランジュ双対性と11.4節で示す近似手法を通じて解決される. それから11.5節では Yahoo! フロントページデータを使って多目的最適化の実例を示す. この実験結果から異なる定式化における興味深い性質と, ウェブポータルにおける推薦システムをデザインする際に有用な指針を示す.

## 11.1 アプリケーション設定

Yahoo! のような, いくつかの**プロパティー**（例えば Yahoo! ニュース, ファイナンス, スポーツなど）をもつ, ポータルサイトのフロントページにおけるコンテンツ推薦モジュールを考えよう. 目的はモジュールのユーザエンゲージメントとそれぞれのプロパティーの目的（例えばそのプロパティーの広告収入や消費時間）を同時に最適化することである. 目的が決定変数の重み付き和で定式化される限り, 容易に他の問題設定へ拡張できる. すなわち, 他の問題設定でも線形計画問題として表現できる.

時間をエポック[1]に離散化する. それぞれのエポック $t$ において, 推薦の候

[1] 訳注：本章では時刻を区切った区間の単位をエポックと呼ぶ.

補となるアイテムの集合を $\mathcal{A}_t$ とする．それぞれのアイテム $j \in \mathcal{A}_t$ はポータルのもつ $K$ 個のプロパティーの1つに所属する．$\mathcal{P} = \{P_1, \ldots, P_K\}$ をプロパティーの集合とし，$j \in P_k$ はアイテム $j$ のランディングページがプロパティー $P_k$ に属することを意味するとする．すなわち，アイテム $j$ へのクリックによってユーザはプロパティー $P_k$ のウェブページに導かれるということである．$\mathcal{U}_t$ をエポック $t$ における全てのユーザの集合であるとする．ユーザ $u \in \mathcal{U}_t$ はフロントページを訪れ，$\mathcal{A}_t$ の中からアイテムを推薦される．簡単のために，1回のユーザの訪問に対して1つのアイテムが推薦されるとする．ユーザが推薦されたアイテムをクリックしたとき，システムはクリックしたアイテムが属するプロパティーのウェブページに誘導する．通常，さまざまなプロパティーへのユーザの訪問はフロントページのクリックに大きな影響を受ける．例として，ポータルサイトにおいて以下の2つの異なった目的を最適化したいとしよう．

(1) フロントページの総クリック数
(2) フロントページで推薦されたアイテムへのクリックによって遷移したランディングページの総消費時間.

11.2.2 項で議論したように，収益などの他の目的は簡単にこのフレームワークに取り込むことができ，プロパティー $(P_1, \ldots, P_K)$ は制約として定義したい任意のアイテムカテゴリに置き換えることができる.

コンテンツ推薦は探索-活用問題である.（目的の達成度合いを測る）どのような指標を最適化する場合でも，その指標を用いて候補となるアイテムそれぞれのパフォーマンスを推定する必要がある．ユーザへのアイテム提示なしに，アイテムのパフォーマンスを測ることは難しい．単一の目的に対する探索-活用問題はよく研究されている（第6章と7.3.3項を参照)．多目的である場合，ある種の最適性を保証する探索-活用の手法は見出されていない．ここでは推薦システム内ではある探索-活用戦略がすでに稼動していると仮定しよう．経験的に良いパフォーマンスを発揮する単純な $\epsilon$-グリーディ戦略 (Vermorel and Mohri, 2005) を使用することにする．この戦略は以下のように動作する．わずかな割合のランダムに選択したユーザ訪問（探索集団：exploration population）に対して，全てのアイテムのデータを収集するために現在のアイテムプールからランダムに選択し提示する．残りのユーザ訪問（活用集団：exploitation population）に対しては，目的がクリック数の最大化であれば，CTR の推定値が最大になるアイテムを提示する．目的が複数ある場合の活用集団に対する戦略はCTR を最大化するアイテムの提示とは異なる．

## 11.2 セグメントアプローチ

本節で，セグメント多目的最適化の問題設定を説明する．全ての時点ごとに，システムは次のエポック（例えば5分間隔）の推薦計画を作成する．それぞれのユーザセグメント $i$ と候補となるアイテム $j$ に対して，他の目的関数の減少がある値で制限されている条件のもとで，対象とする目的を最大化する方法で，ユーザ訪問のうちのある割合 $x_{ij}$ に対してそのアイテムを提示する．目的関数が**決定変数** $x_{ij}$ の重み付き和で計算できるならば，多目的最適化問題は容易に線形計画問題 (LP: linear programming) で表現でき，標準的な線形計画問題のソルバーで解ける．

### 11.2.1 問題設定

**セグメントモデル**：セグメントアプローチでは，ユーザは $m$ セグメントに分割される．$\mathcal{S}$ をセグメントの集合とし，本章では以降，$i \in \mathcal{S}$ であるセグメントを表すとする．アイテム $j$ の効用を測定するため，統計モデルを使用して以下を推定する．

(1) エポック $t$ においてセグメント $i$ のユーザがアイテム $j$ にクリックするであろう確率 $p_{ijt}$
(2) セグメント $i$ のユーザがアイテム $j$ のランディングページでクリック後に消費するであろう時間 $d_{ijt}$

$p_{ijt}$ をCTR，$d_{ijt}$ を**消費時間**と呼び，6.3節で説明したガンマ-ポアソンモデルを用いて推定される．もし目的がクリック数（または消費時間，しかし両方が目的ではなく一方が目的）の場合，最適な解はセグメント $i$ のユーザに対して $p_{ijt}$

（または $p_{ijt} \cdot d_{ijt}$[2]）を最大化するアイテム $j$ を推薦することである．

**セグメント推薦戦略**：ユーザにアイテムを推薦するアルゴリズムを**推薦戦略** (serving scheme) と呼ぶ．それぞれのエポック $t$ においてセグメント推薦戦略はセグメント推薦計画 $\boldsymbol{x}_t = \{x_{ijt} : i \in \mathcal{S}, j \in \mathcal{A}_t\}$ を生成するために，それ以前のエポックで得られた情報を使う．ここで $x_{ijt}$ は推薦戦略がエポック $t$ においてセグメント $i$ のユーザにアイテム $j$ を推薦する確率である．ユーザがエポック $t$ においてフロントページに訪問するとき，そのユーザはまず適切なセグメントに割り当てられ，そして $\{x_{ijt} : j \in \mathcal{A}_t\}$ に従い多項分布からランダムに選ばれたアイテムが提示される．明らかに $x_{ijt} \geq 0$ かつ $\sum_j x_{ijt} = 1$ でなければならない．異なる最適化の手法を使用すれば，異なる基準に従うこととなり，異なる推薦計画を生成する．例えばクリック最大化手法のもとでは，CTR が最大となるアイテムを $j^*$ とし，$x_{ij^*t}$ を 1 と設定し，残りのアイテムに対して 0 と設定する．エポック $t$ の推薦計画は以前の $t-1$ エポックに作られたことを留意せよ．

### 11.2.2　目的関数の最適化

**目的関数**：簡単のためクリック数と消費時間の 2 つの目的を考える．$N_t$ をエポック $t$ における総訪問回数とし，$\boldsymbol{\pi}_t = (\pi_{1t}, \ldots, \pi_{mt})$ を異なるユーザセグメントごとの訪問回数の割合であるとする．明らかに，$\sum_{i \in \mathcal{S}} \pi_{it} = 1$ であり，$N_t \pi_{it}$ はセグメント $i$ の総訪問回数である．通常 $\boldsymbol{\pi}_t$ は過去のユーザ訪問にもとづき推定される (Agarwal et al., 2011a)．常に現在のエポック $t$ を考えるので，簡潔さのため，添え字 $t$ を省略する．現在のエポックでの与えられた推薦計画 $\boldsymbol{x} = \{x_{ij}\}$ に対し，2 つの目的関数は以下のように与えられる．

- フロントページでの期待総クリック数

$$TotalClicks(\boldsymbol{x}) = N \sum_{i \in \mathcal{S}} \sum_{j \in \mathcal{A}} \pi_i x_{ij} p_{ij} \tag{11.1}$$

- プロパティー $P_k$ における期待総消費時間

[2] 訳注：消費時間の期待値 $p_{ijt} d_{ijt}$ を最大化する．

$$TotalTime(\boldsymbol{x}, P_k) = N \sum_{i \in \mathcal{S}} \sum_{j \in P_k} \pi_i x_{ij} p_{ij} d_{ij} \tag{11.2}$$

全てのプロパティーの総消費時間を $TotalTime(\boldsymbol{x}) = TotalTime(\boldsymbol{x}, \mathcal{A})$ と書く.

**他の目的関数**：多目的最適化の例として消費時間のみが使用されているが，消費時間と似た方法で簡単に定義できる（それゆえ線形計画問題に追加できる）他の一般的な目的関数を示す.

- プロパティー $P_k$ の期待総収入

$$TotalRevenue(\boldsymbol{x}, P_k) = N \sum_{i \in \mathcal{S}} \sum_{j \in P_k} \pi_i x_{ij} p_{ij} r_{ij} \tag{11.3}$$

ここで $r_{ij}$ はアイテム $j$ をセグメント $i$ のユーザがクリックすることで期待（予測）される収入である．もしアイテム $j$ がスポンサー付きのアイテムまたは広告であるならば，直接的な収入をもたらす．そうでなければ収入は，アイテム $j$ の遷移したページで表示される広告によってもたらされる.

- プロパティー $P_k$ での期待総ページビュー

$$TotalPageView(\boldsymbol{x}, P_k) = N \sum_{i \in \mathcal{S}} \sum_{j \in P_k} \pi_i x_{ij} p_{ij} v_{ij} \tag{11.4}$$

ここで $v_{ij}$ はセグメント $i$ のユーザがアイテム $j$ をクリックした後のアイテム $j$ が所属するプロパティーにおける期待（予測）されるページビュー数である．すでにアイテム $j$ において 1 回のページビューが発生しているので，$v_{ij} \geq 1$ であることに注意せよ.

**クリック最大化戦略**：1 つのベースライン手法としては単に総クリック数を最適化するものがある，これを**現状維持 (status-quo)** アルゴリズムと呼ぶ．通常，多目的最適化を考える前にクリック数を最大化したいので，これをベースライン手法として扱う．推薦計画 $\boldsymbol{z} = \{z_{ij}\}$ は以下のように与えられる.

$$z_{ij} = \begin{cases} 1 & （j = \arg\max_{j'} p_{ij'} \text{のとき}） \\ 0 & （\text{その他}） \end{cases} \tag{11.5}$$

クリック最大化戦略のもとでの2つの最適化関数の値を $TotalClicks^* = TotalClicks(\boldsymbol{z})$ と $TotalTime^*(P_k) = TotalTime(\boldsymbol{z}, P_k)$ のように表す．$\boldsymbol{z}$ の定義から，2つの値は定数である．

**スカラー化**：2つの目的関数を結びつける簡単な方法は重み付き和を最適化すべき新たな目的関数として定義することである．推薦計画を構築するために，以下を最大化する $\boldsymbol{x}$ を求める．

$$\lambda \cdot TotalClick(\boldsymbol{x}) + (1-\lambda) \cdot TotalTime(\boldsymbol{x})$$

ここで $\lambda \in [0,1]$ は総クリック数と総消費時間とのトレードオフを表現している．小さな $\lambda$ の値では，総消費時間を高めるために，クリック数をより減らすことが許容される．解は以下のように与えられる．

$$x_{ij} = \begin{cases} 1 & (j = \arg\max_J \lambda \cdot p_{iJ} + (1-\lambda) \cdot p_{iJ} d_{iJ} \text{のとき}) \\ 0 & (\text{その他}) \end{cases} \tag{11.6}$$

ある固定した $\lambda$ に対する目的関数間のトレードオフはエポック間で大きく変わるかもしれない．実際，いくつかのエポックで，クリック数の損失は顕著になる可能性があり，これが問題になるアプリケーションがある．しかしながら，代わりに大きなエンゲージメントの増加を得ることができるクリック数の減少が起こることは，長い期間で見れば良い結果になるだろう．このアプローチはウェブサイトの管理者が複数の目的関数の重み付き組み合わせに関心があり，いずれかの目的が顕著に悪くなったときに全体に害を及ぼさない場合に合理的である．目的関数はともに線形であるので，パレート最適[3)] 曲線上（Boyd and Vandenberghe, 2004 の第7章を参照）の全ての可能な点を探索することができないことがこのアプローチにおける欠点の1つである．この欠点によって求めたい解のいくつかを見落とすことになるだろう．この手法における他の欠点は適用先によるビジネス上の制約を導入し難いことである．

**線形計画問題**：いろいろな多目的計画 (MOP: multiobjective program) が Agarwal et al.(2011a) で紹介されている．ここでは最も柔軟な定式化である

3) 訳注：パレート最適とは少なくとも，全ての目的関数において現状より良い解は存在しないという状態のこと．

**ローカライズ多目的計画** ($\ell$-MOP: localized multiobjective program) を議論する．正式には最適化問題は

$$
\begin{aligned}
&\max_{\boldsymbol{x}} \mathit{TotalTime}(\boldsymbol{x}) \\
&\text{制約条件} \quad \mathit{TotalClicks}(\boldsymbol{x}) \geq \alpha \cdot \mathit{TotalClicks}^{*} \\
&\qquad\qquad\quad \mathit{TotalTime}(\boldsymbol{x}, P_k) \geq \beta \cdot \mathit{TotalTime}^{*}(P_k), \quad \forall P_k \in \mathcal{P}^{*}
\end{aligned}
\tag{11.7}
$$

ここで $\mathcal{P}^{*}$ は $\mathcal{P}$ の部分集合であり，ある消費時間以上であることが満たされているものであるとする．この線形計画問題は総クリック数の潜在的な損失を現状維持クリック最大化戦略に対して少なくとも $\alpha\,(0 \leq \alpha \leq 1)$ で抑えたもとでの，全てのプロパティーにおける総消費時間を最大化する解を求める．それぞれのプロパティー $P_k \in \mathcal{P}^{*}$ に対して，$P_k$ での総消費時間はクリック最大化戦略に対して少なくとも $\beta\,(0 \leq \beta \leq 1)$ 倍であることは保証される．この線形計画問題は標準的な線形計画問題のソルバーで簡単に解ける．

任意の線形制約をこの線形計画問題に加えることができる．線形計画問題 (11.7) は現在考えている設定において有用であり，実際に動作する実行例となる．全てのエポックで $p_{ij}$，$d_{ij}$ と $\pi_i$ を予測するために統計モデルを使用し，それから次のエポックにおける推薦計画 $\boldsymbol{x}$ を求めるために線形計画問題を解く．このようにして次のエポックのユーザ訪問に対してユーザが実際に現れる前に作成された計画にもとづき推薦が提示される．

他の目的を追加するのは簡単である．例えば $\mathit{TotalTime}(\boldsymbol{x})$ を $\mathit{TotalRevenue}(\boldsymbol{x})$ や $\mathit{TotalPageView}(\boldsymbol{x})$ で置き換えることができる．また，以下のように，さらに制約を線形計画問題 (11.7) に追加することもできる．

$$
\begin{aligned}
\mathit{TotalRevenue}(\boldsymbol{x}, P_k) \geq \gamma \cdot \mathit{TotalRevenue}^{*}(P_k), \forall P_k \in \mathcal{P}^{*} \\
\mathit{TotalPageView}(\boldsymbol{x}, P_k) \geq \delta \cdot \mathit{TotalPageView}^{*}(P_k), \forall P_k \in \mathcal{P}^{*}
\end{aligned}
\tag{11.8}
$$

## 11.3　個別化アプローチ

セグメント多目的最適化を解くために線形計画法は効果的に使用される．しかしながら，そのようなセグメント推薦戦略はセグメント内の全てのユーザを同等に扱う．これはそれぞれの異なるユーザ個人固有の個人的な要求を満たす

能力に欠く．本節ではセグメントアプローチをユーザ個人に個別化された推薦計画を提供するために拡張する．

ユーザ個人レベルでの最適化は困難である．LP でそれぞれの対（ユーザ $u$，アイテム $j$）に対する1つの変数 $x_{uj}$ によるセグメントアプローチの単純な拡張は実行不可能である．なぜなら

(1) 次のエポックで観測されるが，まだ観測されていないユーザがいるので，個別化された LP はまだ観測されていないユーザを予測し，次のエポックで提示するべき対応するユーザ変数を含まなければならないため，この LP はオンラインの設定では不良設定問題 (ill-defined problem)[4] である．
(2) 次のエポックに現れるであろうユーザを正確に予測できたとしても，エポックあたり数百ないし数千ものユーザがいるので，このような拡張は LP のサイズを劇的に増加させる．

### 11.3.1　主問題による定式化

推薦計画 $\boldsymbol{x}$ の形式を再定義することでセグメントベースの線形計画問題 (11.7) を拡張し，個別化多目的最適化の**主問題** (primal problem)[5] による定式化を定義する．

**個別化推薦計画**：個別化多目的最適化では，セグメント固有の推薦計画の代わりにそれぞれのユーザ $u$ に対してユーザ固有の推薦計画を考える．この個別化推薦計画は $\boldsymbol{x} = \{x_{uj} : u \in \mathcal{U}, j \in \mathcal{A}\}$ のように定義される．ここで $x_{uj}$ は次のエポックでユーザ $u$ がアイテム $j$ を提示される確率である．$x_{uj}$ は確率であるので，$x_{uj} \geq 0$ であり $\sum_j x_{uj} = 1$ である．個別化推薦戦略はそれぞれの個人ユーザに対し，これらの確率に従ってアイテムを提示する．

**目的関数**：推薦計画 $\boldsymbol{x}$ の形式が変更されたので，$\mathit{TotalClicks}(\boldsymbol{x})$ と $\mathit{TotalTime}(\boldsymbol{x},$

---

[4] 訳注：解が存在し，一意で，パラメータに対して連続的に変化する場合を良設定問題といい，そうでない場合は不良設定問題という．なんらかの制約を加えたうえで解を求める方法がある．

[5] 訳注：解きたい最適化問題を主問題，これに相補的な問題を双対問題と呼ぶ．片方の最適解が得られれば他方の解に変換できる．

$P_k$) もまた更新される．

$$\begin{aligned} TotalClicks(\boldsymbol{x}) &= \sum_{u \in \mathcal{U}} \sum_{j \in \mathcal{A}} x_{uj} p_{uj} \\ TotalTime(\boldsymbol{x}, P_k) &= \sum_{u \in \mathcal{U}} \sum_{j \in P_k} x_{uj} p_{uj} d_{uj} \end{aligned} \tag{11.9}$$

ここで $p_{uj}$ は予測されるユーザ $u$ がアイテム $j$ をクリックするであろう確率であり，$d_{uj}$ は予測されるユーザ $u$ がアイテム $j$ のランディングページで消費するであろう時間である．$p_{uj}$ と $d_{uj}$ の予測はどちらもここでの問題の定式とは独立であり，過去の研究で提案されたオンライン回帰（7.3 節または Agarwal et al., 2008, 2009）など，あらゆる個別化のために統計モデルが利用できる．与えられた予測 CTR $p_{uj}$ に対し，式 (11.5) と同様にクリック最大化推薦戦略は計算でき，現状維持アルゴリズムにおける定数 $TotalClicks^*$ と $TotalTime^*$ を定義できる．

個別化推薦計画はセグメントアプローチより柔軟であり，セグメントアプローチを特殊なケースとして包含している．もし $p_{uj}$ と $d_{uj}$ をセグメントベースのモデル（すなわちセグメント $i$ の全てのユーザ $u$ に対して $p_{uj} = p_{ij}$ と $d_{uj} = d_{ij}$ とする）の言葉で示すならば，式 (11.9) は式 (11.1) と式 (11.2) に還元される．

**困難な点**：これらの $\boldsymbol{x}$，$TotalClicks$ と $TotalTime$ の新たな定義では，確かに線形計画法 (11.7) を個別化多目的最適化に適用できる．この線形計画問題をそれぞれのエポックで解くことができ，この解を次のエポックでユーザへの推薦に利用できる．しかしながら，そのような定式化は以下の理由から解くのが困難である．

- **未知のユーザ**：線形計画では，次のエポックにポータルに訪れる全てのユーザ $u$ に対して変数 $x_{uj}$ を定義する．以前にポータルに訪れたことのないユーザに対して，$x_{uj}$ を計算することは困難である．ユーザ数を推定することは通常簡単であるが，未知のユーザに対して線形計画問題の入力パラメータ $p_{uj}$ と $d_{uj}$ を予測することは難しい，しかし線形計画問題を解く前に全てのユーザを決定する必要がある．

- **スケーラビリティ**：線形計画問題はそれぞれのユーザ $u$ に対して変数の組 $\{x_{uj}\}_{\forall j \in \mathcal{A}}$ を要求する．次のエポックの全てのユーザに対して $p_{uj}$ と $d_{uj}$ を知っていたとしても，ユーザの数が多い（例えば数百万）ときは，変数の数の多さから非常に巨大な線形計画問題となり，スケーラビリティに対する問題となる．

**鍵となるアイデア**：これらの困難に立ち向かうため，制約付き最適化問題のラグランジュ双対による定式化を利用する．線形計画問題 (11.7) の主問題において，$x_{uj}$ は主変数 (primal variable)[6] である．大量の**ユーザ固有**の主変数があっても，この主問題の定式化にはわずかな数の非自明な制約しか存在しない．鍵となるアイデアは主問題における制約 1 つにつき 1 つというわずかな数の**ユーザによらない**双対変数 (dual variable)[7] を使うことで主変数を捉えるラグランジュ双対を利用することである．今，次のエポックで使用するため（11.4 節で議論する）最適な双対問題 (dual problem) の解を効率的に解けると考えよう．また次のエポックでは，それぞれのユーザにアイテムを提示するときに双対問題の解を主問題の解（推薦計画）に効率的に変換できるとしよう．これらができれば，困難は解消される．

不運にも線形計画問題は双対問題の解から主問題の解へ簡単に変換できない，そして逆も同様である，なぜならラグランジアン (Lagrangian)[8] の微分が消失するからである (Boyd and Vandenberghe, 2004)．変換できることを保証するため，元の線形な目的関数にわずかな修正を加えることで，強凸関数とする．$\boldsymbol{q} = \{q_{uj} : u \in \mathcal{U}, j \in \mathcal{A}\}$ をあるベースラインの推薦計画とする．推薦計画 $\boldsymbol{x}$ に $\boldsymbol{q}$ から離れることの罰則を加えるため目的関数に項を加える．ベースライン $\boldsymbol{q}$ としていくつかの選択肢がある．1 つはクリック最大化計画 $\boldsymbol{z}$ である．他には一様推薦計画 $q_{uj} = 1/|\mathcal{A}|$，これはアイテム間の公平性を促進する．これらの罰則項には $L_2$ ノルムやカルバック・ライブラー情報量が使える．ここ

---

[6] 訳注：主問題において解きたい変数．

[7] 訳注：双対問題において解くべき変数．

[8] 訳注：ラグランジュ未定乗数法に従い，最適化関数にラグランジュ乗数を掛けた制約式を加えた関数．

では $L_2$ ノルム罰則項と一様推薦計画 $\boldsymbol{q}$ を使う．

$$||\boldsymbol{x}-\boldsymbol{q}||^2=\sum_{u\in\mathcal{U}}\sum_{j\in\mathcal{A}}(x_{uj}-q_{uj})^2$$

**修正された主問題**：罰則項を加えた後，以下の修正された主問題を得る．

$$\begin{aligned}&\min_{\boldsymbol{x}}\frac{1}{2}\gamma||\boldsymbol{x}-\boldsymbol{q}||^2-\mathit{TotalTime}(\boldsymbol{x})\\&\text{制約条件}\quad \mathit{TotalClicks}(\boldsymbol{x})\geq\alpha\cdot\mathit{TotalClicks}^*\\&\qquad\qquad\quad \mathit{TotalTime}(\boldsymbol{x},P_k)\geq\beta\cdot\mathit{TotalTime}^*(P_k),\ \forall P_k\in\mathcal{P}^*\end{aligned}\tag{11.10}$$

ここで $\gamma$ は罰則の強さを指定する．どの線形計画問題ベースの多目的最適化に対しても適用可能であるため，このような修正は一般的なものである．主問題を 2 次計画問題の標準的な定式化に書き換えたことで最大化問題が同等の最小化問題に変わったことも注意せよ．ある意味で，追加された罰則項は正則化の役割を果たし，潜在的に解の分散を減らすことができる．

### 11.3.2 ラグランジュ双対性

双対変数と双対問題の解を対応する主問題の解に変換するアルゴリズムを紹介する．以下のようにする．

$$g_0=\alpha\cdot\mathit{TotalClicks}^*\ \text{かつ}\ g_k=\beta\cdot\mathit{TotalTime}^*(P_k)$$

主問題のラグランジュ関数は

$$\begin{aligned}\Lambda(\boldsymbol{x},\boldsymbol{\mu},\boldsymbol{v},\boldsymbol{\delta})=&\frac{1}{2}\gamma\sum_u\sum_j(x_{uj}-q_{uj})^2-\sum_u\sum_j p_{uj}d_{uj}x_{uj}\\&-\mu_0\left(\sum_u\sum_j p_{uj}x_{uj}-g_0\right)\\&-\sum_{k\in\mathcal{I}}\mu_k\left(\sum_u\sum_{j\in P_k}p_{uj}d_{uj}x_{uj}-g_k\right)\\&-\sum_u v_u\left(\sum_j x_{uj}-1\right)-\sum_u\sum_j\delta_{uj}x_{uj}\end{aligned}$$

ここで，$\mu_0 \geq 0$ と全ての $k \in \mathcal{I}$ に対して $\mu_k \geq 0$，全ての $u$ と $j$ に対して $\delta_{uj} \geq 0$ である．これは式 (11.9) に従って *TotalTime* と *TotalClick* を展開し，総クリック数の制約式に対して $\mu_0$ を，プロパティーごとの総消費時間の制約式に対して $\mu_k$ を，$\sum_j x_{uj} = 1$ に対して $v_u$ を，$x_{uj} \geq 0$ に対して $\delta_{uj}$ をそれぞれラグランジュ未定乗数として適用することで導びかれる．$\mu_0$，$\mu_k$，$v_u$ と $\delta_{uj}$ はまた**双対変数**とも呼ばれる．

$\frac{\partial}{\partial x_{uj}} \Lambda(\boldsymbol{x}, \boldsymbol{\mu}, \boldsymbol{v}, \boldsymbol{\delta}) = 0$ とおくことで，以下を得る．

$$x_{uj} = \frac{c_{uj} + v_u + \delta_{uj}}{\gamma} \tag{11.11}$$

ここで

$$c_{uj} = p_{uj} d_{uj} + \mu_0 p_{uj} + \mathbf{1}\{j \in P_k \wedge k \in \mathcal{I}\} \mu_k p_{uj} d_{uj} + \gamma q_{uj} \tag{11.12}$$

ここで $\mathbf{1}\{\text{真}\} = 1$ と $\mathbf{1}\{\text{偽}\} = 0$ である．このようにして，もし $\mu_0$，$\mu_k$，$v_u$ と $\delta_{uj}$ の双対問題での解がわかるならば，主問題の解 $x_{uj}$ を得る．しかしながらこれは困難を解消する助けにはならない．なぜなら $v_u$ と $\delta_{uj}$ はまだ次のエポックのユーザ $u$ に依存しているからである．以下では $v_u$ と $\delta_{uj}$ なしに $\boldsymbol{\mu} = \{\mu_0, \mu_k\}_{\forall P_k \in \mathcal{P}^*}$ のみから $x_{uj}$ を再構成する効率的なアルゴリズムを示す．

**双対推薦計画**：$\boldsymbol{\mu}$ を**双対推薦計画**と呼び，これはどんなユーザ依存の変数も含んでいない．双対問題の計画を対応する主問題の推薦計画に変換するこのアルゴリズムは以下の命題にもとづいている．

**命題 11.1：**　最適解では，与えられたユーザ $u$ と2つのアイテム $j_1$ と $j_2$ に対して，もし $c_{uj_1} \geq c_{uj_2}$ かつ $x_{uj_2} > 0$ ならば $x_{uj_1} > 0$ となる．

**証明（概要）**：Karush-Kuhn-Tucker(KKT) 条件（詳細は Boyd and Vandenberghe, 2004 を参照）に従い，最適点で $x_{uj_2} > 0$ なので $\delta_{uj_2} = 0$ である．そして，$c_{uj_1} \geq c_{uj_2}$ と $\delta_{uj_1} \geq 0$ なので，以下を得る．

$$x_{uj_1} = \frac{c_{uj_1} + v_u + \delta_{uj_1}}{\gamma} \geq \frac{c_{uj_2} + v_u}{\gamma} = x_{uj_2} > 0 \qquad \square$$

一般性を失わずに，それぞれのユーザ $u$ に対してアイテムの添え字を $c_{u1} \geq c_{u2} \geq \cdots \geq c_{un}$ となるように付け直す．ここで $n$ はアイテム数である．この順序の入れ替えはユーザに依存することを注意せよ．命題 11.1 にもとづき，最適解において，$j \leq t$ に対して $x_{uj} > 0$，かつ，$j > t$ に対して $x_{uj} = 0$ となる数 $1 \leq t \leq n$ が存在する．$t$ を求めるためには，$t = 1$ から $n$ まで，以下の線形システムが求める解であるかどうかをチェックする．

$$x_{uj} = \frac{c_{uj} + v_u}{\gamma} \text{ かつ } x_{uj} > 0 \quad (1 \leq j \leq)$$

$$\sum_{j=1}^{t} x_{uj} = 1$$

もし $x_{uj} > 0$ ならば $\delta_{uj} = 0$ であることを注意せよ．求める解のうち最大の $t$ が求めたい値である．あるアルゴリズムによって与えられた $t$ に対し，$v_u = (\gamma - \sum_{j=1}^{t} c_{uj})/t$ を得る．この線形システムはもし最小の $x_{ut}$ が正，つまり $x_{ut} > 0$ ならば求める解である．またこの条件は以下のようになる．

$$x_{ut} \propto c_{ut} + \frac{\gamma - \sum_{j=1}^{t} c_{uj}}{t} > 0 \tag{11.13}$$

**変換アルゴリズム**：与えられた双対計画 $\boldsymbol{\mu}$ と来訪するユーザ $u$ に対し，主問題の $u$ に対する推薦計画 $\{x_{uj}\}$ は変換アルゴリズムによって得られる．これはアルゴリズム 11.1 で示す．

**命題 11.2：**　もし入力の双対計画 $\boldsymbol{\mu}$ があるユーザの集合に対して最適であるならば，そのとき変換アルゴリズムによって得られる推薦計画もまた同じユーザの集合に対して最適である．

**証明（概要）**：　双対変数 $\boldsymbol{\mu}$ にもとづき，変換アルゴリズムは $\boldsymbol{v}$ と $\boldsymbol{x}$ を与える．さらに式 (11.11) にもとづき，全ての $x_{uj} = 0$ に対して $\delta_{uj}$ を計算できる．それらの値が全て KKT 条件を満たすことが検証される．□

変換アルゴリズムの計算時間は $p_{uj}$ と $d_{uj}$ の予測と $c_{uj}$ のソートにより占められる．候補アイテムの数は通常小さい，または小さくすること（数百から数

---

**アルゴリズム 11.1**　変換アルゴリズム.

---

入力: 双対推薦計画 $\mu$, 訪問ユーザ $u$

出力: 主問題の推薦計画 $\{x_{uj}\}$

　1: それぞれのアイテム $j$ に対して $p_{uj}$ と $d_{uj}$ を予測する

　2: $\mu$, $p_{uj}$ と $d_{uj}$ にもとづき $c_{uj}$ を計算する

　3: $c_{u1} \geq c_{u2} \geq \cdots$ となるように $c_{uj}$ を並び替える

　4: $a = \gamma$, $t = 1$ とする

　5: **repeat**

　6: 　　**if** $c_{ut} + (a - c_{ut})/t \leq 0$ **then**

　7: 　　　　$t = t - 1$ として **break**

　8: 　　**else**

　9: 　　　　$a = a - c_{ut}$ として **continue**

10: 　　**end if**

11: 　　$t = t + 1$

12: **until** $t \geq |\mathcal{A}|$

13: $v_u = a/t$

14: **for** $j = 1$ to $t$ **do**

15: 　　$x_{uj} = (c_{uj} + v_u)/\gamma$

16: **end for**

17: **return** $\{x_{uj}\}$

---

千）ができるので，変換アルゴリズムは非常に効率的である．さらにいえば，計算は容易にユーザ単位で並列化される．なぜならば，それらのユーザは他のユーザと独立して計算できるからである．

　前の定式化は式 (11.12) で示されるような目的関数を，それぞれの目的関数または制約の重要度とみなせる重み $\mu_k$ で線形結合をとる単純なスカラー化に似ている．しかしながら，スカラー化は全ての意義のあるパレート最適な点を得る能力という点で制限されている．なぜなら分数での推薦[9] が許されていな

---

[9] 訳注：スカラー化では $x_{ij}$ として 1 または 0 の値しかとれない（式 (11.6)）．一方，個

いからである (Agarwal et al., 2011a; Boyd and Vandenberghe, 2004)．ここでの定式化における $v_u$ の存在は分数での推薦を達成することを可能にし，それによってスカラー化と比較してコントロールされた形でパレート最適な解を探索できる．

## 11.4　近似手法

次のエポックにおいてポータルを訪れる全てのユーザをあらかじめ観測することはできないので，近似的にしか 2 次計画問題 (QP : quadratic programming) は解けない．主要なアイデアは次のエポックのユーザの分布は現在の分布に類似するという事実を利用することである．これはそれぞれのエポックが短い期間（実験では 10 分）でユーザの群は明確には変化しないので，穏当な要求である．主問題の解を推薦に直接使う場合，未知のユーザに対する主変数はわからないので，既知のユーザ集団に対する推薦しかできない．しかしながら，双対計画を用いて推薦を行うなら，その場で全てのユーザに対してユーザ単位の推薦計画へ変換できる．双対計画は 2 つの連続するエポック間で統計的に似ているユーザ素性の集合を必要とする（ユーザ自身が類似していることは必要としない）．この理由のため，双対問題の定式化では各ユーザに対してサンプルが 1 つであっても実行できる．本節では，1 エポックの潜在的なユーザ数が大量であるため，起こる計算コストの問題を削減するクラスタリングとサンプリングの 2 つの手法を調査する．

### 11.4.1　クラスタリング

式 (11.10) で定義された QP の双対問題の解を得るのが目的である．QP の問題サイズを削減するため，1 つの選択肢としてはユーザをクラスターに分け，それから少数の主変数を得る．明示的にユーザ $u$ の代わりにそれぞれのクラスター $i$ に対する主変数の集合 $\{x_{ij}\}_{\forall j \in \mathcal{A}}$ を定義する．そして既製の 2 次計画問題のソルバーで小さくなった QP の双対問題の解 $\boldsymbol{\mu}$ を求める．最後に，推薦す

別化推薦計画では $x_{uj}$ として 0 から 1 の実数をとることができ，これを分数での推薦 (fractional serving) と呼んでいる．

る際には，アルゴリズム 11.1 に従い，$\boldsymbol{\mu}$ を使用してそれぞれのユーザ $u$ に対する個別化された推薦計画 $\{x_{uj}\}_{\forall j \in \mathcal{A}}$ を計算する．2 つのクラスタリング手法を考える．

- ***k*-平均法**：標準的な $k$-平均法をユーザ間の類似度にもとづき $m$ 個のクラスターを作るために現在のエポックのユーザの集合に適用する．
- **トップ 1 アイテム**：この手法は最大 CTR となるアイテムが同じユーザを同じクラスターに割り当てる．各クラスターをアイテム ID で名付ける．クラスター $j$ 内のユーザの集合は

$$S_j = \{u \in \mathcal{U} : j = \arg\max_{j' \in \mathcal{A}} p_{uj'}\}$$

一貫性のために，添え字 $i$ を一般にそのようなクラスターを指し示すために使用する．この手法におけるクラスター数は指定する必要がない．

ユーザのクラスターを得た後，QP を以下のように近似する．それぞれのクラスター $i$ に対し，$p_{ij}$ と $d_{ij}$ をそのクラスター内のユーザ $u$ の $p_{uj}$ と $d_{uj}$ の平均をとることで推定する．また，実現可能性を担保するため，ベースラインである *TotalClicks** と *TotalTime** は式 (11.5) のクリック最大戦略にもとづき定義する．それから双対問題の最適解 $\boldsymbol{\mu}$ を得るため QP を解く．

### 11.4.2　サンプリング

計算コストを削減する別の方法はユーザをダウンサンプルすることである．2 つのタイプのサンプリング手法を考える．

- **ランダムサンプリング**：与えられたサンプル率 $r$ に対し，ランダムに $r$ パーセントの現在のエポックのユーザを一様にサンプリングする．
- **層化サンプリング (stratified sampling)**：与えられたユーザクラスターのセットに対し，ランダムに $r$ パーセントのユーザをそれぞれのクラスターからサンプリングする．そのクラスターは $k$-平均法またはトップ 1 アイテムによって作られる．

サンプリングの後に現在のエポックにおけるユーザの部分集合を得る．QP を

**表 11.1** 手法のまとめ.

| 名前 | 説明 |
|---|---|
| セグメント LP | セグメントベース線形計画問題，Agarwal et al.(2011a) と同様 |
| **クラスタリングベースの手法（11.4.1 項）** | |
| *k* 平均-QP-双対 | *k* 平均法と双対問題の解を用いた個別化 |
| トップ 1 アイテム-QP-双対 | トップ 1 アイテムと双対問題の解を用いた個別化 |
| **サンプリングベースの手法（11.4.2 項）** | |
| ランダムサンプリング | ランダムサンプリングと双対問題の解を用いた個別化 |
| 層化-*k* 平均 | *k*-平均法を用いた層化サンプリングと双対問題の解を用いた個別化 |
| 層化-トップ 1 アイテム | トップ 1 アイテムを用いた層化サンプリングと双対問題の解を用いた個別化 |

解くとき，サンプルされたユーザ $u$ のみに対する主変数のセット $\{x_{uj}\}_{\forall j \in \mathcal{A}}$ を定義する．再びベースラインの $\mathit{TotalClicks}^*$ と $\mathit{TotalTime}^*$ をサンプルされたユーザのみを考慮して更新する．そして，オンライン個別化推薦のための変換アルゴリズムにわたす双対問題の解 $\boldsymbol{\mu}$ を得るためその小さな QP を解く．

## 11.5 実験

本節では表 11.1 でまとめた多目的最適化の手法を比較する．セグメント LP は主問題の解を**セグメント**推薦に直接利用する．一方，*k* 平均-QP-双対とトップ 1 アイテム-QP-双対は双対問題の解を用いて**個別化**した推薦を行う．Yahoo! フロントページのログデータでバイアスのないオフラインリプレイ評価手法（4.4 節または Li et al., 2011）を使った経験的な結果を報告する．主に個別化多目的最適化を最も効果的な Agarwal et al.(2011a) のセグメントによる手法と比較する．また制約を課し，クリックと消費時間の間の望ましいトレードオフを実現する能力という観点から提案手法を比較する．

### 11.5.1　実験設定

**データ**：データはYahoo!フロントページのサーバログ由来のものである．これはユーザのクリックとTodayモジュールに表示されたアイテムを記録している．このデータは異なる推薦戦略を評価するために2010年8月にユーザの「ランダムバケット」から収集された．ユーザのランダムサンプルはそれぞれの編集者が選択したアイテムプールの中からランダムに選ばれたアイテムが提示されるランダムバケットに割り当てられる．リプレイ評価手法（4.4節とLi et al., 2011）にもとづいてこれらのランダムバケットデータは異なる推薦戦略間の比較においてバイアスがないことが証明された形で評価できる．1日におおよそ200万クリックと閲覧イベントが収集された．後に続く消費時間を計算するために，ユーザがTodayモジュールのアイテムをクリックした後に訪問した全てのYahoo!内のページにおけるクリック後の情報も収集した．それぞれのユーザは匿名化されたブラウザのクッキーによって識別され，人口統計（年齢，性別）とYahoo!ネットワークでのユーザの行動にもとづく異なったカテゴリ（スポーツ，金融，エンターテインメントなど）に対する好みからなるユーザのプロファイルをもつ．実験に際して個人を識別できる情報はない．ユーザセグメントまたはクラスターを作成するため，Agarwal et al.(2011a)で提案された最高の手法を使う．具体的には，2010年4月の10日間のデータを収集し，そしてそれぞれのユーザの行動ベクトルを作成した．ベクトルの要素はデータセット内のアイテムに対応し，値はユーザプロファイルにもとづいて予測されたアイテムに対するCTRである．そしてユーザを行動ベクトルにもとづいて$k$-平均法を用いたクラスタリングを行い，新規ユーザはコサイン類似度にもとづいてクラスターの1つに割り当てられる．これは全ての$k$-平均法を使う手法で行われる．

**評価指標**：記事$j \in P_k$をクリックした後のユーザ$u$の消費時間$d_{uj}$をユーザイベントのセッションの長さ（秒単位）とする．セッションはユーザがクリックしたときにスタートし，このプロパティーを去るかまたは30分以上の無反応の期間がある前のプロパティー$P_k$内での最後の閲覧を終了とする．総クリック数や総消費時間は機密保持のために明らかにはできない．よって，後に定義

**表 11.2** 消費時間予測の比較.

| 年齢-性別モデル | | 線形回帰 | |
|---|---|---|---|
| MAE | RMSE | MAE | RMSE |
| **86.11** | **119.44** | 87.75 | 122.02 |

する相対的なCTRと消費時間のみを報告する．推薦戦略Aを用いたリプレイ実験を実行した後に，平均の閲覧あたりのクリック数$p_\mathsf{A}$（すなわちCTR）と閲覧あたりの平均消費時間$q_\mathsf{A}$を計算する．あるベースラインアルゴリズムBを固定して，Aの性能を2つの比を用いて評価する．CTR比$\rho_{\mathrm{CTR}} = p_\mathsf{A}/p_\mathsf{B}$と消費時間比$\rho_{\mathrm{TS}} = q_\mathsf{A}/q_\mathsf{B}$である．

**$p_{uj}$ と $d_{uj}$ の推定**：予測されたCTR $p_{uj}$と消費時間$d_{uj}$は2次計画問題に必要なインプットである．これらを予測する統計モデルの選択は本章で説明した手法とは独立であり，任意のモデルに使用することができる．実験では，7.3節で説明したオンラインロジスティック回帰モデル (OLR: online logistic model) をユーザ$u$の素性ベクトル（すなわち，人口統計情報とカテゴリに対する好みからなるプロファイル）をもとにCTR $p_{ujt}$を予測するために使用する．アイテム素性からはよく一般化されないそれぞれのアイテム固有のふるまいをすばやく捉えるため，OLRモデルはそれぞれのアイテムに対して学習され，エポックごとに更新される．消費時間$d_{uj}$は年齢-性別モデルで予測される．年齢を10のグループに離散化し，3つの性別グループ（男性，女性，不明）に分ける．これによって合計30のグループになる．それぞれのグループに対してランダムなユーザ$u$によるアイテム$j$での消費時間$d_{uj}$の平均を追跡するため，動的ガンマ-ポアソンモデルを使う．消費時間は非常にノイズが多いので，この単純な年齢-性別モデルは分散を削減し，良い予測性能を与える．それぞれのアイテムに対し，ユーザ素性ベクトルにもとづく線形回帰モデルを構築するなどのより細かい粒度のモデルもテストしたが，性能は向上しなかった．表11.2はこの2つの手法の平均絶対誤差 (MAE) と二乗平均平方根誤差 (RMSE) を2フォールド交差検証を用いて比較した．年齢-性別モデルはわずかに性能が良い．さらに良い消費時間モデルを得るにはさらなる研究が必要だが，ここでは焦点を当てない．

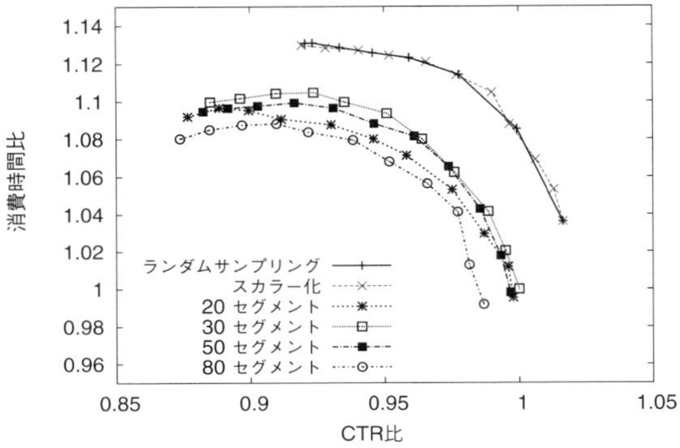


**図11.1**　個別化とセグメントアプローチ．

### 11.5.2　結果

**個別化アプローチの利点**：まず顕著に個別化多目的最適化がセグメントによる手法を上回ることを図11.1で示す．総クリック数と総消費時間の間のトレードオフのみを考え，プロパティー固有の制約をもたない単純化した例から始める．サンプリング率 $r = 20\%$ と $\beta = 0$ のランダムサンプリング手法での結果を示す．1から0までのさまざまな $\alpha$（ここでそれぞれの点は5回サンプリングした平均）に対してトレードオフ曲線を計算した．プロパティー固有制約のない，この単純化したセッティングでは，**スカラー化**することができる．これはそれぞれのユーザ $u$ に2つの目的関数の重み付き和 $\lambda \cdot p_{uj} + (1-\lambda) \cdot p_{uj}d_{uj}$ を最大にするアイテム $j$ を提示することである．$\lambda$ を1から0へ変化させたときのスカラー化におけるトレードオフ曲線を図11.1に示す．それぞれの $\lambda$ と $\alpha$ の値ごとに固有の推薦戦略を得る．この推薦戦略はデータセットに対して実行した後にCTR比と消費時間比を出力する．このセッティングでセグメントアプローチと比較するため，異なるセグメント数でのスカラー化を用いたときのトレードオフ曲線をプロットする．実装の詳細は全て Agarwal et al. (2011a) と同じである．これらの手法について図では $\boldsymbol{k}$ **セグメント**というラベルが付けられている．2つのバージョンの個別化多目的最適化が両方ともトレードオフ

**表 11.3** 時間方向における分散の比較．CTR 比と消費時間比の平均と標準偏差．

| 手法 | CTR 比 | | 消費時間比 | |
|---|---|---|---|---|
| | 平均 | 標準偏差 | 平均 | 標準偏差 |
| スカラー化 ($\lambda = 0.50$) | 0.9601 | 0.0394 | 1.0796 | 0.0403 |
| ランダムサンプリング ($\alpha = 0.97$) | 0.9605 | 0.0306 | 1.0778 | 0.0322 |

曲線の全ての点において全てのセグメントアプローチを上回っていることがわかる．例えば，$\lambda = 1$ と $\alpha = 1$ のとき，個別化モデルは2%のCTRリフト（有意水準0.1），そして4%の消費時間のリフト（有意水準0.05）を達成した．セグメント多目的最適化はセグメント数が30のとき最も性能が高い．セグメント数が多くなるとき，主にそれぞれのクラスター内のユーザ数が少ないのでサンプルサイズが小さくなり $p_{ij}$ と $d_{ij}$（ガンマ-ポアソンを使う）の分散が大きくなるという理由から性能は落ちる．

図 11.1 はまたランダムサンプリングとスカラー化が似たトレードオフ曲線を実現していることも示している．これはサンプリングベースの近似を組み合わせた双対問題での定式化が目的の間のトレードオフに対して非常に効果的であるということを意味する．表 11.3 では，2つの手法での全てのエポックでの消費時間比とCTR比との時間方向の分散を示す．スカラー化での分散はランダムサンプリングより非常に大きいことが読みとれる．これはランダムサンプリングがより安定した手法であることを意味する．この観測事実は Agarwal et al. (2011a) で得られた主問題を使った場合の結果と類似している．これは双対問題での定式化が，大半のエポックで現状維持アルゴリズムによるパフォーマンスから有意に逸脱したりはしない，という制約下の最適化問題において同じ望ましい性質をもつことを示す．スカラー化はプロパティーごとの性能の制約に対して詳細なコントロールをすることはできない（Agarwal et al., 2011a で示されている）．そのような理由からスカラー化に関してさらなる議論は行わない．

**制約充足**：11.4節でさまざまな近似手法を説明した．主要な疑問は，それらはプロパティーごとの制約を満足することができるのかということである．もし制約をうまく満たすことができなければ，その近似手法は有用ではない．この実験では，$\beta = 1$とする．与えられた$\alpha$の値とプロパティー$P_k$に対し，このプロパティーにおける消費時間の近似手法とベースラインであるクリック最大化戦略間の相対的な差を見る．

$$\phi_\alpha(P_k) = \frac{TotalTime_\alpha(P_k) - TotalTime^*(P_k)}{TotalTime^*(P_k)}$$

ここで$\phi_\alpha(P_k) < 0$はプロパティー$P_k$での制約を違反していることを意味し，また$|\phi_\alpha(P_k)|$は違反の度合いを表す．それから全てのプロパティーあたりの制約の充足度合いを以下のように定義する．

$$\Phi_\alpha = 1 + \frac{1}{|\mathcal{V}|} \sum_{k \in \mathcal{V}} \phi_\alpha(P_k)$$

ここで$\mathcal{V} = \{k | \phi_\alpha(P_k) < 0, k \in \mathcal{I}\}$は制約が破られているプロパティーの集合である．

図11.2では$\alpha = 0.95$とし，それぞれの手法での充足度合いをプロットした．全てのサンプリングベースの手法においてサンプリング率$r = 20\%$とした．見てわかるように，クラスタリングベースの双対問題による手法以外の全ての手法で$\Phi_\alpha \approx 1$であり，よってプロパティーあたりの制約はとてもよく満たされている．しかしながらクラスタリングベースの双対問題による手法（$k$平均-QP-双対，トップ1アイテム-QP-双対）は顕著に制約を破っている．このふるまいをさらに理解するため，図11.3では$k$平均-QP-双対とトップ1アイテム-QP-双対での$\alpha = 0.95$におけるそれぞれのプロパティーの$\phi_\alpha(P_k)$をプロットした．どちらも制約を守ることはなく，いくつかのプロパティーは必要以上の量が割り振られ，他には必要な量を満たしていないことがわかる．これはクラスタリングが個別化多目的最適化において良い近似ではないことを意味する．

**トレードオフの比較**：図11.4では$\beta = 1$としてプロパティーごとの制約を加えた異なる手法でのトレードオフ曲線を比較した．それぞれの曲線は$\alpha$を1から

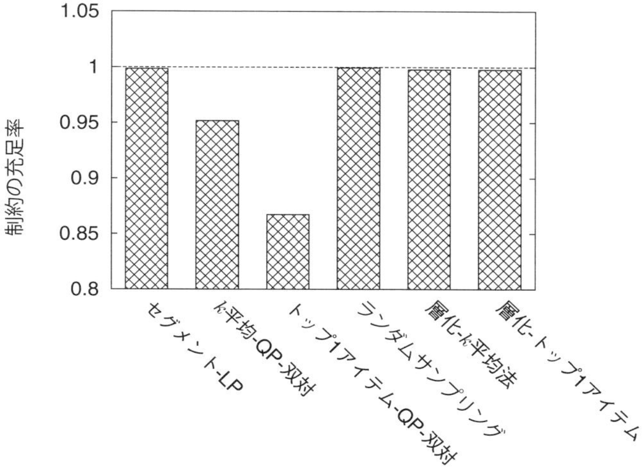


**図 11.2**　制約の充足度合い.

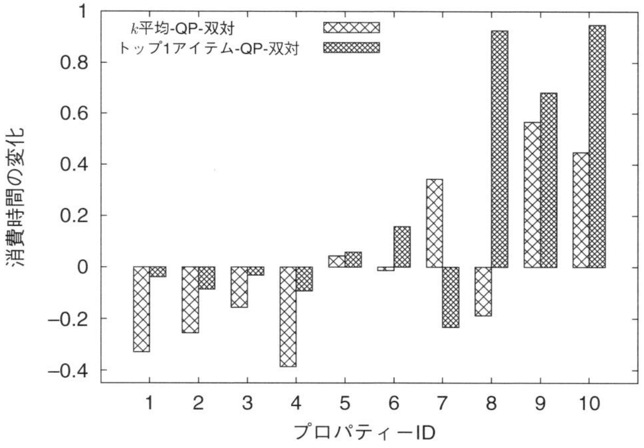


**図 11.3**　クラスタリングにおけるプロパティーごとの制約充足度.

0 へ変えてプロットした. 後に図 11.10 での議論で示すように, 層化したサンプリング手法はランダムサンプリングと非常に似た性能を示す. したがって, プロットを明確にするため, ランダムサンプリング（実験を 5 回実行して平均をとった曲線を示す）のトレードオフ曲線のみを示す.

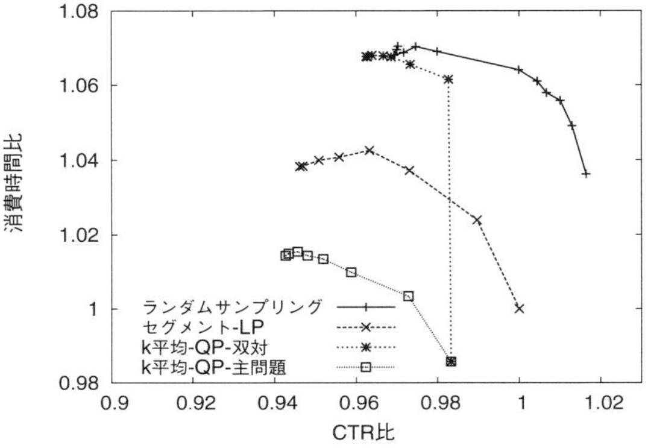


**図 11.4**　異なる手法におけるトレードオフ曲線.

図 11.4 からランダムサンプリング手法はプロパティーごとの制約のもとではセグメント LP 手法よりかなり良い性能であることがわかる．またランダムサンプリングが 2 つの競合する目的間のトレードオフにおいてセグメント LP と同等の能力をもつことがわかる．ランダムサンプリングは双対計画にもとづく個別化多目的最適化であり，一方セグメント LP は主問題計画にもとづく．この結果はラグランジュ双対による定式化は数学的に良いだけでなく，実際的に個別化を多目的最適化に組み入れることに対して効果的である．

この図では，比較のために $k$ 平均-QP-双対の結果も示した．クラスタリングベースの近似は 2 つの目的の間のトレードオフをとれないことがわかる．トレードオフ曲線の鋭いジャンプはプロパティーあたりの制約を逸脱した商品によるものである．結果の正しさを確認するため $k$-平均法ベース近似の主問題のバリエーションである $k$ 平均-QP-主問題もまた示す．この手法は妥当なトレードオフ曲線を見せる．$k$ 平均-QP-双対と $k$ 平均-QP-主問題の間の違いは，前者は双対計画を使うが，一方後者は主問題計画を使うということである．後者の手法はセグメント化されている．なぜなら主問題推薦計画はセグメントのみのためであり，それぞれのユーザはアイテムを提示する前にセグメントに割り当てられる必要がある．この結果は，再びクラスターベースの近似はラグランジュ双対を近似するためのアプローチとして効果的ではないことを確認する．

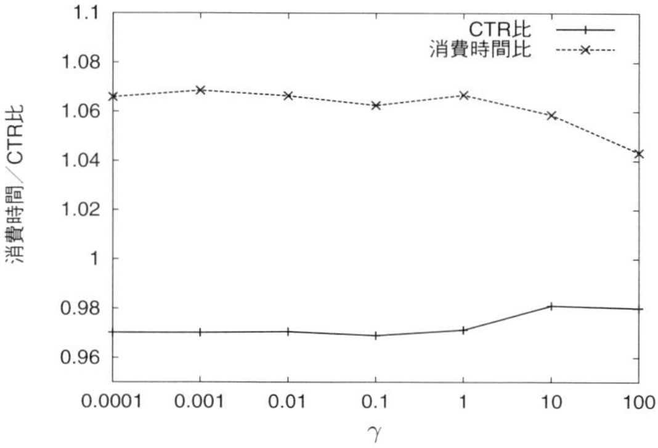


**図 11.5** $\gamma$ の効果.

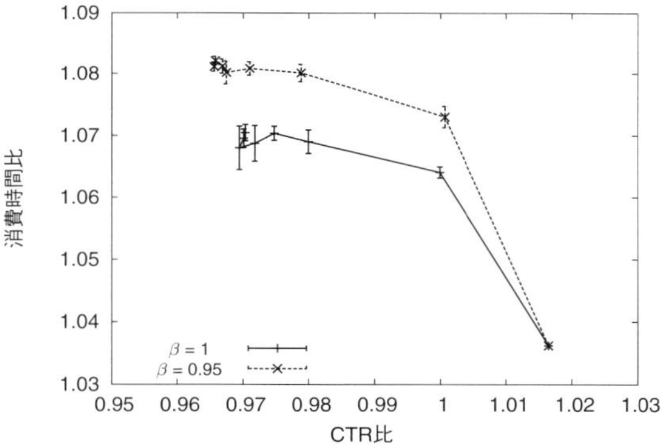


**図 11.6** 異なる $\beta$ におけるトレードオフ曲線.

**$\gamma$ の効果**：図 11.5 では $\alpha = 0.95$ とし，パラメータ $\gamma$ の効果を示すためにランダムサンプリングを使用する．$\gamma$ が 1 より小さいとき，結果は $\gamma$ の値に敏感ではないことがわかる．$\gamma$ が大きすぎるとき，罰則項は大きな重みをもち，それによって消費時間のリフトは小さくなる．全ての実験で，$\gamma = 0.001$ と設定した．

**プロパティーごと制約の緩和**：図 11.6 では，$\beta = 1$ と $\beta = 0.95$ におけるトレードオフ曲線を示す．それぞれのパラメータ設定において，5 回の実験を実行し，

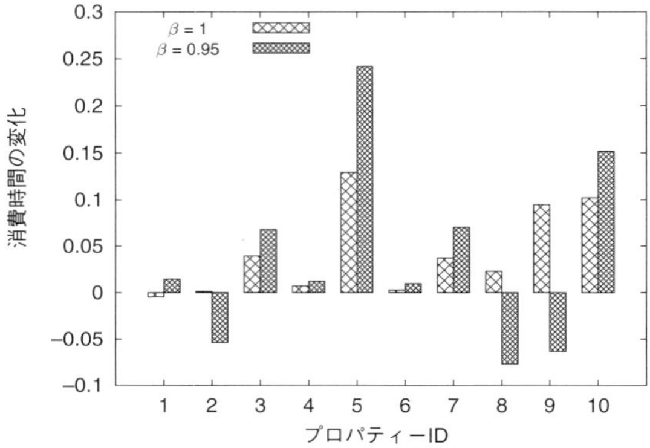


**図 11.7**　消費時間の違いにおける $\beta$ の効果.

それらの5回の平均を示す．また消費時間比のエラーバーもプロットする．$\beta$ がより小さいときに制約が限定的でなくなるため，より良いトレードオフを実現できることが見てとれる．また図11.7では両方の手法での $\phi_{\alpha=0.95}$ を示す．ランダムサンプリング手法はおおよそプロパティーごとの制約を満たしている．$\beta = 1$ において $\phi_\alpha$ はほとんど全て非負である．$\beta = 0.95$ では，ほとんど全て $\phi_\alpha \geq -0.05$ である．

**異なったサンプリング手法の比較**：図11.8でランダムサンプリングにおけるサンプリングレートを調査した．予想通りに，サンプルが多いときには，近似は良くなる．そのようにしてより良いトレードオフ曲線が実現する．図11.9ではリプライを1回実行するのに必要な（相対的な）実行時間を示し，異なったサンプリングレート間で比較した．実行時間は超線形(super-linear)[10] であり，これは，サンプリングが大きな数のユーザを扱うために必要であることを示す．図11.8で示されるように，20%のサンプリングレートと50%のサンプリングレートは同等の性能を達成した．それはサンプリングが手法の効果を維持しながら計算時間を削減する効率的な方法であるということである．

図11.10と表11.4で，20%のサンプリングレートで5回サンプリングした平

[10] 訳注：線形より早く増加すること.

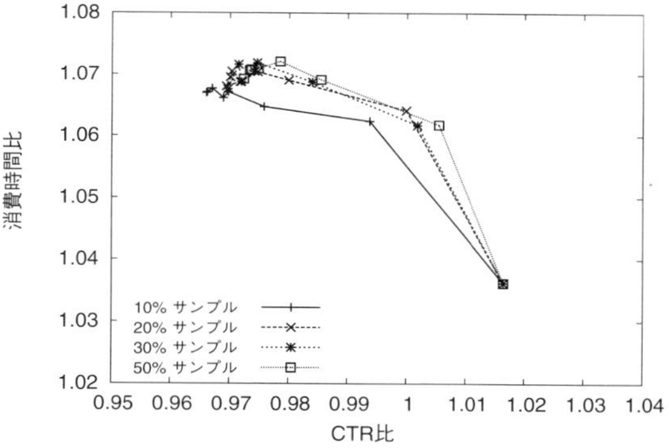


図 **11.8** サンプリングレートの効果.

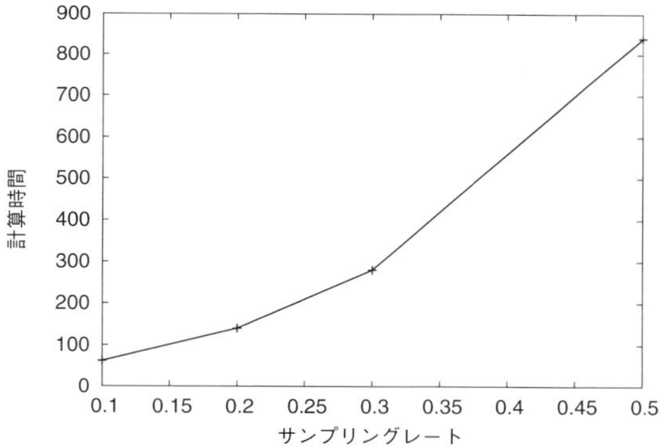


図 **11.9** 計算時間とサンプリングレート.

均をとり，異なったサンプリング手法を比較した．図 11.10 は 5 回の平均のトレードオフ曲線を示し，異なったサンプリング手法が互いに同等程度の性能であることがわかる．表 11.4 でクリック数と消費時間の標準偏差を次のように計算した．それぞれの $\alpha$ に対して 5 回実行し，その標準偏差を計算した．この表で報告される結果は全ての $\alpha$ に対する標準偏差の平均の値である．この表から層化した手法はランダムサンプリングより標準偏差が小さいことがわかる．2 つの層化した手法間では，層化-$k$ 平均法はトップ 1 アイテムより小さい標準

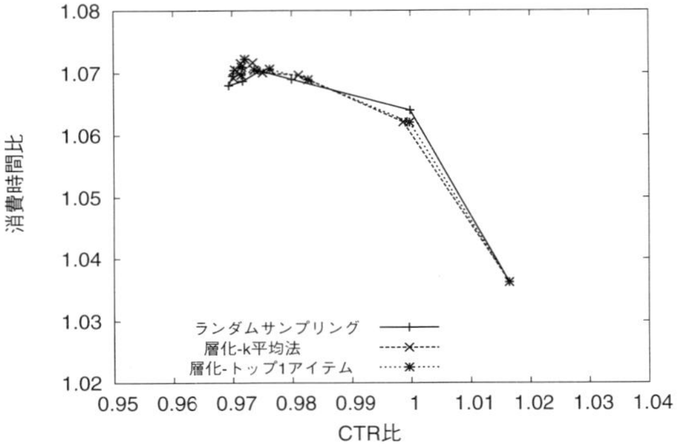


**図 11.10**　異なるサンプリング手法の比較（サンプリングレート = 0.2）.

**表 11.4**　サンプリング手法での標準偏差.

| | ランダムサンプリング | 層化-$k$ 平均 | 層化-トップ1アイテム |
|---|---|---|---|
| CTR 標準偏差 | 0.00139 | **0.00081** | 0.00094 |
| 消費時間 標準偏差 | 0.00187 | **0.00129** | 0.00156 |

偏差をもつ．これは $k$-平均法はトップ1アイテムより一様なクラスターを作るということである．

**トップ N の性質**：図 11.11 では，ランダムサンプリング手法においてプロパティーあたりの制約の数を緩和して，トップ3，5と7のプロパティーに対する制約のみの場合の結果を示す．プロパティーあたりの制約数を減らしたとき，より良いトレードオフ曲線を得た．これは再び個別化多目的最適化問題における双対問題での定式化の効力を示した．

## 11.6　関連研究

本章の内容は Agarwal et al.(2011a, 2012) にもとづいている．前者の論文はセグメントアプローチを紹介する，一方後者は個別化アプローチを紹介してい

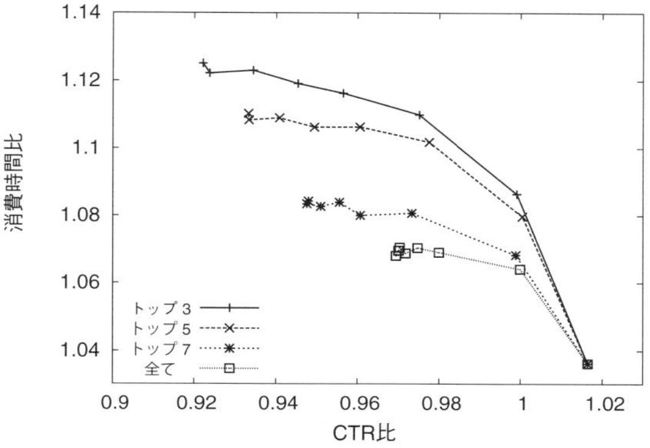


**図 11.11** 制約の数による効果.

る．ウェブ推薦システムのための複数の目的間でいかに良いトレードオフをとるかの研究はいまだに初期の段階にある．Adomavicius et al.(2011) は複数の基準をもつ推薦システムのサーベイを行っている．この論文の焦点は複数基準のレイティングシステムにあり，多目的最適化にはあまり着目していない．Rodriguez et al. (2012) は就職推薦のための多目的最適化の例を説明している．そして Ribeiro et al. (2013) では予測精度，新奇性と多様性のような複数の目的を組み合わせた例を示している．

本章で説明した制約付き最適化問題の定式化はディスプレイ広告における保証配信問題 (Vee et al., 2010; Chen et al., 2011) と類似している．ここで広告に関連した利得を最大化するため，訪問するユーザはそれぞれ異なった広告を割り当てられる．例えば Vee et al. (2010) は多目的計画を考え，残りの在庫の収入と理論的な性質による全ての広告の品質を同時に最適化する技術を提案している．本章における双対性の利用は Vee et al. (2010) に類似している．しかしコンテンツ推薦の設定は広告配信の設定から大きく異なる．

多目的最適化はまた多数の他の問題設定のもとで議論されている．例えばスポンサードサーチ[11) ]のオークションでは収入（入札数で測られる）とランキングのための広告品質（CTR で測られる）の両方を取り込む (Fain and Pedersen,

---

11) 訳注：Yahoo! の提供するリスティング広告サービス.

2006)．一般的なアプローチは単純に入札額とCTRによって広告を順位付けするものである．Sculley et al.(2009) はまたスポンサードサーチにおける広告のCTRと品質を研究し，広告のランディングページでの離脱率を推測することで広告品質を捉える**直帰率**と呼ばれる新たな指標を定義した．しかしながら，この研究は探索的なもので，多目的最適化の代わりに直帰率の予測に焦点を当てている．オンライン広告の他にも，Jambor and Wang (2010) は協調フィルタリングの設定でアイテムの供給が制限されているような制約を考えている．Svore et al. (2011) はランキング学習のいくつかの目的関数を考えている．これらの2つの研究は静的な設定で，オンライン推薦の設定とは異なる．

最後に以下のような有用な文献がある．多目的最適化では Steuer (1986) など，凸最適化では Boyd and Vandenberghe (2004) など，確率的最適化では Hentenryck and Bent (2006) などである．本章はオンライン個別化コンテンツ推薦への最適化手法の効率的な適用を示した．

## 11.7　まとめ

本章では個別化と多目的最適化を組み合わせた個別化多目的最適化を調査した．多目的の問題を線形計画問題として定式化し，ラグランジュ双対が個別化推薦のための制約付き最適化における2つの困難を効率的に解決することを示した．2つの困難とは未知のユーザとスケーラビリティである．わずかに目的関数を修正することで強凸性となり，新たなユーザが訪れたときに少数の**ユーザとは独立な**双対変数からなる**双対計画**から対応する主問題の推薦計画へと効率的に変換することができる．大規模な実データを用いた幅広い実験によって，個別化されたバージョンで求めたパレート最適な解の集合はセグメントによるバージョンで求めた解の集合を有意に上回り，一様に優位になっていることを示した．

今後の研究対象として興味深い問題としては，多目的計画手法をどのようにしてポータルページで複数のアイテムが複数の位置で同時に推薦されるという問題に拡張するかという問題や，現在のエポックの制約をいかに長期間の制約に拡張するかという問題がある．全てのエポックにおいてクリック数の損失をある値以下にするという現在のエポックに対する制約に対して，$n$ エポック間の総クリック損失をある値以下にするという制約が長期間の制約の例である．

# 参考文献


Adomavicius, G., and Tuzhilin, A. 2005. Toward the next generation of recommender systems: A survey of the state-of-the-art and possible extensions. *IEEE Transactions on Knowledge and Data Engineering*, **17**, 734–49.

Adomavicius, Gediminas, Manouselis, Nikos, and Kwon, YoungOk. 2011. Multi-criteria recommender systems. Pages 769–803 of *Recommender Systems Handbook*. Springer.

Agarwal, D., and Chen, B.-C. 2009. Regression-based latent factor models. Pages 19–28 of *Proceedings of the 15th ACM SIGKDD International Conference on Knowledge Discovery and Data Mining (KDD'09)*.

Agarwal, D., Chen, B.-C., Elango, P., Motgi, N., Park, S.-T., Ramakrishnan, R., Roy, S., and Zachariah, J. 2008. Online models for content optimization. Pages 17–24 of *Proceedings of the Twenty-Second Annual Conference on Neural Information Processing Systems (NIPS'08)*.

Agarwal, D., Chen, B.-C., and Elango, P. 2009. Spatio-temporal models for estimating click-through rate. Pages 21–30 of *Proceedings of the 18th International Conference on World Wide Web (WWW'09)*.

Agarwal, D., Chen, B.-C., Elango, P., and Wang, X. 2011a. Click shaping to optimize multiple objectives. Pages 132–40 of *Proceedings of the 17th ACM SIGKDD International Conference on Knowledge Discovery and Data Mining (KDD'11)*.

Agarwal, Deepak, Chen, Bee-Chung, and Pang, Bo. 2011b. Personalized recommendation of user comments via factor models. Pages 571–82 of *Proceedings of the Conference on Empirical Methods in Natural Language Processing*. Association for Computational Linguistics.

Agarwal, Deepak, Chen, Bee-Chung, Elango, Pradheep, and Wang, Xuanhui. 2012. Personalized click shaping through Lagrangian duality for online recommendation. Pages 485–94 of *Proceedings of the 35th International ACM SIGIR Conference on Research and Development in Information Retrieval*.

Agarwal, D., Chen, B.-C., Elango, P., and Ramakrishnan, R. 2013. Content recommendation on web portals. *Communications of the ACM*, **56**, 92–101.

Anderson, Theodore Wilbur. 1951. Estimating linear restrictions on regression coefficients for multivariate normal distributions. *Annals of Mathematical Statistics*, **22**(3), 327–51.

Auer, P. 2002. Using confidence bounds for exploitation-exploration trade-offs. *Journal of Machine Learning Research*, **3**, 397–422.

Auer, P., Cesa-Bianchi, N., Freund, Y., and Schapire, R. E. 1995. Gambling in a rigged casino: The adversarial multi-armed bandit problem. Pages 322–31 of *Proceedings of the 36th Annual Symposium on Foundations of Computer Science (FOCS'95)*.

Auer, P., Cesa-Bianchi, N., and Fischer, P. 2002. Finite-time analysis of the multiarmed bandit problem. *Machine Learning*, **47**, 235–56.

Balabanović, Marko, and Shoham, Yoav. 1997. Fab: content-based, collaborative recommendation. *Communications of the ACM*, **40**(3), 66–72.

Bell, Robert M., and Koren, Yehuda. 2007. Scalable collaborative filtering with jointly derived neighborhood interpolation weights. Pages 43–52 *Data Mining of Proceedings of the 7th IEEE International Conference on Data Mining (ICDM'07)*.

Bell, R., Koren, Y., and Volinsky, C. 2007. Modeling relationships at multiple scales to improve accuracy of large recommender systems. Pages 95–104 of *Proceedings of the 13th ACM SIGKDD International Conference on Knowledge Discovery and Data Mining (KDD'07)*.

Bengio, Yoshua, Ducharme, Réjean, Vincent, Pascal, and Janvin, Christian. 2003. A neural probabilistic language model. *Journal of Machine Learning Research*, **3**(Mar.), 1137–55.

Besag, Julian. 1986. On the statistical analysis of dirty pictures. *Journal of the Royal Statistical Society, Series B (Methodological)*, **48**(3), 259–302.

Bingham, Ella, and Mannila, Heikki. 2001. Random projection in dimensionality reduction: applications to image and text data. Pages 245–50 of *Proceedings of the seventh ACM SIGKDD International Conference on Knowledge Discovery and Mining (KDD'01)*.

Blei, David, and McAuliffe, Jon. 2008. Supervised topic models. Pages 121–28 of Platt, J. C., Koller, D., Singer, Y., and Roweis, S. (eds), *Advances in Neural Information Processing Systems 20*. Cambridge, MA: MIT Press.

Blei, David M., Ng, Andrew Y., and Jordan, Michael I. 2003. Latent Dirichlet allocation. *Journal of Machine Learning Research*, **3**(Mar.), 993–1022.

Booth, James G., and Hobert, James P. 1999. Maximizing generalized linear mixed model likelihoods with an automated Monte Carlo EM algorithm. *Journal of the Royal Statistical Society: Series B (Statistical Methodology)*, **61**(1), 265–85.

Bottou, Léon. 2010. Large-scale machine learning with stochastic gradient descent. Pages 177–87 of *Proceedings of the 19th International Conference on Computational Statistics (COMPSTAT'2010)*. Springer.

Boyd, Stephen Poythress, and Vandenberghe, Lieven. 2004. *Convex Optimization*. Cambridge University Press.

Celeux, G., and Govaert, G. 1992. A classification EM algorithm for clustering and two stochastic versions. *Computational Statistics and Data Analysis*, **14**, 315–32.

Charkrabarty, Deepay, Chu, Wei, Smola, Alex, and Weimer, Markus. *From Collaborative Filtering to Multitask Learning*. Tech. rept.

Chen, Ye, Pavlov, Dmitry, and Canny, John F. 2009. Large-scale behavioral targeting. Pages 209–18 of *Proceedings of the 15th ACM SIGKDD International Conference on Knowledge Discovery and Data Mining (KDD'09)*.

Chen, Ye, Berkhin, Pavel, Anderson, Bo, and Devanur, Nikhil R. 2011. Real-time bidding algorithms for performance-based display ad allocation. Pages 1307–15 of

*Proceedings of the 17th ACM SIGKDD International Conference on Knowledge Discovery and Data Mining (KDD'09).*

Claypool, Mark, Gokhale, Anuja, Miranda, Tim, Murnikov, Pavel, Netes, Dmitry, and Sartin, Matthew. 1999. Combining content-based and collaborative filters in an online newspaper. In *Proceedings of ACM SIGIR workshop on recommender systems*, vol. 60. ACM.

Das, A. S., Datar, M., Garg, A., and Rajaram, S. 2007. Google news personalization: scalable online collaborative filtering. Pages 271–80 of *Proceedings of the 16th International Conference on World Wide Web (WWW'07).*

Datta, Ritendra, Joshi, Dhiraj, Li, Jia, and Wang, James Z. 2008. Image retrieval: Ideas, influences, and trends of the new age. *ACM Computing Surveys (CSUR)*, **40**(2), 5.

DeGroot, M. H. 2004. *Optimal Statistical Decisions*. John Wiley.

Dempster, Arthur P., Laird, Nan M., and Rubin, Donald B. 1977. Maximum likelihood from incomplete data via the EM algorithm. *Journal of the Royal Statistical Society, Series B (Methodological)*, **39**(1), 1–38.

Deselaers, Thomas, Keysers, Daniel, and Ney, Hermann. 2008. Features for image retrieval: an experimental comparison. *Information Retrieval*, **11**(2), 77–107.

Desrosiers, C., and Karypis, G. 2011. A comprehensive survey of neighborhood-based recommendation methods. In *Recommender Systems Handbook*, 107–44.

Duchi, John, Hazan, Elad, and Singer, Yoram. 2011. Adaptive subgradient methods for online learning and stochastic optimization. *Journal of Machine Learning Research*, **12**, 2121–59.

Efron, Brad, and Tibshirani, Rob. 1993. *An Introduction to the Bootstrap*. Chapman and Hall/CRC.

Fain, Daniel C., and Pedersen, Jan O. 2006. Sponsored search: A brief history. *Bulletin of the American Society for Information Science and Technology*, **32**(2), 12–13.

Fan, Rong-En, Chang, Kai-Wei, Hsieh, Cho-Jui, Wang, Xiang-Rui, and Lin, Chih-Jen. 2008. LIBLINEAR: A library for large linear classification. *Journal of Machine Learning Research*, **9**, 1871–74.

Fontoura, Marcus, Josifovski, Vanja, Liu, Jinhui, Venkatesan, Srihari, Zhu, Xiangfei, and Zien, Jason. 2011. Evaluation strategies for top-k queries over memory-resident inverted indexes. *Proceedings of the VLDB Endowment*, **4**(12), 1213–1224.

Fu, Zhouyu, Lu, Guojun, Ting, Kai Ming, and Zhang, Dengsheng. 2011. A survey of audio-based music classification and annotation. *IEEE Transactions on Multimedia*, **13**(2), 303–19.

Fürnkranz, Johannes, and Hüllermeier, Eyke. 2003. Pairwise preference learning and ranking. Pages 145–56 of *Proceedings of the 14th European Conference on Machine Learning (ECML'03).*

Gelfand, Alan E. 1995. Gibbs sampling. *Journal of the American Statistical Association*, **452**, 1300–1304.

Getoor, Lise, and Taskar, Ben. 2007. *Introduction to Statistical Relational Learning*. MIT Press.

Gilks, W. R. 1992. Derivative-free adaptive rejection sampling for Gibbs sampling. *Bayesian Statistics*, **4**, 641–49.

Gilks, Walter R., Best, N. G., and Tan, K. K. C. 1995. Adaptive rejection metropolis sampling within Gibbs sampling. *Journal of the Royal Statistical Society. Series C (Applied Statistics)*, **44**(4), 455–72.

Gittins, J. C. 1979. Bandit processes and dynamic allocation indices. *Journal of the Royal Statistical Society. Series B (Methodological)*, **41**(2), 148–77.

Glazebrook, K. D., Ansell, P. S., Dunn, R. T., and Lumley, R. R. 2004. On the optimal allocation of service to impatient tasks. *Journal of Applied Probability*, **41**, 51–72.

Golub, Gene H., and Van Loan, Charles F. 2013. *Matrix Computations*. Vol. 4. Johns Hopkins University Press.

Good, Nathaniel, Schafer, J. Ben, Konstan, Joseph A., Borchers, Al, Sarwar, Badrul, Herlocker, Jon, and Riedl, John. 1999. Combining collaborative filtering with personal agents for better recommendations. Pages 439–46 of *Proceedings of the Sixteenth National Conference on Artificial Intelligence and the Eleventh Innovative Applications of Artificial Intelligence Conference Innovative Applications of Artificial Intelligence (AAAI/IAAI)*.

Griffiths, Thomas L., and Steyvers, Mark. 2004. Finding scientific topics. *Proceedings of the National Academy of Sciences of the United States of America*, **101**(Suppl 1), 5228–35.

Guyon, Isabelle, and Elisseeff, André. 2003. An introduction to variable and feature selection. *Journal of Machine Learning Research*, **3**(Mar.), 1157–82.

Hastie, T., Tibshirani, R., and Friedman, J. 2009. *The Elements of Statistical Learning*. Springer.

Hentenryck, Pascal Van, and Bent, Russell. 2006. *Online Stochastic Combinatorial Optimization*. MIT Press.

Herlocker, Jonathan L., Konstan, Joseph A., Borchers, Al, and Riedl, John. 1999. An algorithmic framework for performing collaborative filtering. Pages 230–37 of *Proceedings of the 22nd annual International ACM SIGIR Conference on Research and Development in Information Retrieval (SIGIR'99)*.

Jaakkola, Tommi S., and Jordan, Michael I. 2000. Bayesian parameter estimation via variational methods. *Statistics and Computing*, **10**(1), 25–37.

Jaccard, Paul. 1901. Étude comparative de la distribution florale dans une portion des Alpes et des Jura. *Bulletin del la Société Vaudoise des Sciences Naturelles*, **37**, 547–79.

Jambor, Tamas, and Wang, Jun. 2010. Optimizing multiple objectives in collaborative filtering. Pages 55–62 of *Proceedings of the fourth ACM Conference on Recommender Systems (RecSys'10)*.

Jannach, D., Zanker, M., Felfernig, A., and Friedrich, G. 2010. *Recommender Systems: An Introduction*. Cambridge University Press.

Jin, Xin, Zhou, Yanzan, and Mobasher, Bamshad. 2005. A maximum entropy web recommendation system: Combining collaborative and content features. Pages 612–17 of *Proceedings of the eleventh ACM SIGKDD International Conference on Knowledge Discovery and Data Mining (KDD'05)*.

Jones, David Morian, and Gittins, John C. 1972. *A dynamic allocation index for the sequential design of experiments*. University of Cambridge, Department of Engineering.

Kakade, S. M., Shalev-Shwartz, S., and Tewari, A. 2008. Efficient bandit algorithms for online multiclass prediction. Pages 440–47 of *Proceedings of the Twenty-Fifth International Conference on Machine Learning (ICML'08)*.

Katehakis, Michael N., and Veinott, Arthur F. 1987. The multi-armed bandit problem: Decomposition and computation. *Mathematics of Operations Research*, **12**(2), 262–68.

Kocsis, L., and Szepesvari, C. 2006. Bandit based Monte-Carlo planning. Pages 282–93 of *Machine Learning: ECML*. Lecture Notes in Computer Science. Springer.

Konstan, J. A., Riedl, J., Borchers, A., and Herlocker, J. L. 1998. Recommender systems: A grouplens perspective. In *Proc. Recommender Systems, Papers from 1998 Workshop, Technical Report WS-98-08*.

Koren, Yehuda. 2008. Factorization meets the neighborhood: A multifaceted collaborative filtering model. Pages 426–34 of *Proceedings of the 14th ACM SIGKDD International Conference on Knowledge Discovery and Data Mining (KDD'08)*.

Koren, Y., Bell, R., and Volinsky, C. 2009. Matrix factorization techniques for recommender systems. *Computer*, **42**(8), 30–37.

Lai, Tze Leung, and Robbins, Herbert. 1985. Asymptotically efficient adaptive allocation rules. *Advances in Applied Mathematics*, **6**(1), 4–22.

Langford, J., and Zhang, T. 2007. The Epoch-Greedy algorithm for contextual multi-armed bandits. Pages 817–24 of *Proceedings of the Twenty-First Annual Conference on Neural Information Processing Systems (NIPS'07)*.

Lawrence, Neil D., and Urtasun, Raquel. 2009. Non-linear matrix factorization with Gaussian processes. Pages 601–8 of *Proceedings of the 26th annual International Conference on Machine Learning (ICML'09)*.

Li, L., Chu, W., Langford, J., and Schapire, R. E. 2010. A contextual-bandit approach to personalized news article recommendation. Pages 661–70 of *Proceedings of the 19th International Conference on World Wide Web (WWW'10)*.

Li, Lihong, Chu, Wei, Langford, John, and Wang, Xuanhui. 2011. Unbiased offline evaluation of contextual-bandit-based news article recommendation algorithms. Pages 297–306 of *Proceedings of the fourth ACM International Conference on Web Search and Data Mining (WSDM'11)*.

Lin, Chih-Jen, Weng, Ruby C., and Keerthi, S. Sathiya. 2008. Trust region Newton method for logistic regression. *Journal of Machine Learning Research*, **9**, 627–50.

McCullagh, P. 1980. Regression models for ordinal data. *Journal of the Royal Statistical Society, Series B (Methodological)*, **42**(2), 109–42.

Mitchell, Thomas M. 1997. *Machine Learning*. 1st ed. McGraw-Hill.

Mitrović, Dalibor, Zeppelzauer, Matthias, and Breiteneder, Christian. 2010. Features for content-based audio retrieval. *Advances in Computers*, **78**, 71–150.

Mnih, Andriy, and Salakhutdinov, Ruslan. 2007. Probabilistic matrix factorization. Pages 1257–64 of *Proceedings of the Twenty-First Annual Conference on Neural Information Processing Systems (NIPS'07)*.

Montgomery, Douglas. 2012. *Design and Analysis of Experiments*. 8th ed. John Wiley.

Nadeau, David, and Sekine, Satoshi. 2007. A survey of named entity recognition and classification. *Lingvisticae Investigationes*, **30**(1), 3–26.

Nelder, J. A., and Wedderburn, R. W. M. 1972. Generalized linear models. *Journal of the Royal Statistical Society, Series A (General)*, **135**, 370–84.

Niño-Mora, José. 2007. A $(2/3)n^3$ fast-pivoting algorithm for the Gittins index and optimal stopping of a Markov chain. *INFORMS Journal on Computing*, **19**(4), 596–606.

Pandey, S., Agarwal, D., Chakrabarti, D., and Josifovski, V. 2007. Bandits for taxonomies: A model-based approach. Pages 216–27 of *Proceedings of the Seventh SIAM International Conference on Data Mining (SDM'07)*.

Park, Seung-Taek, Pennock, David, Madani, Omid, Good, Nathan, and DeCoste, Dennis. 2006. Naïve filterbots for robust cold-start recommendations. Pages 699–705 of *Proceedings of the 12th ACM SIGKDD International Conference on Knowledge Discovery and Data Mining (KDD'06)*.

Pilászy, István, and Tikk, Domonkos. 2009. Recommending new movies: Even a few ratings are more valuable than metadata. Pages 93–100 of *Proceedings of the third ACM Conference on Recommender Systems (RecSys'09)*.

Pole, A., West, M., and Harrison, P. J. 1994. *Applied Bayesian Forecasting and Time Series Analysis*. Chapman-Hall.

Porteous, Ian, Bart, Evgeniy, and Welling, Max. 2008. Multi-HDP: A non parametric Bayesian model for tensor factorization. Pages 1487–90 of *Proceedings of the Twenty-Third AAAI Conference on Artificial Intelligence (AAAI'08)*.

Princeton University. 2010. *WordNet*. http://wordnet.princeton.edu.

Puterman, Martin L. 2009. *Markov Decision Processes: Discrete Stochastic Dynamic Programming*. Vol. 414. John Wiley.

Rendle, Steffen, and Schmidt-Thieme, Lars. 2010. Pairwise interaction tensor factorization for personalized tag recommendation. Pages 81–90 of *Proceedings of the third ACM International Conference on Web Search and Data Mining (WSDM'10)*.

Resnick, Paul, Iacovou, Neophytos, Suchak, Mitesh, Bergstrom, Peter, and Riedl, John. 1994. GroupLens: An open architecture for collaborative filtering of netnews. Pages 175–186 of *Proceedings of the 1994 ACM Conference on Computer Supported Cooperative Work (CSCW'94)*.

Ribeiro, Marco Tulio, Lacerda, Anisio, de Moura, Edleno Silva, Veloso, A., and Ziviani, N. 2013. Multi-objective Pareto-efficient approaches for recommender systems. *ACM Transactions on Intelligent Systems and Technology*, **9**(1), 1–20.

Ricci, Francesco, Rokach, Lior, Shapira, Bracha, and Kantor, Paul B. (eds). 2011. *Recommender Systems Handbook*. Springer.

Robbins, H. 1952. Some aspects of the sequential design of experiments. *Bulletin of the American Mathematical Society*, **58**, 527–35.

Robertson, S. E., Walker, S., Jones, S., Hancock-Beaulieu, M., and Gatford, M. 1995. Okapi at TREC-3. In Harman, D. K. (ed), *The Third Text REtrieval Conference (TREC-3)*.

Rodriguez, Mario, Posse, Christian, and Zhang, Ethan. 2012. Multiple objective optimization in recommender systems. Pages 11–18 of *Proceedings of the sixth ACM Conference on Recommender Systems (RecSys'12)*.

Rossi, Peter E., Allenby, Greg, and McCulloch, Rob P. 2005. *Bayesian Statistics and Marketing*. John Wiley.

Salakhutdinov, Ruslan, and Mnih, Andriy. 2008. Bayesian probabilistic matrix factorization using Markov chain Monte Carlo. Pages 880–87 of *Proceedings of the 25th International Conference on Machine Learning (ICML'08)*.

Salton, G., Wong, A., and Yang, C. S. 1975. A vector space model for automatic indexing. *Communications of the ACM*, **18**(11), 613–20.

Sarkar, Jyotirmoy. 1991. One-armed bandit problems with covariates. *Annals of Statistics*, **19**(4), 1978–2002.

Schein, Andrew I., Popescul, Alexandrin, Ungar, Lyle H., and Pennock, David M. 2002. Methods and metrics for cold-start recommendations. Pages 253–60 of *Proceedings of the 25th annual International ACM SIGIR Conference on Research and Development in Information Retrieval (SIGIR'02)*.

Sculley, D., Malkin, Robert G., Basu, Sugato, and Bayardo, Roberto J. 2009. Predicting bounce rates in sponsored search advertisements. Pages 1325–34 of *Proceedings of the 15th ACM SIGKDD International Conference on Knowledge Discovery and Data Mining (KDD'09)*.

Sebastiani, Fabrizio. 2002. Machine learning in automated text categorization. *ACM Computing Surveys*, **34**(1), 1–47.

Singh, Ajit P., and Gordon, Geoffrey J. 2008. Relational learning via collective matrix factorization. Pages 650–58 of *Proceedings of the 14th ACM SIGKDD International Conference on Knowledge Discovery and Data Mining (KDD'08)*.

Smola, Alexander J., and Narayanamurthy, Shravan M. 2010. An architecture for parallel topic models. *PVLDB*, **3**(1), 703–10.

Stern, D. H., Herbrich, R., and Graepel, T. 2009. Matchbox: Large scale online bayesian recommendations. Pages 111–20 of *Proceedings of the 18th International Conference on World Wide Web (WWW'09)*.

Steuer, R. 1986. *Multi-criteria Optimization: Theory, Computation and Application*. John Wiley.

Svore, Krysta M., Volkovs, Maksims N., and Burges, Christopher J. C. 2011. Learning to rank with multiple objective functions. Pages 367–76 of *Proceedings of the 20th International Conference on World Wide Web (WWW'11)*.

Thompson, William R. 1933. On the likelihood that one unknown probability exceeps another in view of the evidence of two samples. *Biometrika*, **25**, 285–94.

Varaiya, Pravin, Walrand, Jean, and Buyukkoc, Cagatay. 1985. Extensions of the multiarmed bandit problem: the discounted case. *IEEE Transactions on Automatic Control*, **30**(5), 426–39.

Vee, Erik, Vassilvitskii, Sergei, and Shanmugasundaram, Jayavel. 2010. Optimal online assignment with forecasts. Pages 109–18 of *Proceedings of the 11th ACM Conference on Electronic Commerce (EC'10)*.

Vermorel, J., and Mohri, M. 2005. Multi-armed bandit algorithms and empirical evaluation. Pages 437–48 of *Machine Learning: ECML*. Lecture Notes in Computer Science. Springer.

Wang, Yi, Bai, Hongjie, Stanton, Matt, Chen, Wen-Yen, and Chang, Edward Y. 2009. pLDA: Parallel latent Dirichlet allocation for large-scale applications. Pages 301–14 of *Algorithmic Aspects in Information and Management*. Springer.

West, M., and Harrison, J. 1997. *Bayesian Forecasting and Dynamic Models*. Springer.

Whittle, P. 1988. Restless bandits: Activity allocation in a changing world. *Journal of Applied Probability*, **25**, 287–98.

Yu, Kai, Lafferty, John, Zhu, Shenghuo, and Gong, Yihong. 2009. Large-scale collaborative prediction using a nonparametric random effects model. Pages 1185–92 of *Proceedings of the 26th annual International Conference on Machine Learning (ICML'09)*.

Zhai, Chengxiang, and Lafferty, John. 2001. A study of smoothing methods for language models applied to ad hoc information retrieval. Pages 334–42 of *Proceedings of the 24th annual International ACM SIGIR Conference on Research and Development in Information Retrieval (SIGIR'01)*.

Zhang, Liang, Agarwal, Deepak, and Chen, Bee-Chung. 2011. Generalizing matrix factorization through flexible regression priors. Pages 13–20 of *Proceedings of the fifth ACM Conference on Recommender Systems (RecSys'11)*.

Zhu, Ciyou, Byrd, Richard H., Lu, Peihuang, and Nocedal, Jorge. 1997. Algorithm 778: L-BFGS-B: Fortran subroutines for large-scale bound-constrained optimization. *ACM Transactions on Mathematical Software*, **23**(4), 550–560.

Ziegler, Cai-Nicolas, McNee, Sean M., Konstan, Joseph A., and Lausen, Georg. 2005. Improving recommendation lists through topic diversification. Pages 22–32 of *Proceedings of the 14th International Conference on World Wide Web (WWW'05)*.

# 索　引

【タ行】

【ワ行】

## 【著者紹介】

### DEEPAK K. AGARWAL

ウェブアプリケーションの適合性（訳注：利用者の要求に適合する情報を提供する性能）を向上させるための最先端の機械学習と統計的手法の開発と導入を数年にわたって経験しているビッグデータのアナリストである．また，推薦システムやオンライン広告の分野で，大規模データにおける困難な問題を解決するための新しい技術の研究も経験している．米国統計協会のフェローであり，トップレベルのジャーナルの統計に関連する分野の編集者である．

### BEE-CHUNG CHEN

幅広い産業における最先端の推薦システムの開発経験および研究経験を持つ優れた技術者であり，LinkedIn のホームページやモバイルフィード，Yahoo! ホームページ，Yahoo! ニュースなどにおける推薦アルゴリズムの重要な設計者であった．
主要な研究分野は，推薦システム，データマイニング，機械学習，ビッグデータ分析である．

## 【訳者紹介】

### 島田直希 （しまだ なおき）

IT企業の R&D 部門に所属．
著訳書に『Chainer で学ぶディープラーニング入門』（共著，技術評論社，2017），
『データ分析プロジェクトの手引』（共訳，共立出版，2017）．
本書の第 1 章から第 6 章の翻訳を担当．

### 大浦健志 （おおうら たけし）

株式会社 MonotaRO に所属．
著書に『Chainer で学ぶディープラーニング入門』（共著，技術評論社，2017）．
本書の第 7 章から第 11 章の翻訳を担当．

推薦システム
― 統計的機械学習の理論と実践 ―

（原題：*Statistical Methods for Recommender Systems*）

2018 年 4 月 25 日　初版 1 刷発行
2022 年 4 月 25 日　初版 3 刷発行

検印廃止
NDC 007.13, 417

ISBN 978-4-320-12430-1

著　者　Deepak K. Agarwal
Bee-Chung Chen

訳　者　島田直希
大浦健志



発行者　南條光章

発行所　**共立出版株式会社**
〒112-0006
東京都文京区小日向 4-6-19
電話番号 03-3947-2511（代表）
振替口座 00110-2-57035
URL www.kyoritsu-pub.co.jp

印　刷　啓文堂

製　本　協栄製本

一般社団法人
自然科学書協会
会員

Printed in Japan